U0378272

教育部高等学校电子信息类专业教学指导委员会规划教材
高等学校电子信息类专业系列教材

Principles and Applications of TMS320F281x DSP

TMS320F281x DSP
原理及应用技术

（第2版）

韩丰田　李海霞　编著
Han Fengtian　　Li Haixia

清华大学出版社
北京

内 容 简 介

本书以 TMS320F281x 系列数字信号处理器为主线,结合丰富的实例系统论述了 DSP 的工作原理及应用开发技术。主要内容涵盖 DSP 的硬件结构、外设模块、C 语言编程、系统设计与开发方法、综合项目案例等。全书各章均提供了经过验证的应用开发实例以方便读者实践,每章配有练习题以巩固学习和教学。本书适合作为高年级本科生和研究生的"DSP 原理与应用"相关课程的教材,也可作为从事电气控制、自动控制的相关工程技术人员的参考用书。

图书在版编目(CIP)数据

TMS320F281x DSP 原理及应用技术/韩丰田,李海霞编著.--2 版.--北京:清华大学出版社,2014
(2021.10 重印)
高等学校电子信息类专业系列教材
ISBN 978-7-302-36684-3

Ⅰ. ①T… Ⅱ. ①韩… ②李… Ⅲ. ①数字信号处理－高等学校－教材 Ⅳ. ①TN911.72

中国版本图书馆 CIP 数据核字(2014)第 117281 号

责任编辑:盛东亮
封面设计:李召霞
责任校对:时翠兰
责任印制:沈 露

出版发行:清华大学出版社
     网 址:http://www.tup.com.cn,http://www.wqbook.com
     地 址:北京清华大学学研大厦 A 座   邮 编:100084
     社 总 机:010-62770175   邮 购:010-83470235
     投稿与读者服务:010-62776969,c-service@tup.tsinghua.edu.cn
     质量反馈:010-62772015,zhiliang@tup.tsinghua.edu.cn
印 装 者:三河市铭诚印务有限公司
经 销:全国新华书店
开 本:185mm×260mm   印 张:24.25   字 数:588 千字
版 次:2009 年 4 月第 1 版   2014 年 9 月第 2 版   印 次:2021 年 10 月第 9 次印刷
印 数:19001~20000
定 价:69.00 元

产品编号:056318-02

高等学校电子信息类专业系列教材

序

我国电子信息产业销售收入总规模在 2013 年已经突破 12 万亿元,行业收入占工业总体比重已经超过 9%。电子信息产业在工业经济中的支撑作用凸显,更加促进了信息化和工业化的高层次深度融合。随着移动互联网、云计算、物联网、大数据和石墨烯等新兴产业的爆发式增长,电子信息产业的发展呈现了新的特点,电子信息产业的人才培养面临着新的挑战。

(1) 随着控制、通信、人机交互和网络互联等新兴电子信息技术的不断发展,传统工业设备融合了大量最新的电子信息技术,它们一起构成了庞大而复杂的系统,派生出大量新兴的电子信息技术应用需求。这些"系统级"的应用需求,迫切要求具有系统级设计能力的电子信息技术人才。

(2) 电子信息系统设备的功能越来越复杂,系统的集成度越来越高。因此,要求未来的设计者应该具备更扎实的理论基础知识和更宽广的专业视野。未来电子信息系统的设计越来越要求软件和硬件的协同规划、协同设计和协同调试。

(3) 新兴电子信息技术的发展依赖于半导体产业的不断推动,半导体厂商为设计者提供了越来越丰富的生态资源,系统集成厂商的全方位配合又加速了这种生态资源的进一步完善。半导体厂商和系统集成厂商所建立的这种生态系统,为未来的设计者提供了更加便捷却又必须依赖的设计资源。

教育部 2012 年颁布了新版《高等学校本科专业目录》,将电子信息类专业进行了整合,为各高校建立系统化的人才培养体系,培养具有扎实理论基础和宽广专业技能的、兼顾"基础"和"系统"的高层次电子信息人才给出了指引。

传统的电子信息学科专业课程体系呈现"自底向上"的特点,这种课程体系偏重对底层元器件的分析与设计,较少涉及系统级的集成与设计。近年来,国内很多高校对电子信息类专业课程体系进行了大力度的改革,这些改革顺应时代潮流,从系统集成的角度,更加科学合理地构建了课程体系。

为了进一步提高普通高校电子信息类专业教育与教学质量,贯彻落实《国家中长期教育改革和发展规划纲要(2010—2020 年)》和《教育部关于全面提高高等教育质量若干意见》(教高【2012】4 号)的精神,教育部高等学校电子信息类专业教学指导委员会开展了"高等学校电子信息类专业课程体系"的立项研究工作,并于 2014 年 5 月启动了《高等学校电子信息类专业系列教材》(教育部高等学校电子信息类专业教学指导委员会规划教材)的建设工作。其目的是为推进高等教育内涵式发展,提高教学水平,满足高等学校对电子信息类专业人才培养、教学改革与课程改革的需要。

本系列教材定位于高等学校电子信息类专业的专业课程,适用于电子信息类的电子信息工程、电子科学与技术、通信工程、微电子科学与工程、光电信息科学与工程、信息工程及其相近专业。经过编审委员会与众多高校多次沟通,初步拟定分批次(2014—2017年)建设约100门课程教材。本系列教材将力求在保证基础的前提下,突出技术的先进性和科学的前沿性,体现创新教学和工程实践教学;将重视系统集成思想在教学中的体现,鼓励推陈出新,采用"自顶向下"的方法编写教材;将注重反映优秀的教学改革成果,推广优秀的教学经验与理念。

为了保证本系列教材的科学性、系统性及编写质量,本系列教材设立顾问委员会及编审委员会。顾问委员会由教指委高级顾问、特约高级顾问和国家级教学名师担任,编审委员会由教育部高等学校电子信息类专业教学指导委员会委员和一线教学名师组成。同时,清华大学出版社为本系列教材配置优秀的编辑团队,力求高水准出版。本系列教材的建设,不仅有众多高校教师参与,也有大量知名的电子信息类企业支持。在此,谨向参与本系列教材策划、组织、编写与出版的广大教师、企业代表及出版人员致以诚挚的感谢,并殷切希望本系列教材在我国高等学校电子信息类专业人才培养与课程体系建设中发挥切实的作用。

吕志伟 教授

前言
PREFACE

数字信号处理器(DSP)是当今嵌入式系统开发的热点之一,随着 DSP 芯片运算能力与外设功能的大幅度提升,其应用领域日益广泛。美国德州仪器(TI)的 TMS320F281x 系列 DSP 芯片是一款面向实时控制优化的高性能 32 位定点数字信号处理器,片内集成了高速 DSP 内核及大容量 Flash 存储器、高速 RAM 存储器、面向电机控制的事件管理器、多通道高速 A/D 转换模块、增强型 CAN 总线通信接口、SCI 异步串行通信接口、SPI 串行外设接口、多通道缓冲接口、PLL 时钟控制模块、看门狗、32 位定时器、丰富的外设中断及多达 56 个通用数字 I/O 等外设模块,为设计功能复杂的数字控制系统提供了高性能的单芯片解决方案,广泛应用于精密运动控制、数字电源、可再生能源、电力线通信、LED 照明、汽车电子、家用电器、医疗设备等领域。

本书以 TMS320F281x 系列数字信号处理器为主线,结合丰富的实例讲述了 DSP 的工作原理及应用开发技术,各章节配有经过验证的应用开发例程以方便读者实践,每章后配有习题以配合课程教学需要。本书在 2009 年 4 月出版了第 1 版,已被国内多家高校选为 DSP 课程教材。在第 1 版的基础上,第 2 版主要对以下内容进行了增补和修订:

(1) 更新了第 1 章绪论部分,介绍了 TI 各个系列 DSP 芯片的最新进展;

(2) 新增了第 12 章,介绍了 DSP 芯片在陀螺稳定平台控制系统中的应用;

(3) 在第 4、6 章增补了部分接口应用实例;

(4) 结合第 1 版教材使用情况,对全书文字进行了修订。

全书可分为 3 个部分,共 12 章。第一部分包括第 1~8 章,主要介绍 TMS320F281x 系列 DSP 芯片的特点、内核结构及片内集成的外设模块。第二部分包括第 9~10 章,结合 DSP 实验装置讲述了 DSP 应用系统的硬件设计和软件开发基础知识。第三部分包括第 11~12 章,结合作者的科研工作介绍了 DSP 在无刷直流电动机控制和陀螺稳定平台控制系统中的应用。书中提供了较多的应用实例原理图和程序代码,附录还提供了 DSP 实验装置的电路原理图,以方便读者参考。

本书第 1~11 章由韩丰田编写,第 12 章由李海霞编写。在本书编写过程中,介绍的一些应用实例是作者与清华大学导航技术工程中心的同事、研究生共同合作的成果。本书在出版过程中得到清华大学出版社的大力支持,在此一并表示感谢。

限于编者水平有限,书中存在的错误和不当之处,敬请读者批评指正。

编著者

2014 年 3 月于清华大学

第1版前言

PREFACE

为了适应数字信号处理技术的发展需求,近年来出现了许多高性能的数字信号处理器(digital signal processor,DSP)。伴随着超大规模集成电路技术水平和工艺的飞速进步,DSP 芯片的处理速度越来越快,功能越来越丰富,应用领域越来越广泛。

TMS320C2000 系列 DSP 芯片是 TI 面向工业控制推出的数字信号处理器,既具备数字信号器的强大运算能力,又像单片机一样在片内集成了丰富的外设与控制模块,因此又被称作数字信号控制器。新一代的 TMS320C28xx 系列与 TMS320C24x 的指令和大部分功能模块兼容,但运算能力提高了 20 倍,主要应用于大存储设备管理、高性能的数字控制等场合,如多轴运动控制、电机驱动、机器人控制、数字电源、汽车电子、光通信网络、智能传感器等应用领域。

TMS320F281x 系列 DSP 芯片包括 TMS320F2810、TMS320F2811 和 TMS320F2812,采用高性能的 32 位 CPU,指令执行速率达到 150MIPS。片内集成了大容量 Flash 存储器、高速 SRAM 存储器、功能强大的事件管理器、高速 A/D 转换模块、增强型 CAN 总线通信模块、SCI 串行通信接口、SPI 串行外设接口、多通道缓冲接口、PLL 时钟模块、看门狗、定时器以及多达 56 个通用 I/O 等外设单元,为用户提供了单芯片实现高性能数字控制系统的解决方案。

自 2006 年春开学以来,作者面向仪器科学与技术、光学工程、机械工程、电气工程、工业自动化等专业的研究生开设了"DSP 原理及应用技术"课程,开发了基于 TMS320F2812 的教学实验装置。作者根据多年从事 DSP 教学和科研工作的实践,对教学讲义进行修订后编写了这本教材,其目的是介绍 TMS320C28xx 系列 DSP 的原理与应用系统开发技术。书中以目前广泛应用的 TMS320F2812 为主线,详细介绍了 DSP 芯片的硬件结构、外设模块的原理及应用、C 语言编程、应用系统设计与开发技术。结合作者开发的 DSP 实验装置,在介绍各个功能单元的同时提供了相应的应用实例,给出了硬件电路原理图和 C 语言程序。考虑到与多通道缓冲串口兼容的外设芯片较少,本书没有专门介绍 TMS320F281x 的多通道缓冲串口,感兴趣的读者可参考 TI 的参考文献。有关实验装置及本书内容方面的问题欢迎与作者及时沟通,邮箱地址: hanft99@mails. tsinghua. edu. cn。

本书的内容可分为两大部分,前 8 章介绍 TMS320F281x 的原理和片内外设模块,并给出了较多的接口应用和编程实例;后 3 章面向 DSP 系统设计,介绍 DSP 应用系统的硬件设计基础和 C 语言编程,并结合工程应用实例和开发的实验装置介绍 DSP 系统的硬件和软件开发技术。此外,在每章后附有习题以配合课程教学的需要。

在本书的编写过程中,王芃参加了部分资料的整理和实验开发工作,研究生陈景春、付真斌、张冲等对书稿进行了阅读并提出了许多中肯的建议,杨俊霞参与了本书的文字录入工作。本书在选题和出版过程中得到了清华大学出版社的大力支持,在此一并表示感谢。

限于编者水平,书中存在的错误和不当之处,恳请读者批评指正。

韩丰田

2008 年 12 月

目 录

CONTENTS

## 第 1 章

绪　　论

　　数字信号处理器(Digital Signal Processor,DSP)是一种专门用来实现各种数字信号处理算法的微处理器,通常可分为专用 DSP 和通用 DSP 两类。专用 DSP 用来实现某些特定的数字信号处理功能,如数字滤波、FFT 等。它不需要用户编程,使用方便,处理速度快,但缺乏灵活性。而通用 DSP 有完整的指令系统,可通过编程来实现各种数字信号处理功能,易于软件更新与系统升级。

　　自 20 世纪 80 年代以来,DSP 技术得到迅猛发展。随着 DSP 芯片的运算能力越来越强大,芯片内部集成的功能模块越来越丰富,在通信、雷达、数字电视、语音处理、计算机外设、工业自动化等领域的应用日益广泛。DSP 的显著特点是适合于数学计算密集的应用场合,如典型的数字信号处理算法包括 FFT、数字滤波等。与其他微处理器相比,通过在 DSP 芯片的体系结构上采取一系列措施,使其在数学计算方面具有优越的性能。DSP 的另一个特点是实时计算能力强,可用于通信领域的调制和解调、雷达信号检测与处理、运动控制系统的控制算法计算等,在若干微秒至毫秒内完成对输入数据的处理,并且给出运算结果。DSP 具有快速的中断响应能力和硬件 I/O 接口,保证了关键任务的实时处理。

　　DSP 芯片主要用于实时、快速地实现各种复杂的数字信号处理算法,除具备通用微处理器的高速运算和控制功能外,针对高速数据传输、密集数据运算、实时数据处理等需求,在处理器结构、指令系统和指令流程设计等方面都作了专门设计。概括起来,DSP 芯片的主要特点如下:

　　(1) 快速的指令周期,支持在一个指令周期内可完成一次乘法和一次加法运算;

　　(2) 采用改进的哈佛总线结构,可以同时完成获取指令和数据读取操作;

　　(3) 片内具有快速 RAM,可通过独立的总线对多个存储器块并行访问;

　　(4) 硬件支持低开销或无开销的循环及跳转指令,使得 FFT、卷积等运算速度大大提高;

　　(5) 快速的中断处理和硬件 I/O 支持,保证了实时响应能力;

　　(6) 专用寻址单元,具有在单周期内操作的多个硬件地址产生器;

　　(7) 采用流水线操作,使取指、译码、取操作数和执行指令等操作可以重叠执行;

　　(8) 片内集成了丰富的外设模块,简化了系统硬件设计。

　　典型的数字信号处理系统如图 1.1 所示。其中,输入信号可以是语音、电流、电压、温度等模拟信号,输入信号经过模拟-数字转换(A/D)后,送入数字信号处理器进行处理,在对输入信号按照某种数字信号处理算法进行运算后,输出结果经过数字-模拟转换(D/A)、内插、平滑、滤波等处理后输出模拟信号。

图 1.1   典型的数字信号处理系统原理框图

1.1   TMS320 系列 DSP 芯片

美国德州仪器公司(Texas Instruments,TI)作为全球领先的半导体公司,在 1982 年推出了第一款 TMS 系列定点 DSP 芯片 TMS32010,可使调制解调器在 1s 内处理 5 000 000 条指令,标志着实时信号处理能力的重大突破。此后,TMS320 系列 DSP 芯片经历了 TMS320C1x、TMS320C2x/C2xx、TMS320C5x、TMS320C3x、TMS320C54x/C54x 和 TMS320C62x/C67x 等多代产品,DSP 芯片的性能价格比不断提高,DSP 应用系统的开发工具日益完善。TMS320 系列 DSP 芯片属于软件可编程的通用数字信号处理器,目前包括定点、浮点和多核处理器等类型,具备通用微处理器应用方便灵活的特点,已广泛应用于数字滤波、FFT、数字信号合成、音频/视频信号处理、通信、控制、仪器、军事、计算机外设和消费类电子产品等领域。

根据不同的应用需求,TI 将其 DSP 产品归类为三大系列,即面向控制的 C2000 系列(包括 C24x/28x 系列)、超低功耗的 C5000 系列(包括 C54x/55x)、高性能的 C6000 系列(C62x/64x/67x 及新型的 C647x/665x/667x)。TMS320 系列 DSP 芯片均采用同一软件开发平台,即 CCS(Code Composer Studio)集成开发环境,TI 提供了 DSP/BIOS 实时软件内核和许多标准算法。如今,TI 的 TMS320 系列 DSP 产品已经成为当今世界上最有影响、应用最为广泛的 DSP 芯片,TI 公司也成为世界上最大的 DSP 芯片供应商,为用户提供了多种开发工具与学习套件、丰富的器件设计与应用开发文档。除了 TI 公司外,通用 DSP 芯片的生产厂家中较有影响的还有美国模拟器件公司(包括定点系列 ADSP-21xx 和浮点系列 ADSP-21xxx)和飞思卡尔(Freescale)公司等。

1. 面向控制应用的 C2000 DSP 平台

C2000 系列面向实时控制应用领域进行了优化,32 位处理器内核具备强大的运算能力,同时在片内集成了丰富的控制外设模块,便于构成高性能的工业测控系统。近年来,TI 基于其 32 位的 C28x 内核推出了许多新型的 DSP 芯片,C2000 系列众多 DSP 产品可分为定点系列(F2823x/281x/280x)、Piccolo 系列(F280xx)、Delfino 系列(F283xx)以及 FM28M3x 系列(集成了 C28x 和 ARM 内核)。C2000 系列基于高性能的 32 位 CPU,主频高达 300MHz,具有强大的运算能力和控制功能,主要用于大存储设备管理、高性能的实时控制等场合,如机器人和数控机床的伺服控制、电机驱动控制、大容量开关电源和不间断电源、智能化仪器仪表、高速光通信装置、磁悬浮轴承控制、医疗仪器等。与 C5000 和 C6000 系列相比,C2000 系列 DSP 的片内集成了 Flash 存储器,简化了用户硬件电路;而且片内集成了异步串行通信接口,易于通过广泛应用的 RS-232、RS-485、RS-422、CAN 等标准通信接口实现与计算机或其他微处理器间的远距离通信。鉴于 C2000 系列器件既像传统 DSP 一样具备强大运算能力,又像传统单片机或微控制器(MCU)一样在片内集成了大量的控制外设模块,近年来 TI 将其 C2000 系列 DSP 归类为 MCU,是设计高性能嵌入式控制系统的理想选择。

2. 面向消费数字产品的 C5000 DSP 平台

C5000 系列针对消费数字产品进行了优化,兼顾了低功耗、低成本与高性能,功耗低至 0.05mW/MIPS,尤其适于对功耗要求苛刻的个人和便携式产品。C5000 系列属于 16 位定点 DSP,主频高达 300MHz,涵盖了从低档到中高档的应用领域,也是用户应用较多的系列。其中,C55x 系列是 TI 的第三代 DSP,与 C54x 系列兼容,功耗仅为 C54x 的 1/6,性能可达 C54x 的 5 倍,这一特性使它尤其适合数据速率高、运算量大、功耗低的 2.5G 和 3G 无线通信应用。C5000 系列 DSP 的典型应用包括 3G 手机及基站、无线调制解调器、语音处理、指纹识别、GPS 接收机、掌上电脑、数字音频播放器、数码相机、便携式医疗仪器等领域。

3. 面向高性能应用的 C6000 DSP 平台

C6000 系列针对高性能的复杂应用系统进行了优化,是 TI 的超高性能 DSP 系列,主要包括定点系列 C62x 和 C64x、浮点系列 C67x、多核系列 C647x/665x/667x。其中,C62x 系列 DSP 芯片种类较丰富,是用户应用较多的系列;C64x 系列是新产品,软件与 C62x 完全兼容,指令执行速度高达 4800MIPS,性能是 C62x 的 4 倍;C67x 浮点系列主频高达 350MHz,主要用于需要高速、高精度运算的场合;C647x/665x/667x 多核 DSP 系列结合了定点和浮点运算能力,片内可集成多达 8 个 CPU,特别适于机器视觉、高性能计算、视频处理和高端成像设备。由于 C6000 系列 DSP 具有出色的并行运算能力、高效的指令集、智能外设、大容量的片内存储器和大范围的寻址能力,该系列 DSP 芯片适合于对运算能力和存储量有高要求的宽带网络和数字影像应用,如宽带网络、无线基站、3D 图像处理、语音识别、多媒体系统、雷达信号处理等高端应用领域。

此外,TI 的 DSP 芯片还包括 DaVinci(达芬奇)系列数字视频处理器,专为视频设备制造厂商提供了集成处理器、软件和开发工具来简化设计流程,特别适于数字视频、影像和视觉应用系统。

1.2 TMS320C28x 系列 DSP 芯片简介

传统的 DSP 专注于提供强大的数学计算能力,而在控制接口方面比较薄弱;与之相反,传统的 MCU 具备较丰富的控制功能,但在计算方面缺乏优势。C2000 系列 DSP(TI 已归类为 MCU)通过整合 DSP 和 MCU 的功能,实现了计算能力与控制功能的完美结合,使 C2000 系列器件成为理想的单芯片控制解决方案。

C2000 系列 DSP 器件集成了 32 位 C28x 内核和高性能外设,其优化的内核允许在高达 10kHz 的采样频率下执行多种复杂的控制算法。TI 提供了定点和浮点 C2000 微处理器,它们具有多种外设和存储器配置,可满足不同的控制应用需求。目前,TI 将其 C2000 产品可分为三个系列,包括较早期的定点 DSP 系列 F2801x/280x/281x/2823x,以及新推出的 Piccolo 系列(F2802x/2803x/2805x/2806x)和 Delfino 系列(F2833x/2834x/2837xD),这些 DSP 芯片的主要性能比较见图 1.2。

定点系列 DSP 中,F281x/2823x 专注于提供高性能的计算能力与高度集成的外设模块,时钟频率达到 150MHz,片内集成了大容量 Flash 存储器与 RAM、功能强大的事件管理器、12 位高速 A/D 转换器以及外部扩展接口、通用数字 I/O、McBSP、SCI、SPI、CAN 等接口,F2823x 还进一步提供了 DMA、I^2C 接口及高分辨率的 PWM 通道。与 F281x 系列相比,F280x 的时钟频率最高为 100MHz,省去了外部扩展接口、多通道缓冲串口和事件管理

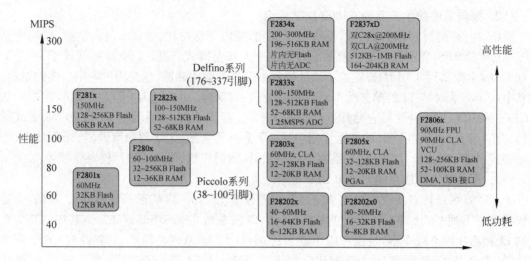

图 1.2　TMS320C2000 系列 DSP 的性能

器,但提供了增强型脉宽调制模块(ePWM)、增强型捕获单元模块和增强型正交脉冲编码模块(eQEP)来实现事件管理器的主要功能,提供了 I²C 总线接口,适当扩充了 SPI、SCI、CAN 等接口的数量,具有价格低、体积小、功耗低的特点。

新型 Piccolo 系列 DSP 芯片主要面向低功耗、低成本的控制应用,时钟频率为 40~90MHz。其中,F2802x 系列的封装尺寸最少为 38 引脚,批量价格最低为 2 美元;F2803x 提供了适于汽车电子设备通信的 LIN 总线接口;F2805x 系列内置控制律加速器(CLA),能够自动控制外设的运行从而降低 CPU 的运算负荷,可提供更高的控制精度与实时性;F2806x 属于 Piccolo 系列中的高端器件,时钟频率达到 90MHz,具备浮点运算能力、CLA 和 DMA 功能,并提供了 USB、McBSP 等接口。

新型 Delfino 系列 DSP 芯片主要面向高性能的高端控制应用,通过将高达 300MHz 的 C28x 内核与集成的浮点运算单元相结合,提供了强大的运算能力。其中,F2833x 和 F2834x 为单核浮点 DSP 芯片,F2833x 的时钟频率与 F281x 系列相同,但片内增大了 Flash 和 SRAM 存储器的容量,提供了 DMA 控制器,片内外设模块的功能得到进一步扩展,适于需要大量高精度运算的场合;较晚推出的 F2834x 将运算能力提升一倍,但片内不含 Flash 存储器和 A/D 转换模块,在一定程度上会增加用户开发工作量;新推出的 F2837xD 为双核 DSP 芯片,通过内置硬件控制律加速器,运算能力可达到 800MIPS,且片内集成了大容量 Flash 存储器、16 位 A/D 转换模块、PWM、编码器接口、VCU 加速器、比较器、McBSP、I²C、SCI、SPI、CAN、UPP、EMIF、USB 等功能强大的外设模块,是最理想的单芯片控制应用解决方案。

C2000 系列 DSP 平台拥有业界领先的 32 位实时控制性能和齐全的外设接口,不仅可显著改善控制系统性能,而且还能大幅提高应用系统设计的灵活性,其典型应用包括太阳能、风能、燃料电池等绿色能源管理,工业驱动、家用电器、医疗设备等领域的电机数字控制,用于电信与服务器、无线基站、UPS 等领域的数字电源,电动助力转向系统、驾驶辅助雷达、电力驱动装置等汽车电子设备,以及 LED 照明、智能电网、虚拟仪器等领域。

目前,C2000 系列中应用广泛的 DSP 产品主要有 TMS320F280x、TMS320F281x 和 TMS320F2833x 等,三个系列 DSP 芯片的功能和特性分别见表 1.1~表 1.3。本书以具有代表性的 TMS320F2812 为主线,详细讲述了 DSP 芯片的硬件结构、外设模块的原理及应用实例、应用系统设计与软件开发基础。

表 1.1 TMS320F280x 系列 DSP 芯片的特点

特 点	F2809	F2808	F2806	F2802	F2801
指令周期(100MHz)	10ns				
单访问 RAM(16 位)	18K (L0,L1,M0,M1,H0)		10K (L0,L1,M0,M1)	6K (L0,M0,M1)	
片内 Flash(16 位)	128K	64K	32K	32K	16K
片内代码加密功能	有				
引导 ROM(4K×16 位)	有				
一次性可编程 ROM	有				
外部扩展接口	无				
增强型 PWM 输出功能	ePWM1/2/3/4/5/6			ePWM1/2/3	
HRPWM 通道	ePWM1A~6A	ePWM1A/2A/3A/4A		ePWM1A/2A/3A	
增强的 32 位捕获输入	eCAP1/2/3/4			eCAP1/2	
增强的 QEP 通道	eQEP1/2			eQEP1	
看门狗定时器	有				
16 通道 ADC 转换时间	80ns		160ns		
32 位 CPU 定时器	3 个				
串行外设接口(SPI)	SPI-A/B/C/D			SPI-A/B	
串行通信接口(SCI)	SCI-A/B			SCI-A	
增强的 eCAN 模块	eCAN-A/B		eCAN-A		
内部集成的 I²C 接口	I²C-A				
复用的数字 I/O 引脚	35 个				
外部中断源	3 个				
供电电压	内核电压 1.8V,I/O 电压 3.3V				
芯片封装	100 引脚 PQFP、100 引脚 PBGA 和 100 引脚 MSBGA				

表 1.2 TMS320F281x 系列 DSP 芯片的特点

特 点	F2810	F2811	F2812
指令周期(150MHz)	6.67ns		
单访问 RAM(16 位)	18K(L0,L1,M0,M1,H0)		
3.3V 片内 Flash(16 位)	64K	128K	128K
片内 Flash/SARAM/OTP 代码加密功能	有		
引导 ROM(4K×16 位)	有		
一次性可编程(OTP)ROM	有		
外部扩展接口	无		有
事件管理器	EV-A/B		
(1) 通用定时器	T1/2/3/4		
(2) 比较 PWM 输出	PWM1/2/3/4/5/6/7/8/9/10/11/12,T1/2/3/4PWM		
(3) 捕获/QEP 通道	CAP1/2/3/4/5/6,QEP-A/B		
看门狗定时器	有		
12 位的 ADC 通道数目	16		

续表

特　点	F2810	F2811	F2812
32 位 CPU 定时器		3 个	
串行外设接口(SPI)		SPI-A	
串行通信接口(SCI)		SCI-A/B	
增强的 eCAN 模块		eCAN-A	
多通道缓冲串口		McBSP-A	
复用的数字 I/O 引脚数目		56 个	
外部中断源		3 个	
供电电压		内核电压: 1.8V(135MHz)或 1.9V(150MHz),I/O 电压 3.3V	
芯片封装	128 引脚 LQFP		176 引脚 LQFP,179 引脚 PBGA

表 1.3　TMS320F2833x 系列 DSP 芯片的特点

特　点	F28332	F28334	F28335
指令周期(150MHz)		6.67ns	
单精度浮点运算单元		有	
单访问 RAM(16 位)	26K	34K	34K
3.3V 片内 Flash(16 位)	64K	128K	256K
片内 Flash/SARAM/OTP 代码加密功能		有	
引导 ROM(8K×16 位)		有	
一次性可编程 ROM		有	
外部扩展接口(XINTF)		16 或 32 位数据总线	
DMA 控制器		6 通道	
PWM 输出	ePWM1/2/3/4/5/6	ePWM1/2/3/4/5/6	
HRPWM 通道	ePWM1A/2A/3A/4A	ePWM1A/2A/3A/4A/5A/6A	
32 位捕获输入或辅助 PWM 输出		6	
32 位的 QEP 通道数		2	
看门狗定时器		有	
12 位的 ADC		16 通道,转换时间最小可达 80ns,转换速率最高可达 12.5MSPS	
32 位 CPU 定时器		3 个	
串行外设接口(SPI)		SPI-A	
串行通信接口(SCI)	SCI-A/B	SCI-A/B/C	SCI-A/B/C
增强的 eCAN 模块		eCAN-A/B	
多通道缓冲串口	McBSP-A	McBSP-A/B	McBSP-A/B
I²C 总线		I²C-A	
复用的数字 I/O 引脚		88 个	
外部中断源		8 个	
供电电压		内核电压 1.9V,I/O 电压 3.3V	
芯片封装		176 引脚 PQFP、179 引脚 PBGA、176 引脚 MSBGA	

1.3 TMS320F281x 系列 DSP 芯片

TMS320x281x 是 TI 推出的 32 位定点数字信号处理器,主要包括片内集成 Flash 存储器的 TMS320F2810、TMS320F2811、TMS320F2812 和片内集成只读存储器(ROM)的 TMS320C2810、TMS320C2811、TMS320C2812。其中,F281x 系列的 Flash 存储器可以由用户反复编程,便于系统调试和代码升级,是通常选用的系列;而 C281x 的片内 ROM 只能由用户提供程序代码给厂家掩膜一次,适于产品定型后的大批量产品。

该系列芯片每秒可执行 1.5 亿次指令(150MIPS),具有单周期 32 位×32 位的乘与累加操作(MAC)功能。F281x 片内集成了大容量 Flash 存储器和零等待周期的 RAM 存储器,从而简化了用户硬件设计。此外,针对面向电机控制应用,片内集成了两个功能强大的事件管理器和 16 通道的高速 ADC 模块,并提供了丰富的外设接口实现数据通信和外设芯片扩展。该类 DSP 芯片既具备数字信号处理器特有的强大数据处理能力,又像单片机一样针对控制应用在片内集成了丰富的外设模块和扩展接口,是实现高性能控制应用的理想选择。此外,TMS320F281x 与早期产品 TMS320F24x/LF240x 的源代码和大部分功能模块兼容,便于升级已有的用户代码。

本书的内容分为三部分,前 8 章以 TMS320F2812 芯片内部集成的功能模块为主线,讲述了 DSP 片内各个功能模块的基本原理,结合应用实例详细阐述了这些功能模块的接口设计和软件配置方法。第 9、10 章讲述了 DSP 系统硬件设计和软件实现的基础知识,并结合作者开发的实验装置介绍了 DSP 应用系统开发技术。最后两章分别以直流无刷电机控制和陀螺稳定平台控制系统设计为例,介绍了 DSP 控制系统的组成及其软硬件实现。书中提供了较多的应用实例原理图和程序代码,附录还提供了 DSP 实验装置的电路原理图,以方便读者参考。

1.3.1 TMS320F281x 的功能和特点

TMS320F281x 系列 DSP 为用户提供了单芯片实现高性能数字控制系统的解决方案。其内部功能框图如图 1.3 所示,主要功能模块及特点归纳如下:

1. 高性能 CPU

(1) 32 位定点 CPU,支持 16×16 位和 32×32 位的乘和累加操作;

(2) 时钟频率高达 150MHz;

(3) 增强型哈佛总线结构,4MB 的程序/数据寻址空间;

(4) 快速的中断响应和处理;

(5) 低功耗设计(内核电压 1.8V 或 1.9V,I/O 端口电压 3.3V);

(6) 支持空闲、后备和挂起三种低功耗工作模式;

(7) 支持 JTAG 仿真接口。

2. 片内存储器

(1) 片上高达 128K×16 位 Flash 存储器,方便固化用户应用软件及代码升级;

(2) 1K×16 位的一次可编程存储器(OTP);

(3) 18K×16 位单周期访问随机存储器(SARAM),分为 M0、M1、L0、L1 和 H0 五个

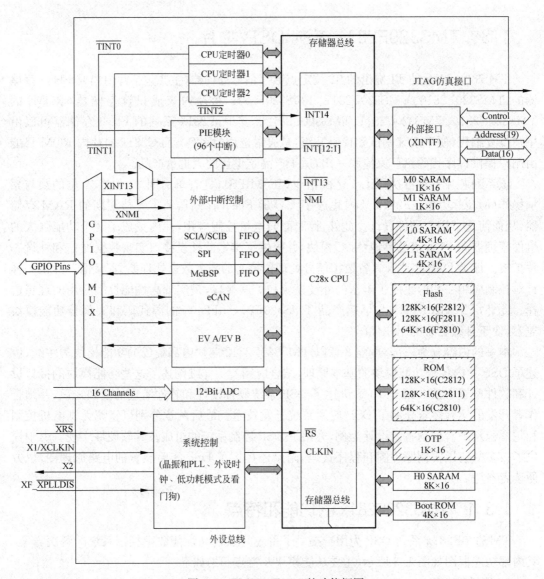

图 1.3　TMS320F2812 的功能框图

RAM 块；

　　(4) 4K×16 位的引导 ROM,提供多种上电引导模式；

　　(5) 128 位密匙可用于保护 Flash/OTP/L0/L1 寻址空间,防止用户代码被非法访问。

3. 外部扩展接口(XINTF,仅 F2812 具有)

　　(1) 高达 1M×16 位的寻址空间,分为 5 块区域,便于开发复杂的应用系统；

　　(2) 支持可编程的等待状态和读写选通时序,便于灵活配置 DSP 与扩展芯片间的时序；

　　(3) 提供三个独立的片选信号,简化了系统硬件设计。

4. 两个事件管理器模块(EV A 和 EV B),特别适合于电机控制。每个模块包括：

　　(1) 8 通道 16 位 PWM 输出,其中 6 个互补输出可驱动一个三相 PWM 全控桥；

(2) 灵活的死区产生和配置单元;

(3) 外部可屏蔽的功率/驱动保护中断;

(4) 正交脉冲编码电路(QEP),可实现与增量式光电编码器的无缝接口;

(5) 三个捕捉单元,可精确捕捉外部引脚电平发生跳变的时刻。

5. 丰富的串行接口外设

(1) 一个高速、同步串行外设接口(SPI);

(2) 两个串行通信接口(SCIA 和 SCIB),即标准的 UART;

(3) 一个兼容 CAN2.0B 标准的增强型控制局域网接口(eCAN);

(4) 一个多通道缓冲串口(McBSP)。

6. A/D 转换模块

(1) 12 位分辨率的 A/D 转换器;

(2) 两个 8 通道输入的多路开关;

(3) 两个采样保持器,可单路或双路同步采样;

(4) 借助于功能强大的排序器,可编程实现多个通道的自动转换;

(5) A/D 转换速率可达 12.5MSPS,输入电压范围为 0~3V。

7. 其他外设模块

(1) 锁相环(PLL)控制的 CPU 时钟倍频系数;

(2) 看门狗定时模块;

(3) 三个外部中断源;

(4) 外设中断扩展(PIE)模块,支持 45 个外设中断;

(5) 3 个 32 位的 CPU 通用定时器;

(6) 多达 56 个可编程的通用 I/O 引脚。

8. 软硬件开发工具

(1) ANSI C/C++编译器/汇编器/链接器;

(2) 兼容 TMS320F24x/20x 处理器的源代码;

(3) 通用的集成开发环境(Code Composer Studio);

(4) 提供 DSP BIOS 支持,可为程序员提供底层应用函数接口;

(5) 具有并口、USB、PCI/ISA 等接口的硬件仿真器;

(6) 提供初学者开发套件(DSK)、评估模板(EVM)以及广泛的第三方支持。

1.3.2 TMS320F281x 的主要外设模块

对于初次接触 DSP 电子系统设计的开发人员来说,DSP 芯片的内部结构复杂、片内集成的外设模块丰富、引脚数量多等特点使得他们感到掌握并应用这些芯片是一件很困难的事。然而,如果注意到这样一个事实,即可以将 F281x 系列 DSP 控制器看作一个具有 DSP 核的高性能单片机,这样设计一个基于 F281x 系列 DSP 的应用系统与设计一个传统的单片机系统并没有本质的区别,那么只要熟悉了某一种单片机的原理、接口设计和软件编程等知识,学习和应用 DSP 控制器将不再是一件困难的事情。

TMS320F281x 除了具有其他 DSP 芯片所具有的强大运算能力和实时响应能力外,片内还集成了大容量的 Flash 存储器和高速 RAM,并提供了许多适于控制的片内外设和接

口。在基于 TMS320F281x 的应用系统中,DSP 芯片的典型外部接口见图 1.4,各个外设模块的特点如下:

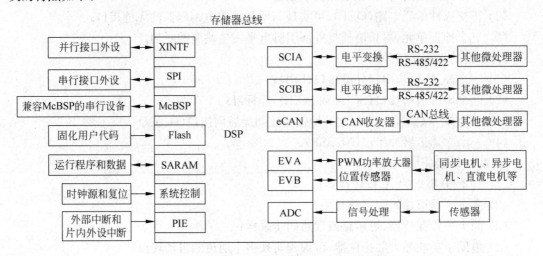

图 1.4　TMS320F281x 系统的外部接口应用

(1) F281x 的外部接口(XINTF)与 F240x 系列 DSP 芯片相似,采用异步、非复用的总线结构。其中,只有 F2812 提供外部接口,而 F2811 和 F2810 没有外部接口。XINTF 采用16 位数据总线,可提供 1M 的寻址空间,用于扩展并行接口的外设芯片,如 ADC、DAC、SRAM、FIFO 等,便于开发较复杂的应用系统。

(2) 串行外设接口(SPI)是一个高速同步串行输入/输出接口,它允许 F281x 系列 DSP控制器与片外扩展的外设或其他控制器进行串行通信,数据长度 1～16 位可编程,支持 16级 FIFO。典型的应用包括扩展串行接口的存储器、A/D 转换器、D/A 转换器、LED 驱动器等外设。

(3) 串行通信接口(SCI)是一个两线制的异步串行通信接口,通常称作 UART。SCI 支持 16 级 FIFO、完善的错误检测机制和多处理器通信,常用来实现与其他控制器或异步外设之间的串行总线接口,可构成符合工业标准的 RS-232、RS-485、RS-422 等串行通信接口。

(4) 增强型控制局域网络(eCAN)模块完全兼容 CAN2.0B 标准,包含 32 个邮箱,支持标准帧和扩展帧,0～8 位数据长度可编程。CAN 总线支持多主串行通信协议,以很高的数据完整性支持分布式实时控制,为工业控制系统中高可靠性的数据传输提供了一种新的解决方案。

(5) 多通道缓冲串口(McBSP)为 DSP 提供了一个与其他设备直接连接的串行数据接口。通过 McBSP 接口,DSP 可以非常方便地实现与音频处理集成电路、组合编码/解码器、A/D 转换器等 McBSP 兼容设备的连接。

(6) 事件管理器(EV)是一个专门用于电机控制的外设模块,提供了强大而丰富的控制功能。事件管理器模块中包含通用定时器、全比较单元、PWM 产生电路、捕获单元及正交脉冲电路,每个事件管理器可以控制一个三相逆变桥的工作,并提供了与多种位置传感器的接口,较好地满足了工业现场各类电动机驱动和运动控制系统的需要。

(7) A/D 转换模块内含采样/保持电路和 12 位 A/D 转换器,具有 16 个模拟输入通道,可配置为两个独立的 8 通道模块,分别为事件管理器 A 和事件管理器 B 服务,可方便地将电机控制系统中的电流、电压等模拟信号转换为数字量供 CPU 内核进行处理。

1.3.3　TMS320F281x 芯片的封装

TMS320F2812 具有 176 引脚的低剖面四方扁平(LQFP)封装和 179 引脚的球形网格阵列(BGA)两种封装,其中 LQFP 封装的芯片应用较多,其引脚分布见图 1.5(顶视图)。而 F2810 和 F2811 的主要差别在于片内 Flash 存储器的容量不同,见表 1.2,二者均只有 128 引脚的 LQFP 封装,引脚分布见图 1.6(顶视图)。附录 A 详细描述了 F281x 系列芯片的信号定义。

对比图 1.5 和图 1.6 可以看出,二者的差别主要体现在 TMS320F2812 提供了外部扩展接口,便于构成复杂的应用系统;而 TMS320F2810 和 TMS320F2811 由于省去了外部扩展接口,芯片体积有所减小,尤其适于主要应用事件管理器的 DSP 控制系统,如电机驱动器、PWM 功率放大器、数字电源控制、多轴运动控制系统等。

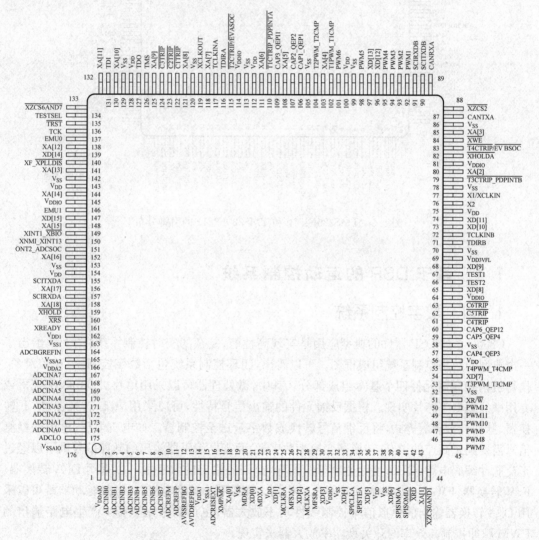

图 1.5　TMS320F2812 的引脚分布(LQFP 封装)

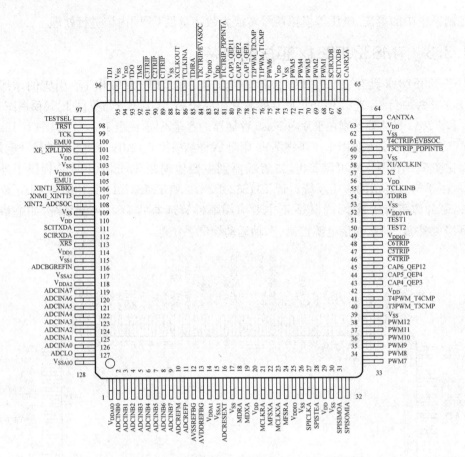

图 1.6　TMS320F2810 和 TMS320F2811 的引脚分布

1.4　基于 DSP 的运动控制系统

1.4.1　数字控制系统

C2000 系列 DSP 器件的典型应用是实现高性能、复杂的实时控制系统,图 1.7 给出了一个典型的数字控制系统组成框图。可以看出,闭环控制系统包括数字控制器、被控对象、执行机构和反馈元件四个基本组成部分。其中,微处理器可以采用单片机、DSP、工控机或专用微处理器等芯片实现。根据反馈元件的输出信号特性,可以采用 A/D 转换器、V/F 转换器、脉冲计数器等方式,将反馈信号转换成数字量送至控制器。如电机电压、电流的检测信号需要经过高速的 A/D 转换器变换为数字量,而光电编码器输出的脉冲信号则可以经过正交脉冲编码电路(QEP)变为数字量。同样,控制器输出的数字量可以采用 D/A 转换器、F/V 转换器、PWM 产生等方式送至执行机构。如控制小功率电机时,电机驱动器既可以采用 D/A 转换器输出的模拟信号控制线性功率放大器,也可以采用 PWM 产生电路输出的 PWM 脉冲控制高效率的开关型功率放大器来实现。

如图 1.7 所示,反馈控制系统运行过程中,数字控制器在设定的每个采样周期重复执行如下操作:①采样反馈信号并经 A/D 转换为数字信号;②反馈信号与给定值求偏差;③计

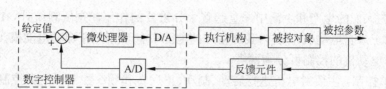

图 1.7　DSP 控制系统组成框图

算数字控制算法；④将控制器输出信号经 D/A 转换为模拟信号后送至执行机构。此外，有时还需要将系统状态传送至上位机并接收上位机发来的控制命令，这样上述检测、计算、控制、输出更新和通信的过程按设定的采样周期执行，从而使闭环控制系统按照期望的动静态品质工作，并对被控对象或控制设备可能出现的异常状态及时做出反应并迅速进行处理。

　　采用基于微处理器的数字控制系统是目前控制系统设计的发展趋势。与单纯采用由电阻、电容、运算放大器等元件实现的模拟控制系统相比，数字控制系统的优越性表现在以下方面：

　　(1) 在开发阶段，采用数字控制易于进行各种控制策略的试验，根据存储的系统状态参数便于对控制性能进行评价和改进，且易于实现复杂的控制策略。

　　(2) 数字控制器除了使被控装置稳定工作外，还可以承担大量的额外任务。如设定值给定、数字滤波、非线性校正等，通过软件实现原来需要用硬件实现的功能，从而简化了硬件电路，提高了可靠性。

　　(3) 采用数字控制，使得传感器和其他参数的标定更为容易，这些步骤可以逐步地做成自治的，甚至可以采用自校正控制器。

　　(4) 可以在线监测控制系统的运行工况，实现数据的显示、记录及远距离传输。当出现意外和紧急情况时可以及时作出反应，便于根据记录的系统状态参数分析故障原因。

　　(5) 系统的改进一般只涉及软件更改，因而便于控制器的更新和系统升级。

　　(6) 实现的控制算法基本不受温度、时间等外界环境因素的影响，长时间工作的稳定性、一致性好。

　　(7) 借助于网络易于实现复杂的控制系统结构，如集散式、分布式控制系统。

　　一般而言，数字控制系统的开发工具复杂，对开发人员的要求较高，研制周期长且费用偏高。但考虑到数字控制系统具有的诸多优点，许多原来采用模拟仪表或装置的控制系统正逐渐被智能控制仪表所取代。对于嵌入式控制系统，当对运算能力要求不高时，可优先选择单片机等微处理器来实现，这样有利于减小开发难度，并在一定程度上降低系统功耗和成本，如各种过程控制仪表，其采样频率通常只有几赫兹或更低。然而，对于那些运算量大、运算精度高、实时性强的应用系统，如高性能的电机转矩控制、多轴运动控制、磁悬浮轴承、静电加速度计、静电支承陀螺等，这些系统中的采样频率高达几十千赫兹。在这种情况下，基于 DSP 的全数字控制系统可能是唯一具有较高性价比的实现方案。

1.4.2　运动控制技术

　　我们知道，动力和运动是可以相互转换的，从这个意义上讲，电动机是最常用的运动源。运动控制的最有效方式是对运动源的控制，因此，在机电系统中一般通过对电动机的控制来实现运动控制。

电动机在人们的生产和生活中一直起着十分重要的作用。据资料统计,在所有的动力源中,90%以上来自电动机;同样,我国生产的电能中有60%用于驱动电动机。根据控制任务的不同,对电动机的控制可分为两类:

(1) 简单控制:主要对电机进行启动、制动、正反转和顺序控制。这类控制可以通过开关元件、继电器、可编程逻辑控制器等来实现。

(2) 复杂控制:指对电机的转速、转角、转矩、电压、电流、功率等物理量进行控制。

随着人们对自动化程度的需求越来越高,电动机的复杂控制逐渐成为主要的控制方式,其应用领域也不断扩大。例如,国防和航天领域的雷达天线、火炮瞄准、惯性稳定平台、卫星姿态以及卫星电池板对太阳的跟踪控制;现代工业中的各种加工中心、数控机床、工业机器人及专用加工设备;计算机外围设备和办公设备中的各种磁盘驱动器、光盘驱动器、绘图仪、打印机、扫描仪、传真机、复印机等设备的控制;音像设备和家用电器中的录像机、数码相机、数码摄像机、洗衣机、冰箱、空调器、电动自行车等。

电动机控制技术的发展得益于微电子技术、电力电子技术、传感器技术、永磁材料技术、自动控制技术、微机应用技术的最新技术成就。正是这些技术的进步使得电动机控制技术在近20多年来发生了巨大的变化。目前,采用单片机、通用计算机、DSP控制器、FPGA/CPLD等现代手段构成的数字控制系统得到了迅速发展,各种电动机的控制技术与微处理器技术、电力电子技术、传感器技术相结合使其发展成为一门新兴学科,即运动控制技术。应用先进控制理论,开发全数字化的智能运动控制系统将成为今后的发展方向。而DSP控制器的优点在于它能够以相对低廉的成本实现复杂、高精度的数字控制系统,为开发高性能的运动控制系统提供了理想的单片解决方案。

1.4.3 基于 TMS320F281x 的运动控制系统

现代交流伺服系统已广泛应用于机器人、数控机床等领域,并呈现出逐渐取代直流伺服系统的趋势。在交流伺服系统中,由于电机本身具有非线性和强耦合特性,其控制算法相当复杂,采用常规控制方法很难满足高性能控制系统的要求。为了能够使三相电流实现完全解耦,20世纪70年代就开始采用磁场定向控制方法。但由于控制算法运算量大、实时性要求高,采用单片机往往很难取得良好的控制效果。而高速数字信号处理器易于实现复杂的矢量控制算法,可有效解决交流电机固有的强耦合特性。

下面介绍采用TMS320F2812作为主控芯片实现的永磁同步电机全数字控制系统。系统组成框图如图1.8所示,输出通道使用事件管理器的六路互补输出PWM信号控制三相逆变器,反馈通道包括通过正交脉冲编码(QEP)电路检测电机的转速和转角信号,采用ADC模块检测电机的相电流信号。此外,系统与主控节点间采用高可靠性的CAN总线进行通信,并提供RS-232接口便于用户通过计算机对控制系统进行参数配置和测试。系统选用正弦波交流永磁同步电动机,采用正弦波电流驱动以便显著削弱电机的脉动转矩,控制策略主要基于空间矢量脉宽调制(SVPWM)算法,即磁场定向控制算法。该控制算法可实时地控制电机的转矩、速度和角位移,系统在稳态和动态下均具有良好的控制性能,并且不需要过大体积的能量变换装置即可灵活地控制瞬态电流的幅值。

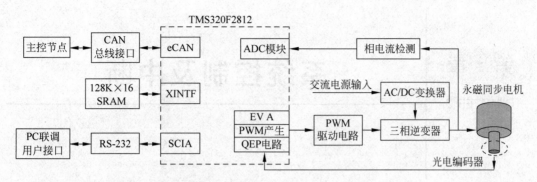

图 1.8 基于 TMS320F2812 的永磁同步电机控制系统框图

习题与思考题

1. 什么是可编程 DSP 芯片？它有什么特点？

2. 什么是定点 DSP 芯片和浮点 DSP 芯片？各有什么特点？

3. 简述 TMS320C2000、TMS320C5000、TMS320C6000 的特点和应用领域。

4. 试比较 TMS320F281x 与你熟悉的一种 MCU 在运算能力和片内集成外设方面的差异。

5. 简述 TMS320F281x 系列 DSP 芯片的特点，F2812 和 F2810 的主要区别有哪些？

6. TMS320F281x 系列 DSP 芯片有哪些外部接口？

7. 简述 TMS320F280x、TMS320F281x、TMS320F2833x DSP 芯片各有什么特点。

8. 简述 DSP 控制系统的典型构成和特点。

## 第 2 章

系统控制及中断

本章首先介绍 F281x 的振荡器、锁相环、外设时钟控制、低功耗模式和看门狗模块,然后分别介绍 CPU 定时器和通用 I/O 引脚的配置。作为本章的重点和难点,最后介绍片内外设模块的中断响应机制和中断处理流程。

2.1 时钟及系统控制

本节介绍 F281x 片内的振荡器、锁相环、外设时钟控制、低功耗模式和看门狗模块等。振荡器和锁相环主要为 CPU 和外设模块提供可编程的时钟,每个外设的时钟都可以通过相应的寄存器使能或关闭;看门狗可用来监视用户程序的运行,以提高系统的软件抗干扰能力。

2.1.1 时钟概述

F281x 内部各种时钟和复位电路的内部结构图如图 2.1 所示。图中,CLKIN 是经时钟产生电路提供给 CPU 的时钟信号,SYSCLKOUT 是从 CPU 输出的时钟信号,作为片内集成外设模块的时钟源,时钟信号 CLKIN 与 SYSCLKOUT 的频率相同。此外,片内外设模块的时钟被分成 HSPCLK(高速)和 LSPCLK(低速)两组,以方便用户设置各个外设模块的工作频率。

F281x 系列 DSP 芯片内部的时钟配置、锁相环、看门狗以及低功耗模式等都是通过相应的控制寄存器进行配置的,各个寄存器如表 2.1 所示。

表 2.1 时钟、锁相环、看门狗和低功耗模式寄存器

名　　称	地　　址	占用地址(16 位)	描　　述
保留	0x00007010～0x00007019	10	保留空间
HISPCP	0x0000701A	1	高速外设时钟预定标寄存器
LOSPCP	0x0000701B	1	低速外设时钟预定标寄存器
PCLKCR	0x0000701C	1	外设时钟控制寄存器
保留	0x0000701D	1	保留空间
LPMCR0	0x0000701E	1	低功耗模式控制寄存器 0
LPMCR1	0x0000701F	1	低功耗模式控制寄存器 1
保留	0x00007020	1	保留空间
PLLCR	0x00007021	1	PLL 控制寄存器
SCSR	0x00007022	1	系统控制和状态寄存器
WDCNTR	0x00007023	1	看门狗计数寄存器

续表

名　　称	地　　址	占用地址(16 位)	描　　述
保留	0x00007024	1	保留空间
WDKEY	0x00007025	1	看门狗复位寄存器
保留	0x00007026～0x00007028	3	保留空间
WDCR	0x00007029	1	看门狗控制寄存器
保留	0x0000702A～0x0000702F	6	保留空间

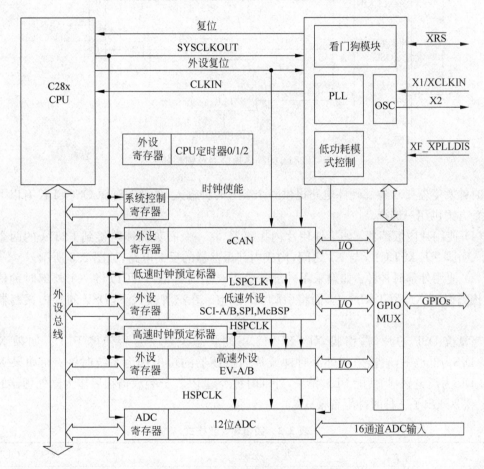

图 2.1　F281x 内部的时钟和复位电路

2.1.2　振荡器与基于锁相环的时钟模块

目前,在许多 DSP 芯片内部集成了锁相环电路,其目的是便于通过软件实时地配置 CPU 和外设的时钟频率,以提高系统的灵活性和可靠性。TMS320F281x 片内包含一个基于锁相环的时钟产生模块,为处理器和各种外设提供所需的时钟信号。时钟产生模块由片内振荡器(oscillator,OSC)和锁相环(phase locked loop,PLL)电路组成,如图 2.2 所示。芯片内部的 PLL 电路利用高稳定度的锁相环锁定时钟振荡频率,可以提供稳定、高质量的时钟信号。同时,可以通过 PLL 的 4 位倍频系数设置位来改变时钟频率,以便用户灵活设定需要的处理器速度。借助于 PLL 模块,允许用户选取较低的外部时钟频率,经过锁相环倍频后为 CPU 提供较高的时钟频率。这种设计可以有效地降低高速时钟信号电平切换时导致的高频噪声,保证时钟信号的波形质量,并简化硬件设计与电路板的布线。

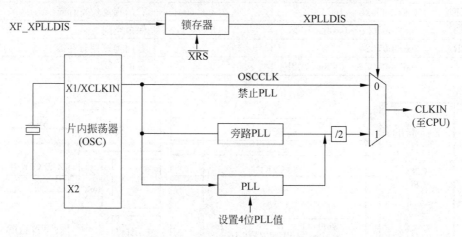

图 2.2　F281x 的晶体振荡器及锁相环模块

时钟发生器要求外部硬件电路提供一个参考时钟输入,外部时钟源 OSCCLK 有以下两种配置方案供用户选择。

(1) 使用片内振荡器:如果使用片内振荡器,将一个石英晶体跨接到 F281x 的两个时钟输入引脚 X1/XCLKIN 与 X2 之间,构成内部振荡器的反馈电路,如图 2.2 所示。

(2) 使用外部时钟源:如果采用外部振荡器产生时钟信号,可以将一个外部时钟信号直接接到引脚 X1/XCLKIN 上,而将引脚 X2 悬空。在这种模式下,DSP 的片内振荡器被旁路。

当复位 DSP 芯片时,引脚 XF_$\overline{\text{XPLLDIS}}$的状态决定了是否使能 PLL。如果 XF_$\overline{\text{XPLLDIS}}$为低电平,直接采用外部时钟或片内振荡器的输出作为系统时钟;而如果 XF_$\overline{\text{XPLLDIS}}$为高电平,则使能 PLL 模块,外部时钟经过 PLL 分频或倍频后作为微处理器的时钟,表 2.2 列出了三种时钟配置模式。

表 2.2　锁相环配置模式

PLL 模式	功 能 概 述	SYSCLKOUT
禁止 PLL	复位时如果引脚 XF_XPLLDIS 为低电平,则屏蔽 PLL 模块,直接使用引脚 X1/XCLKIN 输入的时钟信号作为 CPU 时钟	XCLKIN
旁路 PLL	上电时的默认配置。如果 PLL 没有被禁止,则 PLL 将配置为旁路模式,此时引脚 X1/XCLKIN 输入的时钟信号经过二分频后作为 CPU 时钟	XCLKIN/2
使能 PLL	初始化过程通过向 PLLCCR 寄存器写入一个非零值 n 可以使能 PLL。/2 模块将 PLL 的输出二分频后送至 CPU 时钟,见图 2.2	(XCLKIN · n)/2

注: 通常使能 PLL 模式,对 30MHz 时钟信号 5 倍频,这样 CPU 的工作频率设定为 150MHz。

通过锁相环控制寄存器 PLLCR 可以配置是否旁路 PLL。如果使能 PLL,则可以通过 4 位倍频系数设置位来设置 CPU 的时钟频率,表 2.3 列出了寄存器 PLLCR 的功能描述。

表 2.3 锁相环控制寄存器 PLLCR

位	名称	类型	描 述
15～4	保留位	R-0	未定义
3～0	DIV	R/W-0	DIV 域用来设定 PLL 是否被旁路。如果未被旁路,则设置 PLL 的倍频系数 0000　　　　CLKIN=OSCCLK/2(旁路 PLL) 0001～1010　CLKIN=(OSCCLK×DIV)/2 1011～1111　无效值

注:类型中,R 为可读,R/W 为可读写,-0 表示复位后的值为 0。

例 2.1 设外部时钟为 30MHz,若需设定 CPU 的时钟频率为 150MHz,那么初始化 PLLCR 寄存器的代码如下:

```
void main(void)
{
    InitPll(0x0A);                           //设置 PLL 的倍频系数为 1010B,即十进制数 10
}
void InitPll(unsigned int val)
{
    EALLOW;                                   //PLLCR 为受 EALLOW 机制保护的寄存器
    SysCtrlRegs.PLLCR.bit.DIV = val;          //限 0～10 间的整数,见表 2.3 的定义
    EDIS;
}
```

注意:程序中 PLLCR 采用位域结构形式,参见 10.1.2 节;有些片内寄存器具有写保护功能,需要指令 EALLOW 和 EDIS 实现打开写保护和使能写保护操作,参见 3.2 节。

F281x 系列 DSP 芯片的时钟频率最高可达 150MHz,用户在系统设计时,可根据对运算能力的要求合理选择 CPU 的时钟频率。需要指出,DSP 芯片的供电电流与时钟频率密切相关,如图 2.3 所示,图中,IDD 为 DSP 内核电源电流(1.8V 或 1.9V,与 DSP 时钟频率有关),IDDIO 为片内 I/O 接口的电源电流(3.3V),IDD3VFL 为片内 Flash 存储器的电源电流(3.3V),IDDA1 为 ADC 模块的模拟电源电流(3.3V)。显见,随着时钟频率的提高,DSP 芯片的功耗随之增大,对电源变换芯片的输出电流和 DSP 芯片的散热提出了一定的要

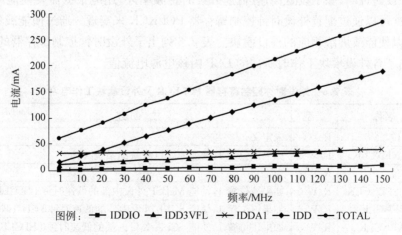

图 2.3 F281x 芯片的电源电流随时钟频率的变化

求。此外,高的时钟频率对 PCB 布线、电磁兼容设计等提出了更高要求。因此,在满足系统对 DSP 运算能力要求的前提下,宜选取较低的时钟频率。

2.1.3 外设时钟的配置

F281x 芯片内部集成了丰富的外设模块,这些模块工作时均需要时钟模块为其提供专门的时钟信号,如图 2.1 所示。片内外设模块的时钟可分为三类,低速外设包括 SCI-A、SCI-B、SPI 和 McBSP 等串行接口外设,高速外设包括 EV-A、EV-B、A/D 转换器等并行接口外设,而 eCAN 模块直接以 CPU 的时钟输出 SYSCLKOUT 作为时钟源。时钟模块提供了高速/低速外设时钟寄存器(HISPCP 和 LOSPCP),分别用来设置高速/低速外设时钟相对 CPU 时钟 SYSCLKOUT 的分频系数。寄存器 HISPCP 和 LOSPCP 的功能描述如表 2.4 和表 2.5 所示。

表 2.4　高速外设时钟预定标寄存器 HISPCP

位	名称	类型	描　　述
15～13	保留位	R-0	未定义
2～0	HSPCLK	R/W-001	位 2～0 配置高速外设时钟相对于 SYSCLKOUT 的分频系数。 • 如果 HSPCLK=0,高速时钟=SYSCLKOUT • 如果 HSPCLK≠0,高速时钟=SYSCLKOUT/(HSPCLK×2) • 系统复位时 HSPCLK=1

表 2.5　低速外设时钟预定标寄存器 LOSPCP

位	名称	类型	描　　述
15～13	保留位	R-0	未定义
2～0	LSPCLK	R/W-010	位 2～0 配置低速外设时钟相对于 SYSCLKOUT 的分频系数。 • 如果 LSPCLK=0,低速时钟=SYSCLKOUT • 如果 LSPCLK≠0,低速时钟=SYSCLKOUT/(LSPCLK×2) • 系统复位时 LSPCLK=2

配置外设时钟时,除了设置高速/低速外设时钟频率外,还应根据需要使能或禁止各外设的时钟,这可以通过配置外设时钟控制寄存器 PCLKCR 来实现。通过使能或禁止外设时钟,从而可以使能或屏蔽相应的外设模块。表 2.6 列出了外设时钟控制寄存器的功能描述,表中还给出了各外设模块工作时所需的 DSP 内核电源电流值。

表 2.6　外设时钟控制寄存器 PCLKCR 及外设模块工作电流

位	名称	类型	描　　述	I_{DD}/mA
15	保留位	R-0	未定义	x
14	ECANENCLK	R/W-0	如果该位置 1,使能 eCAN 模块的系统时钟	12
13	保留位	R-0	未定义	x
12	MCBSPENCLK	R/W-0	如果该位置 1,使能 McBSP 外设内部的低速时钟 LSPCLK	13
11	SCIBENCLK	R/W-0	如果该位置 1,使能 SCI-B 外设内部的低速时钟 LSPCLK	4
10	SCIAENCLK	R/W-0	如果该位置 1,使能 SCI-A 外设内部的低速时钟 LSPCLK	4

续表

位	名称	类型	描 述	I_{DD}/mA
9	保留位	R-0	未定义	x
8	SPIAENCLK	R/W-0	如果该位置1,使能 SPI 外设内部的低速时钟 LSPCLK	5
7~4	保留位	R-0	未定义	x
3	ADCENCLK	R/W-0	如果该位置1,使能 ADC 外设内部的高速时钟 HSPCLK	8
2	保留位	R-0	未定义	x
1	EVBENCLK	R/W-0	如果该位置1,使能 EV-B 外设内部的高速时钟 HSPCLK	6
0	EVAENCLK	R/W-0	如果该位置1,使能 EV-A 外设内部的高速时钟 HSPCLK	6

注: 对于低功耗工作模式,可以通过软件或复位来清零这些外设时钟使能位。

需要特别注意的是,复位时所有外设时钟被禁止,用户必须在对外设模块初始化前配置 PCLKCR。如果未使能相应的外设时钟,则无法对外设模块进行配置,软件调试时会发现无法对外设寄存器进行正确的读写操作。

表 2.6 中还给出了各个外设模块工作所需的电流值。在系统设计时,用户通过配置 PCLKCR 寄存器,有选择性地使能所需的外设模块,屏蔽未使用的外设模块,有利于降低 DSP 芯片的功耗。

例 2.2 将高速和低速外设时钟均设为复位后的默认值,并启动所有外设模块的时钟。

```
void InitPeripheralClocks(void)
{
    EALLOW;
    SysCtrlRegs.HISPCP.all = 0x0001;     //HSPCLK = SYSCLK/2
    SysCtrlRegs.LOSPCP.all = 0x0002;     //LSPCLK = SYSCLK/4
    //这里启动所有片内外设模块的时钟
    SysCtrlRegs.PCLKCR.bit.EVAENCLK = 1;
    SysCtrlRegs.PCLKCR.bit.EVBENCLK = 1;
    SysCtrlRegs.PCLKCR.bit.SCIAENCLK = 1;
    SysCtrlRegs.PCLKCR.bit.SCIBENCLK = 1;
    SysCtrlRegs.PCLKCR.bit.MCBSPENCLK = 1;
    SysCtrlRegs.PCLKCR.bit.SPIENCLK = 1;
    SysCtrlRegs.PCLKCR.bit.ECANENCLK = 1;
    SysCtrlRegs.PCLKCR.bit.ADCENCLK = 1;
    EDIS;
}
```

2.1.4 低功耗模式

1. 低功耗模式概述

对于那些功耗比较敏感的 DSP 系统,如依靠电池供电的手持式设备,F281x 还提供了三种低功耗工作模式,各种模式下的时钟工作状态、唤醒条件和相应的 DSP 内核工作电流如表 2.7 所列。F281x 与 F240x 的低功耗模式基本相同,三种低功耗模式如下。

表 2.7　F281x 的低功耗模式

工作模式	LPMCR0[1:0]	OSCCLK	CLKIN	SYSCLKOUT	唤醒信号或条件	I_{DD}/mA
NORMAL	xx	ON	ON	ON	—	195
IDLE	00	ON	ON	ON	$\overline{XRS}$,WAKEINT, XNMI_XINT13 任何被使能的中断	125
STANDBY	01	ON (看门狗仍然运行)	OFF	OFF	$\overline{XRS}$,WAKEINT XINT1,XNMI_XINT13 $\overline{T1/2/3/4CTRIP}$ $\overline{C1/2/3/4/5/6/TRTP}$ SCIRXDA,SCIRXDB CANRX,仿真调试器	5
HALT	1x	OFF (振荡器、锁相环和看门狗均停止工作)	OFF	OFF	$\overline{XRS}$,XNMI_XINT13 仿真调试器	0.07

（1）IDLE 模式：只要将 LPMCR0[1:0]清零就可以进入 IDLE 模式,在这种低功耗模式下,CPU 不执行任何任务。此后,任何被使能的中断或 NMI 中断均可以使 CPU 退出 IDLE 模式。

（2）HALT 模式：只有复位信号$\overline{XRS}$和外部的 XNMI 信号能够唤醒处理器,使其退出 HALT 模式。在 XMNICR 寄存器中,有一位可以使能/禁止 XNMI 信号送至处理器。

（3）STANDBY 模式：用户必须在 LPMCR1 寄存器中设定哪些信号可以唤醒处理器。所有被使能的唤醒信号(包括 XNMI)都能将处理器从 STANDBY 模式唤醒。在唤醒处理器之前,需要通过 OSCCLK 量化选定的唤醒信号,量化过程所需的 OSCCLK 周期数目通过 LPMCR0 寄存器设定。

2. 低功耗模式寄存器

低功耗模式是通过寄存器 LPMCR0 和 LPMCR1 来设置的,表 2.8 和表 2.9 列出了这些寄存器的功能描述。需要指出,只有执行 IDLE 指令后,设定的低功耗模式才会生效。因此,在执行 IDLE 指令前,用户需要通过设定低功耗模块(low power module,LPM)寄存器选择期望的低功耗模式。

表 2.8　低功耗模式寄存器 0(LPMCR0)

位	名称	类型	唤醒信号或条件
15~18	保留	R-0	未定义
7~2	QUALSTDBY	R/W-1	设置 CPU 从低功耗模式唤醒到正常工作模式时,唤醒信号所需持续的 OSCCLK 时钟周期数目 000000=2 OSCCLKs 000001=3 OSCCLKs ⋮ 111111=65 OSCCLKs
1,0	LPM	R/W-0	设置 DSP 芯片的低功耗模式,见表 2.7

表 2.9 低功耗模式寄存器 1(LPMCR1)

位	名称	类型	描 述
15	CANRX	R/W-0	
14	SCIRXB	R/W-0	
13	SCIRXA	R/W-0	• 如果相应的位设为 1,将使能对应的信号将 DSP 芯片
12:7	C6TRIP:C1TRIP	R/W-0	从低功耗模式中唤醒,进入正常工作模式
6:3	T4CTRIP:T1CTRIP	R/W-0	• 如果设为 0,则屏蔽该信号的唤醒功能
2	WDINT	R/W-0	• 系统复位时所有位被清零
1	XNMI	R/W-0	
0	XINT1	R/W-0	

2.1.5 看门狗

在设计 DSP 应用系统时,可靠性是一个必须考虑且非常重要的问题,尤其是在某些环境恶劣的工业生产现场,系统的抗干扰能力显得尤为重要。为了解决干扰问题,除了对干扰源采取各种抑制措施外,在系统设计时应该采取一些专门的防范措施,尽可能避免由于外界干扰而引起的程序"跑飞"或"死机"现象,以免导致系统工作异常。

为了提高系统的抗干扰能力,F281x 系列 DSP 芯片中配置了称作看门狗(Watch Dog)的定时电路。看门狗模块监视系统软件和硬件的运行,它可以按照用户设定的时间间隔产生中断或复位系统。如果软件进入非正常循环或运行到非法的程序空间,使得系统无法正常工作,那么看门狗定时器的计数器上溢,可以产生一个中断或复位信号,使系统进入用户预先设定的状态。在大多数情况下,系统由于外界干扰而引起的异常情况可以通过看门狗模块的操作清除,使系统恢复至正常工作状态。因此,合理配置看门狗模块,可大大提高系统运行的稳定性和可靠性。

F281x 片内的看门狗模块与 F240x 系列 DSP 芯片相同,其功能框图如图 2.4 所示。当 8 位的看门狗计数器进行加计数到最大值(0xFF)时,用户可选择看门狗模块通过 $\overline{\text{WDRST}}$ 输出一个低电平脉冲来复位 CPU,或通过 $\overline{\text{WDINT}}$ 来产生一个外设中断事件,该低电平脉冲的宽度等于 512 个振荡器时钟周期。在系统正常工作时,为了避免看门狗模块产生不希望的脉冲信号,需要用户屏蔽看门狗模块或软件周期性地向看门狗复位寄存器 WDKEY 写入序列 0x55+0xAA 来为看门狗计数器清零。

在低功耗模式下,看门狗中断信号 $\overline{\text{WDINT}}$ 可以用来将 CPU 从 IDLE 或 STANDBY 低功耗模式唤醒,所以也可以被当作低功耗唤醒定时器使用。

(1) 在 STANDBY 模式下,除看门狗模块正常工作外,其他外设均被关闭。此时, $\overline{\text{WDINT}}$ 信号送至低功耗模块,从而可以将器件从 STANDBY 模式中唤醒。

(2) 在 IDLE 模式下, $\overline{\text{WDINT}}$ 信号能够向 CPU 产生中断 WAKEINT,使得 CPU 退出 IDLE 模式。

系统控制和状态寄存器 SCSR 包含看门狗溢出位和看门狗中断禁止/使能位,表 2.10 列出了该寄存器的功能描述。

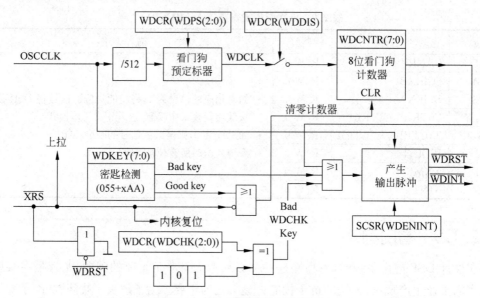

图 2.4　看门狗模块的功能框图

表 2.10　系统控制和状态寄存器 SCSR

位	名称	类型	描　述
15～13	保留位	R-0	未定义
2	WDINTS	R-1	看门狗中断状态位。反映了看门狗中断信号$\overline{\text{WDINT}}$的当前状态
1	WDENINT	R/W-0	看门狗中断使能 1　看门狗复位信号被禁止,看门狗中断信号使能 0　看门狗复位信号被使能,看门狗中断信号被禁止
0	WDOVERRIDE	R/W1C-1	• 如果该位置 1,允许用户改变看门狗控制寄存器(WDCR)中的看门狗禁止位 WDDIS 的状态 • 如果该位清零,则用户不能通过将位 WDDIS 置 1 改变其状态。该位清零后,只有系统复位才能改变状态

注:W1C 表示对该位写 1 可将该位清零。

为了使看门狗模块正常工作,需要配置 3 个看门狗寄存器,如表 2.11～表 2.13 所示。

表 2.11　看门狗计数寄存器 WDCNTR

位	名称	类型	描　述
15～18	保留	R-0	未定义
7～0	WDCNTR	R/W-0	• 寄存器的低 8 位反映看门狗计数器的当前计数值 • 8 位计数器根据看门狗时钟 WDCLK 连续加计数 • 如果计数器溢出,看门狗触发一次复位或中断事件 • 如果向 WDKEY 寄存器写入有效的数据序列,将清零计数器

表 2.12　看门狗复位寄存器 WDKEY

位	名称	类型	描　述
15～18	保留	R-0	未定义
7～0	WDKEY	R/W-0	依次写入 0x55 和 0xAA 将清零看门狗计数器 WDCNTR,写其他值会立即使看门狗触发一次复位事件。读该寄存器将返回 WDCR 寄存器的值

表 2.13　看门狗控制寄存器 WDCR

位	名称	类型	描　述
15~18	保留	R-0	未定义
7	WDFLAG	R/W1C-0	看门狗复位状态标志位 • 如果该位为 1,表示看门狗复位($\overline{\text{WDRST}}$)触发了复位事件 • 如果等于 0,表示是上电复位或外部复位事件 • 用户只有写 1 才能使该位清零,写 0 无影响
6	WDDIS	R/W1C-0	• 写 1 到该位,屏蔽看门狗模块;写 0 使能看门狗模块 • 只有当 SCSR 寄存器的位 WDOVERRIDE=1 时,才允许改变 WDDIS 的值 • 系统复位后,看门狗模块被使能
5~3	WDCHK (2~0)	R/W-0	• 当对该寄存器执行写操作时,WDCHK(2~0)必须设为 101 • 如果看门狗已使能,写其他任何值会立即复位处理器
2~0	WDPS (2~0)	R/W-0	配置看门狗计数器时钟(WDCLK)相对于 OSCCLK/512 的分频系数,用于设置看门狗溢出时低电平脉冲的宽度 • 如果 WDPS=000,则 WDCLK=OSCCLK/512/1 • 如果 WDPS≠000,则 WDCLK=OSCCLK/512/$2^{(\text{WDPS}-1)}$

例 2.3　下面的函数分别实现屏蔽、使能和复位看门狗定时器。

```
void DisableDog(void)            //屏蔽看门狗定时器
{
    EALLOW;
    SysCtrlRegs.WDCR = 0x0068;   //WDDIS = 1,WDCHK = 101,WDPS = 000
    EDIS;
}
void EnableDog(void)             //使能看门狗定时器
{
    EALLOW;
    SysCtrlRegs.WDCR = 0x0028;   //WDDIS = 0,WDCHK = 101,WDPS = 000
    EDIS;
}
void KickDog(void)               //复位看门狗定时器,清零看门狗计数寄存器
{
    EALLOW;
    SysCtrlRegs.WDKEY = 0x0055;
    SysCtrlRegs.WDKEY = 0x00AA;
    EDIS;
}
```

例 2.4　下面的函数完成系统初始化。具体操作包括:①屏蔽看门狗模块;②设定 PLL 的倍频系数为 10;③配置高速/低速外设时钟的预定标因子;④使能相应外设时钟。

```
void InitSysCtrl(void)      //初始化系统控制寄存器
{
    DisableDog();           //屏蔽看门狗模块
    InitPll(0x0A);          //初始化寄存器 PLLCR 为 0x0A
```

```
            InitPeripheralClocks();    //初始化高速和低速外设时钟,使能外设模块的时钟
}
```

外部复位引脚$\overline{XRS}$和看门狗溢出均可以复位 CPU,用户可以通过软件判断看门狗标志位(WDFLAG)来区别这两种情形。当$\overline{XRS}=0$ 时,WDFLAG 被强制置为低电平。而只有当$\overline{XRS}=1$且检测到$\overline{WDRST}$信号的上升沿时,WDFLAG 才会被置1。当$\overline{WDRST}$变为高电平时,如果外部复位使得$\overline{XRS}=0$,则 WDFLAG 仍保持低电平。在典型的应用系统中,$\overline{WDRST}$信号被配置为连接到信号$\overline{XRS}$,这样,如果有看门狗复位事件发生,$\overline{XRS}$将保持512个振荡器周期的低电平脉冲。因此,要区分是看门狗复位还是外部的器件复位操作,需要复位引脚$\overline{XRS}$上的低电平持续时间大于看门狗输出的脉冲宽度。通常,用户在软件调试阶段屏蔽看门狗模块,当软件调试完成后,可根据需要使能看门狗模块的监视功能,以提高系统的抗干扰能力。

2.2　CPU 定时器

TMS320F281x 片内包含 3 个 32 位的通用定时器,分别标记为 TIMER0/1/2。其中,定时器 1 和定时器 2 预留给实时操作系统使用(如 DSP-BIOS),只有定时器 0 供用户程序使用。在应用系统设计时,如果不需要实时操作系统支持,3 个定时器均可以供用户程序使用。需要指出,第 7 章介绍的每个事件管理器模块包含了两个 16 位的通用定时器,既可以用作定时器产生定时事件,如设定 PWM 脉冲周期;也可以用作计数器对外部输入的脉冲进行计数操作,如对增量式光电编码器输出的脉冲进行计数。而这里的 32 位定时器模块没有对应的外部引脚,只能当作通用定时器使用,而无法对外部脉冲进行计数操作。为便于区别,这里的定时器称作 CPU 定时器,图 2.5 给出了 CPU 定时器的功能框图。

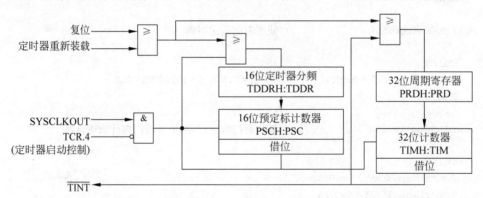

图 2.5　CPU 定时器功能框图

利用定时器产生的定时中断可以触发周期性的事件,如设定数字控制系统的采样周期、人机接口中键盘的扫描周期、显示器的刷新周期等。在 F281x 器件中,三个 CPU 定时器的中断信号(TINT0、TINT1、TINT2)与 DSP 中断信号间的连接关系如图 2.6 所示。其中,定时器 1 和定时器 2 为 CPU 级中断,而定时器 0 为外设级中断(PIE),两种中断系统的响应流程见 2.4 节。

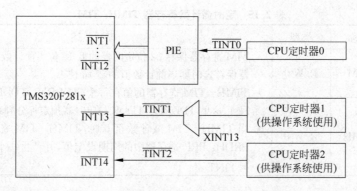

图 2.6 定时器中断

如图 2.5 所示,CPU 定时器只有一种计数模式,其工作原理如下:首先,CPU 将周期寄存器 PRDH:PRD 中设定的定时时间常数装入 32 位的计数寄存器 TIMH:TIM 中,然后计数寄存器根据 CPU 的时钟 SYSCLKOUT 递减计数。当计数器值为零时,定时器中断信号产生一个中断脉冲。表 2.14 中列出了用于配置 CPU 定时器的寄存器,表 2.15~表 2.18列出了各个寄存器的功能描述,图 2.7 给出了预定标寄存器的位定义。

表 2.14 定时器的配置与控制寄存器

名称	地址	占用地址/16 位	描 述
TIMER0TIM	0x00000C00	1	CPU 定时器 0,计数寄存器(低 16 位)
TIMER0TIMH	0x00000C01	1	CPU 定时器 0,计数寄存器(高 16 位)
TIMER0PRD	0x00000C02	1	CPU 定时器 0,周期寄存器(低 16 位)
TIMER0PRDH	0x00000C03	1	CPU 定时器 0,周期寄存器(高 16 位)
TIMER0TCR	0x00000C04	1	CPU 定时器 0,控制寄存器
保留	0x00000C05		保留空间
TIMER0TPR	0x00000C06	1	CPU 定时器 0,预定标寄存器(低 16 位)
TIMER0TPRH	0x00000C07	1	CPU 定时器 0,预定标寄存器(高 16 位)
TIMER1TIM	0x00000C08	1	CPU 定时器 1,计数寄存器(低 16 位)
TIMER1TIMH	0x00000C09	1	CPU 定时器 1,计数寄存器(高 16 位)
TIMER1PRD	0x00000C0A	1	CPU 定时器 1,周期寄存器(低 16 位)
TIMER1PRDH	0x00000C0B	1	CPU 定时器 1,周期寄存器(高 16 位)
TIMER1TCR	0x00000C0C	1	CPU 定时器 1,控制寄存器
保留	0x00000C0D	1	保留空间
TIMER1TPR	0x00000C0E	1	CPU 定时器 1,预定标寄存器(低 16 位)
TIMER1TPRH	0x00000C0F	1	CPU 定时器 1,预定标寄存器(高 16 位)
TIMER2TIM	0x00000C10	1	CPU 定时器 2,计数寄存器(低 16 位)
TIMER2TIMH	0x00000C11	1	CPU 定时器 2,计数寄存器(高 16 位)
TIMER2PRD	0x00000C12	1	CPU 定时器 2,周期寄存器(低 16 位)
TIMER2PRDH	0x00000C13	1	CPU 定时器 2,周期寄存器(高 16 位)
TIMER2TCR	0x00000C14	1	CPU 定时器 2,控制寄存器
保留	0x00000C15	1	保留空间
TIMER2TPR	0x00000C16	1	CPU 定时器 2,预定标寄存器(低 16 位)
TIMER2TPRH	0x00000C17	1	CPU 定时器 2,预定标寄存器(高 16 位)

表 2.15　定时器计数寄存器 TIMH：TIM

位	名称	类型	描　述
15～0	TIM	R/W-0	• TIM 寄存器保存 32 位定时器的低 16 位当前计数值,TIMH 寄存器保存定时器当前计数值的高 16 位
15～0	TIMH	R/W-0	• TIMH：TIM 寄存器的值在每个(TDDRH：TDDR+1)时钟周期减 1,这里 TDDRH：TDDR 是定时器预定标分频系数 • 当 TIMH：TIM 减计数至 0 时,TIMH：TIM 寄存器重新装载 PRDH：PRD 寄存器中的周期设定值,并产生一个定时器中断信号$\overline{\text{TINT}}$

表 2.16　定时器周期寄存器 PRDH：PRD

位	名称	类型	描　述
15～0	PRD	R/W-0	• 寄存器 PRD 保存 32 位周期值的低 16 位,寄存器 PRDH 保存 32 位周期寄存器的高 16 位
15～0	PRDH	R/W-0	• 当计数寄存器 TIMH：TIM 减计数至 0 时,在下一个定时器输入时钟周期(即预定标器的输出)寄存器 PRDH：PRD 中的周期值自动重载到寄存器 TIMH：TIM 中 • 用户也可以通过在定时器控制寄存器 TCR 中置位定时器重载位 TRB,随时将 PRDH：PRD 中的周期值装载到 TIMH：TIM 中

表 2.17　定时器控制寄存器 TCR

位	名称	类型	描　述
15	TIF	R/W-0	CPU 定时器中断标志位 • 当定时器减计数至 0 时该位置 1 • 通过软件向该位写 1 可以使之清零,写 0 无影响
14	TIE	R/W-0	CPU 定时器中断使能 如果定时器减计数至 0,且该位置 1,则定时器产生一个中断请求
13,12	保留	R-0	未定义
11 10	FREE SOFT	R/W-0 R/W-0	CPU 定时器的仿真模式：在高级语言调试模式下,用于设定当遇到断点时定时器的工作状态 FREE　SOFT　　CPU 定时器的仿真模式 0　　　0　　在 TIMH：TIM 减计数一次后定时器停止 0　　　1　　在 TIMH：TIM 减计数至 0 后定时器停止 1　　　x　　定时器自由运行,不受断点影响
9～6	保留	R-0	未定义
5	TRB	R/W-0	CPU 定时器的重载控制位 当向 TRB 写 1 时,寄存器 PRDH：PRD 中的值载入寄存器 TIMH：TIM 中,定时器分频寄存器(TDDRH：TDDR)中的值载入预定标寄存器(PSCH：PSC)。读 TRB 时返回值始终为 0
4	TSS	R/W-0	CPU 定时器停止状态位,该状态标志可表明定时器的启动/停止状态 • 写 1 到 TSS 停止定时器,写 0 到 TSS 启动定时器 • 复位时 TSS 清零,定时器立即启动
3～0	保留	R-0	未定义

表 2.18 定时器预定标寄存器 TPRH：TPR

位	名称	类型	描　述
15~8	PSC	R-0	CPU 定时器预定标计数器。 PSC、PSCH 中包含了定时器当前预定标值的低 8 位和高 8 位。当 PSCH：PSC 的值大于 1 时，在每个定时器时钟源 SYSCLKOUT 周期，PSCH：PSC 的值减 1。当 PSCH：PSC 减计数至 0 时，在下一个定时器时钟源周期 TDDRH：TDDR 中的值重载到 PSCH：PSC 中，且定时器计数寄存器（TIMH：TIM）的值减 1。复位时，PSCH：PSC 置为 0
15~8	PSCH	R-0	
7~0	TDDR	R/W-0	CPU 定时器分频寄存器。 TDDR、TDDRH 中包含了定时器分频寄存器的低 8 位和高 8 位。每隔（TDDRH：TDDR＋1）个定时器时钟周期，定时器计数寄存器（TIMH：TIM）的值减 1。为了将总的定时器计数周期增大 n 倍，写值（$n-1$）至 TDDRH：TDDR。复位时 TDDRH：TDDR 被清零。当软件置位 TRB 时，自动重载 TDDRH：TDD 至 PSCH：PSC 中
7~0	TDDRH	R/W-0	

```
15                    8 7                    0
┌─────────────────────┬─────────────────────┐
│        PSC          │        TDDR          │
│        R- 0         │        R/W- 0        │
15                    8 7                    0
│        PSCH         │        TDDRH         │
│        R- 0         │        R/W- 0        │
└─────────────────────┴─────────────────────┘
```

图 2.7　预定标寄存器的位定义

例 2.5　在下面给出的定时器初始化函数中，周期寄存器的值由 DSP 的时钟频率 Freq（MHz）和用户设定的定时周期 Period(μs）两个参数设定，初始化后定时器处于停止状态。

```
void ConfigCpuTimer(struct CPUTIMER_VARS * Timer,float Freq,float Period)
{
    unsigned long temp;
    Timer ->CPUFreqInMHz = Freq;
    Timer ->PeriodInUSec = Period;

    temp = (long) (Freq * Period);      //例如,150MHz×100μs = 15 000
    Timer ->RegsAddr ->PRD.all = temp;
    Timer ->RegsAddr ->TPR.all = 0;     //设置预定标寄存器,使得预分频系数为1
    Timer ->RegsAddr ->TPRH.all = 0;
    //Initialize timer control register
    Timer ->RegsAddr ->TCR.bit.TSS = 1;  //1 = 停止定时器,0 = 启动定时器
    Timer ->RegsAddr ->TCR.bit.TRB = 1;  //1 = 重载定时器的周期值
    Timer ->RegsAddr ->TCR.bit.SOFT = 1;
    Timer ->RegsAddr ->TCR.bit.FREE = 1; //定时器自由运行
    Timer ->RegsAddr ->TCR.bit.TIE = 1;  //1 = 定时器中断使能
}
```

此后，可以在 main() 中调用定时器初始化函数，并启动定时器。

```
ConfigCpuTimer(&CpuTimer0,150,100);     //CPU 时钟频率 150MHz,定时周期 100μs
CpuTimer0Regs.TCR.bit.TSS = 0           //启动定时器计数操作
```

2.3 通用数字 I/O

数字 I/O 是微处理器系统和外界联系的一种典型接口。例如,通过数字输入可检测外部引脚的逻辑电平变化,如键盘/开关的状态、故障信号的有/无等;通过设置数字输出为高电平或低电平,可控制外部设备的开关状态,如电动机的启动/停止、指示灯的亮/灭等。F281x 芯片提供了多达 56 个通用 I/O 引脚(GPIO),这些端口中绝大部分是功能复用的引脚,既可以用作通用 I/O 接口实现一般的数字信号输入/输出,也可以专门用作片内外设接口,如 SCI,SPI 接口等。当某个外设模块被屏蔽时,对应的引脚可以用作通用 I/O,从而提高了 DSP 芯片的引脚利用率。

2.3.1 GPIO 概述

F281x 器件上的这些复用引脚既可以配置为数字 I/O,也可以用作外设 I/O 信号,其工作模式是通过寄存器 GPxMUX 来配置的。如果配置为数字 I/O 模式,则通过寄存器 GPxDIR 可以选择该引脚为输入或输出,且通过 GPxQUAL 寄存器可以量化输入信号以消除不希望的噪声。这些 GPIO 端口共分为六组(即 A、B、D、E、F、G、H,见附录 A 中的表 A.2),每组最多包含 16 个 GPIO 信号,表 2.19 列出了 GPIO 的寄存器。

表 2.19 通用 I/O 的寄存器

名　称	地　址	占用地址(16 位)	描　　述
GPAMUX	0x000070C0	1	GPIO A 模式选择寄存器
GPADIR	0x000070C1	1	GPIO A 方向控制寄存器
GPAQUAL	0x000070C2	1	GPIO A 输入量化寄存器
GPBMUX	0x000070C4	1	GPIO B 模式选择寄存器
GPBDIR	0x000070C5	1	GPIO B 方向控制寄存器
GPBQUAL	0x000070C6	1	GPIO B 输入量化寄存器
GPDMUX	0x000070CC	1	GPIO D 模式选择寄存器
GPDDIR	0x000070CD	1	GPIO D 方向控制寄存器
QPDQUAL	0x000070CE	1	GPIO D 输入量化寄存器
GPEMUX	0x000070D0	1	GPIO E 模式选择寄存器
GPEDIR	0x000070D1	1	GPIO E 方向控制寄存器
GPEQUAL	0x000070D2	1	GPIO E 输入量化寄存器
GPFMUX	0x000070D4	1	GPIO F 模式选择寄存器
GPFDIR	0x000070D5	1	GPIO F 方向控制寄存器
GPGMUX	0x000070D8	1	GPIO G 模式选择寄存器
GPGDIR	0x000070D9	1	GPIO G 方向控制寄存器

如果引脚被配置为数字 I/O 且为输出模式,则可以通过寄存器 GPxSET 将 I/O 引脚置 1(高电平),寄存器 GPxCLEAR 将 I/O 置 0(低电平),寄存器 GPxTOGGLE 将 I/O 状态在 0 与 1 间切换,而寄存器 GPxDATA 可以直接设定 I/O 引脚的状态。此外,不管是在输入

模式还是输出模式下,引脚状态均可以通过 GPxDAT 寄存器读取。表 2.20 列出了 GPIO 的数据寄存器。

表 2.20 通用 I/O 的数据寄存器

名 称	地 址	占用地址(16 位)	描 述
GPADAT	0x000070E0	1	GPIO A 数据寄存器
GPASET	0x000070E1	1	GPIO A 置位寄存器
GPACLEAR	0x000070E2	1	GPIO A 清除寄存器
GPATOGGLE	0x000070E3	1	GPIO A 取反寄存器
GPBDAT	0x000070E4	1	GPIO B 数据寄存器
GPBSET	0x000070E5	1	GPIO B 置位寄存器
GPBCLEAR	0x000070E6	1	GPIO B 清除寄存器
GPBTOGGLE	0x000070E7	1	GPIO B 取反寄存器
GPDDAT	0x000070EC	1	GPIO D 数据寄存器
GPDSET	0x000070ED	1	GPIO D 置位寄存器
QPDCLEAR	0x000070EE	1	GPIO D 清除寄存器
GPDTOGGLE	0x000070EF	1	GPIO D 取反寄存器
GPEDAT	0x000070F0	1	GPIO E 数据寄存器
GPESET	0x000070F1	1	GPIO E 置位寄存器
GPECLEAR	0x000070F2	1	GPIO E 清除寄存器
GPETOGGLE	0x000070F3	1	GPIO E 取反寄存器
GPFDAT	0x000070F4	1	GPIO F 数据寄存器
GPFSET	0x000070F5	1	GPIO F 置位寄存器
GPFCLEAR	0x000070F6	1	GPIO F 清除寄存器
GPFTOGGLE	0x000070F7	1	GPIO F 取反寄存器
GPGDAT	0x000070F8	1	GPIO G 数据寄存器
GPGSET	0x000070F9	1	GPIO G 置位寄存器
GPGCLEAR	0x000070FA	1	GPIO G 清除寄存器
GPGTOGGLE	0x000070FB	1	GPIO G 取反寄存器

当复用引脚配置为输入模式时,这些输入信号既可以送至 GPIO 又可以送至外设。而在输出模式下,这些引脚可通过多路开关选择为 GPIO 或外设专用。由于每一引脚的输出经缓冲后又接至输入缓冲器,引脚上的 GPIO 信号同样会传送至外设模块。因此,当某一引脚配置为 GPIO 模式时,必须屏蔽相应的外设功能(包括中断信号的产生),否则,会触发不希望的中断。通用 I/O 引脚的工作模式配置如图 2.8 所示。

此外,F281x 还提供了输入量化功能,以消除来自外部信号中不期望的噪声或干扰脉冲,如图 2.9 所示。输入信号首先与 DSP 的内核时钟 SYSCLKOUT 同步,然后该信号经过设定周期数的量化后作为 I/O 输入信号或外设输入信号。其中,寄存器 GPxQUAL 用于指定量化采样周期数,见表 2.21。图 2.10 给出了量化过程的输入/输出信号波形,图中设定采样窗口宽度是 6 个量化周期,只有在一个采样窗口中所有的采样值均是 0 或 1 时,量化输出信号才会改变,这样可以消除输入信号中不希望的毛刺和干扰脉冲。

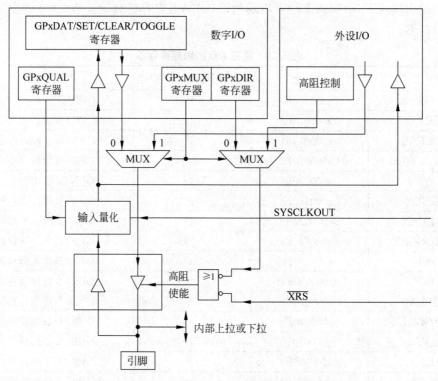

图 2.8　GPIO/外设引脚的工作模式

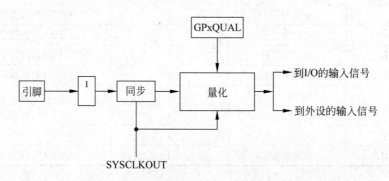

图 2.9　应用输入量化消除不希望的信号噪声

表 2.21　通用 I/O 的量化寄存器 GPxQUAL

位	名称	类型	描　　　述
15～8	保留位	R-0	
7～0	QUALPRD	R/W-0	0x00　无量化过程(只与 SYSCLKOUT 时钟同步) 0x01　2 个 SYSCLKOUT 周期的量化过程 0x02　4 个 SYSCLKOUT 周期的量化过程 ⋮ 0xFF　510 个 SYSCLKOUT 周期的量化过程

注：某些引脚(如 F、G 组 GPIO)不具有输入量化功能。

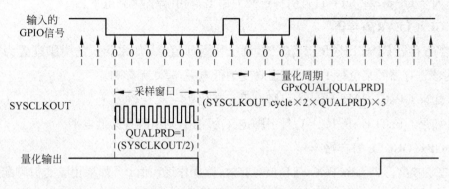

图 2.10　量化过程的输入/输出信号

2.3.2　GPIO 寄存器

每一组通用 I/O 引脚均由一组寄存器(GPxMUX、GPxDIR、GPxDAT、GPxSET、GPxCLEAR、GPxTOGGLE)来实现 GPIO 引脚的配置和控制,见表 2.19 和表 2.20。

1. GPxMUX 寄存器

通过模式寄存器 GPxMUX 可以选择引脚作为专用外设还是通用 I/O 模式。复位时,所用通用 I/O 引脚被设定为 I/O 模式。

- 如果 GPxMUX.bit=0,则引脚配置为通用数字 I/O 模式;
- 如果 GPxMUX.bit=1,那么引脚配置为专用的外设功能。

2. GPxDIR 寄存器

如果引脚设为数字 I/O 模式,则通过方向寄存器(GPxDIR)可以配置相应的 I/O 引脚为输入还是输出。复位时,所用通用 I/O 引脚被设定为输入。

- 如果 GPxDIR.bit=0,则引脚被配置为输入;
- 如果 GPxDIR.bit=1,那么引脚被配置为输出。

3. GPxDAT 寄存器

读数据寄存器 GPxDAT 的数值反映了引脚输入信号的当前状态。当引脚被配置为输出模式时,写该寄存器可设定相应引脚的状态。

- 如果 GPxDAT.bit=0,且引脚定义为输出,则引脚置为低电平;
- 如果 GPxDAT.bit=1,且引脚定义为输出,则引脚置为高电平。

4. GPxSET 寄存器

置位寄存器 GPxSET 仅写有效,读操作返回值 0。如果相应的引脚配置为输出模式,则对该寄存器的某位写 1 时对应引脚变为高电平,写 0 无影响。

- 如果 GPxSET.bit=0,引脚电平无变化;

- 如果 GPxSET. bit＝1,且引脚定义为输出,则引脚置为高电平。

5. GPxCLEAR 寄存器

清零寄存器 GPxCLEAR 仅写有效,读操作返回值 0。如果相应的引脚配置为输出模式,则对该寄存器的某位写 1 时对应引脚变为低电平,写 0 无影响。

- 如果 GPxCLEAR. bit＝0,引脚电平无变化;
- 如果 GPxCLEAR. bit＝1,且引脚定义为输出,则引脚置为低电平。

6. GPxTOGGLE 寄存器

状态切换寄存器 GPxTOGGLE 仅写有效,读操作返回值 0。如果相应的引脚配置为输出模式,则对该寄存器的某位写 1 时对应引脚电平切换一次,而写 0 无影响。

- 如果 GPxTOGGLE. bit＝0,引脚电平无变化;
- 如果 GPxTOGGLE. bit＝1,且引脚设定为输出,则该引脚电平切换一次(从 0 变为 1 或从 1 变为 0)。

例 2.6　采用位域结构方式定义的寄存器(见 10.1 节),完成 GPIO A 组和 GPIO B 组端口的初始化。

```
void InitGpio(void)                              //初始化 GPIO 引脚为设定模式
{
    EALLOW;
    GpioMuxRegs.GPAMUX.all = 0x0000;             //配置 GPIO A 为数字 I/O 引脚
    GpioMuxRegs.GPADIR.all = 0xFF00;             //高字节对应的端口为输出,低字节为输入
    GpioMuxRegs.GPAQUAL.all = 0x0000;            //不使用输入量化功能
    GpioDataRegs.GPADAT.all = 0xAA00;            //设置输出端口状态
    GpioDataRegs.GPASET.all = 0xAA00;            //置位输出端口状态
    GpioDataRegs.GPACLEAR.all = 0x5500;          //清零输出端口状态
    GpioDataRegs.GPATOGGLE.all = 0xFF00;         //切换输出端口状态
    GpioMuxRegs.GPBMUX.all = 0xFFFF;             //配置 GPIO B 为外设引脚,用作 EV B 信号
    GpioMuxRegs.GPBQUAL.all = 0x0000;            //不使用输入量化功能
    EDIS;
}
```

2.4　外设中断扩展模块

DSP 芯片内部的 CPU 通常连接有一定数量的外围设备(片内或片外),如片内的 ADC、SCI、SPI 模块以及扩展的外部设备等。在 DSP 系统工作时,CPU 按照什么方式对这些设备进行管理或控制呢? 一种方法是在程序执行过程中,采用查询的方法逐一地、按照一定的顺序检查每一个外设,如果哪个外设需要服务,程序转向该外设的服务子程序,该子程序执行结束后返回,再检查下一个外设,如此反复循环。显然,这种处理方法会浪费许多 CPU 时间,效率低下,尤其是在系统需要服务的外设比较多,而实时性要求又较高时,不适宜采用这种顺序查询的方式。另一种方法是采用中断处理方法,即每个外设都指定一个需要服务的中断向量,并将这些中断向量按照预定次序排列成一个表,称作中断向量表。这时,正常情

况下 CPU 按照程序预定的顺序执行。当外设有事件产生需要 CPU 来服务或处理时,即发出中断请求信号,CPU 接收到这个请求后暂停工作,保护现场。然后,判断当前有几个中断请求信号,如果有多个中断请求,则按照中断向量表中设定的优先级进行服务,即首先转向中断优先级最高的外设中断服务程序处,待该中断服务子程序运行结束,CPU 自动恢复现场,然后根据中断优先级依次执行相应的中断服务程序,直到所有的中断申请得到处理为止,然后从原来程序中止处继续执行。从上述分析可见,采用中断方法处理外设的服务请求可以节省对外设的查询时间,大大提高了 CPU 的效率。因此,在系统使用的外设比较多,对实时性要求又较高时,一般采用中断的方法响应和处理某种突发事件或特定事件的发生。

2.4.1　PIE 控制器概述

F281x 器件内部集成了许多片内外设,每个外设模块能够产生一个或多个中断以响应外设级的中断事件。但 CPU 仅支持一个不可屏蔽中断(non-maskable interrupt,NMI)和16 个可屏蔽的 CPU 级中断请求(INT1~INT14,RTOSINT 和 DLOGINT)。由于 DSP 无法在 CPU 级处理所有的外设中断请求,就需要引入一个专门的 PIE 控制器仲裁来自各种外设中断和外部中断的中断请求。

F281x 的 PIE 将许多中断源复用为一组中断输入,支持 96 个独立的外设中断,这些中断源每 8 个一组,共 12 组中断分别送至 12 个 CPU 级中断(INT1~INT12)。96 个中断有各自的中断向量,这些中断向量保存在专门的 RAM 空间。当 CPU 响应中断时,可自动获得相应的中断向量。CPU 获取中断向量和保存关键的 CPU 寄存器只需 9 个时钟周期,能够快速地响应中断事件。此外,CPU 中断响应的优先级可以通过硬件和软件控制,PIE 模块中的每个中断可以独立地被使能或屏蔽。

F281x 的中断系统可分为三种中断级别,即外设级、PIE 级和 CPU 级中断,图 2.11 给出了 PIE 中断的响应流程,而那些未被复用的中断源(如 INT13 和 INT14)直接送至 CPU。

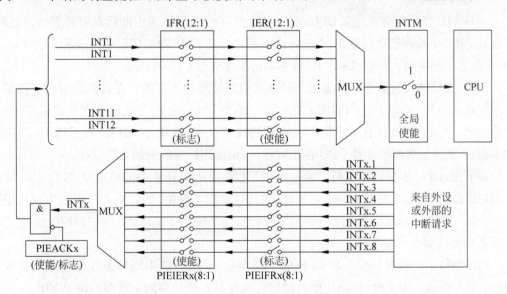

图 2.11　中断扩展模块中复用的中断源

1. 外设级中断

当有一个外设中断事件发生时,特定的外设中断标志寄存器中与该事件对应的中断标志位 IF 置 1。例如,当 ADC 模块完成设定通道数目的 A/D 转换后,可产生一个中断请求,以通知 CPU 读取转换结果。如果相应的中断使能位 IE 已被置 1,则外设向 PIE 控制器产生一个中断请求。如果该中断在外设级被屏蔽,那么除非软件清零 IF,否则 IF 仍然为高电平。如果在中断事件之后才使能该外设中断,且中断标志仍然有效(高电平),则中断请求送至 PIE 控制器。需要注意的是,当外设中断向 PIE 控制器发出中断请求后,外设的中断标志不会自动清除,通常需要在中断服务程序中由用户软件清零,以便能够响应后续的中断请求。

2. PIE 级中断

PIE 模块将 8 个外设或外部中断分为一组,每组复用 1 个 CPU 中断。这些中断共分为 12 组,即 PIE 组 1～PIE 组 12。系统为 PIE 模块共分配了 12 个 CPU 级中断,即 INT1～INT12,一个组内的所有中断共用一个 CPU 级中断。例如,PIE 组 1 复用 CPU 级中断 1 (INT1),PIE 组 12 复用 CPU 级中断 12(INT12)。对于这些复用的中断源,PIE 模块中每个中断有一个对应的标志位 PIEIFRx. y 和使能位 PIEIERx. y,通过这些寄存器控制了 PIE 模块向 CPU 申请中断的流程。此外,每组 PIE 中断还有一个确认位 PIEACKx。

一旦外设中断请求被 PIE 控制器响应,相应的 PIE 中断标志位 PIEIFRx. y 置 1。如果给定中断源的 PIE 中断使能位 PIEIERx. y 已置 1,则 PIE 检查相应的 PIEACKx 位以确定 CPU 是否已准备好响应该组中断。如果该组的 PIEACKx 位已清零,则 PIE 将中断请求送至 CPU。反之,如果 PIEACKx 位置 1,则 PIE 不响应中断请求,直到软件清零该位后才将中断请求送至 INTx。图 2.12 给出了典型的 PIE/CPU 中断响应流程。

3. CPU 级中断

一旦 PIE 将中断请求送至 CPU,那么对应 INTx 的 CPU 级中断标志 IFR 置位。此时,只有在 CPU 中断使能寄存器 IER 或调试中断使能寄存器 DBGIER 中使能相应的 PIE 中断,且使能全局中断控制位(INTM),该中断请求才会被 CPU 响应。

使能 CPU 级可屏蔽中断的要求与具体的中断处理过程有关。在大多数情况下使用标准中断处理过程,无须使用 DBGIER 寄存器。而当 F281x 运行于实时仿真模式且 CPU 运行中止时,中断处理过程有所不同。在这种特殊情况下,使用 DBGIER 而不用 INTM 位。如果 DSP 工作于实时模式且 CPU 在正常运行,则使用标准的中断处理过程。

接下来,CPU 准备处理中断。首先,CPU 清零 IFR 和 IER 中的相应位,置位 INTM 禁止全局中断,刷新流水线并保存返回地址,执行自动现场保护,然后从 PIE 模块中取出中断向量。如果中断请求来自复用的中断源,则 PIE 模块使用 PIEIERx 和 PIEIFRx 寄存器来判断需要处理哪个中断事件。

PIE 为每个中断源分配一个 32 位的中断向量,要执行的中断服务程序地址直接取自 PIE 中断向量表。当 CPU 取出中断向量后自动将 PIE 模块中的中断标志位 PIEIFRx. y 清零。对于给定的中断组,需要用户软件清零 PIE 确认位 PIEACKx 以便能够响应该组随后的中断事件,这通常在中断服务程序中实现,见 2.4.5 节的定时器中断服务程序例程。

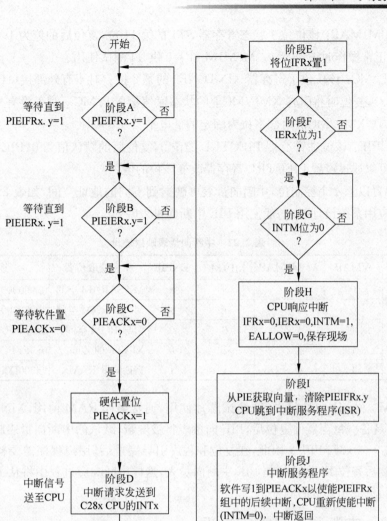

图 2.12 典型的 PIE/CPU 中断响应流程图

2.4.2 中断向量表的映射

中断向量表用于存储每个中断服务程序 ISR 的入口地址（中断向量）。不管是复用还是独立的中断，每个中断源均分配有一个中断向量。一般来说，用户可以在器件初始化过程配置向量表，也可以在程序运行过程中根据需要更新。

在 C281x 系列器件中，中断向量表可以映射到 5 个不同的存储空间。中断向量表主要由以下状态位和引脚信号来配置：

（1）VMAP：该位位于状态寄存器 ST1 的第 3 位，复位后的值为 1。对于 F2810/2812 器件，正常操作时该位置 1。

（2）M0M1MAP：该位位于状态寄存器 ST1 的第 11 位，复位后的值为 1。对于 F2810/2812 器件，正常操作时该位置 1。M0M1MAP=0 供 TI 测试使用。

（3）MP/$\overline{\text{MC}}$：该位位于寄存器 XINTCNF2 的第 8 位。对于有外部接口（XINTF）的器件（如 F2812），复位时将引脚 XMP/$\overline{\text{MC}}$ 上的状态赋值给 MP/$\overline{\text{MC}}$。对于没有外部接口的器件（如 F2810），XMP/MC 被内部下拉为固定的低电平。

（4）ENPIE：该位在寄存器 PIECTRL 的位 0，复位后的默认值为 0（PIE 被屏蔽）。器件复位后，可以通过设置 PIECTRL 寄存器改变该位的值。

通过配置以上 4 个控制位，中断向量表可映射到不同的地址空间，如表 2.22 所示。应该指出，在应用系统设计时，一般使用 PIE 中断向量表映射。

表 2.22　中断向量表映射地址

向量映射	VMAP	M0M1MAP	MP/$\overline{\text{MC}}$	ENPIE	向量获取位置	地址范围
M1 向量	0	0	x	x	M1 SARAM 空间	0x000000～0x00003F
M0 向量	0	1	x	x	M0 SARAM 空间	0x000000～0x00003F
BROM 向量	1	x	0	0	引导 ROM 空间	0x3FFFC0～0x3FFFFF
XINTF 向量	1	x	1	0	XINTF 的 Zone 7	0x3FFFC0～0x3FFFFF
PIE 向量	1	x	x	1	PIE 向量 RAM	0x000D00～0x000DFF

其中，M0 和 M1 向量仅供 TI 测试芯片使用，通常当作 RAM 使用，XINTF 向量只有 F2812 芯片具备。每当器件复位后，PIE 向量表将被屏蔽，默认的中断向量表映射到地址空间 0x3FFFC0～0x3FFFFF。因此，在复位和程序引导完成后，用户程序需要初始化 PIE 中断向量表，然后置位 ENPIE 使能 PIE 中断向量表，这样中断响应过程中将从 PIE 向量表获取中断向量，见 2.4.5 节的例程。

2.4.3　中断源及其响应过程

图 2.13 给出了 F281x 器件上的各个 PIE 中断源，可提供 96 个 PIE 级中断。其中，有 45 个中断是有定义的，包括 41 个片内外设模块中断、两个外部中断（XINT1 和 XINT2）、一个看门狗和低功耗模式复用的中断 $\overline{\text{WAKEINT}}$ 以及用于 CPU 定时器 0 的中断 $\overline{\text{TINT0}}$。除 PIE 中断外，图 2.13 中还包括两个 CPU 级中断和一个 NMI 中断。其中，外部中断 XNMI_XINT13 可以被配置为 INT13 或不可屏蔽中断 NMI。

外设中断向 CPU 申请中断的流程如图 2.14 所示，具体步骤如下：

① 如果任何一个 PIE 中断组的外设或外部中断产生了中断事件，且该外设模块的中断被使能，那么这个中断请求被送至 PIE 模块。

② PIE 模块识别出中断源，并设置相应的中断标志位。例如，如果 PIE 分组 x 内的中断源 y 产生了中断，相应的 PIE 中断标志位被锁存，即 PIEIFRx.y=1。

③ 为了能将中断请求从 PIE 模块送至 CPU，必须满足以下两个条件：

a. PIE 中断使能寄存器中使能了该中断源，即 PIEIERx.y=1；

b. 该中断所属分组的 PIEACKx 位被清零。

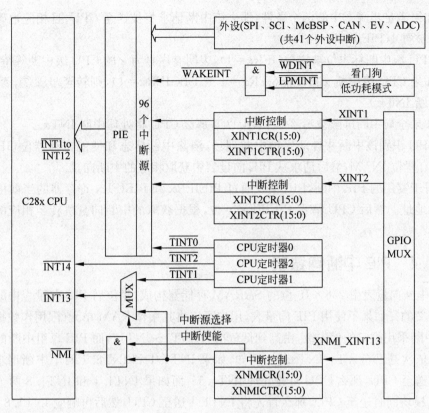

图 2.13　F281x 的中断源

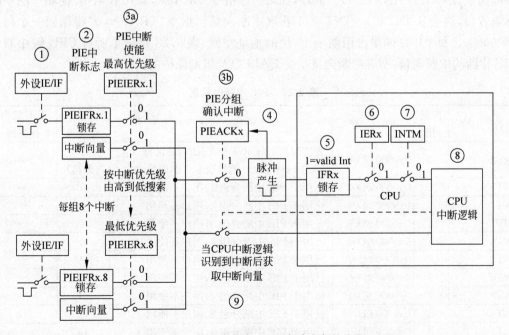

图 2.14　外设中断向 CPU 申请中断的流程

④ 如果满足步骤③中的两个条件,那么该中断请求将被送至CPU,且相应地确认寄存器位自动被置1(PIEACKx=1)。

⑤ CPU级中断标志位被置位(IFRx=1),表明有序号为 x 的 CPU 级中断等待处理。

⑥ 如果 CPU 级中断 x 被使能(IERx=1 或 DBGIERx=1),则转至步骤⑦,否则 CPU 不响应中断 INTx。

⑦ 如果全局中断屏蔽被清零(INTM=0),那么 CPU 将处理中断 INTx。

⑧ CPU 识别该中断并自动保护中断现场,清除中断标志和使能寄存器位(IFRx=0, IERx=0),置位 INTM,然后请求从 PIE 向量表中获取相应的中断向量。

⑨ 对于复用的 PIE 中断,PIE 模块通过 PIEIERx 和 PIEIFRx 寄存器的当前值来确定中断向量地址。然后 CPU 清零 PIEIFRx. y 位,根据获取的中断向量跳转至相应的中断服务程序。

2.4.4 PIE 中断向量表

PIE 中断向量表由 256×16 位的 SARAM 存储器构成,复位后 PIE 向量表中的中断向量是未定义的。如果不使用 PIE 向量表,用户可以将其用作 RAM 单元(限用作数据空间)。CPU 级中断采用固定的优先级,由高到低依次为 INT1~INT12,而 PIE 每组中断的优先级由高到低依次是 INTx. 1~INTx. 8。例如,如果 INT1. 1 和 INT8. 1 两个中断请求由 PIE 模块同时送至 CPU,那么 CPU 首先处理 INT1. 1;而如果 INT1. 1 和 INT1. 8 两个中断请求由 PIE 模块同时送至 CPU,那么首先将 INT1. 1 送至 CPU,然后再响应 INT1. 8。

指令"TRAP1~TRAP12"或"INTR INT1~INTR INT12"从每组中断的开始位置获取中断向量(INT1. 1~INT12. 1)。同样,如果通过指令"OR IFR,♯16 位数值"使相应的中断标志置位,将会从 INT1. 1~INT12. 1 获取中断向量。指令"TRAP ♯0"将返回一个向量 0x000000。每个中断向量占用两个 16 位的地址空间,表 2.23 列出了所有 CPU 级中断和 PIE 中断的中断向量,所有中断向量是受 EALLOW 机制保护的。

表 2. 23 PIE 中断向量表

名　称	向量 ID	地　址	描　述	CPU 优先级	PIE 组内 优先级
Reset	0	0x0000 0D00	复位时从引导 ROM 或 XINTF 区域 7 空间的 0x3F FFC0 地址获取中断向量	1 (最高)	—
INT1	1	0x0000 0D02	已用于 PIE 中断分组 1,用户不使用	5	—
INT2	2	0x0000 0D04	已用于 PIE 中断分组 2,用户不使用	6	—
INT3	3	0x0000 0D06	已用于 PIE 中断分组 3,用户不使用	7	—
INT4	4	0x0000 0D08	已用于 PIE 中断分组 4,用户不使用	8	—
INT5	5	0x0000 0D0A	已用于 PIE 中断分组 5,用户不使用	9	—
INT6	6	0x0000 0D0C	已用于 PIE 中断分组 6,用户不使用	10	—
INT7	7	0x0000 0D0E	已用于 PIE 中断分组 7,用户不使用	11	—
INT8	8	0x0000 0D10	已用于 PIE 中断分组 8,用户不使用	12	—
INT9	9	0x0000 0D12	已用于 PIE 中断分组 9,用户不使用	13	—
INT10	10	0x0000 0D14	已用于 PIE 中断分组 10,用户不使用	14	—

续表

名　称	向量 ID	地　址	描　述	CPU 优先级	PIE 组内 优先级
INT11	11	0x0000 0D16	已用于 PIE 中断分组 11,用户不使用	15	—
INT12	12	0x0000 0D18	已用于 PIE 中断分组 12,用户不使用	16	—
INT13	13	0x0000 0D1A	外部中断 XINT13 或 CPU 定时器 1	17	—
INT14	14	0x0000 0D1C	CPU 定时器 2	18	—
DATALOG	15	0x0000 0D1E	CPU 数据记录中断	19 (最低)	—
RTOSINT	16	0x0000 0D20	CPU 实时操作系统中断	4	—
EMUINT	17	0x0000 0D22	CPU 仿真中断	2	—
NMI	18	0x0000 0D24	外部不可屏蔽中断	3	—
ILLEGAL	19	0x0000 0D26	非法操作	—	—
用户中断 1～ 用户中断 12	20～31	0x0000 0D28～ 0x0000 0D3E	用户定义的软件陷阱中断	—	—
INT1.1	32	0x0000 0D40	PDPINTA(EV A 功率驱动保护中断)	5	1(最高)
INT1.2	33	0x0000 0D42	PDPINTB(EV B 功率驱动保护中断)	5	2
INT1.3	34	0x0000 0D44	保留	5	3
INT1.4	35	0x0000 0D46	XINT1(外部中断 1)	5	4
INT1.5	36	0x0000 0D48	XINT2(外部中断 2)	5	5
INT1.6	37	0x0000 0D4A	ADCINT(A/D 转换完成中断)	5	6
INT1.7	38	0x0000 0D4C	TINT0(CPU 定时器 0 中断)	5	7
INT1.8	39	0x0000 0D4E	WAKEINT(看门狗/低功耗唤醒中断)	5	8(最低)
INT2.1	40	0x0000 0D50	CMP1INT(EV A 的比较器 1 中断)	6	1(最高)
INT2.2	41	0x0000 0D52	CMP2INT(EV A 的比较器 2 中断)	6	2
INT2.3	42	0x0000 0D54	CMP3INT(EV A 的比较器 3 中断)	6	2
INT2.4	43	0x0000 0D56	T1PINT(EV A 的定时器 1 周期中断)	6	4
INT2.5	44	0x0000 0D58	T1CINT(EV A 的定时器 1 比较中断)	6	5
INT2.6	45	0x0000 0D5A	T1UFINT(EV A 的定时器 1 下溢中断)	6	6
INT2.7	46	0x0000 0D5C	T1OFINT(EV A 的定时器 1 上溢中断)	6	7
INT2.8	47	0x0000 0D5E	保留	6	8(最低)
INT3.1	48	0x0000 0D60	T2PINT(EV A 的定时器 2 周期中断)	7	1(最高)
INT3.2	49	0x0000 0D62	T2CINT(EV A 的定时器 2 比较中断)	7	2
INT3.3	50	0x0000 0D64	T2UFINT(EV A 的定时器 2 下溢中断)	7	2
INT3.4	51	0x0000 0D66	T2OFINT(EV A 的定时器 2 上溢中断)	7	4
INT3.5	52	0x0000 0D68	CAPINT1(EV A 的捕获输入 1 中断)	7	5
INT3.6	53	0x0000 0D6A	CAPINT2(EV A 的捕获输入 2 中断)	7	6
INT3.7	54	0x0000 0D6C	CAPINT3(EV A 的捕获输入 3 中断)	7	7
INT3.8	55	0x0000 0D6E	保留	7	8(最低)
INT4.1	56	0x0000 0D70	CMP4INT(EV B 的比较器 4 中断)	8	1(最高)
INT4.2	57	0x0000 0D72	CMP5INT(EV B 的比较器 5 中断)	8	2
INT4.3	58	0x0000 0D74	CMP6INT(EV B 的比较器 6 中断)	8	2
INT4.4	59	0x0000 0D76	T3PINT(EV B 的定时器 3 周期中断)	8	4
INT4.5	60	0x0000 0D78	T3CINT(EV B 的定时器 3 比较中断)	8	5

续表

名　　称	向量 ID	地　　址	描　　述	CPU 优先级	PIE 组内 优先级
INT4.6	61	0x0000 0D7A	T3UFINT(EV B 的定时器 3 下溢中断)	8	6
INT4.7	62	0x0000 0D7C	T3OFINT(EV B 的定时器 3 上溢中断)	8	7
INT4.8	63	0x0000 0D7E	保留	8	8(最低)
INT5.1	64	0x0000 0D80	T4PINT(EV B 的定时器 4 周期中断)	9	1(最高)
INT5.2	65	0x0000 0D82	T4CINT(EV B 的定时器 4 比较中断)	9	2
INT5.3	66	0x0000 0D84	T4UFINT(EV B 的定时器 4 下溢中断)	9	2
INT5.4	67	0x0000 0D86	T4OFINT(EV B 的定时器 4 上溢中断)	9	4
INT5.5	68	0x0000 0D88	CAPINT4(EV B 的捕获输入 4 中断)	9	5
INT5.6	69	0x0000 0D8A	CAPINT5(EV B 的捕获输入 5 中断)	9	6
INT5.7	70	0x0000 0D8C	CAPINT6(EV B 的捕获输入 6 中断)	9	7
INT5.8	71	0x0000 0D8E	保留	9	8(最低)
INT6.1	72	0x0000 0D90	SPIRXINTA(SPI 的接收中断)	10	1
INT6.2	73	0x0000 0D92	SPITXINTA(SPI 的发送中断)	10	2
INT6.3	74	0x0000 0D94	保留	10	3
INT6.4	75	0x0000 0D96	保留	10	4
INT6.5	76	0x0000 0D98	MRINT(McBSP 的接收中断)	10	5
INT6.6	77	0x0000 0D9A	MXINT(McBSP 的发送中断)	10	6
INT6.7	78	0x0000 0D9C	保留	10	7
INT6.8	79	0x0000 0D9E	保留	10	8(最低)
INT9.1	96	0x0000 0DC0	SCIRXINTA(SCI-A 的接收中断)	13	1
INT9.2	97	0x0000 0DC2	SCITXINTA(SCI-A 的发送中断)	13	2
INT9.3	98	0x0000 0DC4	SCIRXINTB(SCI-B 的接收中断)	13	3
INT9.4	99	0x0000 0DC6	SCITXINTB(SCI-B 的发送中断)	13	4
INT9.5	100	0x0000 0DC8	ECAN0INT(eCAN 的中断 0)	13	5
INT9.6	101	0x0000 0DCA	ECAN1INT(eCAN 的中断 1)	13	6
INT9.7	102	0x0000 0DCC	保留	13	7
INT9.8	103	0x0000 0DCE	保留	13	8(最低)

　　外设中断和外部中断经分组后连接到 PIE 模块,如表 2.24 所示,每行表示 8 个为一组的外设中断,12 行对应 12 个复用的 CPU 级中断。

表 2.24　PIE 中断分组

CPU 中断	PIE 中断							
	INTx.7	INTx.6	INTx.5	INTx.4	INTx.3	INTx.2	INTx.1	INTx.0
INT1.y	WAKEINT (LPM/WD)	TINT0 (TIMER0)	ADCINT (ADC)	XINT2	XINT1	保留	PDPINTB (EV-B)	PDPINTA (EV-A)
INT2.y	保留	T1OFINT (EV-A)	T1UFINT (EV-A)	T1CINT (EV-A)	T1PINT (EV-A)	CMP3INT (EV-A)	CMP2INT (EV-A)	CMP1INT (EV-A)
INT3.y	保留	CAPINT3 (EV-A)	CAPINT2 (EV-A)	CAPINT1 (EV-A)	T2OFINT (EV-A)	T2UPINT (EV-A)	T2CINT (EV-A)	T2PINT (EV-A)
INT4.y	保留	T3OFINT (EV-B)	T3UFINT (EV-B)	T3CINT (EV-B)	T3PINT (EV-B)	CMP6INT (EV-B)	CMP5INT (EV-B)	CMP4INT (EV-B)

续表

CPU 中断	PIE 中断							
	INTx.7	INTx.6	INTx.5	INTx.4	INTx.3	INTx.2	INTx.1	INTx.0
INT5.y	保留	CAPINT6 (EV-B)	CAPINT5 (EV-B)	CAPINT4 (EV-B)	T4OFINT (EV-B)	T4UFINT (EV-B)	T4CINT (EV-B)	T4PINT (EV-B)
INT6.y	保留	保留	MXINT (McBSP)	MRINT (McBSP)	保留	保留	SPITXINTA (SPI)	SPIRXINTA (SPI)
INT7.y	保留	保留	保留	保留	保留	保留	保留	保留
INT8.y	保留	保留	保留	保留	保留	保留	保留	保留
INT9.y	保留	保留	ECAN1INT (eCAN)	ECAN0INT (eCAN)	SCITXINTB (SCI-B)	SCIRXINTB (SCI-B)	SCITXINTA (SCI-A)	SCIRXINTA (SCI-A)
INT10.y	保留	保留	保留	保留	保留	保留	保留	保留
INT11.y	保留	保留	保留	保留	保留	保留	保留	保留
INT12.y	保留	保留	保留	保留	保留	保留	保留	保留

表 2.25 给出了所有外设中断的控制和配置寄存器。

表 2.25 PIE 控制和配置寄存器

名　称	地　址	占用地址(16 位)	描　述
PIECTRL	0x00000CE0	1	PIE 控制寄存器
PIEACK	0x00000CE1	1	PIE 确认寄存器
PIEIER1	0x00000CE2	1	PIE,INT1 组使能寄存器
PIEIFR1	0x00000CE3	1	PIE,INT1 组标志寄存器
PIEIER2	0x00000CE4	1	PIE,INT2 组使能寄存器
PIEIFR2	0x00000CE5	1	PIE,INT2 组标志寄存器
PIEIER3	0x00000CE6	1	PIE,INT3 组使能寄存器
PIEIFR3	0x00000CE7	1	PIE,INT3 组标志寄存器
PIEIER4	0x00000CE8	1	PIE,INT4 组使能寄存器
PIEIFR4	0x00000CE9	1	PIE,INT4 组标志寄存器
PIEIER5	0x00000CEA	1	PIE,INT5 组使能寄存器
PIEIFR5	0x00000CEB	1	PIE,INT5 组标志寄存器
PIEIER6	0x00000CEC	1	PIE,INT6 组使能寄存器
PIEIFR6	0x00000CED	1	PIE,INT6 组标志寄存器
PIEIER7	0x00000CEE	1	PIE,INT7 组使能寄存器
PIEIFR7	0x00000CEF	1	PIE,INT7 组标志寄存器
PIEIER8	0x00000CF0	1	PIE,INT8 组使能寄存器
PIEIFR8	0x00000CF1	1	PIE,INT8 组标志寄存器
PIEIER9	0x00000CF2	1	PIE,INT9 组使能寄存器
PIEIFR9	0x00000CF3	1	PIE,INT9 组标志寄存器
PIEIER10	0x00000CF4	1	PIE,INT10 组使能寄存器
PIEIFR10	0x00000CF5	1	PIE,INT10 组标志寄存器
PIEIER11	0x00000CF6	1	PIE,INT11 组使能寄存器
PIEIFR11	0x00000CF7	1	PIE,INT11 组标志寄存器
PIEIER12	0x00000CF8	1	PIE,INT12 组使能寄存器
PIEIFR12	0x00000CF9	1	PIE,INT12 组标志寄存器

2.4.5　定时器 0 中断举例

本例通过 CPU 定时器 0 产生定时中断,每次中断时,发光二极管(light-emitting diode, LED)的状态切换一次(0/1)。CPU 定时器 0 作为一个外设中断,与中断有关的编程包括以下步骤。

1. 定义使用的外设中断向量表

方法 1:采用位域结构方式(见 10.1.2 节),在中断向量表中定义所有的中断向量,如外设中断组 1(INT1)定义为:

```
const struct PIE_VECT_TABLE PieVectTableInit = {
      ⋮
      PDPINTA_ISR,        //EV-A
      PDPINTB_ISR,        //EV-B
      rsvd_ISR,
      XINT1_ISR,
      XINT2_ISR,
      ADCINT_ISR,         //ADC
      TINT0_ISR,          //Timer 0
      WAKEINT_ISR,        //WD
      ⋮
};
```

方法 2:定义一个存放中断向量的地址变量,如对于 CPU 定时器 0 中断可定义为:

```
volatile unsigned long * TINT0 = (volatile unsigned long * )0x000D4C;   //见表 2.23
```

2. PIE 中断控制和配置寄存器初始化

```
void InitPieCtrl(void)
{
    DINT;                                 //禁止 CPU 级中断
    PieCtrlRegs.PIECRTL.bit.ENPIE = 0;    //屏蔽 PIE 中断向量表
    PieCtrlRegs.PIEIER1.all = 0;          //清零所有的 PIEIER 寄存器
    PieCtrlRegs.PIEIER2.all = 0;
    ⋮
    PieCtrlRegs.PIEIER12.all = 0;
    PieCtrlRegs.PIEIFR1.all = 0;          //清零所有的 PIEIFR 寄存器
    PieCtrlRegs.PIEIFR2.all = 0;
    ⋮
    PieCtrlRegs.PIEIFR12.all = 0;
    PieCtrlRegs.PIECRTL.bit.ENPIE = 1;    //使能 PIE 中断向量表
    PieCtrlRegs.PIEACK.all = 0xFFFF;      //对某位写 1 可清零该位
}
```

3. 初始化中断矢量表

```
void InitPieVectTable(void)
{
    int16    i;
    Uint32 * Source = (void *) &PieVectTableInit;
    Uint32 * Dest = (void *) &PieVectTable;

    EALLOW;
    for(i = 0; i < 128; i++)              //初始化所有中断矢量
        * Dest++ = * Source++;
    EDIS;
    PieCtrl.PIECRTL.bit.ENPIE = 1;        //使能 PIE 中断矢量表
}
```

4. 主程序

```
//完成系统和中断初始化,等待中断
void main(void)
{
    InitSysCtrl();                        //初始化系统控制
    DINT;                                 //关中断
    IER = 0x0000;
    IFR = 0x0000;
    InitPieCtrl();                        //初始化 PIE 控制寄存器
    InitPieVectTable();                   //初始化 PIE 中断向量表,仅用于方法1
    InitPeripherals();                    //初始化各个外设模块,可以根据需要配置
    EALLOW;
    PieVectTable.TINT0 = &ISRTimer0;      //用于方法1
    * TINT0 = (unsigned long)ISRTimer0;   //用于方法2
    EDIS;
    ConfigCpuTimer(&CpuTimer0,150,1000000); //配置 CPU 定时器0
    CpuTimer0Regs.TCR.bit.TSS = 0;        //启动 CPU 定时器0
    PieCtrl.PIEIER1.all = 0x40;           //使能 CPU 定时器0中断,对应 PIEIER1.6
    IER |= 0x0001;                        //复用 CPU 级中断 INT1
    EINT;                                 //使能全局中断,等效于汇编指令"clrc INTM"
    for(;;)
        {…}                               //与用户任务有关的代码
}
```

5. 中断服务程序

```
#define LED1_ON GpioDataRegs.GPFDAT.bit.GPIOF11 = 0   //GPIOF11 为低电平时 LED 亮
#define LED1_OFF GpioDataRegs.GPFDAT.bit.GPIOF11 = 1  //GPIOF11 为高电平时 LED 灭
unsigned int Led_Flag = 1;
interrupt void ISRTimer0(void)
{
    PieCtrl.PIEACK.all |= 0x0001;   //PIE 组1-复用 CPU 中断 INT1
```

```
        if(Led_Flag == 1)
        {
            LED1_ON;
            Led_Flag = 0;
        }
        else
        {   LED1_OFF;
            Led_Flag = 1;
        }
}
```

习题与思考题

1. 简述在高速 DSP 芯片内部配置 PLL 模块的优点。

2. 若 CPU 的时钟频率为 150MHz,试计算高速外设时钟和低速外设时钟的频率设定范围。

3. 简述看门狗模块的工作原理。假定时钟 OSCCLK 的频率为 30MHz,试根据时钟分频系数取值,计算看门狗定时器的计数溢出周期。

4. 试将 CPU 定时器与你熟悉的一种单片机片内定时器或定时器接口芯片(如 8254)进行比较,简述二者的差异。

5. 假设 CPU 的时钟频率为 150MHz,试根据周期寄存器和分频寄存器的取值范围,计算 CPU 定时器可实现的定时周期最大值。

6. 试分析改变 PLLCR 寄存器的值时,对定时器的中断周期有什么影响。

7. F281x 芯片的很多引脚是复用的,结合芯片封装尺寸、引脚利用效率、功能配置等方面,讨论这些复用引脚有哪些优缺点。

8. 简述 CPU 级中断和外设级中断的响应流程,二者的主要区别体现在哪些方面?

9. 参考 2.4.5 节的例程,假设改为由 CPU 定时器 1 产生中断,试编写中断初始化和中断服务程序。

## 第 3 章

存储器及外部接口

TMS320F281x 系列 DSP 采用增强型哈佛总线结构,能够并行地访问地址和数据存储空间。片内集成了大容量的 SRAM、ROM 以及 Flash 存储器等,采用统一寻址方式,从而提高了存储空间的利用率,方便了用户程序开发。此外,F2812 芯片提供了 XINTF 用于扩展并行接口的外设芯片,如并行接口的 ADC、DAC、SRAM、FIFO、USB 等芯片,以便开发大规模、复杂的应用系统。

3.1 片内存储器接口

CPU 访问片内存储器、片内外设寄存器和扩展外设等是通过存储器接口实现的。同许多 DSP 芯片一样,F281x 的存储器接口具有独立的程序读总线、数据读总线和数据写总线,多重总线结构使得 CPU 能够在单周期内同时访问程序存储空间和数据存储空间。F281x 的 CPU 及内部总线结构见图 3.1,图中阴影部分总线是 CPU 访问存储器的接口总线,地址寄存器算术单元(address register arithmetic unit,ARAU)专门用于为从数据寄存器中取出的值分配地址;操作数总线为乘法器、桶形移位器和算术逻辑单元(arithmetic logic unit,ALU)的运算提供操作数;而结果总线将指令操作的结果送至 CPU 寄存器或者数据存储器中。

3.1.1 CPU 内部总线

从图 3.1 可以看出,存储器接口共包括三组地址总线和三组数据总线:

(1) 程序地址总线(program address bus,PAB):22 位的地址总线,产生 CPU 对程序空间的读/写操作地址。

(2) 数据读地址总线(data-read address bus,DRAB):32 位的地址总线,产生 CPU 对数据空间的读操作地址。

(3) 数据写地址总线(data-write address bus,DWAB):32 位的地址总线,产生 CPU 对数据空间的写操作地址。

(4) 程序读数据总线(program-read data bus,PRDB):32 位的数据总线,用于从程序空间读取指令或数据。

(5) 数据读数据总线(data-read data bus,DRDB):32 位的数据总线,用于从数据空间读取数据。

(6) 数据/程序写数据总线(data/program-write data bus,DWDB)：32 位的数据总线，用于向程序或数据空间写数据。

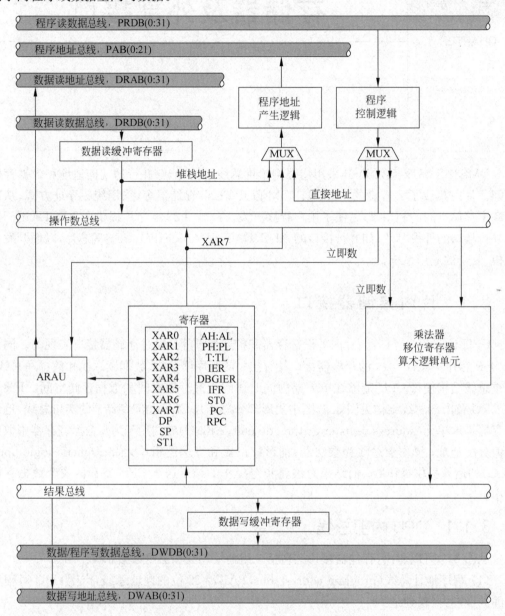

图 3.1　F281x 的 CPU 及内部总线结构

表 3.1 总结了对程序空间和数据空间进行读写操作所使用的总线。可以看出，由于程序空间的读写操作共用同一组地址总线 PAB,所以两个操作不能同时进行。同样,程序/数据空间的写操作共用数据总线 DWDB,两个操作也不能同时进行。而应用不同总线实现的数据传输是可以并行处理的,例如,CPU 从程序空间读(使用 PAB 和 PRDB)、从数据空间读(使用 DRAB 和 DRDB)、向数据空间写(使用 DWAB 和 DWDB)这 3 个操作可以同时进

行。因此,存储器接口支持一个时钟周期内 CPU 对存储器或外设寄存器执行多达 3 次的读写操作,从而大大提高了 CPU 和存储器间数据传输的吞吐能力。

表 3.1 对程序空间和数据空间进行读写操作所使用的总线

访问类型	地址总线	数据总线
对程序空间的读操作	PAB	PRDB
对数据空间的读操作	DRAB	DRDB
对程序空间的写操作	PAB	DWDB
对数据空间的写操作	DWAB	DWDB

3.1.2 32 位数据访问的地址分配

F281x 的地址空间以字(16 位)为基本单位,当 CPU 采用 32 位格式访问片内的存储器或外设寄存器时,分配的地址必须是偶地址。如果操作的是奇地址,则 CPU 会自动操作紧邻奇地址之前的偶地址。例如,对 CPU 定时器 0 的周期寄存器执行 32 位写操作时,对地址 0x000C03 和 0x000C02 进行写操作的结果是相同的,均是将 32 位周期值的低 16 位写入地址 0x000C02,高 16 位写入地址 0x000C03。F281x 的绝大部分指令是采用 32 位格式从程序存储空间获得,经过分配后执行。指令的获取与重新分配对于用户来讲是透明的,因此,当用户代码存放到程序空间时,必须分配到偶数地址空间,这可以通过编写链接命令文件来设置,见 10.1.8 节。

3.2 存储器映射

CPU 本身不含存储器,但 CPU 可以访问 DSP 芯片内部集成的存储器或片外扩展的存储器。F281x 芯片的所有存储器统一映射到程序空间或数据空间,其中,F2812 的存储器映射见图 3.2,未定义的保留空间留做将来扩展 DSP 芯片的存储器与外设。图 3.2 中低 64KB 存储器的地址空间为 000000H～00FFFFFH,映射至 24x/240x 系列 DSP 芯片的数据存储空间;高 64KB 存储器的地址空间为 3F0000H～3FFFFFH,映射至 24x/240x 的程序存储空间,与 24x/240x 兼容的代码只能定位在高 64KB 地址的存储空间运行。因此,当选择微计算机模式时(MP/MC=0),顶部的 32KB Flash 和 SARAM 模块 H0 可以用来运行与 24x/240x 兼容的代码。与 F2812 相比,F2810 和 F2811 省去了外部扩展接口,因此存储器映射只包括图 3.2 左侧的片内存储器部分,且 F2810 的片内 Flash 容量为 64KB。

1. 片内 SRAM

F281x 芯片内部的静态 RAM 容量为 18KB。这些片内 RAM 被分配到 5 块存储器空间。

(1) M0 和 M1:每块的大小为 1KB,复位状态下堆栈指针指向 M1 块的起始位置。

(2) L0 和 L1:每块的大小为 4KB,受代码安全模块 CSM 保护。

(3) H0:容量为 8KB。

片内 RAM 均为单周期访问 RAM(SARAM),CPU 对这些存储器空间进行读写访问时可以全速运行,而无须插入等待状态。这些片内 SARAM 块可以被映射到程序空间或数据

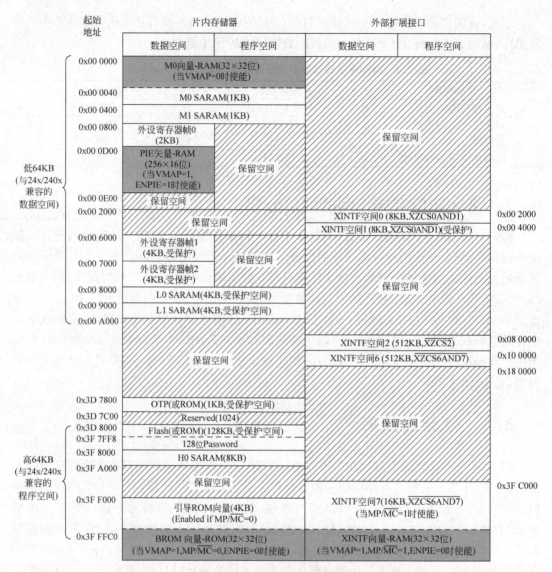

图 3.2 F2812 的存储器映射

空间,用于存放指令代码或存放数据变量。用户程序编译后生成可重定位的代码段和数据段,是通过链接命令文件分配至这些物理存储器中的,见 10.1.8 节。

2. 片内 Flash

F2812 片内含有 128KB 的 Flash 存储器,占用的地址空间为 3D8000H~3F7FFFH。F281x 的片内 Flash 存储器既可以映射到程序空间,也可以映射到数据空间,用于存储程序代码和数据变量。Flash 存储器的操作按扇区进行,用户可以单独擦除、编程每个扇区。此外,Flash 存储器是受代码安全模块保护的。

3. 片内引导 ROM

F281x 内含 4KB 的 Boot ROM,地址空间为 3FF000H~3FFFC0H。Boot ROM 的主要作用是实现 DSP 的上电自动引导(boot loader)功能,芯片内部在出厂时已固化了 TI 提供的引导装载程序。当芯片被设置为微计算机模式时,CPU 在复位后将执行这段程序,根据用户选择的引导模式完成上电过程的程序代码引导与加载功能。此外,Boot ROM 中还固化了标准的数据表。如电动机矢量控制时,为了避免非常耗时的数值计算过程,可利用 ROM 中保存的正余弦数据,采用查表、插值等方式高效地得到正弦和余弦等三角函数的计算值。

4. 代码安全模块 CSM

F281x 支持对用户的固件进行安全保护,以防止被非法反编译。代码安全模块(code security module,CSM)是由用户编程写入片内 Flash 的存储单元 3F7FF8H~3F7FFFH 中,共计 128 个二进制位的密码。它可以禁止未经授权的用户访问片内存储器,防止用户代码和数据被非法复制或修改。CSM 可以保护的片内存储器包括 Flash、OTP、L0 和 L1。

一旦启用了代码安全模式,安全模块将禁止未经授权的用户使用 JTAG 端口读取存储器的内容,或者从外部存储器执行代码等试图导出安全存储区内的内容。要使能用户访问受保护的代码模块,需要输入与 Flash 编程时设置的密码区域相匹配的 128 位密匙值。通常,在系统开发阶段,一般不启用代码加密功能,即将 128 个加密位的值均置 1。只有当代码经过全面测试并准备系统应用时,才启用加密功能,以保护 Flash 存储器中的用户代码。

5. 中断向量

F281x 支持 32 个 CPU 级的中断向量,每个向量是一个中断服务程序(ISR)的入口地址(32 位),这些中断向量被存放在一个连续的存储空间。当状态寄存器 ST1 的位 VMAP=0 时,CPU 的中断矢量映射至程序存储器 000000H~00003FH;当 VMAP=1,ENPIE=0 时,中断向量映射至程序存储器 3FFFC0H~3FFFFFH;当 VMAP=1,ENPIE=1 时,中断矢量映射 PIE 中断矢量表,对应存储器空间 000D00H~000DFFH,见表 2.23。

6. 寄存器映射空间

除了 CPU 寄存器外,其他寄存器均为存储器映射寄存器,即映射至存储器地址空间。在 F281x 的片内数据存储器空间映射了三个外设寄存器空间,专门用作外设寄存器的映像空间,见表 3.2。对这些空间进行访问时需要遵循如下约定。

表 3.2 外设寄存器空间

外设帧	名　　称	起始地址	占用空间(16 位)	说　　明
PF0	器件仿真寄存器	0x000880	0x0180	受 EALLOW 保护
	Flash 寄存器	0x000A80	0x0060	受 EALLOW 保护
	代码安全模块	0x000AE0	0x0010	受 EALLOW 保护
	XINTF 寄存器	0x000B20	0x0020	不受 EALLOW 保护
	CPU 定时器 0/1/2	0x000C00	0x0040	不受 EALLOW 保护
	PIE 控制寄存器	0x000CE0	0x0020	不受 EALLOW 保护
	PIE 中断矢量表	0x000D00	0x0100	受 EALLOW 保护

续表

外设帧	名称	起始地址	占用空间(16 位)	说明
PF1	eCAN 控制寄存器	0x006000	0x0100	部分寄存器受 EALLOW 保护
	eCAN 邮箱寄存器	0x006100	0x0100	不受 EALLOW 保护
PF2	系统控制寄存器	0x007010	0x0020	受 EALLOW 保护
	SPI 寄存器	0x007040	0x0010	不受 EALLOW 保护
	SCI-A 寄存器	0x007050	0x0010	不受 EALLOW 保护
	外部中断寄存器	0x007070	0x0010	不受 EALLOW 保护
	GPIO 控制寄存器	0x0070C0	0x0020	受 EALLOW 保护
	GPIO 数据寄存器	0x0070E0	0x0020	不受 EALLOW 保护
	ADC 寄存器	0x007100	0x0020	不受 EALLOW 保护
	EV-A 寄存器	0x007400	0x0040	不受 EALLOW 保护
	EV-B 寄存器	0x007500	0x0040	不受 EALLOW 保护
	SCI-B 寄存器	0x007750	0x0010	不受 EALLOW 保护
	McBSP 寄存器	0x007800	0x0040	不受 EALLOW 保护

(1) 外设帧 0(PF0)：直接映射到 CPU 的存储器总线，支持 16 位和 32 位数据访问。

(2) 外设帧 1(PF1)：映射到 32 位的外设总线，采用 32 位读写方式(即对偶地址访问)。

(3) 外设帧 2(PF2)：映射到 16 位的外设总线，仅支持 16 位访问方式。

应该指出，F281x 中的一些外设寄存器通过 EALLOW 保护机制来防止用户程序中的代码或指针意外地改变这些寄存器的值。如果某个外设寄存器是受 EALLOW 保护的，则对该寄存器进行写操作前，必须先执行指令 EALLOW 取消写保护功能，执行完写操作后通过指令 EDIS 使能写保护，复位时 EALLOW 保护被使能。

此外，对 F281x 芯片中某些存储空间的访问速度有特定要求。其中，对 Flash 和 OTP 存储器的访问需要根据 CPU 的时钟频率设置所需的等待状态；而对于通过外部接口(XINTF)扩展的外设芯片，需要配置等待状态和读写时序等。表 3.3 给出了访问存储器映射空间中不同区域时所需的等待状态。

表 3.3 等待状态设置

地址空间	等待状态数目	说明
SARAM 块 M0 和 M1	0	无须设置等待状态，与 CPU 时钟频率相同
外设帧 PF0	0	无须设置等待状态，与 CPU 时钟频率相同
外设帧 PF1	0(写操作) 2(读操作)	固定数目的等待周期
外设帧 PF2	0(写操作) 2(读操作)	固定数目的等待周期
SARAM 块 L0 和 L1	0	无须设置等待状态，与 CPU 时钟频率相同
OTP	最少 1 个(可编程)	可通过 OPT 的等待状态寄存器编程(1~31)
Flash	最少 0 个(可编程)	可通过 Flash 的等待状态寄存器编程(0~15)
SARAM 块 H0	0	无须设置等待状态，与 CPU 时钟频率相同
引导 ROM	1	固定数目的等待周期
外部总线 XINTF	1~54(可编程)	可通过 XINTF 寄存器编程，最少一个等待周期

3.3　片内 Flash 存储器

F281x 系列 DSP 芯片内集成了大容量的 Flash 存储器和 1KB 的一次性可编程存储器 OTP。一次性可编程存储器能够存放程序或数据,只能一次编程而不能擦除。在 F2812 芯片内部,包含了 128KB 的 Flash 存储器,这样对于一般的 DSP 应用系统,无须用户扩展片外的程序存储器芯片。片内 Flash 存储器被分成 4 个 8KB 的扇区和 6 个 16KB 的扇区,用户可以单独擦除、编程和验证每个扇区,而不会影响其他扇区。F281x 内部的处理器支持专门的存储器流水线操作,使得 Flash 存储器能够实现很高的指令执行速度。Flash/OTP 存储器可以映射到程序存储空间,存放用户程序;也可以映射到数据空间存储数据信息。

3.3.1　Flash 存储器概述

F2812 的片内 Flash 存储器统一映射到程序和数据存储空间。概括起来,具有如下特点。

(1) Flash 存储器被分成 10 个扇区,每个扇区可以单独擦除与编程;

(2) 支持代码安全保护(128 位密匙);

(3) 可根据 CPU 频率调整等待状态;

(4) 支持低功耗模式;

(5) 支持流水线模式,能够显著提高代码执行效率。

3.3.2　Flash 存储器空间分配

表 3.4 列出了 TMS320F281x 片内 Flash 存储器单元的寻址空间和地址分配,其中 F2811 和 F2812 的片内 Flash 容量为 128KB,而 F2810 为 64KB。

表 3.4　F281x 片内 Flash 存储器的扇区地址

地址范围	F2811 和 F2812 的程序和数据空间	F2810 的程序和数据空间
0x3D 8000~0x3D 9FFF	扇区 J,容量 8KB	
0x3D A000~0x3D BFFF	扇区 I,容量 8KB	
0x3D C000~0x3D FFFF	扇区 H,容量 16KB	
0x3E 0000~0x3E 3FFF	扇区 G,容量 16KB	
0x3E 4000~0x3E 7FFF	扇区 F,容量 16KB	
0x3E 8000~0x3EB FFF	扇区 E,容量 16KB	扇区 E,容量 16KB
0x3EC000~0x3E FFFF	扇区 D,容量 16KB	扇区 D,容量 16KB
0x3F 0000~0x3F 3FFF	扇区 C,容量 16KB	扇区 C,容量 16KB
0x3F 4000~0x3F 5FFF	扇区 B,容量 8KB	扇区 B,容量 8KB
0x3F 6000~0x3F 7F7F	扇区 A,容量 8KB	扇区 A,容量 8KB
0x3F 7F80~0x3F 7FF5	如果启用代码保密模块,编程时写入 0x0000	
0x3F 7FF6~0x3F 7FF7	从 Flash 或 ROM 引导时的程序入口,此处存放程序分支指令	
0x3F 7FF8~0x3F 7FFF	128 位安全密码 CSM(不要编程为全零,否则无法对 Flash 重新编程)	

对片内 Flash 存储器的擦除、编程、加密等操作可通过在 CCS 中安装专门的 Flash 编程插件来实现,如图 3.3 所示。在用户程序中,通常将 Flash 作为只读存储器,用于存放用户程序和常量。根据 F281x 芯片的时序要求,对 Flash 存储器的访问周期需要大于 36ns。因此,需要根据选取的 CPU 时钟频率,在读取 Flash 存储器时插入一定数目的等待状态以满足时序要求。表 3.5 给出了不同时钟频率下按页访问和随机访问时所需的等待状态数目。此外,Flash 存储器可配置为流水线工作模式,以大大提高顺序执行程序代码时的效率。Flash 流水线采用预读机制来降低插入等待状态对访问速度的不利影响,此时要求按页访问和随机访问时的等待状态数均大于 0。

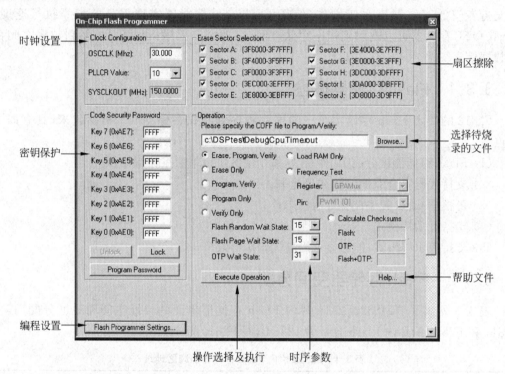

图 3.3　F281x 的 Flash 编程工具及设置

表 3.5　不同时钟频率下片内 Flash 所需插入的等待状态数目

SYSCLKOUT /MHz	SYSCLKOUT /ns	按页访问	随机访问
150	6.67	5	5
120	8.33	4	4
100	10	3	3
75	13.33	2	2
50	20	1	1
30	33.33	1	1
25	40	0	1
15	66.67	0	1
4	250	0	1

例 3.1 设 DSP 的时钟频率为 150MHz, 初始化 Flash 控制寄存器的例程如下。

```
void InitFlash(void)
{
  EALLOW;
  FlashRegs.FOPT.bit.ENPIPE = 1;              //使能 Flash 流水线模式以提高代码执行效率
  FlashRegs.FBANKWAIT.bit.RANDWAIT = 5;       //设置随机访问的等待状态数目
  FlashRegs.FBANKWAIT.bit.PAGEWAIT = 5;       //设置按页访问的等待状态数目
  EDIS;
  asm("RPT #7 || NOP");                        //软件延迟,等待流水线刷新
}
```

注意: 初始化 Flash 寄存器的代码必须从 RAM 中运行,从 Flash 中执行将导致不可预测的结果。

3.4 外部扩展接口

F281x 的 XINTF 与 C240x 系列 DSP 芯片相似,采用异步、非复用的总线结构。XINTF 采用 16 位数据总线,可提供 1M 字的寻址空间,用于扩展并行的外设芯片,如 ADC、DAC、RAM、FIFO、USB 等接口,以便于用户开发较复杂的应用系统。其中,只有 F2812 具有外部接口,而 F2811 和 F2810 由于省去了外部接口,芯片的引脚数目和封装尺寸得以减小,但无法扩展并行接口的外设芯片,而只能通过 SPI 或 McBSP 接口扩展串行接口的外设。

3.4.1 外部接口功能描述

TMS320F2812 的外部接口映射到 5 块固定的存储空间,如图 3.4 所示。当访问外设接口的这些存储空间时,与该存储空间对应的片选信号变为有效的低电平。XINTF 的 5 个空间共用 3 个片选引脚,其中,空间 0(Zone0)和空间 1(Zone1)的片选信号在 DSP 内部逻辑与后形成一个公共的外设片选信号$\overline{\text{XZCS0AND1}}$,空间 6(Zone6)和空间 7(Zone7)共用一个外设片选信号$\overline{\text{XZCS6AND7}}$,空间 2(Zone2)单独使用片选信号$\overline{\text{XZCS2}}$。XINTF 的信号描述见表 3.6。

表 3.6 XINTF 的信号描述

名　　称	I/O 属性	描　　　　述
XD(15：0)	I/O/Z	16 位数据总线
XA(18：0)	O/Z	19 位地址总线。在 XCLKOUT 的上升沿地址放到地址总线上,在 CPU 进行下一次访问前保持不变
XCLKOUT	O/Z	时钟输出引脚。可用于外设芯片的等待状态产生或用作通用的时钟源。复位时,XCLKOUT=SYSCLKOUT/4
$\overline{\text{XWE}}$	O/Z	写信号,低电平有效
$\overline{\text{XRD}}$	O/Z	读信号,低电平有效
XR/$\overline{\text{W}}$	O/Z	读写控制信号。XR/$\overline{\text{W}}$兼具$\overline{\text{XWE}}$和$\overline{\text{XRD}}$的功能,读操作时为高电平,写操作时为低电平。推荐使用$\overline{\text{XWE}}$和$\overline{\text{XRD}}$作为控制信号

续表

名　称	I/O 属性	描　述
$\overline{XZCS0} \sim \overline{XZCS7}$	O	存储器空间选通信号。当访问特定的存储空间时,对应的选通信号变为低电平。F2812 提供了 3 个选通引脚,其中 $\overline{XZCS0}$ 和 $\overline{XZCS1}$ 内部逻辑与后复用引脚 $\overline{XZCS0 AND1}$,$\overline{XZCS6}$ 和 $\overline{XZCS7}$ 内部逻辑与后复用引脚 $\overline{XZCS6 AND7}$
XREADY	I	外设准备好,高电平有效
$\overline{XHOLD}$	I	当引脚 $\overline{XHOLD}$ 为低电平时,表明外设请求 XINTF 释放外部总线,即将地址、数据总线和选通信号置为高阻状态
$\overline{XHOLDA}$	O/Z	当 XINTF 准许 $\overline{XHOLD}$ 的 DMA 请求时,通过 $\overline{XHOLDA}$ 输出低电平表明 XINTF 的所有总线和选通信号已处于高阻状态,扩展的外设可以驱动外部总线执行 DMA 操作
XMP/$\overline{MC}$	I	设定为微处理器模式或微计算机模式

注:I 为输入,O 为输出,Z 为高阻状态。

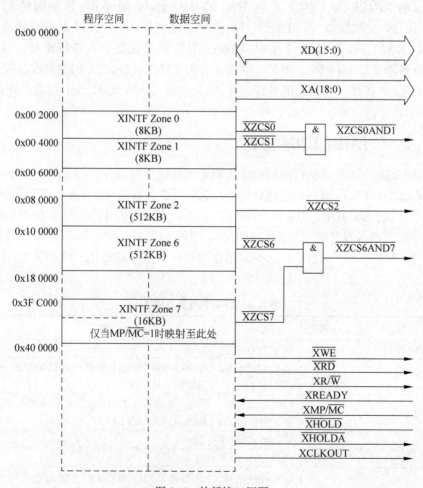

图 3.4　外部接口框图

空间 2 和空间 6 共享 19 位外部地址总线，对空间 2 和空间 6 的访问是通过两个片选信号 $\overline{XZCS2}$、$\overline{XZCS6AND7}$ 来区分的。这两个空间可以方便地用来扩展具有不同时序要求的存储器和外设，而不需要额外的地址译码逻辑，从而简化了硬件设计。而空间 0 和空间 1 适于用作扩展 I/O 外设，由于二者共享一个片选信号 $\overline{XZCS0AND1}$，需要使用额外的地址译码逻辑来区分是对空间 0 还是对空间 1 的访问。应该指出，只有当 DSP 芯片工作于微处理器模式时（$XMP/\overline{MC}=1$），空间 7 才映射到 XINTF 空间，否则内部引导 ROM 映射到空间 7 对应的地址空间。

每个存储空间可以单独设置读写访问时的等待状态数目、选通信号的建立和保持时序，且读和写操作的时序可以独立设置。此外，每个空间可以分别选择是否使用外部等待信号（XREADY）来扩展所需的等待状态。这些片选信号以及可编程的等待状态和选通时序使得 DSP 芯片可以和许多外部存储器或扩展外设间实现无缝接口。

3.4.2 XINTF 的配置

通过配置 XINTF 的时序参数，能够使 F2812 和众多不同的外部扩展设备实现无缝接口。准确的参数选取依赖于 F281x 器件的工作频率、XINTF 的开关特性和外设器件的时序要求。由于改变 XINTF 配置参数将可能导致扩展外设的访问时序随之改变，因此配置这些参数的程序代码要避免从 XINTF 扩展的存储器空间执行，用户可以选择从片内 Flash 或 SARAM 中执行 XINTF 的参数配置代码。

1. XINTF 的时钟

XINTF 需要使用两个时钟，即 XTIMCLK 和 XCLKOUT。图 3.5 给出了 XINTF 时钟和 CPU 时钟 SYSCLKOUT 之间的关系，图 3.6 给出了四种时钟配置下 XTIMCLK 和 XCLKOUT 的时序波形图。

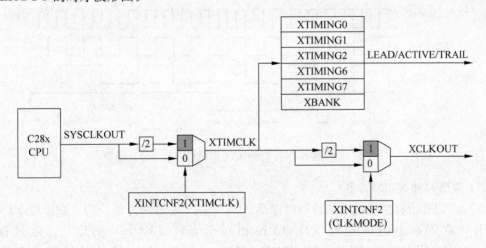

图 3.5 XINTF 时钟的配置

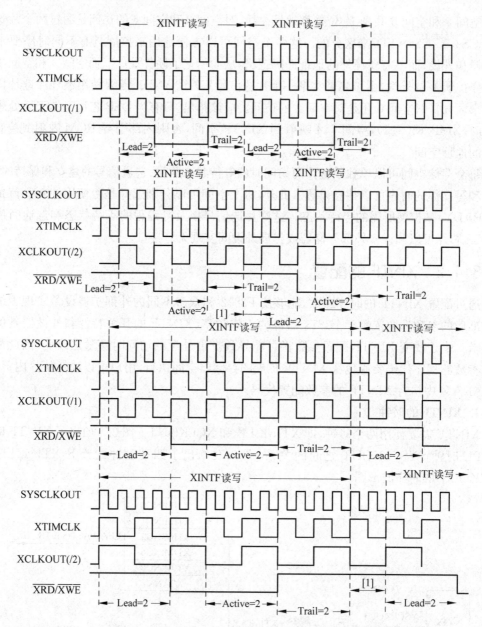

图 3.6　不同配置模式下 XINTF 的时钟及读写时序波形

1) 内部时钟 XTIMCLK

对 XINTF 所有扩展空间的访问时序是以 XTIMCLK 时钟为单位的。在配置 XINTF 时,用户需要确定内部时钟 XTIMCLK 相对于 SYSCLKOUT 的比值。通过设定 XINTFCNF2 寄存器的 XTIMCLK 位,可以配置时钟 XTIMCLK 的频率与 CPU 时钟 SYSCLKOUT 相同或等于 SYSCLKOUT/2(复位默认值)。

2) 外部时钟输出 XCLKOUT

外部接口还提供了一个时钟输出引脚 XCLKOUT,对所有外部接口的访问是在 XCLKOUT 的上升沿开始的。通过设定 XINTFCNF2 寄存器的 CLKMODE 位,

XCLKOUT 的频率可以配置为等于 XTIMCLK 或 XTIMCLK/2（复位默认值）。当 DSP 复位后，XCLKOUT=SYSCLKOUT/4。

2. 写缓冲

默认情况下，写操作的缓冲功能被屏蔽。在大多数情况下，为了提高外部接口的性能，用户需要使能写缓冲模式。在不中止 CPU 运行的情况下，允许多达 3 次写操作通过缓冲方式向 XINTF 写数据。写缓冲的深度可通过寄存器 XINTCNF2 进行设置。

3. 访问外部空间时的时序

一个 XINTF 空间是一块用于直接访问外部扩展接口的存储器映射地址。任何对 XINTF 空间的读或写操作时序均可以分为以下三个阶段：建立、有效和保持。三个阶段插入的等待状态数目可以通过 XTIMING 寄存器来分别配置，5 个外部空间的时序可以独立设置，各个空间的读和写操作时序也可以独立设置。此外，为了便于和慢速外设间的接口，还可以通过置位 X2TIMING，使某个外部空间的建立、有效和保持阶段的等待状态数目增加一倍。

1）建立阶段

在建立阶段，所访问空间的片选信号变为低电平，同时 CPU 将地址信号输出至 XINTF 的地址总线 XA 上。通过 XTIMING 寄存器可以配置建立阶段所需的 XTIMCLK 时钟周期数。

2）有效阶段

在有效阶段实现 CPU 对外设芯片的访问。对于读操作，读选通 $\overline{XRD}$ 首先变为低电平，然后数据锁存到 DSP。对于写操作，写选通 $\overline{XWE}$ 变为低电平，同时将数据放到数据总线 XD 上。如果访问的外设空间配置为采样 XREADY 信号，那么外部器件可以通过硬件控制 XREADY 信号来进一步延长有效周期。在不使用 XREADY 信号的情况下，总的有效周期等于一个 XTIMCLK 周期加上 XTIMING 寄存器中设置的有效等待周期数。也就是说，有效阶段的访问周期至少是一个时钟周期。

3）保持阶段

保持阶段是指片选信号仍然有效（低电平），但读写选通信号变为无效状态（高电平）后保持的一段时间。同样，在 XTIMING 寄存器中可以配置保持阶段所需的 XTIMCLK 时钟周期数目。

三个阶段的时间均以 XTIMCLK 周期为单位。默认情况下，建立、有效、保持阶段的等待状态数均设为最大值，即建立阶段和保持阶段均是 6 个 XTIMCLK 周期，有效阶段为 14 个 XTIMCLK 周期。在系统设计时，用户需要配置各个外部空间的建立、有效和保持阶段所需的等待周期数目，以满足访问外部扩展设备或接口的时序要求。

图 3.7 给出了当 XTIMCLK=SYSCLKOUT/2 时的读周期波形，图中建立、有效和保持阶段插入的等待周期分别为 1、2、1 个 XTIMCLK 周期，三个阶段对应 2、6、2 个 CPU 时钟周期。图 3.8 给出了当 XTIMCLK=SYSCLKOUT 时的写周期波形，图中建立、有效、保持阶段的等待周期分别为 2、4、2 个 XTIMCLK 周期，三个阶段对应 2、5、2 个 CPU 时钟周期。需要指出，图 3.7 和图 3.8 中在有效阶段均包含了一个默认的 XTIMCLK 时钟。表 3.8 列出了三个阶段持续的时钟周期数与时序寄存器参数间的关系。

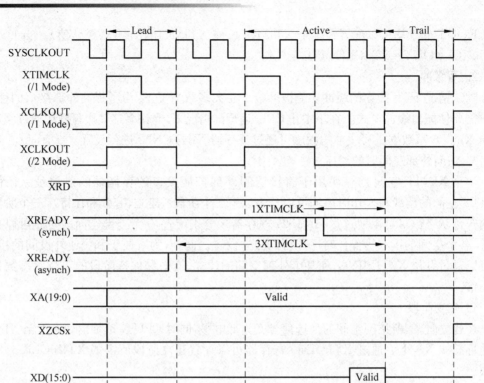

图 3.7　读周期波形(XTIMCLK＝SYSCLKOUT/2 模式)

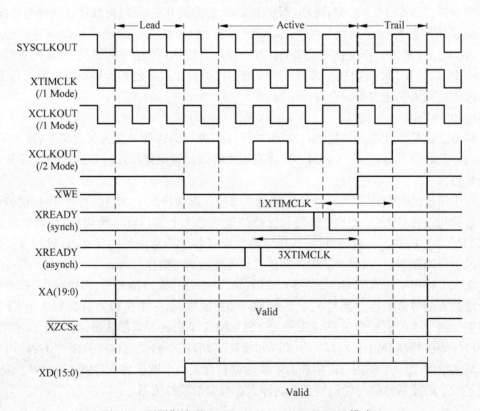

图 3.8　写周期波形(XTIMCLK＝SYSCLKOUT 模式)

4. XREADY 信号的采样

除了通过配置 XTIMING 寄存器,采用软件插入等待状态的方法来设置 XINTF 地址空间的读写时序外,F281x 还提供了一个 XREADY 引脚,用于通过硬件方式插入额外的等待周期。

通过采样 XREADY 信号,可以进一步延长 CPU 访问外设空间的有效周期。DSP 芯片上的所有 XINTF 空间共用一个 XREADY 输入信号,但每个空间可以通过各自的时序寄存器 XTIMING 独立配置为检测或忽略 XREADY 信号。而且,每个空间还可以设定为同步或异步采样 XREADY 信号。

1) 同步采样

如果是同步检测 XREADY 信号,在设定的建立与有效周期结束之前,要完成对 XREADY 信号采样一个 XTIMCLK 时钟周期。

2) 异步采样

如果是异步采样 XREADY 信号,在设定的建立与有效阶段结束之前,要对 XREADY 信号连续采样 3 个 XTIMCLK 时钟周期。

每个空间可以配置为对 XREADY 信号进行同步或异步检测,或者不检测。不论是同步采样还是异步采样,如果采样时刻 XREADY 引脚为低电平,访问周期的有效阶段将被延长一个 XTIMCLK 周期,并在下一个 XTIMCLK 周期重新采样 XREADY 信号。一旦检测到 XREADY 信号变为高电平,则根据是同步采样还是异步采样经历一或三个 XTIMCLK 周期后结束有效阶段,并直到下一个有效的总线周期之前将不再采样 XREADY,如图 3.7 和图 3.8 所示,而时钟 XCLKOUT 对采样过程无影响。

如果一个外部空间配置为采样 XREADY 信号,那么对该空间的读写操作均采样 XREADY 信号。默认情况下,每个外部空间均配置为异步采样模式。在确定时序参数时,设计人员需要考虑以下因素:

(1) 最少需要多少个等待状态,需注意对于同步采样和异步采样模式,二者对最小等待周期的要求是不同的;

(2) XINTF 接口的时序特性,可参考 DSP 芯片的数据手册;

(3) 经 XINTF 扩展的外设芯片的时序特性;

(4) F281x 芯片和外设芯片间的附加延迟;

(5) PCB 布线对传输线上信号波形质量的影响。

应该指出,绝大多数情况下不必使用 XREADY 信号,可直接将该引脚上拉至高电平。而对于那些外部扩展设备较多,且设备间的访问速度相差较大的情形,可以将外设按快慢分组,分别配置到不同的 XINTF 空间。而当外设的速度特别慢,单纯依靠软件插入等待状态无法满足要求时,需要外设电路控制 XREADY 信号插入更多的等待周期。这也意味着在应用系统设计时,要尽可能选取读写速度快的外设芯片,以降低 CPU 访问外设的时间开销,并简化硬件电路设计。

5. 外部空间的切换

当 CPU 从 XINTF 的一个空间切换至另一个空间访问时,为了能够使得慢速设备及时释放外部总线给其他外设使用,可能需要插入额外的时钟周期。空间切换时允许用户指定一个特殊的空间,可以在该空间和其他空间来回切换的过程中增加额外的 XTIMCLK 周期。这个特定的外部空间和需增加的周期数在 XBANK 寄存器中设定,如表 3.7 所示。

表 3.7 XBANK 寄存器的功能描述

位	名称	类型	描 述
15～6	保留	R-0	未定义
5～3	BCYC	R/W-1	在连续访问操作过程中需要空间切换时,设置进入或退出特定空间时插入的 XTIMCLK 时钟周期数目。复位默认值为 7 个 000　　　　0 个 XTIMCLK 时钟周期 001　　　　1 个 XTIMCLK 时钟周期 ⋮ 111　　　　7 个 XTIMCLK 时钟周期
2～0	BANK	R/W-1	设定 XINTF 的哪段空间切换被使能 000　　　　Zone0 001　　　　Zone1 010　　　　Zone2 110　　　　Zone6 111　　　　Zone7(复位默认值)

6. XMP/$\overline{\text{MC}}$信号对 XINTF 的影响

复位时,引脚 XMP/$\overline{\text{MC}}$ 的状态值被采样并锁存到 XINTF 的配置寄存器(XINTFCNF2)中。复位时该引脚的状态决定了使能引导 ROM 还是使能外部空间 7。

(1) 微处理器模式:如果复位时引脚 XMP/$\overline{\text{MC}}$为高电平,则 XINTF 的空间 7 被使能,从外部存储器中获取中断矢量。在这种情形下,必须将复位矢量指向一个存储执行代码的外部存储空间。

(2) 微控制器模式:如果复位时引脚 XMP/$\overline{\text{MC}}$为低电平,引导 ROM 被使能,而外部空间 7 被屏蔽,这也是应用较多的系统工作模式。在这种情形下,从内部引导 ROM 获取复位矢量,而用户不能访问空间 7。

当复位 DSP 后,XMP/$\overline{\text{MC}}$的模式可以通过写 XINTFCNF2 寄存器中的状态位 MP/$\overline{\text{MC}}$来改变。采用这种方法,系统可以首先从引导 ROM 完成引导,然后通过软件置 MP/$\overline{\text{MC}}$=1,从而可以正常访问空间 7。

3.4.3 配置建立、有效和保持阶段的等待状态

在软件编程时,初始化过程用户需要配置 XINTF 接口的读写时序以便与特定的外部设备相匹配,例如读写访问的建立和保持时间。每个 XINTF 空间的时序参数可以在 XTIMING 寄存器中独立设置,每个空间还可以配置为使用或不使用 XREADY 信号。这样,用户可以根据所访问的存储器或外设芯片的时序特性,最大限度地提高 CPU 通过 XINTF 访问外设接口的效率。表 3.8 列出了通过 XTIMING 寄存器配置的参数与脉冲持续宽度(以 XTIMCLK 为单位)之间的关系。

表 3.8 各个阶段持续的 XTIMCLK 周期数目

描 述	持续时间	
	当 X2TIMING＝0 时	当 X2TIMING＝1 时
读操作建立周期(LR)	XRDLEAD×$t_{C(XTIM)}$	(XRDLEAD×2)×$t_{C(XTIM)}$
读操作有效周期(AR)	(XRDACTIVE＋WS＋1)×$t_{C(XTIM)}$	(XRDACTIVE×2＋WS＋1)×$t_{C(XTIM)}$
读操作保持周期(TR)	XRDTRAIL×$t_{C(XTIM)}$	(XRDTRAIL×2)×$t_{C(XTIM)}$
写操作建立周期(LW)	XWRLEAD×$t_{C(XTIM)}$	(XWRLEAD×2)×$t_{C(XTIM)}$
写操作有效周期(AW)	(XWRACTIVE＋WS＋1)×$t_{C(XTIM)}$	(XWRACTIVE×2＋WS＋1)×$t_{C(XTIM)}$
写操作保持周期(TW)	XWRTRAIL×$t_{C(XTIM)}$	(XWRTRAIL×2)×$t_{C(XTIM)}$

注：$t_{C(XTIM)}$为一个 XTIMCLK 时钟周期；WS 指通过 XREADY 信号由硬件插入的等待状态周期数,如果所在的外设空间配置为不采样 XREADY 信号,则取 WS＝0。

在配置等待状态时,一方面要满足 XINTF 对最小等待状态的要求,另一方面取决于所选的外设接口芯片。对于选取的外设器件,其时序要求可参阅器件的数据手册。根据对 XREADY 信号的选择方式不同,XINTF 对最小等待状态的要求分以下三种情况。

(1) 如果忽略 XREADY(USEREADY＝0)信号,配置等待状态时要满足以下条件。

建立周期：LR≥$t_{C(XTIM)}$,LW≥$t_{C(XTIM)}$。

这就要求 XTIMING 寄存器的配置满足以下条件：

XRDLEAD	XRDACTIVE	XRDTRAIL	XWRLEAD	XWRACTIVE	XWRTRAIL	X2TIMING
≥1	≥0	≥0	≥1	≥0	≥0	0,1

(2) 如果以同步方式采样 XREADY 信号(USEREADY＝1,READYMODE＝0),等待状态需要满足以下条件。

① 建立周期：LR≥$t_{C(XTIM)}$,LW≥$t_{C(XTIM)}$;

② 有效周期：AR≥2×$t_{C(XTIM)}$,AW≥2×$t_{C(XTIM)}$。

这就要求 XTIMING 寄存器的配置满足以下条件：

XRDLEAD	XRDACTIVE	XRDTRAIL	XWRLEAD	XWRACTIVE	XWRTRAIL	X2TIMING
≥1	≥1	≥0	≥1	≥1	≥0	0,1

(3) 如果采用异步方式采样 XREADY 信号(USEREADY＝1,READYMODE＝1),等待状态需要满足以下条件。

① 建立周期：LR≥$t_{C(XTIM)}$,LW≥$t_{C(XTIM)}$;

② 有效周期：AR≥2×$t_{C(XTIM)}$,AW≥2×$t_{C(XTIM)}$;

③ 建立和有效周期：LR＋AR≥4×$t_{C(XTIM)}$,LW＋AW≥4×$t_{C(XTIM)}$。

这就要求 XTIMING 寄存器的配置满足以下条件：

XRDLEAD	XRDACTIVE	XRDTRAIL	XWRLEAD	XWRACTIVE	XWRTRAIL	X2TIMING
≥1	≥2	≥0	≥1	≥2	≥0	0,1
≥2	≥1	≥0	≥2	≥1	≥0	0,1
≥1	≥1	≥0	≥1	≥1	≥0	1

由于有效阶段已包含一个默认的 XTIMCLK 时钟周期,而建立阶段至少需要设为一个 XTIMCLK 时钟,因此,对 XINTF 的读写操作至少需要两个 XTIMCLK 时钟。当 CPU 的时钟频率为 150MHz 时,CPU 对 XINTF 接口外设进行读写操作的数据吞吐速率可达 75MHz×16 位。

3.4.4 XINTF 的寄存器

表 3.9 给出了用于配置外部接口的寄存器。需要指出,改变这些寄存器的值将影响 XINTF 的访问时序,因此配置这些寄存器的程序不能从 XINTF 扩展的存储器中执行。

表 3.9 外部接口配置寄存器

名 称	地 址	占用地址(16 位)	描 述
XTIMING0	0x00000B20	2	XINTF 时序寄存器,Zone0
XTIMING1	0x00000B22	2	XINTF 时序寄存器,Zone1
XTIMING2	0x00000B24	2	XINTF 时序寄存器,Zone2
XTIMING6	0x00000B2C	2	XINTF 时序寄存器,Zone6
XTIMING7	0x00000B2E	2	XINTF 时序寄存器,Zone7
XINTCNF2	0x00000B34	2	XINTF 配置寄存器
XBANK	0x00000B38	1	XINTF 切换控制寄存器
XREVISION	0x00000B3A	1	XINTF 版本寄存器

每个 XINTF 空间都有自己的时序寄存器,改变时序寄存器的值将会影响相应空间的访问时序。表 3.10 列出了时序寄存器 XTIMING0/1/2/6/7 的功能描述,表 3.11 列出了 XINTF 配置寄存器的功能描述。

表 3.10 XINTF 的时序寄存器 XTIMING0/1/2/6/7

位	名 称	类 型	描 述
31~23	保留位	R-0	未定义
22	X2TIMING	R/W-1	确定 XRDLEAD、XRDACTIVE、XRDTRAIL、XWRLEAD、XWRACTIVE、XWRTRAIL 中设置的等待周期相对于 XTIMCLK 的比例系数 0 比例为 1:1 1 比例为 2:1(复位后的默认值)
21~18	保留位	R-0	未定义
17,16	XSIZE	R/W-1	这两位必须均写 1,写其他任何值将导致不正确的配置结果
15	READYMODE	R/W-1	设置 XREADY 输入采样的工作模式,如果 USEREADY=0,不对 XREADY 采样,该位不起作用 0 XREADY 为同步检测模式 1 XREADY 为异步检测模式
14	USEREADY	R/W-1	确定访问外部空间时,是否采样 XREADY 信号 0 外部接口访问时忽略 XREADY 信号 1 外部接口访问时检测 XREADY 信号

续表

位	名　称	类　型	描　述
13,12	XRDLEAD	R/W-1	设定读操作建立阶段的 XTIMCLK 周期数 XRDLEAD　X2TIMING=0 时　　X2TIMING=1 时 　00　　　　无效的设置　　　　无效的设置 　01　　　　　1　　　　　　　2 　10　　　　　2　　　　　　　4 　11　　　　　3　　　　　　　6
11~9	XRDACTIVE	R/W-1	设定读操作有效阶段插入的等待状态周期数 XRDACTIVE　X2TIMING=0 时　　X2TIMING=1 时 　000　　　　　0　　　　　　　0 　001　　　　　1　　　　　　　2 　⋮　　　　　⋮　　　　　　⋮ 　111　　　　　7　　　　　　　14
8,7	XRDTRAIL	R/W-1	设定读操作保持阶段的 XTIMCLK 周期数 XRDTRAIL　X2TIMING=0 时　　X2TIMING=1 时 　00　　　　　0　　　　　　　0 　01　　　　　1　　　　　　　2 　10　　　　　2　　　　　　　4 　11　　　　　3　　　　　　　6
6,5	XWRLEAD	R/W-1	设定写操作建立阶段的 XTIMCLK 周期数 XWRLEAD　X2TIMING=0 时　　X2TIMING=1 时 　00　　　　无效的设置　　　　无效的设置 　01　　　　　1　　　　　　　2 　10　　　　　2　　　　　　　4 　11　　　　　3　　　　　　　6
4~2	XWRACTIVE	R/W-1	设置写操作有效阶段插入的等待状态周期数 XWRACTIVE　X2TIMING=0 时　　X2TIMING=1 时 　000　　　　　0　　　　　　　0 　001　　　　　1　　　　　　　2 　⋮　　　　　⋮　　　　　　⋮ 　111　　　　　7　　　　　　　14
1,0	XWRTRAIL	R/W-1	设置写操作保持阶段的 XTIMCLK 周期数 XWRTRAIL　X2TIMING=0 时　　X2TIMING=1 时 　00　　　　　0　　　　　　　0 　01　　　　　1　　　　　　　2 　10　　　　　2　　　　　　　4 　11　　　　　3　　　　　　　6

表 3.11　XINTF 的配置寄存器 XINTCNF2

位	名　称	类　型	描　述
31~19	保留位	R-0	未定义
18~16	XTIMCLK	R/W-1	设置时钟 XTIMCLK 相对 CPU 时钟 SYSCLKOUT 的分频系数 000　XTIMCLK=SYSCLKOUT 001　XTIMCLK=SYSCLKOUT/2

续表

位	名　称	类　型	描　　述
15～12	保留位	R-0	未定义
11	HOLDAS	R-x	反映引脚 $\overline{\text{XHOLDA}}$ 的当前输出状态。用户可以读取 HOLDAS 位来判断当前外设器件是否正在使用外部接口 0　$\overline{\text{XHOLDA}}$ 输出低电平 1　$\overline{\text{XHOLDA}}$ 输出高电平
10	HOLDS	R-y	HOLDS 反映了引脚 $\overline{\text{XHOLD}}$ 的当前输入状态。用户可以读取 HOLDS 位来判断是否有扩展外设需要占用外部总线 0　$\overline{\text{XHOLD}}$ 输入低电平 1　$\overline{\text{XHOLD}}$ 输入高电平
9	HOLD	R/W-0	该位可以允许或禁止外设占用扩展总线,即是否允许通过来自外部设备的请求信号 $\overline{\text{XHOLD}}$ 驱动 DSP 产生应答信号 $\overline{\text{XHOLDA}}$ 0　允许外设请求占用外部总线。当外部设备的请求信号 $\overline{\text{XHOLD}}=0$ 时,CPU 自动将 $\overline{\text{XHOLDA}}$ 置为低电平 1　不允许外设占用外部总线。当外部设备的请求信号 $\overline{\text{XHOLD}}=0$ 时,DSP 不响应该请求且 $\overline{\text{XHOLDA}}$ 一直保持高电平
8	MP/$\overline{\text{MC}}$ Mode	R/W-z	该位反映了复位时刻引脚 XMP/$\overline{\text{MC}}$ 的状态。复位后 MP/$\overline{\text{MC}}$ 的状态不随引脚 XMP/$\overline{\text{MC}}$ 变化,用户可以通过对该位写 1 或 0 来改变引脚 XMP/$\overline{\text{MC}}$ 的输出电平。MP/$\overline{\text{MC}}$ 将影响空间 7 和引导 ROM 的映射地址 0　微计算机模式(XINTF 空间 7 被屏蔽,引导 ROM 使能) 1　微处理器模式(XINTF 空间 7 使能,引导 ROM 被屏蔽)
7,6	WLEVEL	R-0	反映当前写操作的缓冲器状态。写缓冲内的数据可以是 8、16、32 位字长的数值 00　写缓冲为空 01　写缓冲内有一个数据 10　写缓冲内有两个数据 11　写缓冲内有三个数据
5,4	保留位	R-01	未定义
3	CLKOFF	R/W-0	设定是否关闭 XCLKOUT 输出。关闭 XCLKOUT 有助于降低功耗和减小噪声 0　允许 XCLKOUT 输出 1　禁止 XCLKOUT 输出
2	CLKMODE	R/W-1	设定时钟 XCLKOUT 相对 XTIMCLK 的分频系数 0　XCLKOUT＝XTIMCLK 1　XCLKOUT＝XTIMCLK/2

续表

位	名 称	类 型	描 述
1,0	Write Buffer Depth	R/W-0	使用写缓冲可以不必等待 XINTF 访问完成,处理器就可以继续执行写操作。可以设定写缓冲深度为 0~3 个 00　没有写缓冲(复位默认值) 01　1 个写缓冲 10　2 个写缓冲 11　3 个写缓冲

注:表中 x 为引脚$\overline{\text{XHOLDA}}$的输出,y 为引脚$\overline{\text{XHOLD}}$的输入,z 为引脚 XMP/$\overline{\text{MC}}$的输入。

例 3.2 下面的例程初始化空间 0 的写周期和空间 2 的读周期时序。

```
void InitXintf(void)
{
    //所有空间的时钟频率 XTIMCLK = SYSCLKOUT
    XintfRegs.XINTCNF2.bit.XTIMCLK = 0;
    //设置 Zone0 写周期时序,默认为使用 XREADY 信号,异步采样,有效周期需大于或等于 1
    XintfRegs.XTIMING0.bit.XWRLEAD = 1;
    XintfRegs.XTIMING0.bit.XWRACTIVE = 3;
    XintfRegs.XTIMING0.bit.XWRTRAIL = 1;
    XintfRegs.XTIMING0.bit.X2TIMING = 0;    //Zone0 的时钟周期不加倍
    //设置 Zone 2 的读周期时序
    XintfRegs.XTIMING2.bit.USEREADY = 0;    //Zone2 忽略 XREADY 信号,默认为 1
    XintfRegs.XTIMING2.bit.XRDLEAD = 3;
    XintfRegs.XTIMING2.bit.XRDACTIVE = 7;
    XintfRegs.XTIMING2.bit.XRDTRAIL = 3;
    XintfRegs.XTIMING2.bit.X2TIMING = 1;    //Zone2 的时钟周期加倍
}
```

3.4.5 外部接口的 DMA 访问

外部接口支持对片外扩展的数据/程序空间进行直接存储器访问(direct memory access,DMA),DMA 操作由两个专门的信号$\overline{\text{XHOLD}}$和$\overline{\text{XHOLDA}}$控制完成。DMA 操作的步骤如下:

① 外设产生一个低电平信号送至$\overline{\text{XHOLD}}$引脚,请求外部接口的输出保持高阻状态。

② 当 CPU 检测到有效的$\overline{\text{XHOLD}}$信号时,若已设置 XINTCNF2 寄存器中的 HOLD 模式位,使能自动产生$\overline{\text{XHOLDA}}$信号,则 CPU 允许对外部总线的访问。

③ CPU 完成对所有外部接口的访问后将引脚$\overline{\text{XHOLDA}}$置为低电平。

④ 随后 XINTF 的数据/地址总线和读写、片选信号均处于高阻状态,外部设备可以控制对外部程序和数据存储器的访问。

⑤ 在 HOLD 模式下,CPU 可以继续执行片内存储器中的程序;如果此时访问外部接口,将会导致暂停处理器运行直到$\overline{\text{XHOLD}}$变为高电平。寄存器 XINTCNF2 中的状态位反映了引脚$\overline{\text{XHOLD}}$和$\overline{\text{XHOLDA}}$的当前状态。

⑥ DMA 操作完成后外设送高电平信号至$\overline{\text{XHOLD}}$引脚,XINTF 接口退出高阻状态,

CPU 恢复对外部总线的控制。

系统复位时,HOLD 模式被使能,此时允许用户通过$\overline{\text{XHOLD}}$请求从外部存储器引导并加载程序代码。

注意: F281x芯片可响应$\overline{\text{XHOLD}}$信号使外部总线处于三态,这样片外 DMA 控制器可实现 DMA 操作,但 DSP 芯片内部并不包含 DMA 控制器。

3.5　外部接口的应用

3.5.1　扩展外部存储器

F2812 片内提供了较大容量的 Flash 存储器,可以用来固化用户程序,一般用户无须再扩展非易失的程序存储器。但由于 Flash 芯片的存取速度较慢,直接从 Flash 中运行用户代码时需要插入一定的等待周期,降低了 DSP 的执行速度。因此,目前的 DSP 芯片均提供了上电引导功能,即上电时 DSP 内部固化的引导程序根据选定的引导模式,自动将用户代码从程序存储器(如 Flash)中加载到片内高速 SARAM 或扩展的 SRAM 中,然后程序在 RAM 中全速执行。由于片内 RAM 无须插入等待状态,因此,通常将用户程序加载到片内 RAM 中执行。当片内 RAM 容量不能满足要求,或者需要保存较多的用户数据时,通常需要扩展外部存储器。

本节介绍采用 SRAM 芯片扩展 F2812 的外部存储器。由于 DSP 采用统一寻址方式,扩展的 SRAM 既可以用作程序存储器,上电时将部分用户代码从慢速的 Flash 存储器中加载到 SRAM 存储器中执行,也可以用于保存用户数据。

本例中通过 XINTF 扩展了一片 SRAM 芯片 CY7C1021V33,容量为 64KB,访问周期 12ns,采用 3.3V 电源供电。CY7C1021V33 的真值表见表 3.12,提供了独立的高/低字节选通信号,易于实现与 8 位或 16 位外部数据总线的 CPU 接口。当片选信号无效时,芯片自动进入节电模式以降低功耗。

表 3.12　CY7C1021V33 的真值表

$\overline{\text{CE}}$	$\overline{\text{OE}}$	$\overline{\text{WE}}$	$\overline{\text{BLE}}$	$\overline{\text{BHE}}$	D0~D7	D8~D15	工作模式
H	X	X	X	X	高阻状态	高阻状态	后备模式
L	L	H	L	L	数据输出	数据输出	16 位读
			L	H	数据输出	高阻状态	低 8 位读
			H	L	高阻状态	数据输出	高 8 位读
L	X	L	L	L	数据输入	数据输入	16 位写
			L	H	数据输入	高阻状态	低 8 位写
			H	L	高阻状态	数据输入	高 8 位写

DSP 与 SRAM 的接口电路见图 3.9,F2812 采用 16 位数据方式访问 SRAM,地址空间位于 Zone6,由于直接利用$\overline{\text{XZCS6AND7}}$作为片选信号,而 DSP 的高位地址 A16~A18 未参与译码,因此 SRAM 的地址是不唯一的。通常取 A16~A18＝000,这样 SRAM 存储器的地址范围为 0x100000~0x10FFFF。

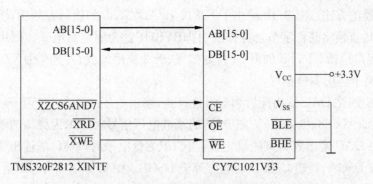

图 3.9　应用 XINTF 接口扩展外部存储器

例 3.3　初始化图 3.9 中 SRAM 的访问时序。

```
void InitXintf(void)
{
    XintfRegs.XINTCNF2.bit.XTIMCLK = 0;      //假定 CPU 时钟频率为 150MHz
    XintfRegs.XTIMING6.bit.X2TIMING = 0;
    XintfRegs.XTIMING6.bit.XWRTRAIL = 0;     //写周期设为 3 个 CPU 时钟周期
    XintfRegs.XTIMING6.bit.XWRACTIVE = 1;
    XintfRegs.XTIMING6.bit.XWRLEAD = 1;
    XintfRegs.XTIMING6.bit.XRDTRAIL = 0;     //读周期设为 4 个 CPU 时钟周期
    XintfRegs.XTIMING6.bit.XRDACTIVE = 2;
    XintfRegs.XTIMING6.bit.XRDLEAD = 1;
}
```

例 3.4　SRAM 存储单元的读写操作与测试。

测试 SRAM 存储单元时,可以首先对每个地址对应的存储单元写入一个预先设定的数值,然后读取该地址单元的值,并与写入值进行比较以校验 SRAM 芯片是否工作正常。通常可选取有代表性的数据进行测试,如 0x0000、0xFFFF、0x5555、0xAAAA 等。对于图 3.9 中扩展的 SRAM 芯片,测试代码举例如下。

```
unsigned int * SRAM = (unsigned int * ) 0x100000;
for(i = 0; i < 0xFFFF; i++)            //SRAM 的地址范围 0x100000~0x10FFFF
  {
      * (SRAM + i) = 0x5555;
      if( * (SRAM + i)  ! = 0x5555)
      {  while(1);    }                //如果某一 SRAM 单元未通过测试,则程序停止在该行
  }
```

3.5.2　扩展 D/A 转换器

F281x 系列 DSP 芯片内部没有集成 D/A 转换器,用户可以通过 XINTF 接口扩展并行接口的 D/A 转换器芯片,或通过第 5 章介绍的 SPI 接口扩展串行接口的 D/A 转换器。这里以 14 位分辨率、4 通道、电压输出型 DAC 芯片 ADC7835 为例,介绍通过 XINTF 接口扩

展 D/A 转换器的方法。图 3.10 给出了 F2812 和 ADC7835 的接口原理图,图中采用 16 位数据总线接口,直接将高低字节选择控制引脚BYSHF置为固定高电平。图中 ADC7835 与 DSP 芯片的接口包括 XINTF 的低 14 位数据线、低 3 位地址线、片选信号$\overline{XZCS2}$、写使能信号$\overline{XWE}$以及两个通用 I/O 信号。

图 3.10 中四路 DAC 输出配置为双极性模式,输出电压范围为$-5V\sim+5V$,需要外部电压基准源(如 AD588)提供$+5V$ 和$-5V$ 的基准电压信号。$\overline{CLR}$为异步的清零引脚,通常用于上电时将 DAC 输出置为某一设定值,当$\overline{CLR}$为低电平时,DAC 的输出通道 A 和 B 的电压等于引脚 DSGA,通道 C 和 D 的电压等于 DSGB。图 3.10 中,当$\overline{CLR}$信号为有效的低电平时,四路输出电压均为 0。

ADC7835 采用由输入寄存器和 DAC 锁存器构成的双缓冲结构,编程时可以采用两种方式刷新输出的模拟信号。当需要多个 DAC 通道同步刷新时,首先向各个通道地址依次写入 14 位数字值至相应的 DAC 输入寄存器,然后使$\overline{LDAC}$输出一个低电平脉冲将四路 DAC 输入寄存器中的值送至四路 DAC 锁存器,这样就可以同步刷新四路 DAC 的输出电压。当各个通道独立更新时,可以置$\overline{LDAC}$为固定低电平,这样一旦有数据写入某一通道的输入寄存器,同时就刷新该通道的输出电压。图 3.10 中通道 A 至通道 D 的地址依次为$0x80000\sim0x80003$,DAC 的输出电压和数字量$[D_{13}\cdots D_0]$间的关系可以表示为:

$$V_{OUT} = V_{REF-} + [D_{13}\cdots D_0] \times (V_{REF+} - V_{REF-})/2^{14}$$

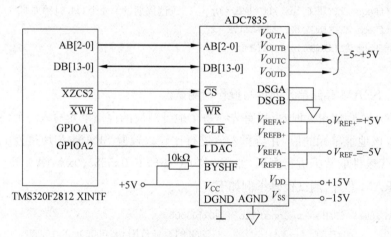

图 3.10 应用 XINTF 接口扩展 D/A 转换器

习题与思考题

1. 如何通过软件判断内部 RAM 单元或外部 RAM 芯片是否工作正常? 对于 Flash 或 EPROM 等存储器芯片如何诊断?

2. 外部扩展接口(XINTF)适合扩展哪些外设芯片?

3. F2812 提供了 3 个供外设使用的片选信号,如果扩展的外设芯片超过 3 个,如何产生这些外设芯片的片选信号?

4. 对于例 3.2,分析空间 2 的一个读周期包含的 XTIMCLK 时钟周期数;如果 CPU 时钟频率为 150MHz,则完成一个完整的读周期需要多长时间?

5. 对于图 3.10,设要求通道 A、B、C、D 的输出电压分别为 -4V、0V、2V 和 4V,试编程实现四路 DAC 的输出同步刷新。

第4章

CHAPTER 4

串行通信接口

在测控技术领域,要构成一个较大规模的测控系统,就不可避免地要采用多计算机系统。计算机与外部设备或其他计算机间的通信方式可分为串行通信和并行通信两类。并行通信(如第3章介绍的 XINTF 接口)时组成一条信息的各位同时传送,其优点在于软件实现简单、传输速度快、效率高;但接口信号有多少位就需要多少根传输线,因此传输线多、成本高,故通常用于近距离(相距几米)、高速数据传输的场合。当信号传输距离较远时,一般采用串行通信方式。串行通信线上既要传输数据信息,也要传输联络信息,因此收发双方就必须要有通信协议。与并行通信相比,串行通信过程数据是一位一位地顺序传送,其突出的优点在于通信距离远(几百米至上千米)、传输线少、成本低,但要求数据格式相对固定,传输速度低,通信过程的控制较为复杂。

对于串行通信来说,由于数据是一位接一位地发送或接收,必须要考虑的一个首要问题就是发送与接收的"同步"问题。解决"同步"问题的方法有两种,第一种是数据的发送和接收是在同一个时钟脉冲控制下进行的,这样实现的同步称为准确同步。在这种方式下,需要在发送和接收侧连接一根公共的时钟信号线,由发送或接收端提供同步时钟,如第5章介绍的 SPI 接口。另外一种串行通信的同步方法是在主机和从机内分别设定串行通信时钟,由双方各自的时钟分别控制数据的发送和接收,且两者的标称时钟频率(波特率)相同。只有这样,才能按照设定的数据格式实现串行通信。严格来讲,这种方式属于异步通信,如果发送和接收侧的时钟或相位不完全一致,有可能会影响通信的正确性。因此,为确保这种串行通信过程能够正确传输数据,克服两个不同时钟间存在的频率偏差,通常需要在数据块的前后分别增加起始位和长度不等的停止位以实现同步。由于必须在每个数据块的首尾分别添加起始位和停止位,必然会降低串行通信的效率,这也是异步串行通信无法回避的问题。

TMS320F281x 的 SCI 串行通信接口是一个标准的通用异步接收/发送器(universal asynchronous receiver/transmitter,UART),属于异步串行通信方式。其接收器和发送器均为双缓冲模式,支持16级接收和发送 FIFO,发送和接收具有自己独立的使能和中断位,可以工作在半双工或全双工通信模式。

4.1 SCI 模块

4.1.1 SCI 模块概述

SCI 模块与 CPU 之间的接口如图 4.1 所示。每个 SCI 模块包含 13 个控制寄存器,有两个外部引脚,即数据发送引脚 SCITXD 和数据接收引脚 SCIRXD,采用低速外设时钟 LSPCLK 作为时钟源,具有独立的发送中断 TXINT 和接收中断 RXINT。

概括起来,SCI 模块具有如下特点。

(1) F281x 片内包含两个功能相同的 SCI 模块,分别称作 SCI-A 和 SCI-B。

(2) 每个 SCI 模块包含两个外部引脚,即:

- SCITXD:SCI 异步串行数据发送引脚;
- SCIRXD:SCI 异步串行数据接收引脚。

(3) 16 位的波特率寄存器,可设置多达 64×1024 种不同的波特率。

(4) 串行数据帧包括:

- 一个起始位;
- 可编程为 1～8 个数据位;
- 可选择为奇/偶检验或无校验位模式;
- 可选择 1～2 个停止位。

(5) 可以进行奇偶校验错误、超时错误、帧错误或间断检测,以保证数据的完整性。

(6) 支持两种多处理器唤醒方式:空闲线唤醒或地址位唤醒。

(7) 可工作于半双工或全双工通信方式。

(8) 标准模式下接收器和发送器采用双缓冲结构。

(9) 发送和接收可以采用中断或查询方式。

(10) 独立的发送和接收中断使能控制。

(11) 自动通信速率检测(与 F240x 相比增强的功能)。

(12) 16 级发送/接收 FIFO(与 F240x 相比增强的功能),有利于减少 CPU 的开销。

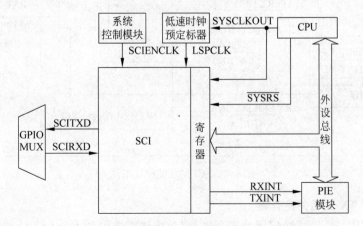

图 4.1 SCI 与 CPU 间的接口

4.1.2 SCI 模块的结构

SCI 模块的组成框图见图 4.2,串行通信接口的操作主要是通过控制和状态寄存器来配置和实现的。图 4.2 中给出了 SCI 采用全双工通信模式时的主要功能单元,具体包括:

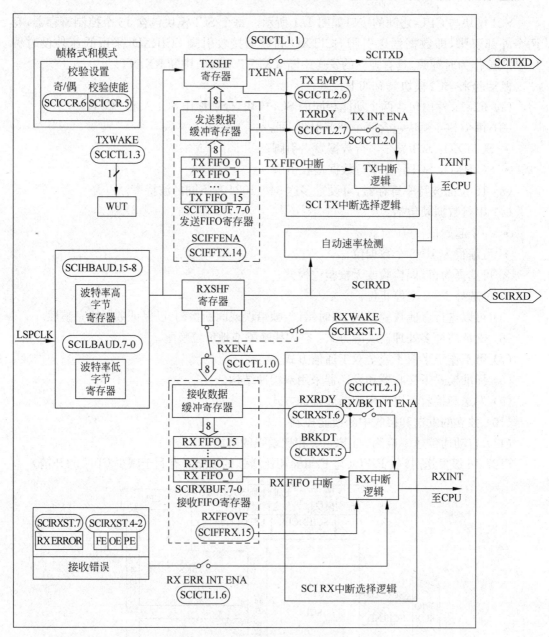

图 4.2 SCI 的功能模块框图

1. 发送器 TX 及相关寄存器

- SCITXBUF:发送数据缓冲寄存器,存放将要发送的数据(由 CPU 装载)。
- TXSHF:发送移位寄存器,从 SCITXBUF 寄存器载入数据,并按照设定的波特率将数据移位到 SCITXD 引脚上，每次移出一位数据。

2. 接收器 RX 及相关寄存器

- RXSHF：接收移位寄存器，将 SCIRXD 引脚上的串行数据逐位移入；
- SCIXBUF：接收数据缓冲寄存器，存放接收数据等待 CPU 读取。来自远程处理器的串行数据先装入 RXSHF，然后装入 SCIRXBUF 和 SCIRXEMU（接收仿真缓冲寄存器）中。

3. 其他功能模块

- 一个可编程的波特率产生器，采用低速外设时钟 LSPCLK 作为时钟源。
- 具有独立的发送中断 TXINT 和接收中断 RXINT。
- SCI 的接收和发送通道可以交替工作（半双工模式），也可以同时工作（全双工模式）。

4.1.3　SCI 的通信格式

在异步串行通信过程，带有格式信息的数据字符称作一帧，如图 4.3 所示。用户可以通过通信控制寄存器 SCICCR 来配置 SCI 的数据格式。一个完整的数据帧包括：

图 4.3　典型的 SCI 数据帧格式

(1) 一个起始位，低电平有效，用于使通信双方实现同步；

(2) 1～8 位的数据位，从字符的最低位开始发送；

(3) 一个可选择的奇偶校验位，可用于差错检验；

(4) 1 或 2 个停止位，高电平有效，标志一个字符的结束；

(5) 附加的地址位，在地址位模式下用来区分发送的是地址还是数据。

例如，在图 4.3 中，一个数据帧包含一个起始位，8 个数据位，一个校验位，一个停止位及一个地址位（地址位模式），一个数据帧共包含 11 位或 12 位。需要指出，在异步串行通信过程中，除了接收和发送侧的波特率要尽量一致外，还必须配置为相同的数据格式。

数据帧中的每个数据位占用 8 个 SCI 时钟（SCICLK）周期。接收器在接收到一个起始位后开始接收数据位，4 个连续 SCICLK 周期的低电平表示有效的起始位，如图 4.4 所示。如果没有检测到连续 4 个 SCICLK 周期的低电平，那么接收器重新开始寻找另一个起始位。

对于数据帧中起始位后面的位，接收器在每位的中间进行 3 次采样以确定该位的状态值。三次采样点分别在第 4、5 和 6 个 SCICLK 周期，三次采样中两次相同的值即为接收器中该位的最终值。图 4.4 给出了异步通信格式下起始位的检测时序，并给出了确定起始位后面的位时所对应的采样位置。

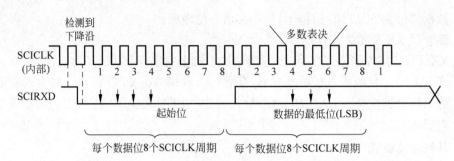

图 4.4　SCI 异步通信格式

由于接收器使用帧同步,外部的发送和接收设备与 SCI 模块间不需要使用串行同步时钟,可由各个设备分别产生自己的时钟源来设置通信速率。下面结合 SCI RXD 和 SCI TXD 引脚上的波形,举例说明串行通信过程数据接收和发送的控制流程。

1. 通信过程的接收器信号

图 4.5 描述了工作在地址位唤醒模式,每个字符有 6 位数据时,接收器信号时序的一个例子。

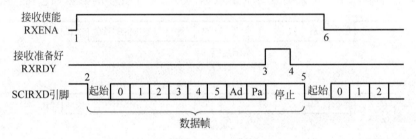

图 4.5　串行通信模式下的接收器信号

图 4.5 中的数据接收流程如下:

(1) 置接收器使能位 RXENA(SCICTL1.0)为高电平,使能接收器接收数据;

(2) 串行数据到达 SCIRXD 引脚后,SCI 模块检测到起始位;

(3) 当串行数据从寄存器 RXSHF 依次移位到缓冲寄存器 SCIRXBUF 后,产生一个中断请求。同时,接收器就绪标志位 RXRDY(SCIRXST.6)变为高电平,表示已经接收到一个新字符;

(4) CPU 读取 SCIRXBUF 寄存器中接收到的数据后,标志位 RXRDY 被自动清零;

(5) 下一字节的数据到达 SCIRXD 引脚时,再次检测到起始位;

(6) 若置 RXENA 为低电平,则禁止接收器接收数据。此时 SCIRXD 引脚上的数据继续移入 RXSHF 寄存器,但 RXSHF 中的数据不会装载到接收缓冲寄存器中。

2. 通信过程的发送器信号

图 4.6 描述了工作在地址位唤醒模式,每个字符有 3 位数据时,发送器信号时序的一个例子。

图 4.6 中的数据发送流程如下:

(1) 置发送器使能位 TXENA(SCICTL1.1)为高电平,使能发送器发送数据。

(2) CPU 写数据到 SCITXBUF 寄存器,使得发送器不再为空,从而 TXRDY(发送器就

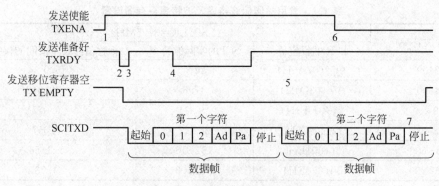

图 4.6　串行通信模式下的发送器信号

绪标志)和 TX EMPTY(发送器空标志)均变为低电平。

(3) SCI 将 SCITXBUF 中的数据装载到移位寄存器 TXSHF 后,TXRDY 变为高电平,并产生中断请求,此时可以发送下一个字符。如果采用中断方式控制数据发送,需要将发送中断使能位 TX INT ENA(SCICTL2.0)置 1。

(4) 当 TXRDY 变为高电平后,CPU 可以写第二个字符到 SCITXBUF 寄存器。在第二个字节写入到 SCITXBUF 后,TXRDY 变为低电平。

(5) 发送完第一个字符后,立即将第二个字符移位到寄存器 TXSHF,并开始发送。

(6) 如果置位 TXENA 为低电平,在当前字符发送完成后将禁止发送器发送数据。

(7) 待第二个字符发送完成后,TXSHF 再次变为空,此时 TX EMPTY 也变为高电平。

4.1.4　波特率设置

波特率,即串行数据的传送速率,是指通信过程每秒钟传送的二进制代码的位数,它的单位为位/秒(b/s 或 bps),而完成一位二进制数传送所需的时间为波特率的倒数。SCI 模块的串行时钟由低速外设时钟 LSPCLK 和波特率选择寄存器 BSR 的值确定。通过配置 16位的波特率选择寄存器,可以实现 $64 \times 1024(2^{16})$ 种不同的波特率,以满足不同设备对通信速率的要求。

在通信系统设计时,同一串行网络上的多台设备间需要设定为相同的波特率,以实现可靠的数据传输。表 4.1 列出了几种典型配置的波特率,从表中可以看出,选择的波特率越高,实际的波特率与用户设定的标称值之间的误差随之增大。通信设备间的波特率偏差易引起数据传输错误,影响系统通信的可靠性。例如,假设传递的一帧数据共包含了 10 个二进制位,若发送和接收的波特率达到理想的一致,那么接收侧时钟脉冲的出现时间可保证对数据的采样都发生在每位数据有效时刻的中点。如果接收和发送侧的波特率误差达到 5%,那么对 10 位一帧的串行数据,时钟脉冲相对数据有效时刻逐位偏移,当接收到第 10 位时,积累的误差达到 50%,则采样的数据已是第 10 位数据有效和无效的临界状态,这种情形下允许的最大波特率误差为 5%。因此,在选取波特率时要设法使一条串行通信网络上挂接的各个设备具有尽可能一致的波特率,以保证数据传输的正确性和可靠性。

表 4.1 常用的通信波特率及波特率寄存器设置

标称波特率	LSPCLK=37.5MHz		
	BSR 的设定值	SCI 的实际波特率	标称值与设定值间的误差/%
2400	1952(07A0H)	2400	0
4800	976(03D0H)	4798	−0.042
19 200	243(00F3H)	19 211	0.057
38 400	121(0079H)	38 422	0.057
153 600	30(001EH)	151 210	−1.56
307 200	14(000EH)	312 500	1.73

SCI 模块的波特率计算公式如下:

$$SCI\_Baud = \frac{LSPCLK}{(BSR+1) \times 8}$$

式中 BSR 是波特率选择寄存器的值。根据上式得到波特率寄存器的设定值为

$$BSR = \frac{LSPCLK}{SCI\_Baud \times 8} - 1$$

值得注意的是,上式只有在 1≤BSR≤65 535 时成立。如果 BSR=0,那么

$$SCI\_Baud = \frac{LSPCLK}{16}$$

4.1.5 SCI 的中断

SCI 通信过程可以选择中断方式或查询方式来控制接收器和发送器的工作。与查询方式相比,中断方式具有占用 CPU 的时间少、实时性高的特点。

SCI 的接收器和发送器具有各自的外设中断向量,同时也可以设置发送器和接收器中断的优先级。当发送和接收中断申请设置为相同的优先级时,接收器总是比发送器具有更高的优先级,这样有助于避免发生接收器溢出事件。当中断使能位被屏蔽时,将不会产生中断,但中断标志位仍可以反映发送和接收状态,以便采用查询方式控制发送器和接收器的操作。

SCI 提供了四种错误检测标志,当检测到接收错误时可触发接收中断。这些错误标志位不能被直接清除,只能通过软件复位 SCI 模块或系统复位来清除,四种错误检测标志的触发条件如下。

(1) 间断错误:当通信传输线上无数据传输时,SCIRXD 引脚上应该为持续的高电平。当检测到缺少一个停止位后,若 SCI 数据接收引脚上保持至少 10 个数据位的低电平,将置位间断错误标志,表明数据接收通道出现故障。

(2) 帧错误:当检测不到一个期望的停止位(高电平)时,帧错误标志置位。丢失停止位表明已失去与起始位的同步,接收到的字符不是一个完整的数据帧。

(3) 溢出错误:当前一个字符被 CPU 读取前,又有新的字符送到 SCIRXBUF 时,前一个字符会被覆盖,并置位溢出错误标志。

(4) 奇偶校验错误:当接收字符中 1 的个数和它的奇偶校验位(含地址位)之间不匹配时,若校验模式被使能,则置位奇偶校验错误标志。

发送器有一个中断标志位,即发送缓冲器就绪标志位 TXRDY。接收器有三个中断标志位,即接收器准备就绪 RXRDY、间断检测标志 BRKDT 和接收错误标志 RX ERROR。其中,RX ERROR 是间断检测 BRKDT、帧错误 FE、溢出错误 OE 和奇偶校验错误标志 PE 的逻辑或。

(1) 如果 RX/BK INT ENA 位(SCICTL2.1)被置 1,当发生下列情况之一时就会产生接收器中断请求:

- SCI 接收到一个完整的帧,并把 RXSHF 寄存器中的数据传送到 SCIRXBUF 寄存器,等待 CPU 读取接收的数据。该操作将 RXRDY 标志位(SCIRXST.6)置 1,并产生中断。
- 若检测到间断条件发生,则自动将 BRKDT 标志位(SCIRXST.5)置 1,并产生中断请求。

(2) 如果 RX ERR INT ENA 位(SCICTL1.6)被置 1,当接收器错误标志置位时将产生一个接收中断请求。在中断服务程序中可以判断具体的错误标志位以确定出错状况(间断检测、帧错误、溢出错误或奇偶校验错误)。

(3) 如果 TX INT ENA 位(SCICTL2.0)被置 1,只要将 SCITXBUF 寄存器中的数据传送到 TXSHF 寄存器,就会产生发送器中断请求。该操作将 TXRDY 标志位(SCICTL2.7)置 1,并产生中断请求,表示 CPU 可以继续向 SCITXBUF 寄存器写数据。

注意:RXRDY 和 BRKDT 产生的中断受 RX/BK INT ENA 位(SCICTL2.1)的控制,而 RX ERROR 位产生的中断受 RX ERR INT ENA 位(SCICTL1.6)的控制。

4.1.6 SCI 的 FIFO 操作

与 F240x 相比,F281x 的 SCI 模块支持发送/接收 FIFO 操作,下面介绍 FIFO 的特点,以便了解使用 FIFO 功能时的编程方法。

(1) 上电复位后,SCI 模块工作于标准模式,禁止 FIFO 功能。

(2) 标准 SCI 模式同 F240x 的 SCI 工作模式,使用 TXINT/RXINT 中断作为 SCI 的中断源。

(3) 通过将 SCIFFTX 寄存器中的位 SCIFFEN 置 1,可使能 FIFO 模式。在任何操作状态下,可以通过 FIFO 发送寄存器 SCIFFTX 中的 SCI 复位控制位(SCIRST)复位 FIFO 模式。

(4) 当使能 FIFO 模式时,所有 SCI 寄存器和 SCI FIFO 寄存器(SCIFFTX、SCIFFRX 和 SCIFFCT)均是有效的。

(5) FIFO 模式支持两个中断,一个是发送 FIFO 中断 TXINT,另一个是接收 FIFO 中断 RXINT。FIFO 接收、接收错误和接收 FIFO 溢出共用 RXINT 中断。在标准 SCI 模式下,TXINT 中断被禁止,该中断仅作为 SCI 发送 FIFO 中断使用。

(6) 发送和接收缓冲器增加了两个 16 级深度的 FIFO。发送 FIFO 寄存器的宽度是 8 位,接收 FIFO 寄存器的宽度是 10 位。标准 SCI 的单字节发送缓冲器作为发送 FIFO 和移位寄存器间的发送缓冲器。只有当移位寄存器的最后一位被移出后,发送缓冲器才从发送

FIFO 装载数据。当使能 FIFO 后,经过一个可选择的延迟(SCIFFCT),SCITXSHF 被直接装载而不使用 SCITXBUF。

(7) FIFO 中的数据传送到发送移位寄存器的速率是可编程的。通过 FIFO 控制寄存器 SCIFFCT 中的位 FFTXDLY(7~0),可以设置相邻的两个发送数据间的延迟时间。FFTXDLY(7~0)的 8 位寄存器可以设定的延迟范围为 0~255 个波特率时钟周期。当设置为 0 延迟时,FIFO 中的数据移出时各个数据间没有延迟,可实现数据的连续发送。当选择 255 个波特率时钟的延迟时,SCI 模块工作在最大延迟模式,FIFO 移出的每个数据字之间有 255 个波特率时钟的延迟。在与慢速的 SCI/UART 通信时,借助于可编程延迟功能,有助于减少通信过程 CPU 的时间开销。

(8) 发送和接收 FIFO 都有状态位 TXFFST 或 RXFFST(位 12~0),这些状态位反映了当前 FIFO 内可用数据的个数。如果将发送 FIFO 复位和接收 FIFO 复位的控制位清零,可以将 FIFO 指针复位为 0,同时状态位清零。而一旦将这些位置为 1,则 FIFO 立即重新开始运行。

(9) 发送和接收 FIFO 都能产生 CPU 请求中断。只要发送 FIFO 状态位 TXFFST(位 12~8)与中断触发深度位 TXFFIL(位 4~0)相匹配(即小于或等于),就能触发一个中断,从而为 SCI 的发送和接收提供了一个可编程的中断触发逻辑。接收 FIFO 的默认触发深度为"11111",发送 FIFO 的默认触发深度为"00000"。两种工作模式下 SCI 的中断配置如表 4.2 所示。

表 4.2 SCI 中断标志位

FIFO 选项	SCI 中断源	中断标志	中断使能	FIFO 使能位	中断线
SCI 不使用 FIFO	接收错误	RXERR	RX ERR INT ENA	0	RXINT
	接收间断	BRKDT	RX/BK INT ENA	0	RXINT
	数据接收	RXRDY	RX/BK INT ENA	0	RXINT
	发送空	TXRDY	TX INT ENA	0	TXINT
SCI 使用 FIFO	接收错误和接收间断	RXERR	RX ERR INT ENA	1	RXINT
	FIFO 接收匹配	RXFFIL	RXFFIENA	1	RXINT
	FIFO 发送匹配	TXFFIL	TXFFIENA	1	TXINT
自动波特率	自动波特率检测	ABD	无关	x	TXINT

注:RXERR 能由 BRKDT、FE、OE 和 PE 标志置位。在 FIFO 模式下,BRKDT 中断仅通过 RXERR 标志产生;FIFO 模式下,经过设定的延迟后,TXSHF 被直接装入,而不使用 TXBUF。

4.2 SCI 模块的多处理器通信

4.2.1 多处理器通信概述

多处理器通信允许挂接在同一条串行线路上的一个主处理器向多个从处理器发送数据。但是同一条串行线路上,每一时刻只能有一个节点发送数据,其他节点只能处于接收状态,这就要求发送器必须有使能控制端。由于 SCI 模块的数据发送引脚无法置为高阻状态,通常可以选择兼容 RS-422/485 接口的电平转换芯片来实现发送使能控制。

SCI 模块支持两种多处理器通信协议,即空闲线多处理器模式和地址位多处理器模式。这两种协议允许在多处理器间进行有效的数据传送,从而简化了软件编程。

1. 地址字节

多处理器模式下每个处理器要预先分配一个设备地址。发送节点(Talker)发送信息的第一个字节是一个地址字节,所有接收节点(Listener)都读取该地址字节。只有接收到的地址字节与预先分配给接收节点的地址字相符时,后续的数据字节才能引起该接收节点中断。如果接收节点的地址和接收到的地址字节不符,该接收节点等待接收下一个地址字节,且不产生中断请求。

2. 接收器休眠位 SLEEP

连接到串行总线上的所有处理器都需将 SCI SLEEP 位(SCICTL1.2)置 1,这样只有检测到地址字节后才会被中断。当处理器读到的数据块地址与用户应用软件设置的处理器地址相符时,用户程序必须清零 SLEEP 位,以使得 SCI 能够在随后接收到每个数据字节时均产生一个中断。在双机通信中,通常清零 SLEEP 位,不使用休眠功能。

尽管当 SLEEP 位为 1 时接收器仍然工作,但它并不能将 RXRDY、RXINT 或任何接收器错误状态位置 1。唯一的例外情况是当 SCI 检测到地址字节,且地址位模式下接收的数据帧中地址位为 1 时,才可能将这些位置 1。SCI 模块本身并不能自动改变 SLEEP 位的状态,必须由用户软件来设置。

3. 识别地址字节

根据所使用的多处理器模式(空闲线模式或地址位模式),处理器采用不同的方式识别地址字节。例如:

(1) **空闲线模式** 没有专门的地址/数据位,通过在地址字节发送前预留一段无通信数据的静态空间来标识该帧为地址字节。在传输包含 10 个字节以上的数据块时,与地址位模式相比效率较高。在典型的双机通信时,通常选择空闲线模式,且只有该模式与 RS-232 等标准串行通信接口的数据格式兼容。

(2) **地址位模式** 通过在每个字节中加入一个附加的地址位来区分是地址还是数据字节。由于这种模式下各个数据块之间不需要插入额外的空闲时间段,在处理小块数据传送时比空闲线模式效率更高。

用户可以通过设置地址/空闲线模式位 ADDR/IDLE MODE(SCICCR.3)来选择多处理器模式。这两种模式均使用发送器唤醒方式选择位 TXWAKE(SCICTL1.3)、接收器唤醒标志位 RXWAKE(SCIRXST.1)和休眠控制位 SLEEP(SCICTL1.2)来控制 SCI 发送器和接收器的操作。

4. 数据接收步骤

对于两种多处理器模式,数据接收的步骤如下:

① 当接收到一个地址块时,SCI 端口被唤醒并产生中断请求(必须使能 RX/BK INT ENA 位)。CPU 读取第一帧数据,该帧包含了目标处理器的地址。

② 在中断服务程序中检查接收的地址,然后比较存储的设备地址与接收到的地址字节

是否一致。

③ 如果上述地址相吻合,表明地址字节与接收设备的地址相符,这时需要用户软件清零 SLEEP 位,并读取数据块中后续的数据;否则,退出中断服务程序并保持 SLEEP 置位,直到接收到下一个地址块时被唤醒,并再次产生中断请求。

4.2.2 空闲线多处理器模式

在串行通信网络上,数据传输通常以数据块为单位,每个数据块由用户设定的一组数据帧组成。对于空闲线多处理器协议(ADDR/IDLE MODE=0),要求数据块之间的空闲时间大于每一数据块中各个数据帧之间的空闲时间。一帧后的空闲时间(10 个或更多位的高电平)表明下一个数据块的开始,每位所占用的时间可直接由波特率的倒数(秒/位)计算得到。空闲线多处理器模块的通信格式如图 4.7 所示。

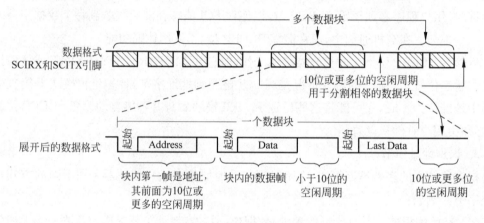

图 4.7 空闲线多处理器通信格式

1. 空闲线模式的操作步骤

① SCI 接收到块起始信号后被唤醒。

② CPU 响应一个 SCI 中断。

③ 中断服务程序将接收到的地址(来自远端设备)与接收节点预设的地址进行比较。

④ 如果 SCI 的分配地址与接收到的地址相符,则中断服务程序清除 SLEEP 位,并接收数据块中的后续数据。

⑤ 如果 SCI 的地址与接收到的地址不符,则 SLEEP 位仍保持在置位状态,CPU 继续执行主程序。直接检测到下一个数据块的开始时继续从步骤①执行。

2. 如何产生块起始信号

对于空闲线模式,有两种方法可以产生块数据发送的开始信号:

(1) **方法 1**:人为地在上一个数据块的最后一帧数据和当前数据块的地址帧之间增加时间延迟,以便留出 10 位或更多数据位的空闲时间。

(2) **方法 2**:在向 SCITXBUF 寄存器写发送数据之前,SCI 首先将位 TXWAKE (SCICTL1.3)置1,这样就会自动发送 11 位的空闲时间。这种模式下,在置位 TXWAKE

后,发送地址字节之前,需要向SCITXBUF写入一个任意的字节,其目的是使得SCI能够执行一次发送操作,并产生11位的空闲时间。

3. 暂时唤醒标志 WUT

与发送唤醒标志位 TXWAKE 相对应的是暂时唤醒标志位 WUT。WUT 是一个内部标志,与 TXWAKE 构成双缓冲。当发送移位寄存器 TXSHF 从发送数据缓冲寄存器 SCITXBUF 装载时,WUF 自动从 TXWAKE 载入,并将 TXWAKE 清零,如图 4.8 所示。

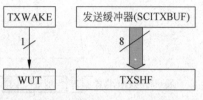

图 4.8 双缓冲结构的 WUT 和 TXSHF

4. 发送一个数据块的开始信号

在数据传送过程中,通常采用下面的步骤来产生数据块发送的开始信号。

① 写 1 到 TXWAKE 位。

② 为发送一个块开始信号,写一个数据字(内容不限,可以为任意值)到 SCITXBUF 寄存器。由于 TXWAKE 被置1,当前一帧发送完停止位后,当前帧的起始位、数据位和奇偶校验位被发送的 11 位空闲位取代。

③ 当发送移位寄存器 TXSHF 再次空闲后,SCITXBUF 寄存器的内容被移位到 TXSHF 寄存器,TXWAKE 的值被装载到 WUT 中,然后位 TXWAKE 被清零。

④ 写一个新的地址值到 SCITXBUF 寄存器中,开始发送地址帧。

在传送块起始信号时,必须先将一个无关数据写入 SCITXBUF 寄存器,从而使 TXWAKE 位的值能被移位到 WUT 中。由于 TXSHF 和 WUT 都是双级缓冲的,在无关数据字被移位到 TXSHF 寄存器后,CPU 才能再次将数据写入 SCITXBUF。

5. 接收器操作

接收器的操作与 SLEEP 位无关。然而在检测到一个地址帧之前,接收器并不对 RXRDY 位和错误状态位置位,也不产生接收中断请求。

4.2.3 地址位多处理器模式

在地址位多处理器协议中(ADDR/IDLE MODE=1),在每帧的数据位后有一个附加位,称为地址位。在数据通信时,需要将数据块中第一帧的地址位设置为1,而随后的所有帧的地址位应置为 0。在地址位多处理器模式下,对数据块之间的空闲周期无要求,如图 4.9 所示。

下面介绍地址位多处理器模式下的发送过程,发送一个地址帧需要完成下列操作:

① 将 TXWAKE 位置 1,写适当的地址值到 SCITXBUF 寄存器。这样 TXWAKE 位的值被装载到地址位,串行总线上其他处理器就会读取这个地址值。

② 在发送期间,当 SCITXBUF 寄存器和 TXWAKE 位分别装载到 TXSHF 寄存器和 WUT 中时,TXWAKE 被清零,且 WUT 的值为当前帧中地址位的值。

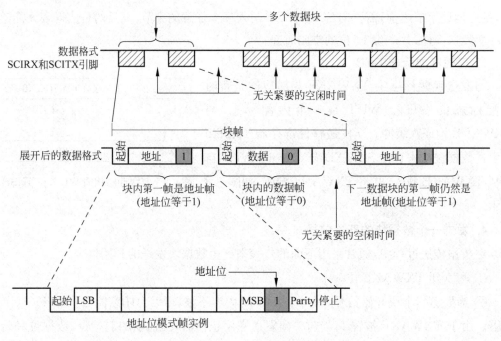

图 4.9 地址位多处理器通信格式

③ 在 TXSHF 和 WUT 被加载后,向 SCITXBUF 写要发送的数据。由于 TXSHF 和 WUT 是双缓冲的,因此它们允许被立即写入。

④ 使 TXWAKE 位保持 0,依次发送数据块中的各个数据帧。

注意:一般情况下,地址位模式适用于包含 11 个或更少字节的数据块传输。这种模式在所有发送的数据字节中增加了一位(1 代表地址帧,0 代表数据帧)。通常,在包含 12 个或更多字节的数据块传输时,建议选择空闲线模式以提高传输效率。

4.3 SCI 的寄存器

TMS320F281x 芯片包含两个功能相同的 SCI 模块,即 SCI-A 和 SCI-B,每个模块包含 13 个寄存器用来实现 SCI 模块的配置、状态查询、数据发送和接收,这些寄存器映射到外设寄存器帧 2,只允许以 16 位方式访问,见表 4.3。

表 4.3 SCI 寄存器

名　称	SCI-A 寄存器地址	SCI-B 寄存器地址	占用地址	功 能 描 述
SCICCR	0x0000 7050	0x0000 7750	1	通信控制寄存器
SCICTL1	0x0000 7051	0x0000 7751	1	控制寄存器 1
SCIHBAUD	0x0000 7052	0x0000 7752	1	波特率设置寄存器——高 8 位
SCILBAUD	0x0000 7053	0x0000 7753	1	波特率设置寄存器——低 8 位
SCICTL2	0x0000 7054	0x0000 7754	1	控制寄存器 2
SCIRXST	0x0000 7055	0x0000 7755	1	接收状态寄存器
SCIRXEMU	0x0000 7056	0x0000 7756	1	接收数据仿真缓冲寄存器

续表

名　称	SCI-A 寄存器地址	SCI-B 寄存器地址	占用地址	功　能　描　述
SCIRXBUF	0x0000 7057	0x0000 7757	1	接收数据缓冲寄存器
SCITXBUF	0x0000 7059	0x0000 7759	1	发送数据缓冲寄存器
SCIFFTX	0x0000 705A	0x0000 775A	1	FIFO 发送寄存器
SCIFFRX	0x0000 705B	0x0000 775B	1	FIFO 接收寄存器
SCIFFCT	0x0000 705C	0x0000 775C	1	FIFO 控制寄存器
SCIPRI	0x0000 705F	0x0000 775F	1	优先级控制寄存器

在应用 SCI 进行串口通信时,可以通过软件来配置 SCI 模块的各种功能。如通过设置相应的控制位初始化 SCI 的通信格式,包括操作模式、波特率、字符长度、奇偶校验或无校验、停止位个数、中断使能和优先级等。SCI 通信控制寄存器 SCICCR 用于定义 SCI 的字符格式、通信协议和通信模式,表 4.4 列出了该寄存器的功能描述。

表 4.4　SCI 通信控制寄存器 SCICCR

位	名　称	类　型	功　能　描　述
7	STOP BITS	R/W-0	指定停止位的个数 0　一个停止位 1　两个停止位
6	PARITY	R/W-0	奇偶检验选择。如果 PARITY ENABLE 位被置 1,则该位确定发送和接收字符时采用奇校验还是偶校验 0　奇校验 1　偶校验
5	PARITY ENABLE	R/W-0	SCI 奇偶校验使能位 0　不使用奇偶校验 1　使能奇偶校验
4	LOOPBACK ENA	R/W-0	自测试模式使能。如果使能自测试模式,则发送引脚和接收引脚在系统内部连接在一起,可用于 SCI 模块的测试。正常工作时需要禁止自测试模式 0　自测试模式禁止 1　自测试模式使能
3	ADDR/IDLE MODE	R/W-0	SCI 多处理器协议控制位 0　选择空闲线协议 1　选择地址位协议
2~0	SCI CHAR2-0	R/W-0	字符长度控制(1~8 位):对于少于 8 位的字符,在 SCIRXBUF 和 SCIRXEMU 中是右对齐的,且在 SCIRXBUF 的高位填 0 000　字符长度为 1 位 001　字符长度为 2 位 ⋮ 111　字符长度为 8 位

SCI 模块的控制寄存器 SCICTL1 控制接收/发送使能、TXWAKE 和 SLEEP 功能以及 SCI 的软件复位,表 4.5 列出了该寄存器的功能描述。

表 4.5 SCI 控制寄存器 SCICTL1

位	名　称	类　型	功　能　描　述
7	保留位	R-0	读返回 0,写没有影响
6	RX ERR INT ENA	R/W-0	接收错误中断使能。如果由于出现错误而置位了接收错误位 RX ERROR(SCIRXST. 7),则置位该位使能一个接收错误中断 0 禁止接收错误中断 1 使能接收错误中断
5	SW RESET	R/W-0	软件复位 SCI 模块,低电平有效 • 将 0 写入该位,初始化 SCI 接收状态寄存器和发送器标志位至复位状态,软件复位并不影响其他任何配置位 • 写 1 到该位,SCI 退出复位状态 当系统复位后,应该将位 SW RESET 置 1 以使能 SCI 工作。SW RESET 复位后,标志位的状态如下: TXRDY=1,TX EMPTY=1,RXWAKE=0 PE=0,OE=0,FE=0,BRKDT=0 RXRDY=0,RX ERROR=0
4	保留	R-0	读返回 0,写没有影响
3	TX WAKE	R/S-0	发送器唤醒方式选择。根据 ADDR/IDLE 位确定的发送模式,TXWAKE 位控制数据发送特征的选择。对于空闲线模式,写 1 到 TXWAKE 位,然后写数据到寄存器 SCITXBUF 产生一个 11 个数据长度位的空闲周期;对于地址位模式,写 1 到 TXWAKE 位,然后写数据到寄存器 SCITXBUF 设定该数据帧的地址位为 1 0 不选择发送特征 1 根据发送模式选择不同的发送特征
2	SLEEP	R/W-0	SCI 休眠位。在多处理器模式下,该位控制接收器的休眠功能,清除该位使 SCI 退出休眠模式。当 SLEEP 被置位时,接收器仍可以工作,但只有检测到地址字节时才更新接收准备好标志位 RXRDY 和错误标志位。当检测到地址字节时,SLEEP 位不会被自动清零 0 禁止休眠功能 1 使能休眠功能
1	TXENA	R/W-0	发送器使能位,该位用于使能或禁止发送器工作 0 禁止发送器工作 1 使能发送器工作
0	RXENA	R/W-0	接收器使能位,该位用于使能或禁止接收器工作 0 禁止接收到的字符送至 SCIRXEMU 和 SCIRXBUF 1 接收到的字符被送至 SCIRXEMU 和 SCIRXBUF

注:R/S 表示允许对该位执行读操作或通过写操作将该位置 1。

　　SCI 模块的控制寄存器 SCICTL2 用于使能接收和发送中断,并提供发送器准备好、发送器空标志,表 4.6 列出了该寄存器的功能描述。

表 4.6 SCI 控制寄存器 SCICTL2

位	名 称	类 型	功 能 描 述
7	TXRDY	R-1	发送缓冲寄存器准备好标志 • 当 TXRDY 置 1 时,表示 SCITXBUF 已经准备好从 CPU 接收下一个字符 • 当向 SCITXBUF 写入数据后,TXRDY 被自动清零 • 如果发送中断使能位 TXINT ENA 置位,则当 TXRDY 位置 1 时,将会产生一个发送中断请求 • 使能 SW RESET 位或系统复位后,TXRDY 自动置 1 0 SCITXBUF 已满 1 SCITXBUF 准备好发送下一个字符
6	TX EMPTY	R-1	发送器空标志。该位指明了发送缓冲寄存器 (SCITXBUF) 和发送移位寄存器 (TXSHF) 是否为空。使能 SW RESET 位或系统复位后,TX EMPTY 自动置 1。该位不会引起中断请求 0 发送器的缓冲寄存器或移位寄存器或二者均载有数据 1 发送器的缓冲寄存器和移位寄存器均为空
5~2	保留	R-0	读返回 0,写没有影响
1	RX/BK INT ENA	R/W-0	接收缓冲寄存器/间断的中断使能。该位控制由于 RXRDY 标志或 BRKDT 标志置位引起的中断请求 0 禁止 RXRDY/BRKDT 中断 1 使能 RXRDY/BRKDT 中断
0	TX INT ENA	R/W-0	接收缓冲寄存器的中断使能位,该位控制由 TXRDY 标志置位引起的中断请求。即使该位清零,也不影响 TXRDY 被置位 0 禁止 TXRDY 中断 1 使能 TXRDY 中断

SCI 模块的接收状态寄存器 SCIRXST 包含了 7 个接收器状态标志位,其中两个能够产生中断请求。每当一个完整的字符传送到接收缓冲寄存器后,这些状态标志位就会被更新。表 4.7 列出了 SCI 接收状态寄存器的功能描述。

表 4.7 SCI 接收状态寄存器 SCIRXST

位	名 称	类 型	功 能 描 述
7	RX ERROR	R-0	接收器错误标志 • RX ERROR 是间断检测、帧错误、超时和奇偶校验错误标志位的逻辑或 • 如果 RX ERR INT ENA=1,则该位被置 1 时产生一个中断请求,在中断服务程序中可以通过该位进行快速的错误状态检测 • 该位不能被软件直接清除,只能通过软件复位 SCI 和系统复位来清除 0 无错误标志置位 1 有错误标志置位

续表

位	名 称	类 型	功 能 描 述
6	RXRDY	R-0	接收器准备好标志 • 当准备好从 SCIRXBUF 读取一个新的字符时,接收器置位该位 • 如果 RX ERR INT ENA=1,则该位被置 1 时产生一个中断请求 • 读取 SCIRXBUF、对 SCI 软件复位或系统复位可清零 RXRDY 0 SCIRXBUF 中没有接收到新的字符 1 SCIRXBUF 中接收到新的字符,等待 CPU 读取
5	BRKDT	R-0	间断检测标志 0 没有间断事件发生 1 发生了间断事件
4	FE	R-0	帧错误检测标志 0 没有检测到帧错误 1 检测到帧错误发生
3	OE	R-0	溢出错误标志 0 没有检测到溢出错误 1 检测到溢出错误
2	PE	R-0	奇偶校验错误标志 0 没有检测到奇偶校验错误 1 检测到奇偶校验错误
1	RXWAKE	R-0	接收器唤醒标志 • RXWAKE=1 时表明检测到一个接收器唤醒事件 • 在地址位多处理器模式下,该位反映了所接收字符中的地址位 • 在空闲线多处理器模式下,如果检测引脚 SCIRXD 为空闲状态,那么 RXWAKE 被置位 • RXWAKE 由以下条件清零 a. 传送地址字节后的第一个字节送至 SCIRXBUF b. 读取 SCIRXBUF 寄存器 c. 有效的 SW RESET 复位 SCI 或系统复位
0	保留	R-0	读返回 0,写没有影响

　　SCI 模块的波特率选择寄存器包括 SCIHBAUD、SCILBAUD,两个寄存器组成的 16 位数值决定了 SCI 通信的波特率,表 4.8 列出了该寄存器的功能描述。用户程序可以对这两个寄存器进行读写操作,复位后这两个寄存器被清零。

表 4.8　SCI 波特率选择寄存器

寄 存 器	位	名 称	类 型	功 能 描 述
SCIHBAUD	7~0	BAUD15-8	R/W-0	波特率选择寄存器的高字节 SCIHBAUD 和低字节 SCILBAUD 一起构成 16 位的波特率设置寄存器 BSR。SCI 使用这些寄存器的 16 位值可以提供 64×1024 种串行通信速率
SCILBAUD	7~0	BAUD7-0	R/W-0	

在当前接收的数据从 RXSHF 移位到接收缓冲器后,RXRDY 标志置位,表明数据准备好可供 CPU 读取。如果位 RX/BK INT ENA 置位,移位将产生一个中断。当 CPU 读取SCIRXBUF 时,RXRDY 标志位被复位。当使能 FIFO 功能时,SCIRXBUF 寄存器还反映了 FIFO 的错误标志,表 4.9 列出了该寄存器的各功能描述。

表 4.9 SCI 接收数据缓冲寄存器 SCIRXBUF

位	名 称	类 型	功 能 描 述
15	SCIFF FE	R-0	SCI FIFO 帧错误标志,该标志位与 FIFO 顶部的字符有关 0 在接收字符的 0~7 位时,没有发生帧错误 1 在接收字符的 0~7 位时,发生了帧错误
14	SCIFF PE	R-0	FIFO 奇偶校验错误标志,与 FIFO 顶部的字符有关 0 在接收字符的 0~7 位时,没有发生奇偶校验错误 1 在接收字符的 0~7 位时,发生了奇偶校验错误
13~8	保留	R-0	读返回 0,写没有影响
7~0	RXDT7-0	R-0	接收的字符位

若使能 SCI 模块的接收和发送 FIFO 功能,则需要设置与 FIFO 操作相关的三个寄存器,见表 4.10~表 4.12。此外,FIFO 控制寄存器 SCIFFCT 还用于设定与实现自动波特率检测相关的操作。

表 4.10 SCI FIFO 发送寄存器 SCIFFTX

位	名 称	类 型	功 能 描 述
15	SCIRST	R/W-1	0 复位 SCI 接收和发送通道,FIFO 寄存器的配置保持不变 1 恢复 SCI FIFO 的发送或接收
14	SCIFFENA	R/W-0	0 SCI FIFO 功能被禁止,FIFO 处于复位状态 1 使能 SCI FIFO 的增强功能
13	TXFIFO Reset	R/W-1	发送 FIFO 复位 0 复位 FIFO 指针为 0,保持在复位状态 1 重新使能发送 FIFO 工作
12~8	TXFFST4-0	R-0	00000 发送 FIFO 为空 00001 发送 FIFO 有 1 个字 00010 发送 FIFO 有 2 个字 ⋮ 10000 发送 FIFO 有 16 个字
7	TXFFINT	R-0	发送 FIFO 中断标志 0 没有产生发送 FIFO 中断 1 产生了发送 FIFO 中断
6	TXFFINT CLR	W-0	0 写 0 对 TXFFINT 标志位没有影响 1 写 1 将发送中断标志位 TXFFINT 清零
5	TXFFIENA	R/W-0	发送 FIFO 中断使能控制 0 基于 TXFFIVL 匹配的 TX FIFO 中断被禁止 1 基于 TXFFIVL 匹配的 TX FIFO 中断被使能
4~0	TXFFIL4-0	R/W-0	发送中断的 FIFO 深度配置位。当 FIFO 状态位 TXFFST4-0 和 FIFO 深度配置位 TXFFIL4-0 满足匹配条件(小于或等于时),发送 FIFO 将产生中断。复位后的默认值为"00000"

表 4.11　SCI FIFO 接收寄存器 SCIFFRX

位	名　称	类　型	功　能　描　述
15	RXFFOVF	R-0	接收 FIFO 溢出标志 0　接收 FIFO 没有溢出 1　接收 FIFO 溢出，即接收 FIFO 收到的字符超过 16 个
14	RXFFOVF CLR	W-0	清除接收 FIFO 溢出标志 0　写 0 对 RXFFOVF 标志无影响 1　写 1 将 RXFFOVF 标志清零
13	RXFIFO Reset	R/W-1	接收 FIFO 复位 0　写 0 复位接收 FIFO 指针为 0，且保持在复位状态 1　重新使能接收 FIFO 操作
12～8	RXFFST4-0	R-0	00000：接收 FIFO 为空 00001：接收 FIFO 中有 1 个字 00010：接收 FIFO 中有 2 个字 ⋮ 10000：接收 FIFO 中有 16 个字
7	RXFFINT	R-0	接收 FIFO 中断标志，只读位 0　没有产生接收 FIFO 中断 1　产生了发送 FIFO 中断
6	RXFFINT CLR	W-0	清除接收 FIFO 中断标志 0　写 0 对 RXFFINT 标志位没有影响 1　写 1 将标志位 RXFFINT 清零
5	RXFFIENA	R/W-0	接收 FIFO 中断使能控制 0　基于 RXFFIVL 匹配的接收 FIFO 中断被禁止 1　基于 RXFFIVL 匹配的发送 FIFO 中断被使能
4～0	RXFFIL4-0	R/W-1	接收中断的 FIFO 深度配置位。当 FIFO 状态位 RXFFST4-0 和 FIFO 深度配置位 RXFFIL4-0 满足匹配条件（大于或等于）时，接收 FIFO 将产生中断。复位后的默认值为"11111"

表 4.12　SCI FIFO 控制寄存器 SCIFFCT

位	名　称	类　型	功　能　描　述
15	ABD	R-0	自动波特率检测标志 0　没有成功收到字符 A 或 a，未完成自动波特率检测 1　SCI 检测到字符 A 或 a，完成了波特率自动检测
14	ABD CLR	W-0	ABD 清除控制 0　写 0 对 ABD 位无影响 1　写 1 将 ABD 标志清零
13	CDC	R/W-0	波特率校准与检测控制 0　禁止自动波特率检测 1　使能自动波特率检测
12～8	保留	R-0	读返回 0，写没有影响
7～0	FFTXDLY7-0	R/W-0	这些位定义了从 FIFO 发送缓冲器到发送移位寄存器间的延迟，延迟时间以 SCI 串行波特率时钟周期的个数为单位

4.4 SCI应用举例

4.4.1 标准串行总线接口

SCI模块支持两种多处理器通信协议,即空闲线多处理器模式和地址位多处理器模式,这两种协议允许在多个处理器间进行有效的数据传送。同时,SCI还支持通用异步接收/发送通信,能够与多种具有标准串口的外设进行通信。

标准异步串行通信接口主要包括RS-232C、RS-485、RS-422等。采用标准通信接口后,能够很方便地将各种计算机、外部设备、测试仪器等有机地连接起来,构成串行通信网络。RS-232C是由美国电子工业协会(Electronic Industry Association,EIA)正式公布、在异步串行通信领域应用最为广泛的标准总线,适于短距离或带调制解调器的通信场合。为了改进RS-232C接口通信距离短、传输速率低的缺点,随后EIA又公布了RS-485、RS-422等串行总线接口标准。

为了满足工业测控系统对数据通信的可靠性要求,在选择接口标准时,必须注意两点:

- 通信速率和通信距离;
- 环境条件和抗干扰能力。

通常的标准串行接口的电气特性,都提供了能够可靠传输时的最高通信速率和最大传输距离。但这两个指标密切相关,适当降低传输速率,可以提高通信距离,反之亦然。例如,采用RS-422标准时,最大传输速率可达10Mb/s,适当降低传输速率,通信距离可达到1200m。此外,在选择通信介质和接口标准时要充分注意其抗干扰能力,尤其在某些电磁干扰严重的工业环境中,通常选择抗干扰能力强的RS-422或RS-485通信接口。

1. RS-232C总线标准

RS-232C是目前最常用的串行通信总线接口,其全称是"使用二进制进行交换的数据终端设备和数据通信设备之间的接口"。计算机、外设、显示终端等都属于数据终端设备,而调制解调器则是数据通信设备。RS-232C接口的特点如下:

- 机械特性:定义了DB25型和DB9型等连接器的机械特性。
- 电平规范:采用负逻辑电平,$-3 \sim -15\text{V}$为逻辑"1",$+3 \sim +15\text{V}$为逻辑"0"。
- 必须经过专门的电平转换芯片(如MAX232)将TTL或CMOS逻辑电平转换为RS-232C的标准电平。
- RS-232C串口具有较多的控制和状态信号,便于实现和调制解调器的接口,实现远距离通信,如公用电话网。此时,在发送端需对二进制信号进行调制,在接收端需要进行解调还原成数字信号。
- 由于RS-232C电平转换芯片无发送使能控制,不易实现多机通信。
- RS-232C是非平衡线路,接收器检测的是信号线和地线之间的电压差,易受地线上的干扰信号影响,抗共模干扰能力低,适于对传输速率要求不高,传输距离较短的场合。

对于 DB9 型 RS-232C 接口,各个引脚的信号分布见图 4.10,信号定义如下:

- TXD/RXD:一对数据线,TXD 称为发送数据输出,RXD 称为接收数据输入。当两台计算机以全双工方式直接通信时,双方的这两根线应交叉连接,如图 4.11 所示。

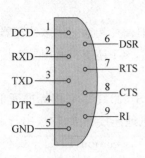

图 4.10　DB9 型 RS-232 接口连接器

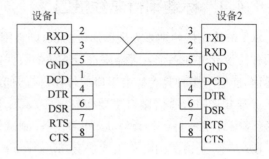

图 4.11　三线制 RS-232C 通信接口

- GND:所有的信号都要通过信号地线构成回路。
- RTS/ CTS:请求发送信号 RTS 是发送器输出的准备好信号。接收方准备好后送回准许发送信号 CTS 后,开始发送数据,将这两个信号短接就意味着只要发送器准备好即可发送。
- DCD:载波检测,是调制解调器检测到载波信号后,通知终端准备接收数据的信号,可以与 RTS、CTS 短接,也可以悬空。
- DTR/DSR:数据终端准备好时发 DTR 信号,在收到数据通信装置准备好信号 DSR 后,方可通信,二者可以短接。
- RI:振铃指示,通知 DTE 通信线路已准备好。

2. RS-422A/RS-485 接口标准

RS-232C 接口虽然使用广泛,但因其推出较早,在工业测控系统中应用时已暴露出明显的缺点。由于采用非平衡电压型线路,抗共模干扰能力较差,其通信距离和传输速率均受到了限制。若要实现远距离通信,需要借助于调制解调器来实现。

RS-422A 是 EIA 公布的"平衡电压数字接口电路的电气特性"标准,明确了对电缆、驱动器的要求,规定了双端接口电气接口形式。它通过传输线驱动器,将逻辑电平转换为电位差,完成始端的信息发送;通过传输线接收器,将电位差变成逻辑电平,实现终端的信息接收。与 RS-232C 相比,RS-422A 接口的传输距离和传输速率得到显著提高。

RS-422A 串行总线接口的特点如下:

- 采用平衡线路,每个信号都采用双线传输,测量的是一对信号(如 A 和 B)的电压差。当 $V_A - V_B > 0.2V$ 时为逻辑"1",当 $V_A - V_B > -0.2V$ 时为逻辑"0"。
- 需要通过专门的电平转换芯片,将 TTL 或 CMOS 电平的串行数据转换为与 RS-422A 接口兼容的平衡型差分信号。
- 未定义通信设备间的握手信号,也未定义机械接口标准。
- 多数电平转换芯片有发送使能控制端,易于实现多机通信。串行通信线路上可挂接的节点数目由电平转换芯片的驱动能力决定。

- 采用差分信号传输后,不受通信设备间接地电势差异的影响,大大提高了抗共模干扰的能力,传输速率和传输距离得到显著提高。

1) 半双工 RS-485 通信

RS-485 与 RS-422A 的电气规范相似,如均采用平衡传输方式,需要在传输线上接终端匹配电阻等。二者的主要区别在于 RS-422A 为全双工,可同时发送和接收;而 RS-485 通常采用二线制的半双工方式,发送和接收采用分时传送,当多个节点远距离互连时,可以节省传输线。典型的半双工 RS-485 通信网络见图 4.12,图中:

- 在每一时刻,通信线路上只能进行数据发送或接收,即工作于半双工模式。
- 所需电缆线数量少,只需两根信号线(A 和 B),图中 D 为驱动器(发送器),R 为接收器,传输线 A 和 B 间配置的始端和终端匹配电阻用于消除长线反射引起的干扰,可根据传输线的特征阻抗来选择。
- 从机发送端分时使用传输线,发送使能引脚 DE 可通过数字 I/O 控制,当允许从机发送时置为高电平,禁止发送时置为低电平;而从机的接收使能引脚 $\overline{RE}$ 可置为固定高电平,这样数据接收端一直处于正常工作状态。
- 主机的发送和接收使能可以始终置为有效状态,而无须专门的使能控制信号。

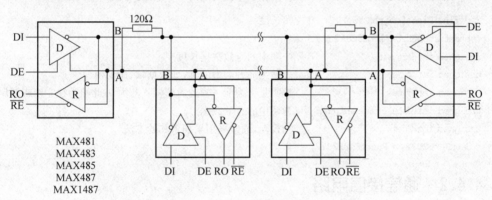

图 4.12 RS-485 多机通信接口

2) 全双工 RS-422A 通信

数据的发送和接收分别由两根可以在两个不同节点间同时发送和接收的传输线进行传送,通信双方都能在同一时刻进行发送和接收操作。与 RS-485 通信接口相比,RS-422A 接口需要 4 根传输线,发送器和接收器的信号线须交叉连接,如图 4.13 所示。

采用图 4.12 和图 4.13 中的电平转换芯片时,串行通信线路的特性如下:

- 电缆最大长度:1200m(90Kb/s),120m(1Mb/s)。
- 最高传输速率:10Mb/s。
- 最大驱动器数量:256 个。
- 最大接收器数量:256 个。

3. 串行通信协议

串行通信接口一般只定义了机械与电气规范,通信协议需要用户自行定义。例如,可以采用定帧长的数据结构进行通信,一个完整的通信帧可由以下几个帧元素组成:

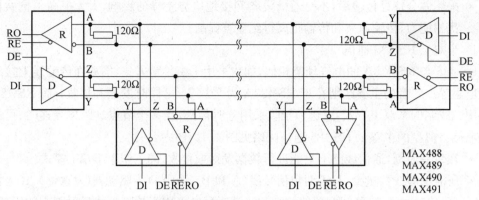

注：只有MAX489和MAX491有$\overline{RE}$和DE引脚。

图 4.13　RS-422 多机通信接口

帧数据长度	帧类别	帧继续标志	帧数据块	帧校验

例如,数据结构与常量的定义如下:

```
#define FrameLength 256          //帧长度
typedef struct_UartForF2812 {
unsigned int Length;            //一帧中的有效数据长度
unsigned int Type;             //表明为何种类型的帧,如数据帧、命令帧等
unsigned int Mutual;           //表明是否为前一帧的后续帧。若为 0,此帧为独立帧或结尾帧
unsigned int Data[FrameLength]  //为帧中的有效数据
unsigned int Check;            //帧校验,通常采用累加求和的方法
} UartForF2812, * PuartForF2812;
```

4.4.2　通信接口电路

本节介绍在 TMS320F281x 系统中应用多协议收发器芯片 MAX3160 扩展标准串行通信接口的电路原理,如图 4.14 所示。图中采用 SCI-B 作为串行通信接口,SCI 的两个引脚信号经过 MAX3160 后,可配置为 RS-232/RS-422/RS-485 等多种接口电平标准,采用复杂可编程逻辑器件(CPLD)EPM7128 扩展的数字 I/O 用来实现模式选择和状态控制。用于 MAX3160 的功能配置引脚如表 4.13 所示,MAX3160 的主要特点如下:

- 引脚可编程为两路 RS-232 或一路 RS-422/485;
- 传输速率：RS-232(1Mb/s),RS-485(10Mb/s);
- 引脚可编程为半双工(RS-485)或全双工 (RS-422)模式;
- 允许串行总线上扩展 256 个收发器;
- 单电源工作(3.0~5.5V)。

表 4.13 MAX3160 的模式选择和控制信号

信 号	I/O	功 能 描 述
RS485/232	输入	选择异步串口通信标准 0 选择 RS-232 接口标准 1 选择 RS-422/RS-485 接口标准
HDPLX	输入	异步串口通信接口方式选择(RS-232 时置低电平) 0 选择全双工方式,即 RS-422 方式 1 选择半双工方式,即 RS-485 方式
FAST	输入	异步串口信号的波特率控制 0 使能波特率限制,以降低电磁干扰。RS-232 模式下波特率≤250Kb/s 1 高波特率方式,RS-232 模式可达 1Mb/s,RS-485 模式可达 10Mb/s
DE485/T2IN	输入	RS-232 时,为发送器 2 的输入(本例用作 RTS 信号) RS-422/RS-485 模式时,为发送使能控制
R1OUT	输出	RS-232 接收器 1 输出(本例用作 CTS)

图 4.14 中,选择 RS-232C 通信接口时,MAX3160 与 CPU 间采用 4 线制(RXD、TXD、RTS、CTS)通信方式,其中握手信号 RTS 和 CTS 是由 CPLD 器件扩展的数字 I/O 实现的,用户也可以直接采用 F281x 的通用 I/O 来控制。在选择 RS-422/RS-485 接口标准时,采用 2 线制(RXD、TXD)通信接口方式。

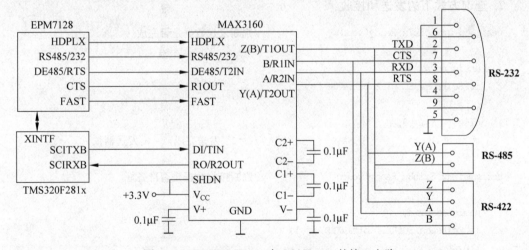

图 4.14 TMS320F281x 与 MAX3160 的接口电路

4.4.3 SCI 接口编程举例

如图 4.14 所示,通过 CPLD 芯片扩展的 I/O 配置通信模式为:

- RS-232C 接口标准;
- 通信速率无限制;
- 全双工模式。

下面的例程中 F281x 通过 SCI-B 实现与其他微处理器的通信(如 PC 的 RS-232 接口),支持查询和中断方式两种通信方式。

1. SCI 的初始化

```
unsigned int * UART_MODE = (unsigned int *)0x80005;   //配置用于 MAX3160 的 I/O 地址
void InitSci(void)
{
    //RS-232,全双工,无速率限制
    * UART_MODE = 0x04;                  //RS-485/232 = 0,HDPLX = 0,FAST = 1
    EALLOW;
    GpioMuxRegs.GPGMUX.all = 0x0030;   //初始化 SCI-B 的引脚为外设模式
    EDIS;
    ScibRegs.SCICCR.all = 0x07;        //一个停止位,8 位数据位,不校验,空闲线模式
    ScibRegs.SCICTL1.all = 0x03;       //软件复位 SCI,使能发送器和接收器
    ScibRegs.SCICTL2.all = 0x03;       //使能 TXRDY 和 RXRDY 中断
    ScibRegs.SCIHBAUD = 0x00;
    ScibRegs.SCILBAUD = 0xF3;          //波特率 = 150MHz/4/244/8 = 19.21Kb/s
    ScibRegs.SCICTL1.all = 0x23        //对位 SW RESET 写 1,使 SCI 退出复位状态
    PieCtrl.PIEIER9.bit.INTx3 = 1;     //使能 PIE 中断 SCIBRXINT
    PieCtrl.PIEIER9.bit.INTx4 = 1;     //使能 PIE 中断 SCIBTXINT
}
```

2. 查询方式下的发送和接收

```
unsigned int ScibTx_Ready(void)                //判断发送数据是否完成
{
    unsigned int i;
    if(ScibRegs.SCICTL2.bit.TXRDY == 1)
    { i = 1;}
    else     { i = 0; }
    return(i);                                 //i = 1:发送完成;i = 0:发送器忙
}
unsigned int ScibRx_Ready(void)                //判断接收数据是否准备好
{
    unsigned int i;
    if(ScibRegs.SCIRXST.bit.RXRDY == 1)
    { i = 1; }
    else     { i = 0; }
    return(i);                                 //i = 1:接收到新的数据;0:未接收到数据
}
```

3. 中断服务程序

```
interrupt void SCIRXINTB_ISR(void)             //SCI-B 接收中断服务程序
{
    PieCtrl.PIEACK.bit.ACK9 = 1;
    if(ScibRx_Ready() == 1)
    {
```

```
        Sci_VarRx[j] = ScibRegs.SCIRXBUF.all;
        Send_Flag = 1;
        j++;
        if(j == 100)    { j = 0;}
    }
}
interrupt void SCITXINTB_ISR(void)              //SCI-B发送中断服务程序
{
    PieCtrl.PIEACK.bit.ACK9 = 1;
        ⋮                                       //可添加用户代码
}
```

4. 通信主程序

```
# include "DSP28_Device.h"
unsigned int Sci_VarRx[100],i,j,Send_Flag;
# define SCIB_INT 1                             //1:接收采用中断方式;0:接收采用查询方式
void main(void)
{   InitSysCtrl();                              //使能 SCIB 时钟,LSPCLK = 150MHz/4
    DINT;
    IER = 0x0000;
    IFR = 0x0000;
    InitPieCtrl();                              //初始化 PIE 中断控制寄存器
    InitPieVectTable();                         //初始化 PIE 中断矢量表
    InitSci();                                  //初始化 SCI-B 寄存器
    for(i = 0;i < 100;i++)
        {   Sci_VarRx[i] = 0;   }
    i = 0;
    j = 0;
    Send_Flag = 0;
    # if SCIB_INT                               //条件编译
    EALLOW;                                     //设置中断服务程序入口地址
    PieVectTable.TXBINT = &SCITXINTB_ISR;
    PieVectTable.RXBINT = &SCIRXINTB_ISR;
    EDIS;
    IER |= M_INT9;
    # endif
    EINT; ERTM;                                 //使能全局中断
    for(;;) {
        if((ScibTx_Ready() == 1) && (Send_Flag == 1))
        {
            ScibRegs.SCITXBUF = Sci_VarRx[i];
            Send_Flag = 0;
            i++;
            if(i == j) { i = 0;j = 0;}
        }
        # if ! SCIB_INT
        if(ScibRx_Ready() == 1)
        {
            Sci_VarRx[j] = ScibRegs.SCIRXBUF.all;
            Send_Flag = 1;
```

```
            j++;
            if(j==100) {j=0;}
        }
    #endif
    }
}
```

4.4.4 SCI 通信软件设计

4.4.3 节介绍了利用 SCI 接口收发数据的简单例程。本节以两个 DSP 设备间的 SCI 串行接口通信为例,总结通信软件尤其是数据接收软件设计的要点,并给出 SCI 通信系统接收软件例程。

进行 SCI 通信系统软件编程之前,应首先制定通信协议。SCI 串行通信数据一般采用数据包的形式传输。数据包格式定义应考虑以下几点:①可判断数据包的起点;②可分辨数据包传输是否出错;③可区别不同含义的数据包。格式定义时一般还需说明有效数据的长度,这样便于传输长度可变的数据包。设定数据长度时应考虑至少设置 3 个字节,这样可利用多数占优的原则进行数据长度的纠错。但对于接收 FIFO 长度有限的设备(如 TMS320F281x 系列 DSP 的 FIFO 深度仅 16 级),建议采用固定长度的数据包,实际传输数据不足的可以以 0 补齐发送。这样数据包中可以不设置"数据长度"字节。SCI 串口通信数据包格式定义如图 4.15 所示。其中,"数据包包头"由 2 个字节组成,表示一包数据的开始,包头应尽量采用不易与标识符及数据混淆的特殊字节,如"0xAA 0x55";"标识符"由 1 个以上字节组成,用于指明数据的含义;"校验码"由 1 个以上字节组成,该字节可以为"标识符、数据"所含字节数据经不同组合后所得结果的低 8 位,用于判断数据传输是否正确。

数据包包头	标识符	数据	校验码

图 4.15 典型的 SCI 通信数据包格式

通信协议确定后即可设计通信软件。由于 SCI 通信系统为异步通信方式,通信软件设计的难点主要在接收软件的设计。设计接收软件时,应考虑至少具备以下两点功能:

1) 自动寻找包头功能

接收软件应具备寻找数据包包头的功能,这样在出现以下状况时,可重新建立正常通信:

(1) 发送设备出现故障,需断电修复,而接收设备不断电。断电时发送设备可能正在发送数据包,这样接收设备收到的数据包可能是不完整或错误的。

(2) 发送设备与接收设备通信时序配合出现偶发问题或受到外部干扰,导致数据覆盖或出错。

2) SCI 实时软件复位功能

SCI 接收状态寄存器 SCIRXST 的 RX ERROR 位为接收器错误标志位,为间断检测、帧错误、超时和奇偶校验错误标志位的逻辑或,一旦 SCI 数据传输过程中的上述任何错误导致该位置位,则接收器无法正常工作。此时应及时执行 SCI 软件复位功能清除接收器发生的错误,重新使能接收器的工作。之后,通过自动寻找包头的功能就可重新建立通信。

下面给出一段 SCI 数据包接收处理程序,其中包含了自动寻找包头、错误检验、软件复

位重启接收等功能。程序段中设定 SCI 接收数据包的完整长度为 12 个字节；包头定义为
"0xAA 0x55"；校验码为"标识符、数据"所含字节相加后所得数值的低 8 位。

```
unsigned int Scia_Error_Flag = 0;
                        //重新寻找包头标志,0 表示无须按字节寻找包头,1 表示需按字节寻找包头
unsigned int Receive_Number_Limit = 0x0b00;          //约定接收数据长度,默认为 12 个字节
void SCI_Data_Receive ( void )                        //SCI 数据包接收子程序
{
    if( (( * SCIRXST) & 0x80 ) == 0x80 )             //一旦 RX ERROR 置位,软件复位并重新寻找包头
    {
        Scia_Error_Flag = 1;                          //置重新寻找包头标志
        Scia_Head_Num = 0;                            //已接收包头字节数清零
        * SCICTL1 = 0x0003;                           //软件复位
        * SCICTL1 = 0x0023;                           //使 SCI 退出复位状态,重新使能 SCI
    }
    Receive_Number = (SCIFFRX[0] & 0x1f00);           //读取接收 FIFO 中的数据个数
    if( Scia_Error_Flag == 0 )                        //如果 SCI 接收正常,无须寻找包头
    {
        if(Receive_Number > Receive_Number_Limit)     //如果接收 FIFO 中的数据个数达到设定值
        {
            if( Receive_Number_Limit == 0x0b00 )      //如果约定接收数据长度为 12 个字节
            {
                Sci_Receive_Data[0] = * SCIRXBUF;     //读取 2 个字节的包头
                Sci_Receive_Data[1] = * SCIRXBUF;
            }
            else Receive_Number_Limit = 0x0b00;
                    //如果约定接收数据长度不为 12 个字节,则说明上一时刻已找到包头
                                                      //以后将按约定的 12 个字节接收数据包
            Sci_Receive_Check_Code = 0x00;            //计算校验码清零
            for(j = 2; j < 11; j++)
            {
                    Sci_Receive_Data[j] = * SCIRXBUF;  //读取除校验码之外的余下数据
                    Sci_Receive_Check_Code = Sci_Receive_Check_Code + Sci_Receive_Data[j];
                                                                   //计算校验码
            }
            Sci_Receive_Data[11] = * SCIRXBUF;        //读取发送的校验码
            if((Sci_Receive_Check_Code & 0xff) != Sci_Receive_Data[11])
                                                      //如果校验码不相等,则数据包传输有误
            {
                Sci_Receive_Wrong_Number + = 1;       //统计错误数据包数
                if ( (Sci_Receive_Data[0] != 0xAA) || (Sci_Receive_Data[1] != 0x55) )
                                                      //如果包头也有误
                    { Scia_Error_Flag = 1; Scia_Head_Num = 0; }
                                  //置重新寻找包头标志,已接收包头字节数清零
            }
            else                                      //如果校验码相等,则数据包传输正确
            {
                Sci_Receive_Number++;                 //统计已接收正确数据包数
                for(j = 2; j < 11; j++) Sci_Receive_Data_Right[j] = Sci_Receive_Data[j];
                                                      //更新正确数据包,以备后续处理
```

```
                                    }
                    } //end of "if(Receive_Number > Receive_Number_Limit)"
                } //end of "if( Scia_Error_Flag == 0 )"
            else                                //如果需重新寻找包头
              {
                if( Receive_Number > 0 )           //此时接收 FIFO 有 1 个数据即接收
                  {Scia_Head_Data[Scia_Head_Num] = * SCIRXBUF; Scia_Head_Num ++; }
                if( Scia_Head_Num == 2 )            //如果重新寻包头过程中,已读取到 2 个字节
                    {
                      if( (Scia_Head_Data[0] == 0xAA) && (Scia_Head_Data[1] == 0x55))
                                                    //如果读取的 2 个字节即为包头
                        {
                            Scia_Head_Num = 0;  //已接收包头字节数清零
                            Scia_Error_Flag = 0;//清零重新寻找包头标志
                            Receive_Number_Limit = 0x0900;
                                        //找到包头后下一周期,接收 FIFO 数据满了 10 个就接收
                        }
                      else { Scia_Head_Data[0] = Scia_Head_Data[1];Scia_Head_Num =1; }
                                    //如果读取的 2 个字节不是正确的包头,则继续寻找包头
                    } //end of "if( Scia_Head_Num == 2 )"
              } //end of "else"
      }
```

习题与思考题

1. 与 RS-232 串行通信接口相比,采用 RS-485/422 串行接口有何优点?

2. 根据异步串行通信的特点,讨论为什么异步串行通信接口不宜选取很高的波特率。

3. 串行通信接口(如 RS-232)与并行接口(如 XINTF)相比,各有何特点?

4. 设低速外设时钟 LSPCLK 的频率为 37.5MHz,试根据波特率选择寄存器的取值计算 SCI 的波特率设置范围。

5. 试比较 SCI 模块的两种多处理器通信协议。与双机通信相比,实现多机通信(如采用 RS-422 接口)需要在硬件设计和软件实现方面进行哪些扩展?

6. 如图 4.14 所示,编程实现两个 DSP 间的串行通信。要求选择 RS-232 接口、全双工模式、8 位数据长度、波特率为 9600b/s、数据接收采用中断方式。

## 第 5 章

串行外设接口

目前对于设备小型化的要求越来越强烈,为了减小引脚数目,缩小芯片尺寸,采用串行接口的芯片越来越多,而 F281x 芯片内部集成的 SPI 为扩展串行接口的外设提供了便利条件。SPI 是一个可编程的高速同步串行输入/输出接口,提供了一个高速同步串行总线,可用于扩展兼容 SPI 接口的外设芯片或实现 DSP 与其他处理器间的板级通信。兼容 SPI 的外设包括 A/D 转换器、D/A 转换器、集成温度传感器、显示驱动器、EEPROM 存储器、日历时钟等器件。

SPI 与 SCI 的相同之处在于二者都是以串行方式实现数据通信。而不同之处在于 SCI 是一种异步串行通信接口,即两台通信设备具有各自的通信时钟,在设定相同的波特率和数据格式下达到准同步通信,常用于通信设备间的远距离通信。而 SPI 是一种真正的同步通信,两台通信设备在同一时钟下工作,多用于近距离的同步数据传输,选取的传输速率远高于 SCI 通信接口。此外,SCI 接口只需两个外部引脚,即数据发送和数据接收信号;而 SPI 接口提供了四个外部引脚,在扩展 SPI 兼容的外设芯片时,可根据需要使用其中的 2~4 条信号线。

5.1 SPI 模块概述

TMS320F281x 系列 DSP 芯片内部集成了一个 SPI 模块,其数据移位速率和字符长度是可编程的,支持主/从模式下的多机通信。SPI 模块与 CPU 间的接口如图 5.1 所示,包括四个外部引脚,采用低速外设时钟 LSPCLK 作为时钟源,具有两个独立的外设中断请求信号(SPIINT/RXINT 和 TXINT),提供了 12 个寄存器实现 SPI 模块的配置和控制。

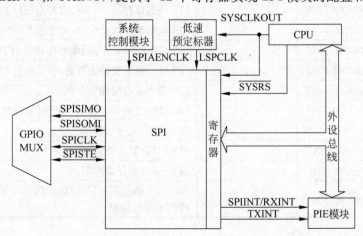

图 5.1 SPI 模块与 CPU 间接口

概括起来,SPI 模块的主要特点如下:

(1) 提供四个外部引脚。

· SPISOMI:对于从设备,该引脚为数据输出;对于主设备,该引脚为数据输入。

· SPISIMO:对于从设备,该引脚为数据输入;对于主设备,该引脚为数据输出。

· $\overline{SPISTE}$:用于控制从 SPI 设备的发送使能引脚。

· SPICLK:SPI 接口的串行时钟引脚,由主设备提供给各个从设备的同步时钟。

(2) 两种工作模式:主/从工作模式。

(3) 波特率:125 种可编程的通信波特率。

(4) 数据字长:可编程为 1～16 位的字符长度。

(5) 支持 4 种时钟模式,易于与扩展外设的时序特性匹配。

(6) 支持同步接收和发送操作,即全双工模式。

(7) 可通过中断或查询方式实现发送和接收操作。

(8) 支持 16 级接收和发送 FIFO,以减小 CPU 访问 SPI 外设时的时间开销。

图 5.2 给出了 SPI 工作于从模式时的方框图,图中给出了 F281x 片内 SPI 模块的基本控制单元。SPI 采用 CPU 的低速外设时钟 LSPCLK 作为定时基准。当不使用 FIFO 功能时,SPIRXINT 作为发送/接收共用的中断,故也称作 SPIINT;而在使用 FIFO 时,SPIRXINT 作为接收中断,而 SPITXINT 为发送中断。

SPI 接口可以接收和发送长度为 1～16 位的串行数据,并且接收和发送都是采用双缓冲结构,所有数据寄存器都是 16 位数据宽度。主/从模式下的最大传输速率都是 LSPCLK/4。向串行数据寄存器 SPDDAT 和发送缓冲器 SPITXBUF 写数据时,必须是一个左对齐的 16 位数据。

表 5.1 列出了 SPI 模块的 12 个寄存器,通过这些寄存器可以配置和控制 SPI 的操作。

表 5.1 SPI 寄存器

名　　称	地　　址	占用地址(16 位)	描　　述
SPICCR	0x0000 7040	1	SPI 配置控制寄存器,包含 SPI 配置控制位
SPICTL	0x0000 7041	1	SPI 操作控制寄存器,包含数据发送控制位
SPISTS	0x0000 7042	1	SPI 状态寄存器,包含接收和发送状态
SPIBRR	0x0000 7044	1	SPI 波特率控制寄存器,设定数据传输速率
SPIEMU	0x0000 7046	1	SPI 仿真缓冲寄存器,该寄存器仅用于仿真模式
SPIRXBUF	0x0000 7047	1	SPI 串行输入缓冲寄存器,包含接收的数据
SPITXBUF	0x0000 7048	1	SPI 串行输出缓冲寄存器,包含下一个发送数据
SPIDAT	0x0000 7049	1	SPI 串行数据寄存器,包含 SPI 要发送的数据
SPIFFTX	0x0000 704A	1	SPI FIFO 发送寄存器
SPIFFRX	0x0000 704B	1	SPI FIFO 接收寄存器
SPIFFCT	0x0000 704C	1	SPI FIFO 控制寄存器
SPIPRI	0x0000 704F	1	SPI 优先级控制寄存器,设定仿真环境下当程序挂起时的 SPI 操作模式

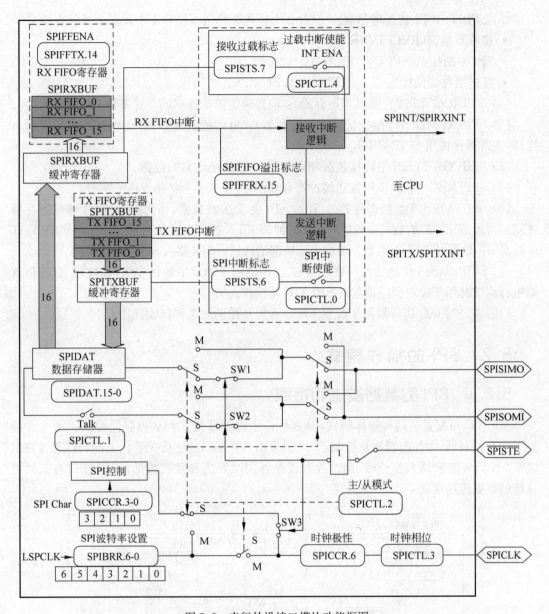

图 5.2　串行外设接口模块功能框图

（1）SPICCR（SPI 配置控制寄存器）：包含数据发送的配置位。

· SPI 模块软件复位；

· SPICLK 的时钟极性选择；

· 4 个 SPI 字符长度控制位。

（2）SPICTL（SPI 操作控制寄存器）：包含数据发送的控制位。

· 2 个 SPI 中断使能位；

· SPICLK 的时钟极性选择；

· 操作模式选择（主设备/从设备）；

· 数据发送使能控制。

（3）SPISTS(SPI 状态寄存器)：包含 2 个接收缓冲状态位和 1 个发送缓冲状态位。

- 接收器溢出(RECEIVER OVERRUN)；
- SPI 中断标志(SPI INT FLAG)；
- 发送缓冲器满标志(TX BUF FULL FLAG)。

（4）SPIBRR(SPI 波特率设置寄存器)：包含确定传输速率的 7 位波特率配置位。

（5）SPIRXEMU(SPI 接收仿真缓冲寄存器)：包含接收的数据,该寄存器仅用于仿真操作,正常操作使用 SPIRXBUF。

（6）SPIRXBUF(SPI 串行接收缓冲寄存器)：存放接收到的数据。

（7）SPITXBUF(SPI 串行发送缓冲寄存器)：包含下一个将要发送的字符。

（8）SPIDAT(SPI 数据寄存器)：存放 SPI 要发送的数据,作为发送/接收移位寄存器使用。写入 SPIDAT 的数据在随后的 SPI 时钟 SPICLK 控制下被依次移出。每当从 SPIDAT 中移出一位数据时,来自接收数据流的一位数据则从另一侧被移入 SPIDAT 寄存器。

（9）SPIPRI(SPI 优先级控制寄存器)：这些位用于确定中断优先级,在应用 XDS 仿真器进行调试时用于确定程序挂起时 SPI 的具体操作。

（10）三个 FIFO 寄存器用于配置 FIFO 功能并控制发送和接收操作。

5.2　SPI 的操作模式

5.2.1　SPI 的数据发送和接收

SPI 接口可配置为两种操作模式,分别称作主控制器模式和从控制器模式。图 5.3 给出了两个控制器(主控制器和从控制器)之间采用 SPI 接口的连接关系。主控制器通过发出 SPICLK 信号来启动数据传输,两个控制器能够同时发送和接收数据。SPI 接口有三种可选择的数据传送模式。

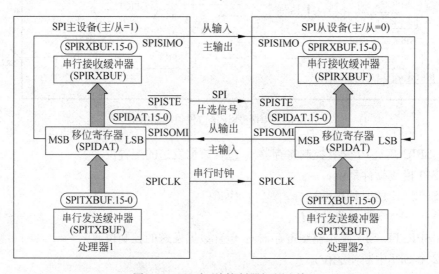

图 5.3　SPI 主/从控制器间的连接

（1）主控制器发送数据，从控制器发送伪数据，即主控制器发送，从控制器接收；

（2）主控制器发送数据，从控制器也发送数据，即工作于全双工模式；

（3）主控制器发送伪数据，从控制器发送数据，即主控制器接收，从控制器发送。

由于 SPICLK 信号是受主控制器控制的，它可以在任何时刻启动数据发送。例如，当 CPU 向 D/A 转换器的寄存器写数据时（模式 1），DSP 为主控制器负责数据发送及控制，D/A 转换器为从控制器接收数据。然而，当从控制器发送（如模式 3）时，需要用户程序判定从控制器是否准备好数据，这通常需要从控制器与主控制器间连接专门的状态线，来指明从控制器是否已准备好发送给主控制器的数据。例如，通过 SPI 接口扩展 A/D 转换器时，需要配置状态线以便采用中断或查询方式确定 A/D 转换过程是否已经完成，并准备好发送转换结果给 CPU。若 CPU 通过状态线判断出从设备（A/D 转换器）要发送的数据已准备好，则 CPU 可以启动 SPI 的数据接收过程。

5.2.2　SPI 的主/从操作模式

通过 MASTER/SLAVE 位（SPICTL.2）可以选择主/从工作模式以及 SPICLK 的时钟源。需要指出，在主/从模式下，允许的最高传输速率均为 LSPCLK/4。例如，若 LSPCLK＝75MHz，则 SPICLK 的最高时钟频率为 18.75MHz。

1. 主控制器模式

在主控制器模式下（MASTER/SLAVE＝1），SPI 通过 SPICLK 引脚为整个串行通信网络提供串行时钟。此时，要发送的串行数据从引脚 SPISIMO 移出，并锁存引脚 SPISOMI 上接收到的数据。

若写数据到寄存器 SPIDAT 或 SPITXBUF，则启动 SPISIMO 引脚上的数据发送。首先发送 SPIDAT 寄存器的最高有效位 MSB，同时，接收到的数据通过 SPISOMI 引脚移入 SPIDAT 的最低有效位 LSB。当传输完设定长度的数据位后，接收到的数据被存放到 SPIRXBUF 寄存器中。需要指出，当设定的数据长度不足 16 位时，SPIRXBUF 寄存器中存放的接收数据采用右对齐格式；而发送的数据需要采用左对齐格式写入寄存器 SPIDAT 或 SPITXBUF 中。

一旦指定数目的数据位通过 SPIDAT 移出后，会发生下列事件：

（1）SPIDAT 中的数据被加载到接收缓冲寄存器 SPIRXBUF 中。

（2）中断标志位 SPI INT FLAG（SPISTS.6）置 1。

（3）如果在发送缓冲器 SPITXBUF 中还有等待发送的数据，则该数据将被装载到 SPIDAT 寄存器，然后在 SPICLK 控制下依次移位发送出去；否则，当所有数据位从 SPIDAT 寄存器移出后，立刻停止 SPICLK 时钟。

（4）如果中断使能位 SPI INT ENA（SPICTL.0）已置 1，则产生中断请求。

在典型的系统应用中，主控制器的引脚$\overline{\text{SPISTE}}$可用来控制从控制器的片选信号。这样在主 SPI 设备与从 SPI 设备之间传递信息的过程中，主设备将$\overline{\text{SPISTE}}$置成低电平；当数据传输完毕后，再将该引脚置为高电平。

2. 从控制器模式

在从控制器模式下(MASTER/SLAVE=0),串行数据从 SPISOMI 引脚移出,从 SPISIMO 引脚移入。同样,SPICLK 引脚为串行移位时钟的输入,该时钟由外部网络上的主控制器提供,传输速率也由该时钟决定。

当从设备检测到来自网络主控制器 SPICLK 信号的适当时钟边沿时(与选择的时钟模式有关),已经写入 SPIDAT 或 SPITXBUF 寄存器的数据被发送到通信网络上。当要发送字符的所有位移出 SPIDAT 寄存器后,写入 SPITXBUF 寄存器的数据将会装载到 SPIDAT 寄存器。如果向 SPITXBUF 写入数据时 SPIDAT 中没有正在发送的字符,写入的数据将被立即装载到 SPIDAT 中。

为了能够接收数据,从设备等待网络上的主控制器发送 SPICLK 信号,然后在 SPICLK 控制下将 SPISIMO 引脚上的数据移入到 SPIDAT 寄存器。如果从控制器同时也发送数据,而 SPITXBUF 还没有装载数据,则必须在 SPICLK 信号开始之前将数据写入到 SPITXBUF 或 SPIDAT。

当 TALK 位 SPICTL.1 被清零时,数据发送被禁止,输出引脚(SPISOMI)处于高阻状态。如果正在发送数据期间将 TALK 位清零,即使 SPISOMI 引脚被强制置成高阻状态,SPI 也要完成当前的字符传输,这样可以保证 SPI 设备能够正确地接收随后的数据。应该指出,借助于 TALK 位,允许在网络上挂接多个从 SPI 设备,应用系统可以同时选通多个从设备接收主控制器发送的数据,但在某一时刻只能有一个从设备来驱动主设备的 SPISOMI 引脚,也就是说,任一时刻只能选通一个从设备向主控制器发送数据。

主控制器的引脚$\overline{\text{SPISTE}}$可用作从设备的选通信号。如果$\overline{\text{SPISTE}}$引脚为低电平,允许从 SPI 设备向串行总线发送数据;当$\overline{\text{SPISTE}}$为高电平时,从 SPI 设备的串行移位寄存器停止工作,且串行输出引脚被置成高阻状态。

5.3　SPI 模块的设置

5.3.1　SPI 的数据格式

SPI 配置寄存器中的 4 个控制位(SPICCR.3~ SPICCR.0)确定了发送或接收数据的字符位数(1~16 位)。状态控制逻辑根据 SPICCR.3~ SPICCR.0 的值对接收和发送字符的位数进行计数,从而可以确定何时完成一个完整字符的传送。当数据长度小于 16 位时,对接收和发送数据的格式要求如下。

(1) 将要发送的数据写入 SPIDAT 或 SPITXBUF 时,必须是左对齐的;

(2) 从 SPIRXBUF 读取的接收数据是按右对齐格式存放的。

例 5.1　考察传输过程中寄存器 SPIRXBUF 和 SPIDAT 中的数据变化。假定条件如下:

(1) 数据长度等于 1 位;

(2) SPIDAT 的 16 位初始值为 737BH。

假定 SPI 工作于主模式,发送前后的数据变化如图 5.4 所示。图中,如果 SPISOMI 引脚为高电平,则 $x=1$;如果 SPISOMI 引脚为低电平,则 $x=0$,x 为 SPI 等待接收的位数据。当 SPIDAT 中的数据被左移设定的字符位(本例为 1 位)后,就完成了一次字符发送,SPIDAT 的当前值为 E6F6H($x=0$)或 E6F7H($x=1$),然后 SPIDAT 中的值自动装载到 SPIRXBUF 中,等待 CPU 读取;与此同时,SPIDAT 最左侧的一位被从 SPISIMO 引脚发送出去。需要指出,本例中设定的字符长度为 1 位,因此发送完成后只有 SPIRXBUF 最右侧的一位是接收到的有效数据。

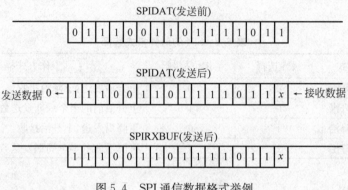

图 5.4 SPI 通信数据格式举例

5.3.2 设置波特率和时钟模式

SPI 模块支持 125 种不同的波特率和 4 种时钟配置模式。当 SPI 工作于主模式时,SPICLK 引脚为整个通信网络提供时钟;当 SPI 工作于从模式时,SPICLK 引脚接收主控制器提供的时钟信号。

1. 设定波特率

与 SCI 通信类似,SPI 模块的波特率由低速外设时钟 LSPCLK 和 SPI 的波特率寄存器 SPIBRR 设定。SPI 的波特率计算分为以下两种情形:

(1) 当 SPIBRR=3~127 时,有

$$\text{SPICLK} = \frac{\text{LSPCLK}}{\text{SPIBRR}+1}$$

(2) 当 SPIBRR=0~2 时,有

$$\text{SPICLK} = \frac{\text{LSPCLK}}{4}$$

式中,LSPCLK 为低速外设时钟频率,SPIBRR 为主 SPI 控制器的 SPIBRR 寄存器值。

例 5.2 假定 SPI 工作于主模式,LSPCLK=75MHz,试确定 SPI 模块允许的最高波特率。

$$\text{SPICLK}_{\text{max}} = \frac{\text{LSPCLK}}{4} = 18.75 \times 10^6 \, \text{b/s}$$

为了设定 SPIBRR 寄存器,首先需要知道 LSPCLK 的工作频率,同时选定 SPI 接口的数据传输速率。如果 SPI 通信网络上挂接有多个处理器或外设芯片,在确定波特率时,用户

需要考虑各个 SPI 设备所允许的通信速率上限值,以保证选取的波特率在所有设备的允许范围内。

2. SPI 的时钟模式

SPI 模块提供了两个时钟控制位用来配置 SPICLK 的时钟模式。其中,时钟极性选择位 CLOCK POLARITY(SPICCR. 6)用来设定时钟为上升沿有效还是下降沿有效,时钟相位选择位 CLOCK PHASE(SPICTL. 3)用来设定时钟是否延迟半个周期。表 5.2 列出四种不同的时钟模式,图 5.5 给出了各种时钟模式下的数据发送和接收时序。从图中可以看出,有无相位延迟的主要区别在于有相位延迟时,整个 SPI 通信时钟要滞后半个时钟周期。

表 5.2　SPI 的时钟模式选择

SPICLK 时钟模式	极性选择	相位控制	工作方式描述
无相位延迟的上升沿	0	0	上升沿发送,下降沿接收
有相位延迟的上升沿	0	1	上升沿前的半个周期发送数据,上升沿接收
无相位延迟的下降沿	1	0	下降沿发送,上升沿接收
有相位延迟的下降沿	1	1	下降沿前的半个周期发送数据,下降沿接收

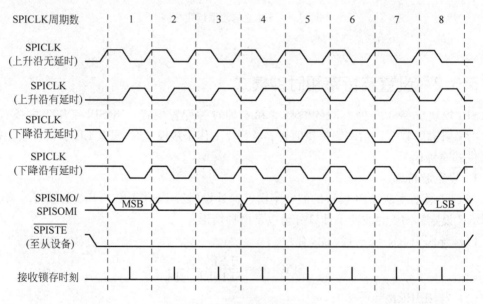

图 5.5　SPI 的四种时钟模式

对于 SPI 模块来说,当(SPIBRR+1)的值为偶数时,SPICLK 的时钟波形是对称的(即占空比为 50%)。而如果(SPIBRR+1)的值为奇数且大于 3 时,SPICLK 的时钟波形是非对称的。当 CLOCK POLARITY=0 时,SPICLK 的低电平脉冲宽度要比高电平脉冲宽度多一个 CLKOUT 时钟。而当 CLOCK POLARITY=1 时,SPICLK 的高电平脉冲宽度要比低电平脉冲宽度多一个 CLKOUT 时钟,如图 5.6 所示。

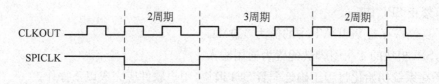

图 5.6　SPICLK 与 CLKOUT 间的关系：(BRR＋1)为奇数，BRR＞3，CLOCK POLARITY＝1

5.3.3　SPI 的中断控制

SPI 模块提供了 4 个控制位用于管理与 SPI 操作相关的中断，这些控制位包括：

- SPI 中断使能位 SPI INT ENA(SPICTL.0)；
- SPI 中断标志位 SPI INT FLAG(SPISTS.6)；
- 接收溢出中断使能位 OVERRUN INT ENA(SPICTL.4)；
- 接收溢出中断标志位 RECEIVER OVERRUN FLAG(SPISTS.7)。

当整个字符移入或移出 SPIDAT 寄存器时，SPI 中断标志被置位，表明 SPI 接收缓冲器中已经存放了字符，等待 CPU 读取。如果 SPI 中断使能位置位，则产生一个接收中断请求。除非发生以下事件清除了中断标志，否则中断标志一直保持置位状态。

- 响应了中断(与 C240x 系列 DSP 有所不同)；
- CPU 读取 SPIRXBUF 寄存器中接收到的数据；
- 使用 IDLE 指令使 DSP 芯片进入 IDLE2 或 HALT 模式；
- 通过软件清零 SPI SW RESET 位(SPICCR.7)使 SPI 复位；
- 系统复位。

当 SPI 中断标志被置位后，表明一个字符已放入 SPIRXBUF 寄存器中，等候 CPU 读取。如果在下一个字符被 SPIDAT 完整接收后，CPU 还未读取该字符，则新接收的字符将写入 SPIRXBUF 寄存器并覆盖原来的字符，同时将接收器溢出标志置位。如果溢出中断使能位被置位，则 SPI 仅在第一次接收器溢出标志置位时产生一个中断。如果该位已被置位，则后续的接收溢出事件将不会产生新的中断。这意味着为了允许新的溢出中断请求，在每次溢出事件发生时，用户必须通过软件清零溢出标志位。换句话说，如果在中断服务子程序中未清零接收器溢出标志位，那么从中断服务子程序退出后，将不会响应随后的溢出中断。由于溢出中断和接收中断共享一个中断向量 SPIRXINT，在中断服务程序中应清零接收溢出标志位，这样在接收到下一个字符时，易于判定发生的中断事件是接收中断还是溢出中断。

5.3.4　SPI 的初始化

当系统复位后，SPI 模块被配置为如下的默认状态：

(1) 配置为从控制器模式(MASTER/SLAVE＝0)；

(2) 禁止发送功能(TALK＝0)；

(3) 在 SPICLK 信号的下降沿锁存输入的数据(时钟模式配置为 00)；

(4) 字符长度设定为 1 位；

（5）禁止 SPI 中断；

（6）复位寄存器 SPIDAT 中的值为 0000H；

（7）SPI 模块的 4 个引脚被配置为通用输入。

为了在系统初始化过程正确地配置 SPI 模块，用户软件应完成以下操作。

（1）通过清零 SPI SW RESET 位（SPICCR.7）使 SPI 进入复位状态；

（2）初始化 SPI 寄存器，如设定数据格式、波特率、主/从模式、时钟模式以及置 SPI 引脚为外设模式；

（3）CPU 将位 SPI SW RESET 置 1，使 SPI 退出复位状态；

（4）写数据到 SPIDAT 或 SPITXBUF，在主控制器模式下就启动了串行通信过程；

（5）一个字符的数据传输结束后（SPISTS.6＝1），读取 SPIRXBUF 中接收到的数据。

在初始化 SPI 的过程中，为了防止发生无法预料的事件，在初始化各个寄存器之前首先要清零 SPI SW RESET 位，待初始化完成后再将该位置 1 使 SPI 模块进入正常工作状态，SPI 的初始化例程见 5.6 节。需要指出，在通信过程中不允许改变 SPI 的设置，以免导致通信网络上的数据传输错误。

5.3.5 数据传输举例

图 5.7 给出了采用对称的 SPICLK 时钟、字符长度为 5 位时，两个 SPI 设备之间的数据传输过程。需要指出，SPI 的数据寄存器字长为 16 位，这里为了简化波形，图中 SPI 的数据寄存器取为 8 位。在主控制器将数据写入 SPIDAT 启动数据传输前，从控制器必须处于使能状态，且将待发数据写入自己的 SPIDAT 寄存器中。只有一次完整的发送结束后，SPIDAT 中的数据才送入 SPIRXBUF 中。当 CPU 读取 SPIRXBUF 中的数据时，自动清除中断标志位。

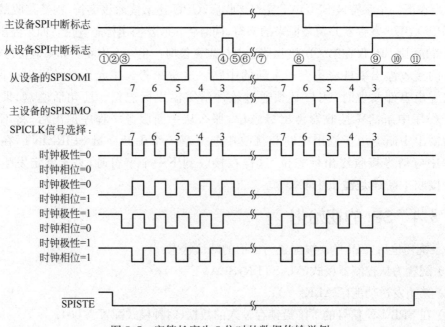

图 5.7　字符长度为 5 位时的数据传输举例

本例中设定的字符长度为 5 位,主/从控制器间共进行了两个字符的传送。发送过程串行数据寄存器的数值变化见表 5.3,待发送数据采用左对齐格式写入 SPITXBUF 或 SPIDAT 中,仅高 5 位有效,无效的低 3 位均置为 0;接收数据采用右对齐格式,仅低 5 位有效。根据图 5.7 中以设备 SPISOMI 引脚波形上所标的序号,数据传输过程的步骤如下。

表 5.3　发送过程串行数据寄存器的值

状　　态	主控制器(DAT/RXBUF)	从控制器(DAT/RXBUF)
第一次发送前	01011000B——58H	11010000B——D0H
第一次发送后	00011010B——1AH	00001011B——0BH
第二次发送前	01101100B——6CH	01001100B——4CH
第二次发送后	10001001B——89H	10001101B——8DH

① 从控制器将 D0H 写入到 SPIDAT,然后等待主控制器移出数据;

② 主控制器将从控制器的 SPISTE 引脚置为有效的低电平;

③ 主控制器将 58H 写入 SPIDAT 来启动发送过程;

④ 第一个字节发送完成,主/从控制器均置位自己的中断标志;

⑤ 从控制器从它的 SPIRXBUF 中读取接收到的数据 0BH,同时自动清除中断标志;

⑥ 从控制器将 4CH 写入 SPIDAT 中,等待主控制器移出数据;

⑦ 主控制器将 6CH 写入 SPIDAT 中后,启动第二次发送过程;

⑧ 主控制器从 SPIRXBUF 中读取接收到的第一个数据 1AH,同时自动清中断标志;

⑨ 第二个字节发送完成,主/从控制器再次置位中断标志;

⑩ 主/从控制器分别从各自的 SPIRXBUF 中读取接收到的数据 89H 和 8DH,用户软件屏蔽掉未使用的数据位后,主/从控制器的接收数据分别为 09H 和 0DH;

⑪ 主控制器将从控制器的 SPISTE 引脚置为高电平,完成整个发送过程。

5.4　SPI 的 FIFO 操作

为了降低 CPU 与 SPI 外设通信时的时间开销,SPI 模块提供了发送和接收 FIFO 功能。本节通过介绍 FIFO 的特点和配置,以便用户了解使能 FIFO 操作时 SPI 模块的设置与编程。SPI 模块的组成框图见图 5.2,图 5.8 给出了应用 SPI FIFO 功能时,对应的中断标志和使能逻辑控制,表 5.4 分别列出了使用和不使用 FIFO 时的中断标志和中断使能控制。

(1) 标准 SPI 模式:同标准的 240x SPI 模式。上电复位后,SPI 工作于标准 SPI 模式,FIFO 功能被禁止。此时,使用 SPIINT/SPIRXINT 作为中断源,对三个 FIFO 寄存器 SPIFFTX、SPIFFRX 和 SPIFFCT 的设置不起作用。

(2) 模式转换:通过将 SPIFFTX 寄存器中的位 SPIFFEN 置 1,可以使能 FIFO 模式。通过将位 SPIRST 清零,能够在操作过程的任何阶段复位 FIFO 的接收和发送通道。使能 FIFO 模式后,所有 SPI 寄存器和 SPI FIFO 寄存器(SPIFFTX、SPIFFRX 和 SPIFFCT)被激活并处于有效状态。

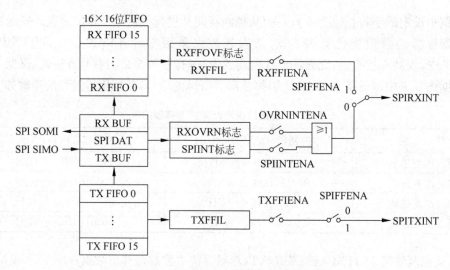

图 5.8　SPI FIFO 中断标志和使能逻辑

表 5.4　SPI 中断标志

FIFO 选项	SPI 中断源	中断标志	中断使能	FIFO 使能 SPIFFENA	中断线
当不使用 FIFO 时	接收超时	RXOVRN	OVRNINTENA	0	SPIRXINT
	接收数据	SPIINT	SPIINTENA	0	SPIRXINT
	发送器空	SPIINT	SPIINTENA	0	SPIRXINT
当使用 FIFO 时	FIFO 接收	RXFFINT	RXFFIENA	1	SPIRXINT
	FIFO 发送	TXFFINT	TXFFIENA	1	SPITXINT

(3) FIFO 中断：FIFO 模式有两个外设中断，一个用于发送 FIFO(SPITXINT)，一个用于接收 FIFO(SPIINT/SPIRXINT)。其中，FIFO 接收数据、接收错误和接收 FIFO 溢出共享同一个外设中断 SPIINT/SPIRXINT。对于标准 SPI 模式，发送和接收使用同一个中断 SPIINT，但在 FIFO 模式下，这个中断仅被用作 SPI 接收 FIFO 中断。

(4) 缓冲器：FIFO 模式下发送和接收缓冲器扩充了两个 16 级深度的 16 位 FIFO。标准 SPI 模式中的 16 位发送缓冲器(SPITXBUF)作为发送 FIFO 和移位寄存器(SPIDAT)间的一个传送缓冲器。当移位寄存器的最后一位被移出后，16 位的发送缓冲器将从发送 FIFO 装载一个待发送的字符。

(5) 延时发送：FIFO 中待发送的字符装载到发送移位寄存器的速率是可编程的。SPIFFCT 寄存器中的位域(FFTXDLY7～FFTXDLY0)定义了发送相邻两个字符间的延时，延时时间以 SPI 串行时钟周期为单位。SPIFFCT 寄存器可以定义最小 0 个串行时钟周期，最大 255 个串行时钟周期的延时。零时钟周期延时表示 SPI 模块可以将 FIFO 中待发送的数据串连续地发送，在每个 SPI 时钟周期发送一个数据位；而设置为 255 个时钟周期延时，SPI 在最大延迟模式下发送数据，每个 FIFO 字的移位间隔为 256 个 SPI 时钟周期。借助于延时发送可编程的特点，使得 SPI 接口可以与许多低速 SPI 外设，如 EEPROM、ADC、DAC 等方便地实现无缝接口。

(6) FIFO 状态位：这些状态位反映了当前时刻在 FIFO 中可用的字符数目。发送 FIFO 的状态位为 TXFFST，接收 FIFO 的状态位为 RXFFST。当发送 FIFO 复位

（TXFIFO Reset）和接收 FIFO 复位（RXFIFO Reset）被置为 1 时，将复位 FIFO 指针为 0。一旦这两个复位控制位被清零，FIFO 将重新恢复正常操作。

（7）可编程的中断深度：数据的发送和接收过程都能产生 CPU 中断。一旦发送 FIFO 状态位 TXFFST（位 12～8）和中断触发深度位 TXFFIL（位 4～0）相匹配，就会触发 FIFO 发送中断。而一旦接收 FIFO 状态位 RXFFST（位 12～8）和中断触发深度位 RXFFIL（位 4～0）相匹配，就会触发 FIFO 接收中断。这样就给 SPI 模块的发送和接收操作提供了一个可编程的中断触发机制。当系统复位后，接收 FIFO 和发送 FIFO 的触发深度位分别为 "11111" 和 "00000"。

5.5 SPI 模块的寄存器

SPI 模块提供了 12 个外设控制寄存器实现功能配置和传输控制，见表 5.1。其中，SPI 配置控制寄存器 SPICCR 用来设置 SPI 的时钟模式、字符长度、软件复位等，表 5.5 给出了该寄存器的功能描述。

表 5.5 SPI 配置控制寄存器 SPICCR

位	名　称	类　型	功　能　描　述
7	SPI SW RESET	R/W-0	SPI 软件复位控制位。用户在改变配置前应将该位清零，在开始操作前将该位置 1 0　软件复位 SPI，初始化操作标志位到复位状态 1　SPI 退出复位状态，准备接收或发送一个新的字符 当 SPI SW RESET＝0 时，写入的字符在该位置 1 时也不会移出
6	CLOCK POLARITY	R/W-0	SPI 移位时钟极性配置位 0　数据在时钟上升沿输出、下降沿输入。当 SPI 无数据发送时，SPICLK 为低电平 1　数据在时钟下降沿输出、上升沿输入。当 SPI 无数据发送时，SPICLK 为高电平
5	保留	R-0	读返回 0，写没有影响
4	SPILBK	R/W-0	SPI 环路自测试模式控制，只有当 SPI 工作于主控模式时有效 0　禁止 SPI 自测试模式（复位后的默认值） 1　使能自测试模式，两个引脚 SPISIMO/SPISOMI 在芯片内部连接，用于 SPI 模块的自测试
3～0	SPI CHAR3-0	R/W-0	字符长度控制位，决定了在一个移位序列中每个字符的位数 SCI CHAR3～0＝0000　字符长度为 1 位 SCI CHAR3～0＝0001　字符长度为 2 位 ⋮ SCI CHAR3～0＝1111　字符长度为 16 位

SPI 操作控制寄存器 SPICTL 用来控制数据发送、中断使能、SPI 时钟的相位和主/从操作模式，表 5.6 列出了该寄存器的功能描述。

表 5.6　SPI 操作控制寄存器 SPICTL

位	名　称	类　型	功　能　描　述
7～5	保留	R-0	读返回 0,写没有影响
4	OVERRUN INT ENA	R/W-0	超时中断使能控制位 0　禁止接收溢出中断 1　使能接收溢出中断
3	CLOCK PHASE	R/W-0	SPI 时钟相位选择位 0　正常的 SPI 时钟方式,时钟边沿有效 1　SPICLK 信号延迟半个时钟周期
2	MASTER/SLAVE	R/W-0	SPI 模式控制。在复位初始化后,SPI 被自动设为从模式 0　SPI 被配置为从模式 1　SPI 被配置为主模式
1	TALK	R/W-0	主/从控制器的发送使能控制 0　禁止发送(复位默认值),串行数据输出为高阻状态 1　使能发送,且主控制器的$\overline{\text{SPISTE}}$引脚置为低电平
0	SPI INT ENA	R/W-0	SPI 中断使能控制位 0　禁止 SPI 的接收/发送中断 1　使能 SPI 的接收/发送中断

SPI 的状态寄存器 SPISTS 反映了接收和发送操作的当前状态,常用于 CPU 通过查询方式控制 SPI 外设的接收/发送过程,表 5.7 给出了该寄存器的功能描述。

表 5.7　SPI 状态寄存器 SPISTS

位	名　称	类　型	功　能　描　述
7	RECEIVER OVERRUN FLAG	R/C-0	SPI 接收溢出标志位。在前一个字符从缓冲器读出之前,又完成一个接收或发送操作,则 SPI 硬件将置位该位。该位由下列操作之一清除 • 向该位写 1 • 写 0 到 SPI SW RESET 位复位 SPI • 系统复位
6	SPI INT FLAG	R/C-0	SPI 中断标志位。该位置位时表明 SPI 已完成发送或接收字符的最后一位。在该位被置位的同时,已接收的数据被装载至接收器缓冲器中。该位可通过下列操作之一清除 • 读取 SPIRXBUF 寄存器中接收的数据 • 写 0 到 SPI SW RESET 位(SPICCR. 7),软件复位 SPI • 系统复位
5	SPI BUF FULL FLAG	R/C-0	发送缓冲器满标志位 当一个数据写入 SPI 发送缓冲器 SPITXBUF 时,该位被置为 1 当先前的数据位已全部移出,SPITXBUF 中的数据被自动装入 SPIDAT 中时,该位被自动清零
4～0	保留	R-0	读返回 0,写没有影响

注:R/C 表示允许对该位执行读操作或通过特定操作将该位清零。

SPI 接口的数据传输速率由低速外设时钟和波特率设置寄存器 SPIBRR 确定。通过

SPIBRR 可设置 125 中不同的通信波特率,波特率的计算方法见 5.3.2 节,表 5.8 给出了该寄存器的功能描述。

表 5.8　SPI 波特率设置寄存器 SPIBRR

位	名　　称	类型	功　能　描　述
7	保留	R-0	读返回 0,写没有影响
6~0	SPI BIT RATE6~ SPI BIT RATE0	R/W-0	SPI 波特率控制位 • 如果 SPI 是通信网络的主控制器,则这些位决定了传输速率。由 SPI 产生的串行移位时钟从 SPICLK 引脚上输出,在每个 SPICLK 周期移位一个数据位 • 如果 SPI 为从设备,则该设备从 SPICLK 引脚上接收来自主控制器的时钟信号,从设备的这些位对 SPICLK 信号没有影响

与 SPIRXBUF 一样,仿真缓冲寄存器 SPIRXEMU 中保存了接收到的数据。读该寄存器不会自动清零 SPI 中断标志位 SPISTS.6。SPIRXEMU 并不是一个真实的寄存器,而是一个虚拟的地址,仿真器可以从该地址读出 SPIRXBUF 的内容而不影响 SPI 的中断标志位。表 5.9 给出了该寄存器的功能描述。

表 5.9　SPI 仿真缓冲寄存器 SPIRXEMU

位	名　　称	类型	功　能　描　述
15~0	ERXB15-ERXB0	R-0	仿真缓冲器接收数据位 • 除了读 SPIRXEMU 时不会清除 SPI INT FLAG 位(SPISTS.6)之外,SPIRXEMU 寄存器的功能几乎等同于 SPIRXBUF 寄存器。一旦 SPIDAT 收到完整的数据,这个数据就被发送到 SPIRXEMU 寄存器和 SPIRXBUF 寄存器,同时将位 SPI INT FLAG 置 1,接收数据可从这两个寄存器读出 • 创建这个镜像寄存器的目的是支持仿真操作。在正常的仿真操作下,读控制寄存器可以不断地刷新屏幕上显示的寄存器内容。读 SPIRXEMU 不会清除 SPI INT FLAG 位,但是读 SPIRXBUF 会清除该位。换句话说,SPIRXEMU 允许仿真器更准确地仿真 SPI 的实际操作。建议用户在正常的仿真运行模式下读取并观察 SPIRXEMU

数据接收缓冲寄存器 SPIRXBUF 中保存了接收到的数据,读该寄存器会自动清零 SPI 中断标志位 SPISTS.6,表 5.10 列出了该寄存器的功能描述。

表 5.10　SPI 数据接收缓冲寄存器 SPIRXBUF

位	名　　称	类　型	功　能　描　述
15~0	RXB15-RXB0	R-0	保存接收到的数据。一旦 SPIDAT 接收完整的字符,该字符就被装载到 SPIRXBUF 寄存器,同时将位 SPI INT FLAG 置 1。因为数据首先被移入 SPI 模块的最低有效位,所以接收到的数据在该寄存器中按右对齐格式存放

数据发送缓冲寄存器 SPITXBUF 用于存放下一个要发送的字符。表 5.11 列出了该寄存器的功能描述,向 SPITXBUF 中写入的待发送数据必须是左对齐的。

表 5.11　SPI 数据发送缓冲寄存器 SPITXBUF

位	名　称	类　型	功　能　描　述
15～0	TXB15-TXB0	R/W-0	发送数据缓冲器。该寄存器中存储着下一个准备发送的字符。如果当前时刻没有正在进行的发送操作,将数据写入该寄存器的同时立即开始一次发送过程。否则,当前字符发送完成后,如果 TX BUF FULL 标志位被置 1,则该寄存器的内容自动加载到 SPIDAT 寄存器中,且 TX BUF FULL 标志位被清零

SPIDAT 是实现串行数据发送/接收的移位寄存器,加载至该寄存器的数据在随后的 SPI 时钟控制下,发送数据从 MSB 位移出,同时接收数据从 LSB 位移入。表 5.12 给出了 SPIDAT 的功能描述,建议用户编程时访问缓冲寄存器 SPITXBUF 和 SPIRXBUF,而不要直接对 SPIDAT 进行操作。

表 5.12　SPI 串行数据寄存器 SPIDAT

位	名　称	类　型	功　能　描　述
15～0	SDAT15-SDAT0	R/W-0	串行数据位。写入 SPIDAT 的操作执行以下两个功能 • 如果 TALK 位(SPICTL.1)被置 1,则该寄存器提供将被输出到串行输出引脚的数据 • 当 SPI 处于主控制器模式时,按照设定的时钟模式开始发送数据 注意:要发送的数据必须以左对齐格式写入,而接收到的数据是采用右对齐方式存放的

与 FIFO 操作相关的寄存器包括 FIFO 发送寄存器 SPIFFTX、FIFO 接收寄存器 SPIFFRX 和 FIFO 控制寄存器 SPIFFCT,表 5.13～表 5.15 列出了这三个 FIFO 寄存器的功能描述。

表 5.13　SPI FIFO 发送寄存器 SPIFFTX

位	名　称	类　型	功　能　描　述
15	SPIRST	R/W-1	SPI 软件复位 0　复位 SPI 发送和接收通道,FIFO 寄存器配置位保持不变 1　SPI FIFO 恢复发送和接收,该操作不影响 SPI 寄存器
14	SPIFFENA	R/W-0	SPI FIFO 增强功能使能控制 0　禁止 SPI 的 FIFO 功能 1　使能 SPI 的 FIFO 功能
13	TXFIFO Reset	R/W-1	复位发送 FIFO 0　写 0 复位发送 FIFO 指针为 0,且保持在复位状态 1　重新使能发送 FIFO 操作

位	名　称	类　型	功　能　描　述
12～8	TXFFST4-0	R-0	发送 FIFO 状态位 00000　发送 FIFO 是空的 00001　发送 FIFO 有 1 个字 00010　发送 FIFO 有 2 个字 ⋮ 10000　发送 FIFO 有 16 个字
7	TXFFINT	R-0	发送 FIFO 中断标志 0　未发生 TXFFO 中断 1　已发生 TXFIFO 中断
6	TXFFINT CLR	W-0	清零发送 FIFO 中断标志 0　写 0 对 TXFFINT 标志位无影响 1　写 1 清零 TXFFINT 标志
5	TXFFIENA	R/W-0	发送 FIFO 中断使能控制 0　禁止发送 FIFO 中断 1　使能发送 FIFO 中断
4～0	TXFFIL4-0	R/W-0	发送 FIFO 中断触发深度位。当 FIFO 状态位(TXFFST4～0)小于或等于 FIFO 深度位(TXFFIL4～0)时满足匹配条件，将产生发送中断。复位后的默认值为"00000"

表 5.14　SPI FIFO 接收寄存器 SPIFFRX

位	名　称	类　型	功　能　描　述
15	RXFFOVF Flag	R-0	接收 FIFO 溢出标志 0　接收 FIFO 未溢出 1　接收 FIFO 已溢出。接收 FIFO 已收到超过 16 个字，且先接收到的数据被丢弃
14	RXFFOVF CLR	W-0	清除接收 FIFO 溢出标志，读返回 0 0　写 0 对 RXFFOVF 标志位无影响 1　写 1 清零 RXFFOVF 标志位
13	RXFIFO Reset	R/W-1	复位接收 FIFO 0　写 0 复位接收 FIFO 指针为 0，且保持在复位状态 1　重新使能发送 FIFO 操作
12～8	RXFFST4-0	R-0	接收 FIFO 状态位 00000　接收 FIFO 是空的 00001　接收 FIFO 有 1 个字 00010　接收 FIFO 有 2 个字 ⋮ 10000 接收 FIFO 有 16 个字
7	RXFFINT Flag	R-0	接收 FIFO 中断标志 0　未发生接收 FIFO 中断 1　已发生接收 FIFO 中断

续表

位	名　称	类　型	功　能　描　述
6	RXFFINT CLR	W-0	清除接收 FIFO 中断标志,读返回 0 0　写 0 对 RXFFINT 标志位无影响 1　写 1 清零 RXFFINT 标志
5	RXFFIENA	R/W-0	接收 FIFO 中断使能控制 0　禁止接收 FIFO 中断 1　使能接收 FIFO 中断
4~0	RXFFIL4~0	R/W-1	接收 FIFO 中断触发深度位。当接收 FIFO 状态位 (RXFFST4~0)大于或等于（RXFFIL4~0)时满足匹配 条件,接收 FIFO 将产生中断。复位后的默认值为 "11111",因为接收 FIFO 在大多数时间内是空的,这样 可以避免复位后频繁触发接收 FIFO 中断

表 5.15　SPI FIFO 控制寄存器 SPIFFCT

位	名　称	类　型	功　能　描　述
15~8	保留	R-0	读返回 0,写没有影响
7~0	FFTXDLY7~0	R/W-0	FIFO 发送延迟控制位 • 这些位决定了数据每次从 FIFO 发送缓冲器传送至发送移位寄存器时的延迟。延迟时间以 SPI 串行时钟周期的数目来表示。8 位寄存器可以定义 0~255 个串行时钟周期的延迟 • 在 FIFO 模式下,每当移位寄存器完成了最后一位的移位后,从发送 FIFO 中加载数据到发送缓冲器(TXBUF)。这样可以实现在发送的数据流之间插入延迟。在 FIFO 模式下,不应将 TXBUF 视作一个额外的缓冲级

表 5.16 列出了 SPI 优先级控制器 SPIPRI 的功能。

表 5.16　SPI 优先级控制寄存器 SPIPRI

位	名　称	类　型	功　能　描　述
7,6	保留	R-0	读返回 0,写没有影响
5	SPI SUSP SOFT	R/W-0	这两位决定了在仿真挂起时(如当调试器执行到一个断点时),SPI 模块的具体操作模式
4	SPI SUSP FREE	R/W-0	00　一旦发送挂起 TSUSPEND 有效,串行的位流发送将立即停止。此后,如果 TSUSPEND 变为无效,SPI 将从被中止的位置继续发送 SPIDAT 中剩余的数据位 10　标准 SPI 模式:在移位寄存器和缓冲器发送数据结束后停止,也就是在 SPITXBUF 和 SPIDAT 变为空后停止 　　FIFO 模式:在移位寄存器和缓冲器发送数据结束后停止,也就是在发送 FIFO 和 SPIDAT 变为空后停止 x1　自由运行,此时即使仿真挂起 SPI 也同样继续操作
3~0	保留	R-0	读返回 0,写没有影响

5.6　SPI 模块应用举例

在设计 DSP 应用系统时,除了可以应用第 3 章介绍的 XINTF 扩展并行接口的外设外,还可以通过 SPI 扩展兼容串行接口的外设。F281x 对 XINTF 接口扩展外设的访问速率可达 75MHz,相应的数据吞吐速率达到 1200Mb/s(75MHz×16 位),适于扩展 SRAM、FIFO、双口 RAM、LCD 控制器、USB 控制器等高速、并行接口的外设。相比之下,SPI 接口的波特率只能达到 37.5Mb/s,适于扩展 ADC、DAC、集成温度传感器等对数据吞吐速率要求不高的外设。由于 SPI 接口的芯片具有引脚数目少、封装尺寸小、功耗低等优点,近年来得到广泛应用。下面介绍两种典型的 SPI 接口芯片与 F281x 的接口。

5.6.1　与温度传感器芯片 ADT7301 的接口

ADT7301 是 AD 公司的 13 位数字温度传感器芯片,具有温度转换精度高、功耗低、串行接口灵活方便等特点。本节介绍 ADT7301 的主要特性,ADT7301 与 F281x 的接口电路及初始化例程。

1. ADT7301 温度传感器芯片的特点

ADT7301 内部集成了一个带隙温度传感器和一个 13 位的 A/D 转换器。ADT7301 提供了与 SPI 兼容的外部接口,可以直接与 TMS320F281x 的 SPI 引脚信号相连。概括起来,AD7301 的主要特点如下:

- 内含 13 位数字温度传感器;
- 典型的测温精度为±0.5℃;
- 最小温度分辨率为 0.03125℃;
- 转换时间 800μs;
- 后备模式下工作电流仅为 1μA;
- 具有与 SPI 兼容的串行接口;
- 工作温度范围宽,可达−40～+150℃;
- 供电电源范围为 2.7～5.5V。

2. ADT7301 内部结构及引脚说明

ADT7301 的内部结构如图 5.9 所示,片内集成了温度传感器、13 位 A/D 转换器、电压基准源和串行接口。该器件具有 6 个引脚,各个引脚的功能如下:

(1) GND:模拟地和数字地;

(2) DIN:串行数据输入,微处理器写入芯片控制寄存器的数据在 SCLK 的上升沿锁存;

(3) VDD:电源输入(2.7～5.5V);

(4) SCLK:串行时钟,用于同步串行数据的输入和输出,允许的时钟频率可达 20MHz;

(5) $\overline{CS}$:片选输入信号,低电平时选通芯片;

(6) DOUT:串行数据输出,温度寄存器中的值在 SCLK 的下降沿通过该引脚串行输出。

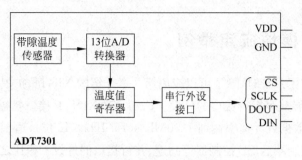

图 5.9 ADT7301 功能框图

ADT7301 的串行接口由 $\overline{CS}$、SCLK、DIN 及 DOUT 四线构成,兼容 SPI、QSPI 和 MICROWIRE 协议。引脚 DIN 用于设置 ADT7301 的控制寄存器,这样在需要时可使芯片处于后备模式。如果不需要 ADT7301 工作于后备模式,可将引脚 DIN 直接接地使串行接口工作于三线制模式,此时微处理器只能通过 DOUT 来读取转换结果寄存器中的温度值。ADT7301 的 SPI 接口需要工作于从模式,由主控制器(F281x)提供串行时钟信号至 SCLK,串行数据传送采用 16 位数据格式。图 5.10 给出了 ADT7301 与 TMS320F281x 的硬件接口电路图。

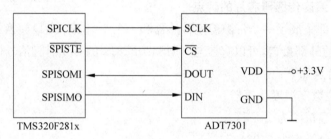

图 5.10 TMS320F281x 和 ADT7301 接口电路

3. ADT7301 的工作原理及时序特性

ADT7301 采用逐次逼近型 A/D 转换器,片内电路产生 A/D 转换时钟。该芯片具有两种工作模式,即正常工作模式和节电工作模式。在正常工作模式下,内部时钟振荡器将启动每秒一次的自动转换方式,即每秒钟对芯片的模拟电路上电一次并启动一次温度转换,完成一次温度转换约需 $800\mu s$。当转换结束后,芯片内部的模拟电路自动断电,在 1 秒后自动上电并开始下一次温度转换。因此,在温度值寄存器中总可以得到最新的温度转换值。

通过设置 ADT7301 的控制寄存器,可将其设置为后备模式以降低功耗。在后备模式下,片内振荡器被关闭,ADT7301 停止温度转换。向控制寄存器中写零可使其恢复到正常工作模式,并自动触发一次温度转换。进入后备模式前的温度转换结果即使进入后备模式后仍可正常读取。

在正常转换模式下,内部振荡器可在读写操作结束后自动复位,以使芯片能够启动一次温度转换。每次转换的结果先存储在缓冲寄存器中,而后在每个写周期中第一个 SCLK 的下降沿将缓冲寄存器中的结果加载至温度值寄存器。对串行接口的访问不影响温度转换过程。对 ADT7301 的读操作可获得转换结果寄存器中的温度值，而写操作可设置芯片的控制寄存器。ADT7301 串行接口时序如图 5.11 所示。

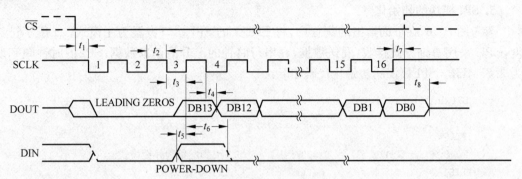

图 5.11 ADT7301 的串行接口时序图

当片选信号为低电平时，使能 SCLK 时钟输入。在 CPU 执行读操作时，16 位数据分别在 16 个时钟脉冲的下降沿输出到 DOUT 引脚上。前两位数据为零标志位，后面的 14 位数据包含了 13 位温度值和 1 位符号位。如果 $\overline{CS}$ 持续为低电平的时间超过 16 个 SCLK 时钟周期，ADT7301 将循环输出 2 位零标志位和温度值寄存器中的 14 位数据位。而一旦 $\overline{CS}$ 变为高电平，引脚 DOUT 将处于高阻状态。

ADT7301 的写操作与读操作可同步进行。写数据流中的第三位被定义为后备模式控制位，当该位置 1，而其余位为 0 时，ADT7301 进入后备模式；写数据流全为 0 时，为正常工作模式。写入的数据在第 16 个 SCLK 的上升沿被装入控制寄存器，并立刻起作用。若 $\overline{CS}$ 在第 16 个 SCLK 的上升沿之前变为高电平，则控制寄存器中的数据将不会被装入，工作模式保持不变。

4. 温度值编码

温度值寄存器是一个 14 位的只读寄存器，用于存储包含 13 位二进制补码和 1 位符号位的温度转换结果（最高位为符号位）。内部温度传感器可检测的温度范围为 $-40 \sim +150℃$，表 5.17 列出了温度值与 ADT7301 数据输出间的关系。

表 5.17 温度寄存器的数据格式

温度值/℃	数据输出 DB13～DB0	温度值/℃	数据输出 DB13～DB0
-40	11 1011 0000 0000	$+10$	00 0001 0100 0000
-30	11 1100 0100 0000	$+25$	00 0011 0010 0000
-25	11 1100 1110 0000	$+50$	00 0110 0100 0000
-10	11 1110 1100 0000	$+75$	00 1001 0110 0000
-0.3125	11 1111 1111 1111	$+100$	00 1100 1000 0000
0	00 000 0000 0000	$+125$	00 1111 1010 0000
$+0.3125$	00 0000 0000 0001	$+150$	01 0010 1100 0000

输出的数字量与温度值间的转换公式如下：

$$正温度值 = ADC 转换结果 /32$$

负温度值 ＝（ADC 转换结果－16384）/32 （使用符号位）

负温度值 ＝（ADC 转换结果－8192）/32 （忽略符号位）

5. SPI 模块的初始化

参考图 5.16,在下面给出的例程中,将 F281x 的 SPI 接口设置为主模式,16 位字符长度,CPU 采用查询方式接收/发送数据,在串行时钟的上升沿读取数据,SPI 的时钟频率设为 3.75MHz。SPI 模块的初始化代码如下:

```
void SPI_Init()
{
    EALLOW;
    GpioMuxRegs.GPFMUX.all = 0x000F;        //SPI 引脚配置为外设模式
    EDIS;
    SpiaRegs.SPICCR.all = 0x0F;             //SPI 复位,设置时钟为上升沿,16 位字符长度
    SpiaRegs.SPICTL.all = 0x06;             //使能主模式,标准相位,使能 TALK,屏蔽 SPI 中断
    SpiaRegs.SPIBRR = 0x09;                 //波特率 = 150MHz/4/10 = 3.75Mb/s
    SpiaRegs.SPICCR.all = 0x8F;             //退出复位状态,准备接收、发送字符
}
```

5.6.2 与 D/A 转换器 MAX5253 的接口

MAX5253 片内集成了四个分辨率为 12 位的电压输出型 D/A 转换器,采用 3.0～3.6V 电源供电,典型建立时间 16μs,采用 SPI 兼容的串行外设接口,时钟频率可达 10MHz,通过输入寄存器和 DAC 寄存器构成双缓冲结构。此外,该芯片还包含了清零引脚$\overline{CL}$、用户可编程的数字输出引脚 UPO 和节电模式使能控制引脚$\overline{PDL}$。

MAX5253 的内部原理框图如图 5.12 所示。图中,转换器 A 和 B 共用基准源 REFAB,

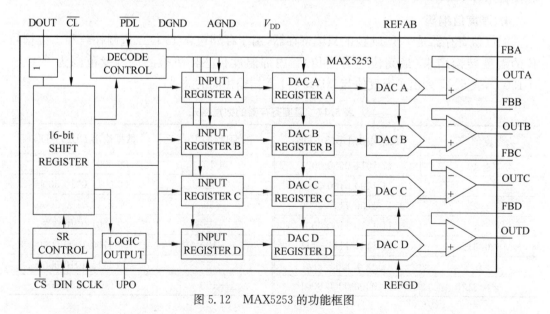

图 5.12 MAX5253 的功能框图

转换器 C 和 D 共用基准源 REFCD。DOUT 为内部移位寄存器的输出,当PDL为高电平时,允许通过软件编程使 MAX5253 处于节电模式。当$\overline{CL}$为低电平时,清零所有输入寄存器和 DAC 寄存器,并将 D/A 转换器的输出和 UPO、DOUT 清零。

表 5.18 列出了 MAX5253 的数据格式和编程命令。16 位串行数据包括 2 个地址位(A1、A0)、2 个控制位(C1、C0)和 12 位 D/A 转换结果(D11…D0),通过对 4 个地址/控制位编程可设定 MAX5253 的功能。DAC 的输出电压可以表示为

$$V_{OUT} = V_{REF} \times NB/4096$$

式中 NB 为拟转换的 12 位数字量(0～4095)。

表 5.18 MAX5253 的串行接口编程命令

16 位串行数据					功 能 描 述
A1	A0	C1	C0	D11～D0	
0	0	0	1	12 位 DAC 数据	装载输入寄存器 A,DAC 寄存器不刷新
0	1	0	1	12 位 DAC 数据	装载输入寄存器 B,DAC 寄存器不刷新
1	0	0	1	12 位 DAC 数据	装载输入寄存器 C,DAC 寄存器不刷新
1	1	0	1	12 位 DAC 数据	装载输入寄存器 D,DAC 寄存器不刷新
0	0	1	1	12 位 DAC 数据	装载输入寄存器 A,刷新全部 DAC 寄存器
0	1	1	1	12 位 DAC 数据	装载输入寄存器 B,刷新全部 DAC 寄存器
1	0	1	1	12 位 DAC 数据	装载输入寄存器 C,刷新全部 DAC 寄存器
1	1	1	1	12 位 DAC 数据	装载输入寄存器 D,刷新全部 DAC 寄存器
0	1	0	0	数据无效	根据各个输入寄存器值刷新全部 DAC 寄存器
1	0	0	0	12 位 DAC 数据	从移位寄存器中装载所有 DAC 寄存器
1	1	0	0	数据无效	如果PDL=1,则进入节电模式
0	0	1	0	数据无效	UPO 置为低电平
0	1	1	0	数据无效	UPO 置为高电平
0	0	1	0	数据无效	对 DAC 寄存器无操作(NOP)
1	1	1	0	数据无效	在 SCLK 时钟上升沿 DOUT 输出,刷新全部 DAC 寄存器
1	0	1	0	数据无效	在 SCLK 时钟下降沿 DOUT 输出,刷新全部 DAC 寄存器

F281x 和 MAX5253 的接口电路见图 5.13。图中,MAX6103 为输出电压为 3V 的基准源芯片,通过 DSP 的复位信号控制 DAC 的异步清零引脚。编程时可以采用两种方法实现 DAC 输出的更新:

(1) 先将数据分别装载到各个输入寄存器,然后同时更新全部 DAC 寄存器;

(2) 每装载一个通道的输入寄存器就刷新全部 DAC 寄存器。

其中,方法 1 适于需要多路 DAC 同步输出的场合,而方法 2 编程较简单,适于各路 DAC 独立工作的场合。此外,与通过 XINTF 扩展并口的 DAC 芯片相比(见图 3.10),F281x 与 MAX5253 间的信号线数为 3 或 4,而通过 XINF 接口扩展 AD7835 时至少需要 21 根信号线。可以看出,SPI 接口芯片的引脚数目可以大大减少,有利于减小电路板尺寸,简化与 DSP 的接口设计与 PCB 布线。

图 5.14 给出了 CPU 对 MAX5253 执行写操作时的串行接口时序。

- 在数据传送过程,CS必须保持低电平。可通过寄存器 SPICTL 的位 TALK 控制引脚SPISTE的电平。若 TALK=1,使能发送,且移位过程SPISTE保持低电平。

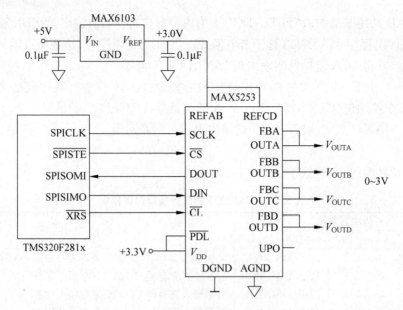

图 5.13　TMS320F281x 与 MAX5253 接口电路

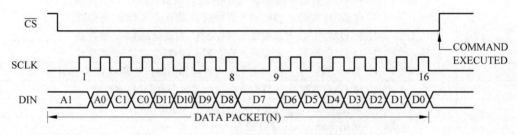

图 5.14　MAX5253 的 SPI 接口时序

- 每个数据位在 SCLK 的上升沿采样并送入 DAC 的移位寄存器。
- 数据在$\overline{CS}$的上升沿被锁存到 MAX5253 的输入寄存器或 DAC 寄存器。
- $\overline{CS}$保持高电平的脉冲宽度必须大于 100ns,即两次发送的时间间隔要大于 100ns。
- MAX5253 允许的最高时钟频率为 10MHz。

　　下面针对扩展的 DAC 芯片 MAX5253,介绍 SPI 的初始化和软件编程。给出的例程中,采用标准 SPI 模式,不使用 FIFO 功能,CPU 通过查询方式控制数据发送操作,四个 DAC 通道的输出更新采用方法 1。

```
void InitSpi(void)
{
    EALLOW;
    GpioMuxRegs.GPFMUX.all = 0x000F;    //SPI引脚配置为外设模式
    EDIS;
    SpiaRegs.SPICCR.all = 0x0F;         //软件复位,上升沿输出,字符长度16位
    SpiaRegs.SPICTL.all = 0x0F;         //时钟延迟半个周期,主模式,发送与中断使能
    SpiaRegs.SPIBRR = 0x07;             //波特率 = 150MHz/4/8 = 4.69Mb/s
    SpiaRegs.SPICCR.all = 0x8F;         //退出复位状态,准备接收、发送字符
    PieCtrl.PIEIER6.bit.INTx1 = 1;      //使能 SPI 接收中断
    PieCtrl.PIEIER6.bit.INTx2 = 1;      //使能 SPI 发送中断(仅用于 FIFO 模式)
```

```
    IER| = M_INT6;                              //使能 PIE 组 6 中断
}
unsigned int Spi_TxReady(void)               //查询发送缓冲器是否已满,从而判定是否允许发送数据
{
    unsigned int i;
    if(SpiaRegs.SPISTS.bit.BUFFULL_FLAG == 1)
    { i = 0; }
    else { i = 1; }
    return(i);
}
unsigned int Spi_RxReady(void)               //查询接收缓冲器是否已接收到新的数据等待 CPU 读取
{
    unsigned int i;
    if(SpiaRegs.SPISTS.bit.INT_FLAG == 1)
    { i = 1; }
    else { i = 0; }
    return(i);
}
void main(void)
{
    InitSysCtrl();                           //系统初始化,使能 SPI 时钟
    DINT;
    IER = 0x0000;
    IFR = 0x0000;
    InitPieCtrl();                           //初始化 PIE 控制寄存器
    InitPieVectTable();                      //初始化 PIE 参数表
    InitSpi();                               //初始化 SPI 寄存器
    for(;;) {
        if(Spi_TxReady() == 1)
            SpiaRegs.SPITXBUF = 0x1400;      //设定通道 1 的输出电压为 0.75V
        delay_loop();
        if(Spi_TxReady() == 1)
            SpiaRegs.SPITXBUF = 0x5800;      //设定通道 2 的输出电压为 1.50V
        delay_loop();
        if(Spi_TxReady() == 1)
            SpiaRegs.SPITXBUF = 0x9C00;      //设定通道 3 的输出电压为 2.25V
        delay_loop();
        if(Spi_TxReady() == 1)
            SpiaRegs.SPITXBUF = 0xDFFF;      //设定通道 4 的输出电压为 3.00V
        delay_loop();
        if(Spi_TxReady() == 1)
            SpiaRegs.SPITXBUF = 0x4000;      //同时更新四路 DAC 的输出电压值
        delay_loop();                        //插入的软件延迟
    }
}
```

　　除了在控制系统中采用 DAC 作为模拟量输出通道来实现闭环控制任务外,通过软件编程还可以使 DAC 产生任意波形、幅度和频率的信号,如输出三角波、方波、锯齿波、三角函数及其他任意函数的波形。当改变周期波形的频率时,可通过改变两次 DAC 输出更新间的时间间隔或改变每个周期内 DAC 输出更新的次数来实现。而将每一时刻的数字量乘

以一个比例系数可方便地改变输出信号的幅值。

在实现交流电机的矢量控制时,往往需要产生正弦波形,这可以采用两种方法实现。第一种方法是直接使用 SIN 函数,其函数声明为 double sin(double x),这时只需在源文件中包含头文件 math. h 即可调用。虽然第一种方法编程简单,但由于计算 SIN 函数需要耗费 CPU 较多的时间,因此在实时控制系统中,通常将预先建立的正弦函数表保存在存储器中,在系统运行时直接通过查表和插值的方法得到计算结果。

5.6.3 扩展多个 SPI 接口外设芯片

F281x 芯片仅提供了一个 SPI 接口,如果应用系统需要同时扩展多个 SPI 接口器件,通常采用以下两种方法。下面以扩展多个 MAX5253 芯片为例。

(1)菊花链式接口:将一个芯片的 DOUT 依次接至前一芯片的 DIN 引脚上,如图 5.15 所示。

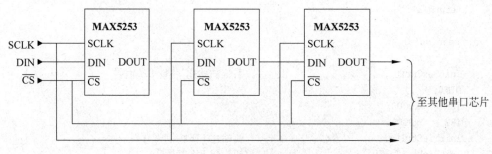

图 5.15　菊花链式扩展 SPI 接口

(2)共享总线式:各个芯片共享数据总线,但每个芯片具有独立的片选线,如图 5.16 所示。

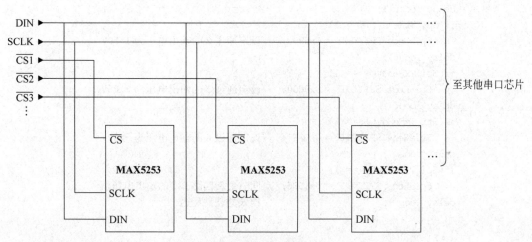

图 5.16　共享总线式扩展 SPI 接口

MAX5253 的串行数据输出 DOUT 为内部移位寄存器的输出。如果选择在 SCLK 时钟上升沿输出数据,则 DOUT 滞后从 DIN 输入的数据 16.5 个时钟周期;而如果选择在 SCLK 时钟下降沿输出数据,则 DOUT 滞后 DIN 16 个时钟周期。当 MAX5253 配置为菊花链方式时,可以通过 NOP 命令实现数据移位,这样不会用接收到的数据刷新 DAC 寄存器。

菊花链式方法接口电路简单,信号线少且数目固定,适于较远距离的信号传输,如基于 SPI 接口的多点测温系统。但随着器件数目增多,数据串行传输导致的时间延迟增大,对于采样频率较高的系统,必须考虑时间滞后的影响。而共享总线式接口中,各个 SPI 芯片的传输时间相同,软件编程相对简单。但每个芯片需一个单独的片选信号,片选线数目随扩展的器件数目逐渐增多,适于扩展板级 SPI 接口器件。值得指出的是,许多 SPI 接口芯片的数据线只有 DIN 或 DOUT 引脚,无法构成菊花链结构,此时只能采用共享总线式方案来扩展多个 SPI 接口器件。

习题与思考题

1. 假定 DSP 的低速外设时钟频率为 37.5MHz,试从传输距离、通信速率、应用场合等方面讨论 SCI 接口与 SPI 接口各有何特点。

2. 与外部接口(XINTF)相比,采用 SPI 接口扩展外设有何特点?

3. 假定 SPI 工作于主模式,LSPCLK=75MHz,试确定 SPI 模块允许的波特率范围。

4. 针对图 5.10 的接口电路,编程实现每秒采集温度值一次,要求采用 CPU 定时器 0 来产生 1Hz 的定时中断。

5. 通过软件定时更新 DAC 输出可以产生任意波形、幅值和频率的信号,该方法也称作直接数字合成(direct digital synthesizer,DDS),试比较 DDS 方法与采用振荡器产生波形的方法(如文氏电桥正弦波振荡器)的优缺点。

6. 试针对图 5.13 的接口电路,编程产生频率为 20Hz、幅值为 2V 的正弦波和三角波波形;讨论如何通过软件改变周期波形的频率和幅值。

7. 试根据 MAX5253 芯片的时序要求,分析与 SPI 接口时应如何配置 SPICLK 的时钟模式。

8. 试针对某一数字信号处理或数字控制系统,简述 D/A 转换器的功能。

## 第 6 章

增强型 CAN 控制器

随着用户对汽车的舒适性、安全性要求不断提高,许多基于嵌入式计算机的电子装置装备到汽车上。这就要求不同电子设备之间能够进行通信和数据交换,以达到信息共享、协调工作的目的。CAN(Controller Area Network,控制器局域网)是一种主要用于各种设备监测及控制的网络。CAN 总线最初是由德国 Bosch 公司为汽车的监测、控制而设计的,由于其独特的设计思想、良好的功能特性、极高的可靠性和现场抗干扰能力,在不同总线标准的竞争中脱颖而出,成为汽车电子的主流控制网络,并广泛应用于机器人、数控机床、楼宇自动化、医疗仪器、自动化仪表等领域。具体来讲,CAN 具有如下特点。

(1) 结构简单,只需两根线与外部连接,且内部含有错误探测和管理模块。

(2) 通信方式灵活。可以多种方式工作,网络上任意一个节点均可以在任意时刻主动地向网络上的其他节点发送信息,而不分主从设备。与基于 SCI 模块的多机串行通信相比,两者的多机工作方式有所不同。

(3) 可以点对点、点对多点及全局广播方式发送和接收数据。

(4) 网络上的节点信息可分成不同的优先级,以满足不同系统对实时性的要求。

(5) CAN 通信格式采用短帧格式,每帧数据最多为 8 个字节,可以满足工业领域中控制命令、工作状态及测试数据的传输要求。同时,8 个字节也不会占用总线时间过长,从而保证了通信的实时性。

(6) 采用非破坏性总线仲裁技术。当两个节点同时向总线上发送数据时,优先级低的节点主动停止数据发送,而优先级高的节点可不受影响地继续传送数据,这样可以节省总线仲裁冲突时间,即使在网络负荷很重的情况下也不会出现网络瘫痪。

(7) 直接通信距离最长可达 10km(速率 5kb/s 以下),最高通信速率可达 1Mb/s(此时距离最长为 40m)。节点数可达 110 个,通信介质可以是双绞线、同轴电缆或光纤。

(8) CAN 总线通信接口中集成了 CAN 协议的物理层和数据链路层功能,可完成对通信数据的成帧处理,包括位填充、数据块编码、循环冗余校验、优先级判别等工作。

(9) CAN 总线采用 CRC 检验并可提供相应的错误处理功能,保证了数据通信的可靠性。

CAN 支持多主串行通信协议,以很高的数据完整性支持分布式实时控制,是适合于在有电磁干扰的环境下使用的一种串行通信接口,为工业控制系统中高可靠性的数据传输提供了一种新的解决方案。通常,CAN 协议用来管理控制器、传感器、执行机构和人机接口的数据传输,使用简单的双绞线可给用户提供一种低成本的系统联网方案。作为一种国际公认的现场总线协议,CAN自问世以来就以其高效率、低成本和快速性等特点迅速在汽车电子、测量仪器、控制系统、环境恶劣的工业生产现场以及自动化生产线等领域得到广泛的应用。

6.1 eCAN模块概述

TMS320F28xx系列DSP内部集成的增强型CAN模块(称作eCAN)与CAN2.0B标准接口完全兼容,具有32个可配置的邮箱和时间标记功能,提供了一个灵活且高可靠的串行通信接口。TMS320F281x系列DSP中的eCAN模块和TMS320F280x系列DSP中的eCANA模块结构上完全相同,并有相同的寄存器偏移地址;而TMS320F280x系列DSP的部分型号还具有第二个CAN模块eCANB。图6.1为F281x片内eCAN模块的功能框图和CAN总线的接口电路。

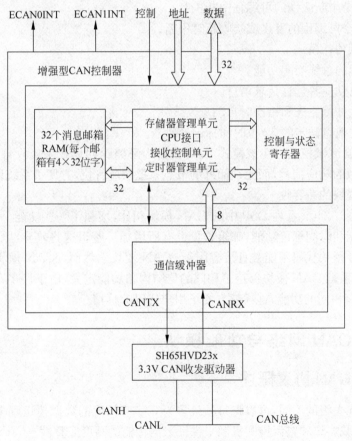

图6.1 eCAN模块的框图和接口

1. eCAN模块的特点

TMS320F281x片内集成的eCAN模块是一个功能完备的CAN控制器,包含传递信息的处理、接收管理和帧存储功能,支持标准帧和扩展帧两种格式。概括起来,F281x的

eCAN 模块具有以下特点。

(1) 两个外部引脚: 发送引脚 CANTX 与接收引脚 CANRX。

(2) 支持兼容 CAN2.0B 的总线协议。

(3) 高达 1Mb/s 的数据传输速率。

(4) 提供 32 个邮箱,每个邮箱均具有以下功能特征:

- 可配置为接收或发送邮箱;
- 可配置为具有标准标识符或者扩展标识符;
- 一个可编程的接收滤波屏蔽寄存器;
- 支持数据帧和远程帧;
- 数据长度可编程为 0~8 个字节;
- 接收和发送消息时使用一个 32 位的时间标记;
- 提供保护措施防止接收到的新消息覆盖旧消息;
- 允许动态改变发送消息的优先级;
- 具有两个中断级别的可编程中断机制;
- 具有一个可编程的发送或接收超时中断。

(5) 支持低功耗模式。

(6) 可编程的总线唤醒功能。

(7) 可以自动应答远程请求消息。

(8) 在发生仲裁丢失和错误时自动重发该帧。

(9) 由特定消息同步的 32 位时间标记计数器。

(10) 支持自测试模式。在该模式下,可设定为环路返回模式来接收自己发出的消息,并提供一个虚拟的响应信号,而无须额外的节点来提供应答位,方便了系统调试。

2. eCAN 模块的兼容性

eCAN 模块与 240x 系列 DSP 中的 CAN 模块相比,增强了一些功能。例如,增加了独立接收屏蔽功能和时间标记功能,邮箱数量也有所增加。鉴于这些差异,原来用于 240x 系列 DSP 的 CAN 模块代码不能被直接应用于 eCAN 模块。然而,eCAN 模块的大多数寄存器仍然与 240x 系列 CAN 模块保持了相同的位结构和功能定义,由于许多寄存器位在两个 DSP 平台中具有相同的功能,这样就方便了用户代码的移植。

6.2 eCAN 网络与功能模块

6.2.1 CAN 协议概述

根据消息优先级的不同,可以将每帧最多为 8 字节长度的数据传送到多种方式的串行总线上,提供仲裁协议和错误检测机制来保证数据传输的高度完整性。CAN 协议通信支持四种不同类型的帧格式。

(1) 数据帧:从发送节点传送至接收节点的数据。

(2) 远程帧:由一个节点发送,请求发送具有相同标识符的数据帧。

(3) 错误帧:总线上任何检测到错误的节点发出的帧。

(4) 过载帧:用于在前后两个数据帧或远程帧之间提供额外的延时。

CAN2.0B 总线规范定义了两种不同的数据格式,其主要区别在于标识符的长度。其中,标准帧的标识符为 11 位,扩展帧的标识符为 29 位。标准数据帧的长度范围为 44～108 位,而扩展数据帧的长度为 64～128 位。此外,根据数据流代码的不同,可以在标准数据帧中插入多达 23 个填充位,在扩展数据帧中插入 28 个填充位。因此,标准数据帧的长度可达 131 位,扩展数据帧的长度可达 156 位。

图 6.2 给出了构成标准数据帧和扩展数据帧的位域分布,主要包括:

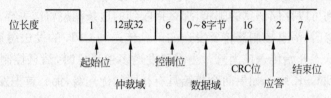

仲裁域包括:标准帧格式—11位标识符+RTR位;扩展帧格式—29位标识符+SRR位+IDE位+RTR位。

图 6.2　eCAN 模块的数据帧

(1) 帧起始位;

(2) 包含发送消息标识符和类型的仲裁域;

(3) 包含数据位数的控制域;

(4) 最多为 8 个字节的数据域;

(5) 循环冗余校验(cyclic redundancy check,CRC)码;

(6) 应答位;

(7) 帧结束位。

TMS320F281x 的 CAN 控制器为 CPU 提供了完整的 CAN 协议,从而减少了通信过程中 CPU 的时间开销。eCAN 模块的结构框图如图 6.3 所示,主要包括 CAN 协议内核(CAN protocol kernel,CPK)和消息控制器。CPK 主要完成两个功能:一是根据 CAN 协议对 CAN 总线上接收到的消息进行解码,并将解码后的消息发送至接收缓冲器;二是根据 CAN 协议将要发送的消息发送至 CAN 总线上。

消息控制器对 CAN 协议内核接收到的每条消息进行判断,并决定是保存给 CPU 使用还是直接丢弃。同时,消息控制器还负责依据发送消息的优先级,将下一条消息发送给 CAN 协议内核。

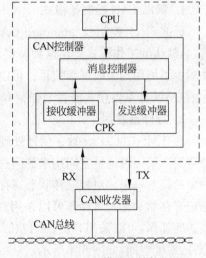

图 6.3　eCAN 模块的结构框图

6.2.2　eCAN 控制器

如图 6.1 所示,eCAN 控制器的内部结构是 32 位字长的。eCAN 模块主要包括:

(1) CPK。

(2) 消息控制器,包括:

• 存储管理单元(memory management unit,MMU),包括 CPU 接口、接收控制单元和

定时器管理单元;

- 能够存储 32 条消息的邮箱存储器;
- 控制和状态寄存器。

当 CPK 收到一个有效的消息后,消息控制器中的接收控制单元确定是否将收到的消息存入邮箱存储器中。接收控制单元通过检查消息的状态、标识符和所有消息目标邮箱的屏蔽位,来确定相应邮箱的位置。接收的消息经过验收过滤后被存放到第一个邮箱。如果接收控制单元无法找到可以存储消息的邮箱,那么接收到的这条消息将被丢弃。

当需要发送消息时,消息控制器将要发送的消息传送到 CPK 的发送缓冲器,从而能够在下一个总线空闲状态开始传送该消息。当需要发送多条消息时,消息控制器首先将优先级最高的消息传送到 CPK 中。如果两个邮箱具有相同的优先级,那么首先发送邮箱编号值大的邮箱内存放的消息。

定时器管理单元包括一个时间标记计数器,所有发送和接收的消息都有时间标记。当在设定的定时周期内没有完成一条消息的接收或发送(超时)时,将产生一个超时中断。

在开始数据传输时,需将相应的控制寄存器中的发送请求位置位,此后就无须 CPU 介入传输过程以及可能出现的错误处理。如果一个邮箱被配置为接收消息,则 CPU 可以方便地使用读指令读取数据存储器。如果将邮箱配置为中断模式,那么在每次成功的接收和发送数据时可以向 CPU 发出中断请求。

1. 标准 CAN 控制器模式

标准 CAN 控制器(standard CAN controller,SCC)模式是 eCAN 模块的简化功能模式,为默认的工作模式。在这种模式下,只能使用 16 个邮箱(0~15),不支持时间标记功能,并减少了可用的验收屏蔽数目。可以通过 SCB 位(CANMC.13)来选择 eCAN 模块工作于标准 CAN 控制器模式或者增强型 CAN(eCAN)控制器模式。

2. 存储器映射

在 TMS320C28xx 数字信号处理器中,eCAN 模块映射到存储器空间中两个不同的地址空间。第一段地址空间用来访问控制存储器、状态存储器、验收滤波器、时间标记和消息对象的超时标志。对控制和状态寄存器的访问需要采用 32 位宽度,而局部验收屏蔽、时间标记寄存器和超时寄存器可以采用 8 位、16 位或 32 位宽度进行访问。第二段地址空间用来访问邮箱,可以采用 8 位、16 位、32 位宽度读写。两个存储器块各占用 512 字节(256×16位)的地址空间,如图 6.4 所示。

所有消息存储在 RAM 单元中,CAN 控制器或 CPU 均可以对其进行访问。CPU 通过配置 RAM 中的不同邮箱或寄存器来控制 CAN 控制器,各个存储单元存放的内容用来实现验收过滤、消息发送和中断处理等功能。eCAN 中的邮箱模块提供了 32 个消息邮箱,每个邮箱包括 8 字节的数据区、29 位的标识符和一些控制位。每一个邮箱都可以配置为发送或接收邮箱。在 eCAN 模式中,每一个邮箱都有自己独立的验收滤波器。

图 6.4 列出了所有 eCAN 模块的控制和状态寄存器,这些寄存器映射至外设寄存器帧1,只能采用 32 位方式进行访问。

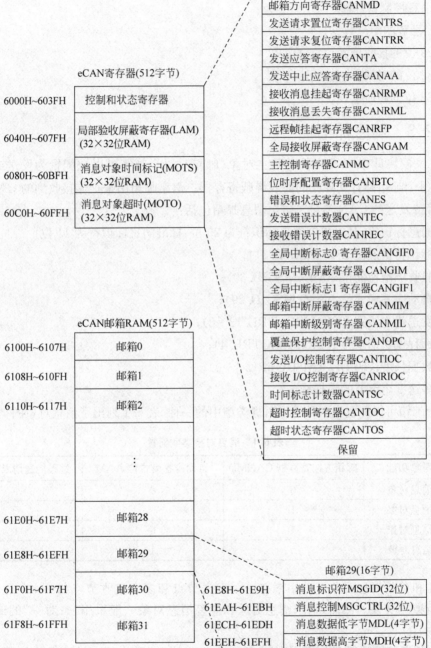

图 6.4　eCAN 模块的存储器映射

3. 消息对象

eCAN 模块具有 32 个消息对象,这些消息对象可以配置为接收或发送功能。每个消息对象对应一个邮箱,主要包括:

- 29 位的消息标识符;
- 消息控制寄存器;
- 8 字节的消息数据;
- 29 位的接收屏蔽位;
- 32 位的时间标记;
- 32 位的超时值。

6.2.3 消息邮箱

eCAN 模块具有 32 个不同的消息对象(邮箱),每个邮箱可以被配置为发送或接收邮箱,而且每个邮箱都有其独立的验收屏蔽寄存器。消息邮箱用来存储接收到的 CAN 消息,或存放等待发送的 CAN 消息。每个消息邮箱包括:

- 消息标识符,其中扩展消息标识符为 29 位,标准消息标识符为 11 位;
- 标识符扩展位 IDE(MSGID. 31);
- 验收屏蔽使能位 AME(MSGID. 30);
- 自动应答模式位 AAM(MSGID. 29);
- 发送优先级别 TPL(MSGCTRL. 12~8);
- 远程发送请求位 RTR(MSGCTRL. 4);
- 数据长度代码 DLC(MSGCTRL. 3~0);
- 多达 8 个字节的数据域。

每个邮箱可以配置为四种消息对象类型中的一种,表 6.1 列出了消息对象的类型配置。

表 6.1　消息对象类型配置

消息对象功能	邮箱方向寄存器 CANMD	自动应答模式位 AAM	远程传送请求位 RTR
发送消息对象	0	0	0
接收消息对象	1	0	0
请求消息对象	1	0	1
应答消息对象	0	1	0

发送和接收消息对象可以用来在一个发送节点和多个接收节点($1 \sim n$ 个通信节点)之间进行数据交换。然而,请求消息对象和应答消息对象一般采用"一对一"的通信连接方式。

这些消息邮箱映射至 DSP 的外设寄存器帧 1,表 6.2 列出了 eCAN-A 的邮箱 RAM 地址分配情况,表 6.3 列出了 eCAN-A 的 LAM、MOTS 和 MOTO 寄存器的地址分配。当消息邮箱中没有存储消息时,CPU 可以将这些存储单元当作 RAM 存储器使用。

表 6.2 邮箱 RAM 的地址分配表

邮箱	MSGID MIDL～MIDH	MSGCTRL MCF～Rsvd	MDL MDL_L～MDL_H	MDH MDH_L～MDH_H
0	6100H～6101H	6102H～6103H	6104H～6105H	6106H～6107H
1	6108H～6109H	610AH～610BH	610CH～610DH	610EH～610FH
2	6110H～6111H	6112H～6113H	6114H～6115H	6116H～6117H
3	6118H～6119H	611AH～611BH	611CH～611DH	611EH～611FH
4	6120H～6121H	6122H～6123H	6124H～6125H	6126H～6127H
5	6128H～6129H	612AH～612BH	612CH～612DH	612EH～612FH
6	6130H～6131H	6132H～6133H	6134H～6135H	6136H～6137H
7	6138H～6139H	613AH～613BH	613CH～613DH	613EH～613FH
8	6140H～6141H	6142H～6143H	6144H～6145H	6146H～6147H
9	6148H～6149H	614AH～614BH	614CH～614DH	614EH～614FH
10	6150H～6151H	6152H～6153H	6154H～6155H	6156H～6157H
11	6158H～6159H	615AH～615BH	615CH～615DH	615EH～615FH
12	6160H～6161H	6162H～6163H	6164H～6165H	6166H～6167H
13	6168H～6169H	616AH～616BH	616CH～616DH	616EH～616FH
14	6170H～6171H	6172H～6173H	6174H～6175H	6176H～6177H
15	6178H～6179H	617AH～617BH	617CH～617DH	617EH～617FH
16	6180H～6181H	6182H～6183H	6184H～6185H	6186H～6187H
17	6188H～6189H	618AH～618BH	618CH～618DH	618EH～618FH
18	6190H～6191H	6192H～6193H	6194H～6195H	6196H～6197H
19	6198H～6199H	619AH～619BH	619CH～619DH	619EH～619FH
20	61A0H～61A1H	61A2H～61A3H	61A4H～61A5H	61A6H～61A7H
21	61A8H～61A9H	61AAH～61ABH	61ACH～61ADH	61AEH～61AFH
22	61B0H～61B1H	61B2H～61B3H	61B4H～61B5H	61B6H～61B7H
23	61B8H～61B9H	61BAH～61BBH	61BCH～61BDH	61BEH～61BFH
24	61C0H～61C1H	61C2H～61C3H	61C4H～61C5H	61C6H～61C7H
25	61C8H～61C9H	61CAH～61CBH	61CCH～61CDH	61CEH～61CFH
26	61D0H～61D1H	61D2H～61D3H	61D4H～61D5H	61D6H～61D7H
27	61D8H～61D9H	61DAH～61DBH	61DCH～61DDH	61DEH～61DFH
28	61E0H～61E1H	61E2H～61E3H	61E4H～61E5H	61E6H～61E7H
29	61E8H～61E9H	61EAH～61EBH	61ECH～61EDH	61EEH～61EFH
30	61F0H～61F1H	61F2H～61F3H	61F4H～61F5H	61F6H～61F7H
31	61F8H～61F9H	61FAH～61FBH	61FCH～61FDH	61FEH～61FFH

表 6.3 LAM、MOTS 和 MOTO 寄存器的地址分配表

邮箱	局部验收屏蔽 LAM	消息对象时间标记 MOTS	消息对象超时 MOTO
0	6040H～6041H	6080H～6081H	60C0H～60C1H
1	6042H～6043H	6082H～6083H	60C2H～60C3H
2	6044H～6045H	6084H～6085H	60C4H～60C5H
3	6046H～6047H	6086H～6087H	60C6H～60C7H
4	6048H～6049H	6088H～6089H	60C8H～60C9H
5	604AH～604BH	608AH～608BH	60CAH～60CBH

邮箱	局部验收屏蔽 LAM	消息对象时间标记 MOTS	消息对象超时 MOTO
6	604CH~604DH	608CH~608DH	60CCH~60CDH
7	604EH~604FH	608EH~608FH	60CEH~60CFH
8	6050H~6051H	6090H~6091H	60D0H~60D1H
9	6052H~6053H	6092H~6093H	60D2H~60D3H
10	6054H~6055H	6094H~6095H	60D4H~60D5H
11	6056H~6057H	6096H~6097H	60D6H~60D7H
12	6058H~6059H	6098H~6099H	60D8H~60D9H
13	605AH~605BH	609AH~609BH	60DAH~60DBH
14	605CH~605DH	609CH~609DH	60DCH~60DDH
15	605EH~605FH	609EH~609FH	60DEH~60DFH
16	6060H~6061H	60A0H~60A1H	60E0H~60E1H
17	6062H~6063H	60A2H~60A3H	60E2H~60E3H
18	6064H~6065H	60A4H~60A5H	60E4H~60E5H
19	6066H~6067H	60A6H~60A7H	60E6H~60E7H
20	6068H~6069H	60A8H~60A9H	60E8H~60E9H
21	606AH~606BH	60AAH~60ABH	60EAH~60EBH
22	606CH~606DH	60ACH~60ADH	60ECH~60EDH
23	606EH~606FH	60AEH~60AFH	60EEH~60EFH
24	6070H~6071H	60B0H~60B1H	60F0H~60F1H
25	6072H~6073H	60B2H~60B3H	60F2H~60F3H
26	6074H~6075H	60B4H~60B5H	60F4H~60F5H
27	6076H~6077H	60B6H~60B7H	60F6H~60F7H
28	6078H~6079H	60B8H~60B9H	60F8H~60F9H
29	607AH~607BH	60BAH~60BBH	60FAH~60FBH
30	607CH~607DH	60BCH~60BDH	60FCH~60FDH
31	607EH~607FH	60BEH~60BFH	60FEH~60FFH

1. 发送邮箱

CPU 首先将等待发送的数据存储至发送邮箱中。在将数据和标识符写入邮箱 RAM 后,如果该邮箱已被使能(即相应的 CANME$[n]$ 位被置位,$n=0,1,\cdots,31$),那么当位 TRS$[n]$ 置位时就可以将消息发送出去。如果将多个邮箱配置为发送邮箱,且相应地置位多个 TRS$[n]$ 位,那么将依据消息所在邮箱的优先级,按照优先级从高到低的次序依次发送。

在标准 CAN 模式下,发送邮箱的优先级与邮箱的编号有关,15 号邮箱具有最高的优先级。在 eCAN 模式下,发送邮箱的优先级取决于消息控制寄存器(MSGCTRL)中 TPL 位域的设置。邮箱的 TPL 值越大,则优先级也越高。只有当两个邮箱的 TPL 设置相同时,邮箱编号大的发送邮箱才具有较高的优先级。

如果由于丢失仲裁或者错误导致消息发送失败,将再次尝试发送该消息。在重新发送之前,CAN 模块将检查是否有其他发送请求,然后再根据优先级次序发送优先级高的消息。

2. 接收邮箱

CAN 模块在接收消息时，首先比较接收消息的标识符与接收邮箱中存放的标识符是否一致。如果两者相同，那么将接收到的标识符、控制位和数据字节存入相匹配的 RAM 地址空间。同时，相应的接收消息挂起位 RMP[n] 被置位，此时如果接收中断已使能，则会产生一个接收中断请求。而如果没有检测到相匹配的标识符，将不保存接收到的消息。

当接收到一条消息时，消息控制器从编号最大的邮箱开始寻找与标识符相匹配的邮箱。在标准 CAN 模式下，邮箱 15 具有最高的接收优先级；而在 eCAN 模式下，邮箱 31 具有最高的接收优先级。

当 CPU 读取数据后，必须通过软件复位 RMP[n]（RMP. 31~0）位。当接收消息挂起位已经置位时，若同一个邮箱又收到第二条消息，那么相应的消息丢失位 RML[n]（RML. 31~0）将被置位。此时，如果覆盖保护位 OPC[n]（OPC. 31~0）被清除，那么已存储的消息将被新接收到的消息覆盖；否则，将依次检查下一个邮箱。

如果一个邮箱被配置为接收邮箱，同时该邮箱的 RTR 位被置位，那么该邮箱可以发送一个远程帧。一旦远程帧被发送出去，CAN 模块会自动清除邮箱的 TRS 位。

3. 正常配置下 CAN 模块的操作

如果 CAN 模块工作于正常操作模式（即不是处于自测试模式），那么网络上至少应该有一个以上的 CAN 模块。用户无须设置其他 CAN 模块来从发送节点接收消息，但是应该配置为相同的波特率，这是因为在 CAN 模块的发送过程中，希望 CAN 网络中至少有一个节点能够产生应答信号，以表明其正确地接收到了发送的消息。根据 CAN 协议的规范，不管是否已配置为存储接收到的消息，任何 CAN 节点在接收到消息后将给出应答信号（除非已明确关闭应答机制）。

当 CAN 模块工作于自测试模式时，发送节点产生自己的应答信号，而无须连接其他 CAN 节点。此时，唯一的要求是该节点必须配置有效的波特率，即位时序寄存器的设定值应该是 CAN 协议所允许的值。

6.3　eCAN 模块的寄存器

eCAN 模块共包含 26 个控制和状态寄存器，如表 6.4 所列。这些寄存器控制着 CAN 的位定时器、邮箱的发送和接收、错误状态和中断等。

表 6.4　eCAN 模块的控制和状态寄存器

寄存器名称	eCAN-A 地址	占用地址（32 位）	功 能 描 述
CANME	0x6000	1	邮箱使能寄存器
CANMD	0x6002	1	邮箱方向寄存器
CANTRS	0x6004	1	发送请求置位寄存器
CANTRR	0x6006	1	发送请求复位寄存器
CANTA	0x6008	1	发送应答寄存器
CANAA	0x600A	1	发送中止应答寄存器

寄存器名称	eCAN-A 地址	占用地址(32 位)	功 能 描 述
CANRMP	0x600C	1	接收消息挂起寄存器
CANRML	0x600E	1	接收消息丢失寄存器
CANRFP	0x6010	1	远程帧挂起寄存器
CANGAM	0x6012	1	全局接收屏蔽寄存器
CANMC	0x6014	1	主控制寄存器
CANBTC	0x6016	1	位时序配置寄存器
CANES	0x6018	1	错误和状态寄存器
CANTEC	0x601A	1	发送错误计数器
CANREC	0x601C	1	接收错误计数器
CANGIF0	0x601E	1	全局中断标志 0 寄存器
CANGIM	0x6020	1	全局中断屏蔽寄存器
CANGIF1	0x6022	1	全局中断标志 1 寄存器
CANMIM	0x6024	1	邮箱中断屏蔽寄存器
CANMIL	0x6026	1	邮箱中断级别寄存器
CANOPC	0x6028	1	覆盖保护控制寄存器
CANTIOC	0x602A	1	发送 I/O 控制寄存器
CANRIOC	0x602C	1	接收 I/O 控制寄存器
CANTSC	0x602E	1	时间标记寄存器(SCC 模式中保留)
CANTOC	0x6030	1	超时控制寄存器(SCC 模式中保留)
CANTOS	0x6032	1	超时状态寄存器(SCC 模式中保留)

1. 邮箱使能寄存器 CANME

邮箱使能寄存器 CANME 用来使能和禁用任何一个邮箱,表 6.5 列出了该寄存器的功能描述。

表 6.5 邮箱使能寄存器 CANME

位	名 称	类 型	功 能 描 述
31~0	CANME[31:0]	R/W-0	邮箱使能控制位。上电复位后,CANME 的所有位清零,禁用的邮箱空间可以当作通用 RAM 存储器来使用 0 相应的邮箱被禁止使用 1 CAN 模块中的相应邮箱被使能。在写标识符域前邮箱必须被禁用。如果 CANME 中相应的位已被置位,那么将丢弃对消息对象标识符进行的写操作

2. 邮箱方向寄存器 CANMD

邮箱方向寄存器 CANMD 用来配置邮箱是作为发送还是接收邮箱,表 6.6 列出了该寄存器的功能描述。

表 6.6 邮箱方向寄存器 CANMD

位	名 称	类 型	功 能 描 述
31～0	CANMD[31：0]	R/W-0	邮箱方向控制位。上电复位后,CANMD 的所有位被清零 0 相应的邮箱被配置为发送邮箱 1 相应的邮箱被配置为接收邮箱

3. 发送请求置位寄存器 CANTRS

当邮箱 n 准备好等待发送时,CPU 将相应的 TRS[n]位置 1 来启动消息发送过程。在通常情况下,是通过 CPU 来置位这些寄存器位的。此外,CAN 模块也能够对该寄存器置位来响应远程帧的请求。这些寄存器位由 CAN 模块的控制逻辑来复位,当发送成功或者放弃发送时,寄存器的相应位均被复位。当 CPU 试图将寄存器中的某位置位,而同时 CAN 模块要将其清零时,那么该位被置位。

当一个邮箱被设置为接收邮箱时,CANTRS 中的对应位不起作用。但是当接收邮箱被配置为可以处理远程帧时(即该邮箱的 RTR 位被置位时),接收邮箱的 TRS[n]位将不会被忽略。因此,如果 RTR 和 TRS[n]均被置位,接收邮箱可以发送一个远程帧。一旦远程帧被发送完毕,CAN 模块将相应的 TRS[n]位自动清零。因此,同一个邮箱可以被用来向另一个节点请求数据帧。

如果将该寄存器中的多位同时置位,那么除非对 TPL 位进行了专门设置;否则所有 TRS 被置位的消息将按邮箱序号从高至低的顺序依次发送。表 6.7 列出了发送请求寄存器 CANTRS 的功能描述,CPU 对 CANTRS 中的某位写 1 时置位该位,写 0 没有影响。

表 6.7 发送请求置位寄存器 CANTRS

位	名 称	类 型	功 能 描 述
31～0	TRS[31：0]	R/S-0	发送请求设置位。上电复位后 CANTRS 的所有位被清零 0 写 0 无影响 1 置位 TRS[n]时,发送邮箱 n 中的消息将被发送出去

4. 发送请求复位寄存器 CANTRR

发送请求复位寄存器 CANTRR 中的位只能通过 CPU 进行置位,并由 CAN 模块的内部逻辑来复位。当发送成功或者放弃发送时,该寄存器的相应位被自动复位。同样,当 CPU 试图将寄存器中的某位置位,而同时 CAN 模块要将其清零时,那么该位被置位。

表 6.8 列出了寄存器 CANTRR 的功能描述。通过置位 TRR[n]位可以取消已由 TRS 中相应的位触发,但尚未被执行的发送请求。而如果对应的消息正处于发送过程,那么该位将在发送成功(正常工作)或者发送失败(由于丢失仲裁或者在 CAN 总线上侦测到错误)时复位。当放弃发送时,相应的状态位(AA.31～0)被置位;当发送成功时,状态位(TA.31～0)被置位。发送请求的复位状态可以通过读取 TRS.31～0 位来获得。

表 6.8   发送请求复位寄存器 CANTRR

位	名 称	类 型	功 能 描 述
31~0	TRR[31:0]	R/S-0	发送请求设置位。上电复位后 CANTRR 的所有位被清零 0 写 0 无影响 1 置位 TRR[n]时,取消邮箱 n 的发送请求

5. 发送应答寄存器 CANTA

如果邮箱 n 中的消息被成功发送,则位 TA[n]会被置位。此时,如果 CANMIM 寄存器中相应的中断屏蔽位被置位,那么位 GMIF0/GMIF1(GIF0.15/GIF1.15)也会被置位,且 GMIF0/GMIF1 置位的同时会产生一个中断请求。

CPU 可以通过对 CANTA 的某一位写 1 将其复位,同时清除已经产生的中断,而写 0 无影响。当 CPU 试图将某位复位,而同时 CAN 模块要将其置位时,该位被置位。表 6.9 列出了寄存器 CANTA 的功能描述。上电复位后,该寄存器的所有位被清零。

表 6.9   发送应答寄存器 CANTA

位	名 称	类 型	功 能 描 述
31~0	TA[31:0]	R/C-0	发送应答位 0 消息没有被送出 1 如果邮箱 n 的消息被成功发送,该寄存器的第 n 位被置位

6. 发送中止应答寄存器 CANAA

如果要中止邮箱 n 中的消息发送,可以置位 AA[n]和 AAIF(GIF.14)。如果已使能中断,那么会产生一个中断请求。

表 6.10 列出了寄存器 CANAA 的功能描述。当 CPU 试图将寄存器中的某位复位,而同时 CAN 模块要将其置位时,该位将被置位。上电复位后,该寄存器的所有位被清零。

表 6.10   发送中止应答寄存器 CANAA

位	名 称	类 型	功 能 描 述
31~0	AA[31:0]	R/C-0	放弃发送响应位 0 消息发送没有被中止 1 如果邮箱 n 的消息发送被中止,则该寄存器的第 n 位被置位

7. 接收消息挂起寄存器 CANRMP

如果邮箱 n 中有一条接收到的消息,那么该寄存器中的位 RMP[n]被置位。该寄存器只能由 CPU 复位,由内部逻辑置位。如果 OPC[n](OPC.31~0)位被清除,新收到的消息会覆盖掉已存储的消息,否则检查是否与下一个邮箱的标识符相匹配。在这种情况下,相应的状态位 RML[n]被置位。若对寄存器 CANRMP 中的某位写 1,会清除寄存器 CANRMP 和 CANRML 中的相应位。当 CPU 试图将该寄存器中的某位复位,而同时 CAN 模块要将其置位时,该位被置位。

表 6.11 列出了寄存器 CANRMP 的功能描述。当寄存器 CANRMP 的某位置位时,如果 CANMIM 寄存器中相应的中断屏蔽位被置位,则会置位 GMIF0/GMIF1(GIF0.15/GIF1.15),并产生一个中断请求。

表 6.11　接收消息挂起寄存器 CANRMP

位	名　　称	类　　型	功 能 描 述
31～0	RMP[31：0]	R/C-0	接收消息挂起标志位 0　邮箱内没有消息 1　若邮箱 n 中包含有接收到的消息,则该寄存器的第 n 位被置位

8. 接收消息丢失寄存器 CANRML

如果邮箱 n 中存放的消息被一条接收到的新消息覆盖,则内部逻辑自动将 RML[n]置位。对这些位的清除是通过对 CANRMP 寄存器中的相应位写 1 实现的。当 CPU 试图将该寄存器中的某位复位,而同时 CAN 模块要将其置位时,该位被置位。如果 OPC[n](OPC.31～0)被置位,那么 CANRML 寄存器不会被修改。

表 6.12 列出了寄存器 CANRML 的功能描述。当寄存器 CANRML 中有一个或多个位被置位时,位 RMLIF(GIF0.11/GIF1.11)也被置位。此时,如果已置位 RMLIM(GIM.11),将引起一个中断请求。

表 6.12　接收消息丢失寄存器 CANRML

位	名　　称	类　　型	功 能 描 述
31～0	RML[31：0]	R-0	接收消息丢失位 0　邮箱内没有丢失消息 1　新接收的消息覆盖了邮箱中尚未读取的消息

9. 远程帧挂起寄存器 CANRFP

只要 CAN 模块接收到远程帧请求,远程帧挂起寄存器 CANRFP 中相应位 RFP[n]会被置位。如果一个远程帧已被存储在一个接收邮箱(AAM=0,MD=1),那么位 RFP[n]不会被置位。表 6.13 列出了寄存器 CANRFP 的功能描述。

表 6.13　远程帧挂起寄存器 CANRFP

位	名　　称	类　　型	功 能 描 述
31～0	RFP[31：0]	R/C-0	对于接收邮箱,如果收到一个远程帧,相应的 RFP[n]被置位,而 TRS[n]不受影响。对于发送邮箱,接收到远程帧时 RFP[n]被置位,如果邮箱的 AAM 值为 1,则 TRS[n]也被置位。邮箱的 ID 号必须与远程帧的 ID 匹配 0　CAN 模块没有收到远程帧 1　CAN 模块接收到远程帧

为了防止自动应答邮箱应答远程帧请求,CPU 必须通过设置相应的发送请求复位位 TRR[n]来清除标志位 RFP[n]和 TRS[n]。此外,也可以通过 CPU 清零 AAM 位,从而停止 CAN 模块发送消息。当 CPU 试图将该寄存器中的某位复位,而同时 CAN 模块要将其置位时,该位不会被置位。需要指出,CPU 无法中断一个正在进行传送的远程帧。

如果收到一个远程帧,即收到消息的 RTR(MSGCTRL.4)=1,那么 CAN 模块使用相应的屏蔽位,按照邮箱序号从高到低的次序,将接收消息的标识符与所有邮箱的标识符进行比较。如果找到一个匹配的标识符(该消息对象配置为发送邮箱,同时消息对象的 AAM (MSGID.29)被置位),那么该消息对象被标记。如果 TRS[n]被置位,那么将发送该消息对象。而如果找到一个标识符匹配的发送邮箱,但该邮箱的 AAM 位未被置位,那么该消息不会被接收。如果在一个发送邮箱中找到匹配的标识符,将不再对随后的邮箱标识符进行比较。

如果一个邮箱被配置为接收邮箱且标识符匹配,那么该消息将被作为一个数据帧进行处理,同时接收消息挂起寄存器 CANRMP 中的对应位被置位,然后由用户软件决定如何处理接收到的消息。

当 CPU 需要修改已配置为远程帧邮箱(AAM 置位)中的数据时,必须首先设置邮箱号并置位改变数据请求位 CDR(CANMC.8),然后 CPU 可以进行访问。在 CDR 位被清零前,不允许该邮箱发送消息。访问完成后 CPU 清零 CDR 位,以通知 eCAN 模块完成访问,然后最新的数据被发送出去。

当要修改邮箱的标识符时,首先需要禁用邮箱(CANME[n]=0)。如果 CPU 要从其他节点获取数据,首先要将邮箱配置为接收邮箱,同时置位 TRS 位。此时,CAN 模块发送一个远程帧请求,同时从发送请求的同一个邮箱接收数据帧。因此,对于远程帧请求只要一个邮箱就可以处理。需要注意的是,CPU 必须将 RTR 置位来使能远程帧的传送。而一旦远程帧被发送,邮箱的 TRS 位将被 CAN 模块清零,此时,该邮箱的 TA[n]位不会被置位。

消息对象 n 的具体操作由 CANMD[n]、AAM 和 RTR 进行配置,如表 6.1 所列。一个消息对象可以被配置为 4 种不同的类型:

(1) 发送消息对象只能够发送消息;

(2) 接收消息对象只能够接收消息;

(3) 请求消息对象能够发送远程请求帧,并等待对应的数据帧;

(4) 应答消息对象只能在接收到相应标识符的远程请求帧时,发送一个数据帧。

10. 全局接收屏蔽寄存器 CANGAM

在标准 CAN 模式下,eCAN 模块使用全局接收屏蔽功能。如果相应邮箱的 AME 位 (MSGID.30)被置位,则全局接收屏蔽用于邮箱 6～15。一条收到的消息只存储在第一个标识符匹配的邮箱中,表 6.14 列出了寄存器 CANGAM 的功能描述。

表 6.14　全局接收屏蔽寄存器 CANGAM

位	名　　称	类　　型	功 能 描 述
31	AMI	RWI-0	接收屏蔽标识符的扩展位 0　邮箱中存放的标识符扩展位决定了将接收哪些消息。接收邮箱的 IDE 位决定了比较位的个数,而不使用滤波。为了能够接收到消息,要求接收消息的 MSGID 必须按位匹配 1　可以接收标准帧和扩展帧。在扩展帧模式下,29 位标识符都存储在邮箱中,全局接收屏蔽寄存器中的全部 29 位都用于滤波处理。在标准帧模式下,标识符只有 11 位,此时只使用全局接收屏蔽寄存器的前 11 位(即第 28～18 位)。此时,接收邮箱的 IDE 位不起作用,并会被发送消息的 IDE 位覆盖。为了接收到消息,必须满足滤波条件,用来比较的位个数与发送消息的 IDE 值有关
30,29	保留位	R-0	读返回值 0,写没有影响
28～0	GAM[28：0]	RWI-0	全局接收屏蔽位 这些位可用来屏蔽接收到的消息标识符中的任何位。收到的标识符必须与 MSGID 寄存器中标识符的相应位匹配

注: RWI 表示任何时间内只读,只能在初始化模式时执行写操作。

11. 主控制寄存器 CANMC

主控制寄存器 CANMC 用来实现对 CAN 模块的配置,对该寄存器中一些位的写操作是采用 EALLOW 机制保护的。表 6.15 列出了寄存器 CANMC 的功能描述,该寄存器仅支持 32 位读写操作。

表 6.15　主控制寄存器 CANMC

位	名　　称	类　　型	功 能 描 述
31～17	保留位	R-0	读返回值 0,写没有影响
16	SUSP	R/W-0	该位决定了 CAN 模块进入仿真挂起状态(如断点或单步执行)时的操作 0　SOFT 模式,在当前消息发送完成后,关闭 CAN 外设并进入挂起状态 1　FREE 模式,在挂起状态下 CAN 外设仍正常工作
15	MBCC	R/WP-0	邮箱时间标记计数器清零。该位受 EALLOW 保护,在标准 CAN 模式下该位被保留 0　不复位邮箱时间标记计数器 1　在邮箱 16 成功发送或接收后,时间标记计数器复位为 0
14	TCC	SP-x	时间标记计数器最高位(MSB)的清零位。该位受 EALLOW 保护,在标准 CAN 模式下该位被保留 0　时间标记计数器无变化 1　时间标记计数器最高位复位为 0。经过一个时钟周期后,TCC 位由内部逻辑自动清零

位	名　称	类　型	功　能　描　述
13	SCB	R/WP-0	CAN 模式控制位。该位受 EALLOW 保护,在标准 CAN 模式下该位被保留 0　选择标准 CAN 模式,只有邮箱 0~15 可使用 1　选择 eCAN 模式
12	CCR	R/WP-1	改变配置请求,该位受 EALLOW 保护 0　CPU 请求正常操作模式。只有在配置寄存器(CANBTC)设置为允许的值后才可实现该操作 1　CPU 请求向标准 CAN 模式的配置寄存器(CANBTC)和接收屏蔽寄存器(CANGAM、LAM[0]和 LAM[3])进行写操作。该位置 1 后,CPU 必须等待直到 CANES 寄存器中的 CCE 标志为 1 后,才能对 CANBTC 寄存器进行操作
11	PDR	R/WP-0	低功耗模式请求。该位受 EALLOW 保护,在 eCAN 模块被从低功耗模式下唤醒后自动清零该位 0　不请求低功耗模式(即正常工作模式) 1　请求进入低功耗模式 注:如果应用程序将一个邮箱的 TRS[n]位置位,然后立即置位 PDR 位,CAN 模块立即进入低功耗模式而不发送任何数据帧。这是因为将数据从邮箱 RAM 传送到发送缓冲器需要 80 个 CPU 时钟周期。因此应用程序要保证在写入 PDR 位前,任何挂起的发送均已完成。通过查询 TA[n]位可以确保发送完成
10	DBO	R/WP-0	设置数据字节顺序。用于选择消息数据域的字节排列顺序,该位受 EALLOW 保护 0　首先接收或者发送数据的最高字节 1　首先接收或者发送数据的最低字节
9	WUBA	R/WP-0	总线唤醒方式设置,该位受 EALLOW 保护 0　只有用户程序将 PDR 位清零后 CAN 控制器才退出低功耗模式 1　当检测到 CAN 总线上存在有效信息时,CAN 控制器退出低功耗模式
8	CDR	R/WP-0	数据域改变请求位。该位允许快速刷新数据消息 0　CAN 控制器处于正常工作模式 1　CPU 请求对由位域 MBNR.4~0(CANMC.4~0)所指定邮箱的数据域进行写操作,CPU 必须在完成对邮箱的访问后清除 CDR 位。当 CDR 置位时,CAN 模块不会发送邮箱里的内容。在 CAN 模块从邮箱中读取数据并将其存储到发送缓冲器的前后,状态机将检查该位
7	ABO	R/WP-0	自动恢复总线位,该位受 EALLOW 保护 0　当清零 CCR 位后,只有在总线上连续产生 128×11 个隐性位后才退出总线关闭状态 1　当 CAN 模块进入总线关闭状态时,在检测到 128×11 个连续的隐性位后自动回到总线启动状态

续表

位	名　称	类　型	功 能 描 述
6	STM	R/WP-0	自测试模式使能位,该位受 EALLOW 保护 0　CAN 模式工作于正常模式 1　CAN 模块处于自测试模式。在这种模式下,CAN 模块产生自己的应答信号,而无须连接到 CAN 总线上也可以工作。在这种模式下,消息帧并没有被发送出去,但可以被读回并存储在相应的邮箱中。在自测试模式下,接收帧的 MSGID 不保存至 MBNR 中
5	SRES	R/S-0	CAN 模块的软件复位,对该位只能进行写操作,读操作总是返回 0 0　无影响 1　对该位写 1 将产生一个软件复位(除受保护的寄存器外,所有参数被复位为默认值)。邮箱的内容和错误计数器保持不变,而那些已被挂起和正在进行发送的帧被取消
4～0	MBNR[4:0]	R/W-0	设置邮箱编号 • 设定 CPU 请求向数据区进行写操作的邮箱编号,这几位需配合 CDR 位使用 • MBNR.4 位仅用于 eCAN 模式,在标准 CAN 模式下该位被保留

注: WP 表示只能在 EALLOW 模式执行写操作; SP 表示只能在 EALLOW 模式下置位; x 表示复位值不确定。

CAN 模块在挂起(Suspend)模式下的操作如下。

(1) 如果 CAN 总线上没有数据传输,当发出挂起请求时,节点进入挂起模式。

(2) 如果 CAN 总线上正在进行数据传输,当发出挂起请求时,节点在完成当前帧的传输后进入挂起模式。

(3) 如果节点正在发送数据,当发出挂起请求时,节点在收到应答后进入挂起状态。如果节点没有收到应答或者是发生了其他错误,则在发送一个错误帧后进入挂起状态,此时,发送错误计数器(TEC)将进行适当调整。另一种情况是,节点在发送完错误帧后进入挂起状态,当节点退出挂起状态时再次发送原来的帧,当发送完成后,TEC 将进行适当调整。

(4) 如果节点正在接收数据,当发出挂起请求时,节点在发送应答位后进入挂起状态。如果有错误发生,节点将发送一个错误帧后进入挂起状态。在节点进入挂起状态前,接收错误计数器(REC)将进行适当调整。

(5) 如果 CAN 总线上没有数据传输,当请求退出挂起模式时,节点将退出挂起状态。

(6) 如果 CAN 总线上有数据传输,当请求退出挂起模式时,节点在总线进入空闲状态时退出挂起状态。这样,可以避免节点接收到不完整的帧而导致产生错误帧。

(7) 当节点挂起时,将不会参与发送或接收数据,也不发送应答位或错误帧。在挂起状态下 TEC 和 REC 的值不会调整。

12. 位时序配置寄存器 CANBTC

位时序配置寄存器 CANBTC 用来设置 CAN 节点的网络时序参数。在使用 CAN 模块前必须配置该寄存器,且只有当 CAN 模块处于初始化模式时才允许修改该寄存器的值,在正常工作模式下该寄存器处于写保护状态。表 6.16 列出了寄存器 CANBTC 的位分配和功能描述。

表 6.16　位时序配置寄存器 CANBTC

位	名　称	类　型	功 能 描 述
31~24	保留位	R-x	读返回值不确定,写没有影响
23~16	$BRP_{reg}[7:0]$	RWPI-0	波特率的预定标因子 时间量 TQ 的值定义为: $TQ=(BRP_{reg}+1)/SYSCLKOUT$ 这里的 SYSCLKOUT 为 CAN 模块的时钟频率,与其他串行外设模块采用低速外设时钟不同,CAN 模块的时钟频率与 CPU 时钟相同。BRP_{reg} 是波特率预定标值,$BRP=BRP_{reg}+1$,BRP 可设置为 2~256
15~10	保留位	R-0	读返回值 0,写没有影响
9,8	$SJW_{reg}[1:0]$	RWPI-0	同步跳转宽度控制 当 CAN 总线上实现数据流同步时,SJW 表示 1 个通信位允许被延长或缩短多少个 TQ 单元。定义 $SJW=SJW_{reg}+1$,即 SJW 可编程为 1~4 个 TQ 值,SJW 的最大值是 TSEG2 和 4TQ 中的最小值,即 $$SJW_{max}=min[4TQ,TSEG2]$$
7	SAM	RWPI-0	数据采样次数设置位 0　CAN 模块对一个数据位只采样一次 1　CAN 模块对总线上每位数据采样 3 次,并以占多数的值作为最终的结果。只有当 BRP>4 时才允许选择 3 次采样模式
6~3	$TSEG1_{reg}[3:0]$	RWPI-0	设置时间段 1 • CAN 总线上一位占用的时间长度由参数 TSEG1、TSEG2 和 BRP 决定,CAN 总线上的所有控制器必须具有相同的波特率和位宽度,不同时钟频率的控制器必须通过上述参数来调整波特率 • TSEG1 时间段长度以 TQ 为单位,TSEG1 可表示为 $$TSEG1=PROP\_SEG+PHASE\_SEG1$$ 这里 PROP_SEG 和 PHASE_SEG1 是以 TQ 为长度单位的时间片 • 定义时间段 1 为 $TSEG1=TSEG1_{reg}+1$,TSEG1 的值必须大于或者等于 TSEG2 和 IPT 的值
2~0	$TSEG2_{reg}[3:0]$	RWPI-0	设置时间段 2 • 定义时间段 2 为: $TSEG2=TSEG2_{reg}+1$ • TSEG2 以 TQ 为单位,并决定了 PHASE_SEG2 的时间长度 • TSEG2 可设置为 1~8 个 TQ,但 TSEG2 必须小于或者等于 TSEG1,同时大于或者等于 IPT

注: RWPI 表示任何时间内只读,写操作受 EALLOW 保护且只有在初始化模式时允许改写。

13. 错误和状态寄存器 CANES

错误和状态寄存器 CANES 和将要介绍的错误计数寄存器用来指示 CAN 模块的状态。错误和状态寄存器包含了 CAN 模块的当前状态消息、总线上的错误标志和错误状态标志，表 6.17 列出了寄存器 CANES 的功能描述。

CANES 寄存器中的总线错误标志和错误状态标志采用了一套特殊的存储机制，一旦这些错误标志中的某一个被置位，那么其他所有错误标志将锁定为当前值。为了将 CANES 寄存器的错误标志更新为实时值，需要对置位的错误标志写 1 来确认并清除标志位。这种机制允许通过软件来区分发生的是第一个错误还是随后的错误。

表 6.17　错误和状态寄存器 CANES

位	名　称	类　型	功　能　描　述
31～25	保留位	R-0	读返回值 0，写没有影响
24	FE	R/C-0	格式错误标志位 0　未侦测到格式错误，CAN 模块可以正常地发送和接收数据 1　总线上出现了格式错误。这意味着总线上有一个或者多个固定格式区域中出现了错误电平
23	BE	R/C-0	位错误标志 0　未侦测到位错误 1　在发送非仲裁域时，收到的位与发送的位不匹配，或者在发送仲裁域时，发送了一个显性位而收到了一个隐性位
22	SA1	R/C-1	显性位阻塞错误标志 在硬件复位、软件复位或是总线关闭后位 SA1 一直为 1。当在总线上侦测到一个隐性位时，该位被清零 0　CAN 模块侦测到隐性位 1　CAN 模块未侦测到隐性位
21	CRCE	R/C-0	循环冗余码校验（CRC）错误 0　CAN 模块未收到 CRC 错误 1　CAN 模块接收到 CRC 错误
20	SE	R/C-0	填充错误标志 0　没有发生填充位错误 1　发生了填充位错误
19	ACKE	R/C-0	应答错误标志 0　所有消息均被正确应答 1　CAN 模块没有收到应答信号
18	BO	R/C-0	总线关闭状态标志 0　正常工作 1　表明 CAN 总线出现异常错误，当发送错误计数器（CANTEC）达到上限值（256）时发生这种错误。在总线关闭状态，将无法发送和接收消息。可以通过清零 CCR 位，或者置位 ABO 位并在接收到 128×11 个隐性位后退出总线关闭状态。一旦退出总线关闭状态，错误计数器被清零

位	名　称	类　型	功　能　描　述
17	EP	R/C-0	消极错误状态标志 0　CAN 模块处于主动错误模式 1　CAN 模块处于消极错误模式,CANTEC 的值已经达到 128
16	EW	R/C-0	警告状态标志 0　两个错误计数器(CANREC 和 CANTEC)的值都小于 96 1　两个错误计数器中的一个已经达到警告值 96
15～6	保留位	R-0	读返回值 0,写没有影响
5	SMA	R-0	挂起模式应答位 0　CAN 模块未进入挂起模式 1　CAN 模块进入挂起模式
4	CCE	R-1	改变配置使能位 0　禁止 CPU 对配置寄存器进行写操作 1　允许 CPU 对配置寄存器进行写操作
3	PDA	R-0	掉电模式应答位 0　正常工作模式 1　CAN 模块进入掉电模式
2	保留位	R-0	读返回值 0,写没有影响
1	RM	R-0	接收状态 0　CAN 模块没有接收消息 1　CAN 模块正在接收消息
0	TM	R-0	发送状态 0　CAN 模块没有发送消息 1　CAN 模块正在发送消息

14. CAN 错误计数器 CANTEC/CANREC

CAN 模块包含两个错误计数器,它们分别是接收错误计数器 CANREC 和发送错误计数器 CANTEC,如表 6.18 和表 6.19 所列。这两个计数器根据 CAN2.0 协议进行加或减计数,计数器的值均可以通过 CPU 读取。

表 6.18　接收错误计数器 CANREC

位	名　称	类　型	功　能　描　述
31～8	保留	R-x	读返回值不确定,写没有影响
7～0	REC[7：0]	R-0	接收错误计数器的计数值

表 6.19　发送错误计数器 CANTEC

位	名　称	类　型	功　能　描　述
31～8	保留	R-x	读返回值不确定,写没有影响
7～0	TEC[7：0]	R-0	发送错误计数器的计数值

当达到或者超过错误上限值(128)后,接收错误计数器值将不会增加。而当正确地接收到一条消息后,计数器将重新设定为119~127间的一个值。在进入总线关闭状态后,发送错误计数器的值是不确定的,同时接收错误计数器的值被清零。然后,当总线上出现11个连续的隐性位后接收错误计数器的值自动加1,这11位对应了总线上两帧之间的间隙。当计数器值达到128时,如果使能总线自动启动功能(置位ABO位),那么CAN模块将自动恢复为总线开启状态,所有的内部标志位被复位,错误计数器被清零。当退出初始化模式后,错误计数器被清零。

15. 中断寄存器

CAN模块的中断是通过全局中断标志寄存器、全局中断屏蔽寄存器和邮箱中断屏蔽寄存器进行控制的,这些中断寄存器的描述如下。

1) 全局中断标志寄存器CANGIF0/CANGIF1

如果满足了某个中断条件,那么相应的中断标志位被置位。全局中断标志的置位与全局中断屏蔽寄存器CANGIM中位GIL的设置有关。如果该位置1,全局中断将置位寄存器CANGIF1中的标志位,反之置位CANGIF0中的标志位。这条规则同样也适用于中断标志位AAIF和RMLIF。

寄存器CANGIM中的中断屏蔽位不影响下列位的置位操作:MTOF$[n]$、WDIF$[n]$、BOIF$[n]$、TCOF$[n]$、WUIF$[n]$、EPIF$[n]$、AAIF$[n]$、RMLIF$[n]$、WLIF$[n]$。

对于任何邮箱,只有当邮箱中断屏蔽寄存器CANMIM中相应的邮箱中断屏蔽位置位时,全局邮箱中断标志位GMIF$[n]$才会被置位。

如果已清除所有的中断标志,此时又有一个新的中断标志被置位,同时相应的中断屏蔽位已置位,则对应的中断输出线被激活。除非CPU写1到中断标志位或清除该中断产生的条件,否则该中断线将一直保持有效状态。

如果希望清零GMIFx(x=0,1)标志,则必须通过向CANTA寄存器或CANRMP寄存器(与邮箱配置有关)中的相应位写入1来实现,而不能通过软件对CANGIFx寄存器中的位直接清零。通过向CANGIF中的某些标志位写1可以清零中断标志,当中断标志被清零后,如果有新的中断产生,仍然会有一个或者多个中断标志被置位。如果GMIFx被置位,则邮箱中断向量MIVx给出了导致GMIFx置位的邮箱编号。在同时有多个邮箱产生中断的情况下,MIVx中总是存放优先级最高的邮箱中断向量。

表6.20列出了两个全局中断标志寄存器的功能描述,表中的位定义对寄存器CANGIF0和CANGIF1均适用。对于中断标志TCOF$[n]$、AAIF$[n]$、WDIF$[n]$、WUIF$[n]$、RMLIF$[n]$、BOIF$[n]$、EPIF$[n]$和WLIF$[n]$而言,到底是置位寄存器CANGIF0还是CANGIF1中的标志位由CANGIM寄存器中的GIL位状态决定。如果GIL=0,将置位寄存器CANGIF0中的标志位;而如果GIL=1,将置位寄存器CANGIF1中的标志位。同样,对于MTOF$[n]$和GMIF$[n]$位选择在哪个全局中断标志寄存器中置位,取决于对邮箱中断级别寄存器CANMIL中位MIL$[n]$的设置。

表 6.20　全局中断标志寄存器 CANGIF0/CANGIF1

位	名　称	类　型	功 能 描 述
31~18	保留	R-x	读返回值不确定,写没有影响
17	MOTF0/1	R-0	邮箱超时标志。在标准 CAN 模式中该位未定义 0　没有邮箱超时事件发生 1　有一个邮箱没有在规定的时间内发送或者接收消息
16	TCOF0/1	R/C-0	时间标记计数器溢出标志 0　时间标记计数器的最高位为 0,即还没有从 0 变为 1 1　时间标记计数器的最高位已经从 0 变为 1
15	GMIF0/1	R/W-0	全局邮箱中断标志。只有当 CANMIM 寄存器中相应的邮箱中断屏蔽位置位时,该位才会被置位 0　没有消息被发送或接收 1　有一个邮箱成功地发送或接收到一条消息
14	AAIF0/1	R-0	中止应答中断标志 0　没有发送请求被中止 1　一个发送请求被中止
13	WDIF0/1	R/C-0	写拒绝中断标志 0　CPU 成功地对一个邮箱进行了写操作 1　CPU 对邮箱的写操作没有成功
12	WUIF0/1	R/C-0	唤醒中断标志 0　CAN 模块处于休眠模式或正常工作状态 1　在局部掉电过程,该标志表示模块已退出休眠模式
11	RMLIF0/1	R-0	接收消息丢失中断标志 0　没有丢失消息 1　至少一个接收邮箱溢出,且 MIL[n] 寄存器中的相应位被清零
10	BOIF0/1	R/C-0	总线关闭中断标志 0　CAN 模块处于总线开启模式 1　CAN 模块进入总线关闭模式
9	EPIF0/1	R/C-0	消极错误中断标志 0　CAN 模块未进入消极错误模式 1　CAN 模块已进入消极错误模式
8	WLIF0/1	R/C-0	警告级别中断标志 0　没有错误计数器达到警告值 1　至少有一个错误计数器值已经达到警告值
7~5	保留	R-x	读返回值不确定,写没有影响
4~0	MIV0.4-0 MIV1.4-0	R-0	邮箱中断向量。在标准 CAN 模式只有 3~0 位有效 • 该向量给出了使全局邮箱中断标志置位的邮箱编号。除非相应的 MIF[n] 位被清零或者一个更高优先级的邮箱产生中断,否则中断向量保持不变 • MIV 给出是优先级最高的中断向量,其中邮箱 31 具有最高的优先级。在标准模式下,邮箱 15 的优先级最高,邮箱 16~31 无效 • 如果在 TA/RMP 寄存器中没有标志位被置位,同时 GMIF1 或 GMIF0 被清零,那么该中断向量的值是不确定的

2) 全局中断屏蔽寄存器 CANGIM

中断屏蔽寄存器的位定义和中断标志寄存器是基本相同的。如果一个位被置位,那么相应的中断被使能。表 6.21 列出了全局中断屏蔽寄存器的功能描述,该寄存器是受 EALLOW 保护的。

表 6.21　全局中断屏蔽寄存器 CANGIM

位	名　　称	类　　型	功　能　描　述
31~18	保留	R-0	读返回值 0,写没有影响
17	MOTM	R/WP-0	邮箱超时中断屏蔽 0　屏蔽中断 1　使能中断
16	TCOM	R/WP-0	时间标记计数器溢出屏蔽 0　屏蔽中断 1　使能中断
15	保留	R-0	读返回值 0,写没有影响
14	AAIM	R/WP	中止应答中断屏蔽 0　屏蔽中断 1　使能中断
13	WDIM	R/WP	写拒绝中断屏蔽 0　屏蔽中断 1　使能中断
12	WUIM	R/WP	唤醒中断屏蔽 0　屏蔽中断 1　使能中断
11	RMLIM	R/WP	接收消息丢失中断屏蔽 0　屏蔽中断 1　使能中断
10	BOIM	R/WP	总线关闭中断屏蔽 0　屏蔽中断 1　使能中断
9	EPIM	R/WP	消极错误中断屏蔽 0　屏蔽中断 1　使能中断
8	WLIM	R/WP-0	警告等级中断屏蔽 0　屏蔽中断 1　使能中断
7~3	保留	R-0	读返回值 0,写没有影响
2	GIL	R/WP-0	TCOF、WDIF、WUIF、BOIF、EPIF 和 WLIF 的全局中断等级 0　所有的全局中断被映射到中断线 ECAN0INT 1　所有的全局中断都映射到中断线 ECAN1INT
1	I1EN	R/WP-0	中断线 1 使能 0　ECAN1INT 中断线被屏蔽 1　如果相应的中断屏蔽位被置位,则使能 ECAN1INT 中断线上的所有中断

续表

位	名　称	类　型	功 能 描 述
0	I0EN	R/WP-0	中断线 0 使能 0　ECAN0INT 中断线被屏蔽 1　如果相应的中断屏蔽位被置位,则使能 ECAN0INT 中断线上的所有中断

注:因为每个邮箱在 CANMIM 寄存器中有独立的屏蔽位,因此 GMIF 在 CANGIM 中没有相应的屏蔽位。

3)邮箱中断屏蔽寄存器 CANMIM

每个邮箱仅有一个中断标志位,根据邮箱的配置不同,可以将标志位作为接收中断标志或发送中断标志。邮箱中断屏蔽寄存器用来单独屏蔽或使能每个邮箱中断,表 6.22 列出了该寄存器的功能描述,该寄存器是受 EALLOW 保护的。

表 6.22　邮箱中断屏蔽寄存器 CANMIM

位	名　称	类　型	功 能 描 述
31～0	MIM[31:0]	R/W-0	邮箱中断屏蔽设置。这些位允许单独屏蔽或使能每个邮箱中断。上电后所有的中断屏蔽位被清零,禁止中断 0　邮箱中断被屏蔽 1　邮箱中断被使能。此时,当发送邮箱成功地发送消息或接收邮箱正确地接收到消息后,会产生一个中断

4)邮箱中断级别寄存器 CANMIL

32 个邮箱都可以在两条中断线中的某一条上触发中断。选择哪条中断线,取决于邮箱中断级别寄存器 CANMIL 的设置。表 6.23 列出了邮箱中断级别寄存器的功能描述。

表 6.23　邮箱中断级别寄存器 CANMIL

位	名　称	类　型	功 能 描 述
31～0	MIL[31:0]	R/W-0	邮箱中断级别。这些位可以用来独立地选择每个邮箱的中断级别 0　邮箱中断产生在中断线 0(低中断优先级) 1　邮箱中断产生在中断线 1(高中断优先级)

16. 覆盖保护控制寄存器 CANOPC

如果邮箱 n 满足溢出条件,即 RMP[n]置为 1 且一条新消息的标识符与邮箱 n 匹配,那么是否保存新消息取决于 CANOPC 寄存器的设置。如果相应的位 OPC[n]已置为 1,则旧消息是受保护的,以防止被新收到的消息所覆盖;此时,将检查下一个与 ID 号相匹配的邮箱。如果没有找到新的与 ID 号匹配的邮箱,该消息会被丢弃而不会产生任何通知。如果 OPC[n]置为 0,那么新的消息将覆盖旧的消息,同时置位接收消息丢失位 RML[n],表明发生了消息覆盖事件。表 6.24 列出了覆盖保护控制寄存器的功能描述,该寄存器仅支持 32 位的读写操作。

表 6.24 覆盖保护控制寄存器 CANOPC

位	名 称	类 型	功 能 描 述
31~0	OPC[31:0]	R/W-0	覆盖保护控制位 0 新消息将会覆盖邮箱中的旧消息 1 存储在该邮箱的旧消息受到保护,不会被新收到的消息覆盖

17. eCAN 模块的 I/O 控制寄存器 CANTIOC 与 CANRIOC

CANTX 和 CANRX 作为 CAN 模块的两个通信接口引脚,通过 I/O 控制寄存器 CANTIOC 和 CANRIOC 来配置其功能,如表 6.25 和表 6.26 所示。需要指出,如果用户设计的 DSP 系统中不使用 CAN 模块,那么可以将这两个引脚用作通用 I/O,这时需要初始化过程将 GPFMUX 寄存器的第 6 位和第 7 位清零,见 2.3.2 节。

表 6.25 TX 引脚的 I/O 控制寄存器 CANTIOC

位	名 称	类 型	功 能 描 述
31~4	保留	R-x	读返回值不确定,写没有影响
3	TXFUNC	R/WP-0	使能 CAN 模块时,必须将该位置1 0 保留 1 CANTX 引脚作为 CAN 模块的发送引脚
2~0	保留		保留位

表 6.26 RX 引脚的 I/O 控制寄存器 CANRIOC

位	名 称	类 型	功 能 描 述
31~4	保留	R-x	读返回值不确定,写没有影响
3	RXFUNC	R/WP-0	使能 CAN 模块时,必须该将该位置1 0 保留 1 CANRX 引脚作为 CAN 模块的接收引脚
2~0	保留		保留位

18. 定时器管理单元

eCAN 模块具有监视消息发送和接收时间的功能,这是通过一个独立的状态机来实现时间控制功能的。当访问寄存器时,该状态机的优先级要低于 CAN 状态机。因此,时间控制功能可能会被其他正在执行的操作所延时。

1) 时间标记功能

为了确定接收或发送消息的时刻,CAN 模块中使用了一个自由运行的 32 位定时器 TSC。当一条接收到的消息被存储或一条消息被发送后,将定时器的计数值存储至相应邮箱的时间标记寄存器 MOTS。这个计数器由 CAN 总线的位时钟驱动。在初始化模式、休眠或挂起模式下,定时器将停止计数。在上电复位后,定时器的计数器被清零。

可以通过向 TCC 位(CANMC.14)写 1 来清零 TSC 寄存器的最高位。当邮箱 16 成功地发送或接收一条消息时,也能够清零 TSC 寄存器(与位 CANMD.16 的设置有关),该功能需通过置位 MSCC 位(CANMC.15)来使能。因此,可以使用邮箱 16 实现通信网络的全局时间同步。

当 TSC 计数器的最高位从 0 变为 1 时,发生溢出事件。通过检查 TSC 计数器的溢出中断标志(TCOFn~CANGIFn.16)可以判别 TSC 计数器是否溢出,通常情况下 CPU 有足够的时间来处理这种情况。

(1) 时间标记计数器寄存器 CANTSC。表 6.27 列出了时间标记计数器寄存器的功能描述,该寄存器中保存着时间标记计数器的计数值,这个 32 位的定时器由 CAN 总线的位时钟驱动。例如,当波特率设为 1Mb/s 时,寄存器 CANTSC 的计数值每隔 $1\mu s$ 增加 1。

表 6.27 时间标记计数器寄存器 CANTSC

位	名 称	类 型	功 能 描 述
31~0	TSC[31:0]	R/WP-0	时间标记计数寄存器,保存时间标记和超时的网络时间计数值

(2) 消息对象时间标记寄存器 MOTS。每个邮箱均有其各自的消息对象时间标记寄存器,表 6.28 列出了该寄存器的功能描述。

表 6.28 消息对象时间标记寄存器 MOTS

位	名 称	类 型	功 能 描 述
31~0	MOTS[31:0]	R/W-x	当成功接收或者发送消息时,该寄存器存放时间标记计数器 TSC 的计数值

2) 超时功能

为了保证所有消息在预定的时间内被发送或接收,每个邮箱有各自的超时寄存器。如果一条消息没有在超时寄存器所设定的时间内被发送或接收,且超时控制寄存器 TOC 中的相应位被置位,那么超时状态寄存器 TOS 中的相应标志被置位。

对于发送邮箱,无论是由于成功地发送了消息还是中止了发送请求,可以通过清零超时使能位 TOC[n]或清零相应的 TRS[n]位来清零超时标志 TOS[n]。对于接收邮箱,当相应的 TOC[n]位被清零时,TOS[n]标志也会被清除。

状态机通过扫描所有的超时寄存器,并与时间标记计数器的值进行比较。如果 TSC 寄存器的值大于或等于超时寄存器的值,那么相应的 TRS 位(只适用于发送邮箱)、TOC[n]位和 TOS[n]位被置位。由于所有的超时寄存器是顺序扫描的,因此对位 TOS[n]的置位可能会存在一定的时间延时。

(1) 消息对象超时寄存器 MOTO。该寄存器保存了可以成功地发送或接收邮箱数据所允许的超时值。每个邮箱均有各自的消息对象超时寄存器,表 6.29 给出了该寄存器的功能描述。

表 6.29 消息对象超时寄存器 MOTO

位	名 称	类 型	功 能 描 述
31~0	MOTO[31:0]	R/W-x	发送或者接收消息时对时间标记计数器(TSC)的限制值

(2) 超时控制寄存器 CANTOC。超时控制寄存器用来设定邮箱的超时功能是否被使

能,表 6.30 给出了该寄存器的功能描述。

表 6.30 超时控制寄存器 CANTOC

位	名 称	类 型	功 能 描 述
31~0	TOC[31:0]	R/W-0	0 超时功能被禁用,TOS[n]标志永远不会被置位 1 通过 CPU 将位 TOC[n]置位可以使能邮箱 n 的超时功能。在将位 TOC[n]置 1 前,需要将与 TSC 相关的超时值装载到相应的 MOTO 寄存器

（3）超时状态寄存器 CANTOS。该寄存器存放着发生邮箱超时的状态信息,表 6.31 列出了该寄存器的功能描述。

表 6.31 超时状态寄存器 CANTOS

位	名 称	类 型	功 能 描 述
31~0	TOS[31:0]	R/C-0	0 邮箱 n 没有超时发生或超时功能被禁用 1 邮箱 n 发生超时

当同时满足下列 3 个条件时,超时状态标志位 TOS[n]被置位。

① TSC 寄存器的值大于或等于邮箱 n 的超时寄存器值 MOTO[n]。

② 置位 TOC[n]位。

③ 置位 TRS[n]位。

3）MTOF0/1 中的位操作及其应用

在邮箱发送或者接收时,CPK 自动清零 MTOF0/1 位和 TOS[n]位,用户也可以通过软件清零这些位。当超时发生时,MTOF0/1 位和 TOS[n]位被置位,当通信成功时,CPK 自动清零这些位。下面是 MTOF0/1 位的几种操作和使用方式。

（1）当超时发生时,位 MTOF0/1 和 TOS[n]被置位。若通信没有成功,即没有发送或接收到帧,将会产生一个中断请求,用户程序需要处理这种情况,并清零 MTOF0/1 位和 TOS[n]位。

（2）当超时发生时,位 MTOF0/1 和 TOS[n]被置位。若通信最终成功了,CPK 将自动清零 MTOF0/1 位和 TOS[n]位。此时,由于中断事件已记录在 PIE 模块中,仍然会产生中断。当中断服务程序扫描 GIF 寄存器时,已无法查到位 MTOF0/1 曾被置位。在这种情形下,直接从中断服务程序返回主程序就可以了。

（3）当超时发生时,位 MTOF0/1 和 TOS[n]被置位。当执行与超时有关的中断服务程序时通信成功了,那么用户程序必须谨慎处理这种情况。如果在产生中断和中断服务程序正要执行校正操作之间邮箱发送了消息,应用程序无须再次发送消息。处理这种情况的一种方法是查询 GSR 寄存器中的 TM/RM 位,这些位反映了 CPK 是否正在发送或者接收消息。如果确定正在进行通信,那么应用程序应该等待通信结束后重新检查 TOS[n]位。如果通信仍然没有成功,那么应用程序需要执行校正操作。

19. 邮箱构成

每个邮箱均包含以下 4 个 32 位寄存器。

• 消息标识符寄存器 MSGID,存储消息标识符(ID)。

- 消息控制寄存器 MSGCTRL,定义字节数、发送优先级和远程帧。
- 两个消息数据寄存器 MDL 和 MDH,每个寄存器可存放 4 字节的数据。

1) 消息标识符寄存器 MSGID

消息标识符寄存器 MSGID 包含了消息标识符和给定邮箱的控制位,表 6.32 列出了该寄存器的功能描述。应当指出,只有在邮箱 n 被禁用时才能够对该寄存器执行写操作,通常在初始化代码中进行设置。

表 6.32 消息标识符寄存器 MSGID

位	名　　称	类　　型	功　能　描　述
31	IDE	R/W-x	标识符扩展位。IDE 位的特性与 AMI 位(CANGAM. 31)的状态有关 当 AMI=1 时: • 接收邮箱的 IDE 位不起作用。接收邮箱的 IDE 位被发送消息的 IDE 位所覆盖 • 为能够接收到信息,必须满足设定的过滤值 • 需要进行比较的位数是发送消息 IDE 值的函数 当 AMI=0 时: • 接收邮箱的 IDE 位决定了进行比较的位数 • 不使用过滤。MSGID 的所有位必须按位匹配才能接收消息 注:IDE 位的定义与 AMI 位的值有关 当 AMI=1 时: IDE=1:收到的消息有扩展标识符 IDE=0:收到的消息有标准标识符 当 AMI=0 时: IDE=1:要接收的消息必须有扩展标识符 IDE=0:要接收的消息必须有标准标识符
30	AME	R/W-x	接收屏蔽使能位 该位仅用于接收邮箱,且不能够设置为自动应答(AAM[n]=1,MD[n]=0)邮箱,否则邮箱的操作是不确定的。接收到消息后不会修改该位 0　不使用接收屏蔽功能,所有标识符位必须与接收到的消息匹配 1　使用相应的接收屏蔽功能
29	AAM	R/W-x	自动应答模式位 该位仅用于发送消息的邮箱。对于接收邮箱该位没有影响,接收邮箱总是配置为正常操作模式,接收到消息后不会修改该位 0　正常发送模式。邮箱不应答远程请求,接收到远程帧请求对消息邮箱无影响 1　自动应答模式。如果收到匹配的远程帧请求,CAN 模块用发送邮箱中的内容实现对远程帧请求的应答

续表

位	名 称	类 型	功 能 描 述
28～18	ID[28:0]	R/W-x	消息标识符 • 在扩展标识符模式,即 IDE 位为 1(MID.31=1),29 位的消息标识符存放在 ID.28～0 中 • 在标准标识符模式,即 IDE 位为 0(MID.31=0),11 位的消息标识符存储在 ID28～18 中,此时位 ID.17～0 无定义

2) CPU 对邮箱的访问

只有当邮箱被禁用时(CANME[n]=0),才能对标识符执行写操作。当 CAN 模块读取数据域时,不允许 CPU 更改接收邮箱中的数据,此时禁止对接收邮箱进行写操作。

如果标志位 TRS(TRS.31～0)或 TRR(TRR.31～0)被置位,将拒绝访问发送邮箱。在这种情况下,访问发送邮箱将产生一个写拒绝中断 WDI。为了能够访问发送邮箱,可以在访问邮箱数据前将 CDR(CANMC.8)位置位。

当 CPU 对邮箱的访问结束后,必须对标志位 CDR 写 0 将其清零。在读取邮箱数据前后 CAN 模块均要检查该标志位,如果在检查过程中发现 CDR 标志置位,CAN 模块将不发送该消息,而继续寻找其他发送请求。置位 CDR 标志将禁止产生写拒绝中断 WDI。

3) 消息控制寄存器 MSGCTRL

对于发送邮箱,消息控制寄存器规定了要发送的字节数和发送的优先级,同时该寄存器也规定了远程帧的操作。作为 CAN 模块初始化过程的一部分,必须首先将 MSGCTRL[n]寄存器的所有位初始化为 0,然后才能够将不同的位域初始化为期望值。表 6.33 列出了消息控制寄存器的功能描述,只有当邮箱被禁用或配置为发送邮箱时才允许对该寄存器进行写操作。

表 6.33 消息控制寄存器 MSGCTRL

位	名 称	类 型	功 能 描 述
31～13	保留	R-0	读返回值 0,写没有影响
12～8	TPL[4:0]	R/W-x	设定发送优先级 这 5 位定义了该邮箱相对于其他 31 个邮箱的优先级,数值越大优先级越高。当两个邮箱的优先级相同时,邮箱编号大的邮箱将首先被发送。TPL 只对发送邮箱有效,在标准 CAN 模式下不使用 TPL
7～5	保留	R-0	读返回值 0,写没有影响
4	RTR	R/W-x	远程发送请求位 0 没有远程帧请求 1 对于接收邮箱,如果 TRS 标志置位,则发送一个远程帧,同时用同一个邮箱接收相应的数据帧。一旦远程帧被发送,CAN 模块将邮箱的 TRS 位清零 对于发送邮箱,如果 TRS 标志置位,发送一个远程帧,但相应的数据帧必须在其他邮箱中接收
3～0	DLC[3:0]	R/W-x	数据长度代码 这几位的值决定了发送和接收数据的字节数,有效的数值范围为 0～8

4) 消息数据寄存器 MDL 和 MDH

每个邮箱提供 8 个字节用于存放 CAN 消息的数据域,并通过位 DBO(MC.10)设置数据字节的存放次序,如图 6.5～图 6.8 所示。在 CAN 总线上发送和接收消息时,总是从字节 0 开始的。

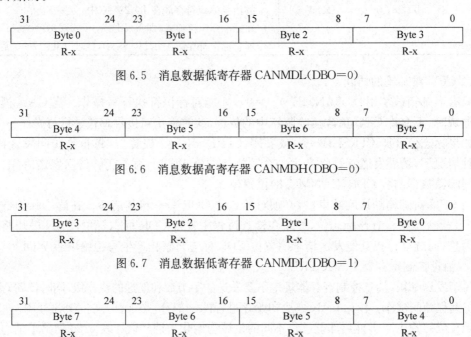

图 6.5   消息数据低寄存器 CANMDL(DBO=0)

图 6.6   消息数据高寄存器 CANMDH(DBO=0)

图 6.7   消息数据低寄存器 CANMDL(DBO=1)

图 6.8   消息数据高寄存器 CANMDH(DBO=1)

当 DBO=1 时,数据的存储和读取从 CANMDL 寄存器的最低字节开始,至 CANMDH 寄存器的最高字节结束。

当 DBO=0 时,数据的存储和读取从 CANMDL 寄存器的最高字节开始,至 CANMDH 寄存器的最低字节结束。

只有当邮箱 n 被配置为发送邮箱或邮箱被禁用时,才能对 MDL[n]和 MDH[n]寄存器进行写操作。当 TRS[n]=1 时,除非 CDR=1 且 MBNR 设为 n,否则不能对寄存器 MDL[n]和 MDH[n]进行写操作。这些设置也适用于消息对象被配置为应答模式(AAM=1)时的情形。

20. 验收过滤器

接收消息的标识符首先与分配给邮箱的消息标识符进行比较,然后,使用适当的验收屏蔽将那些不需要进行比较的标识符位屏蔽掉。在标准 CAN 模式下,对于邮箱 6～15,使用全局验收屏蔽寄存器 GAM。接收到的消息存储至与标识符相匹配,且邮箱编号最大的邮箱中。如果在邮箱 15～6 中没有找到匹配的标识符,那么将接收消息与邮箱 5～3 中的标识符进行比较,最后和邮箱 2～0 的标识符进行比较。在标准 CAN 模式下,邮箱 5～3 使用局部验收屏蔽寄存器 LAM(3),邮箱 2～0 使用局部验收屏蔽寄存器 LAM(0)。

要修改全局验收屏蔽寄存器 CANGAM 和标准 CAN 模式下两个局部验收屏蔽寄存器的值,必须将 CAN 模块设置为初始化模式,参见 6.4.2 节。

在 eCAN 模式下,32 个邮箱都有自己的局部验收屏蔽寄存器 LAM(0)~LAM(31),而不使用全局验收屏蔽寄存器,表 6.34 列出了局部验收过滤寄存器 LAM(n)的功能描述。对于过滤操作,需要根据 CAN 模块的工作模式对验收屏蔽寄存器进行合理配置。

表 6.34 局部验收屏蔽寄存器 LAM(n)

位	名 称	类 型	功 能 描 述
31	LAMI	R/W-0	局部验收屏蔽标识符扩展位 0 保存标志扩展符的邮箱决定了将要接收的消息 1 可以接收标准帧和扩展帧。如果是扩展帧,29 位的标识符都被存储在邮箱中,同时局部验收屏蔽寄存器的全部 29 位均用于过滤。如果是标准帧,那么只使用局部验收屏蔽和标识符的前 11 位(位 28~18)
30,29	保留	R-x	读返回值不确定,写没有影响
28~0	LAM[28:0]	R/W-0	这些位用来使能接收消息标识符中的任意位被屏蔽 0 接收到的标识符的值必须与 MSGID 寄存器中存放的标识位相匹配 1 收到消息的标识符位允许为 0 或 1,即不使用验收过滤功能

借助于 CAN 模块的局部验收过滤功能,用户可以局部屏蔽或忽略接收消息标识符的某些位。在标准 CAN 模式下,局部验收屏蔽寄存器 LAM(0)用于邮箱 2~0,LAM(3)用于邮箱 5~3,而邮箱 6~15 使用全局验收屏蔽寄存器 CANGAM。当硬件或者软件复位时,对于标准 CAN 模式,CANGAM 被复位为 0;而对于 eCAN 模式,复位后 LAM 寄存器的值保持不变。

在验收屏蔽寄存器中没有被屏蔽的标识符,相应的接收消息的标识符位必须与接收邮箱的标识符位一致。如果不一致则消息不会被接收,也不会存放到邮箱数据寄存器中。当然也可以通过验收屏蔽使能位 AME 禁止局部验收屏蔽功能。例如,若消息标识符和邮箱标识符分别设为

(1) 消息标识符 ID=1 0000 0000 0000 0000 0000 1111 0000;

(2) 邮箱标识符 ID=1 0000 0000 0000 0000 0000 0000 0000。

验收屏蔽寄存器的以下不同设置决定了是否接收消息:

(1) 验收屏蔽寄存器 1 0000 0000 0000 0000 0000 1111 0000 (消息被接收);

(2) 验收屏蔽寄存器 1 0000 0000 0000 0000 0000 0000 0000 (消息被拒绝)。

6.4 eCAN 模块的配置与操作

6.4.1 CAN 模块的初始化

在使用 CAN 模块之前,必须对其进行初始化,且只有当模块处于初始化模式时才允许进行初始化操作。图 6.9 给出了 CAN 模块的初始化流程。

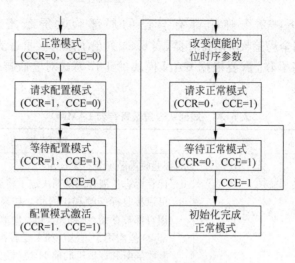

图 6.9　CAN 模块的初始流程图

初始化模式与正常操作模式间的转换是通过 CAN 网络同步实现的。也就是说,在 CAN 控制器改变工作模式之前处于等待状态,直至检测到总线空闲序列(即 11 个隐性位)才会切换工作模式。如果出现占用总线错误,CAN 控制器将无法检测到总线空闲状态,因此也就不能完成模式切换。

通过 CPU 将位 CCR(CANMC.12)置 1,可将 CAN 模块设置为初始化模式,而且只有当位 CCE(CANES.4)被置 1 时才允许进行初始化操作。完成上述设置后,才能对 CAN 模块的配置寄存器进行写操作。

在标准 CAN 模式下,为了能够修改全局验收屏蔽寄存器和两个局部验收屏蔽寄存器,也必须设置 CAN 模块为初始化模式。而通过将 CCR 置为 0,可使 CAN 模块进入工作模式。当系统硬件复位后,CAN 模块处于初始化模式。需要指出,如果位时序配置寄存器 CANBTC 为 0,或者保持其初始值不变,那么 CAN 模块将一直处于初始化模式,这样当清零 CCR 位时,CCE 位仍然保持为 1。

1. CAN 位时序的配置

CAN 通信协议规范将标称的位时间分为四个不同的时间段,如图 6.10 所示。

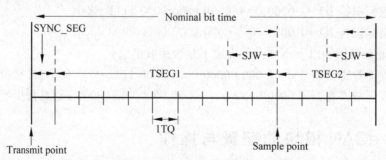

图 6.10　CAN 模块的位时序

注:可以通过调整 SJW 来延长 TSEG1 或者缩短 TSEG2。

(1) SYNC_SEG：该段用来同步总线上的各个节点，在该段内需要有一个边沿跳变。该时间段总是为 1 个时间量（time quanta，TQ）。

(2) PROP_SEG：该段用来补偿网络中的物理延时，其值等于信号在总线上的传输时间、输入比较器延时和输出驱动延时之和的两倍。这个时间段可以编程为 1～8 个 TQ。

(3) PHASE_SEG1：该段用来补偿正边沿（上升沿）的相位误差，可以设置为 1～8 个 TQ，并可以通过再同步来延长。

(4) PHASE_SEG2：该段用来补偿负边沿（下降沿）的相位误差，同样可以设置为 2～8 个时间量（TQ），并可以通过再同步来缩短。

在 eCAN 模块中，CAN 总线上一位占用的时间由参数 TSEG1（BTC. 6～3）、TSEG2（BTC. 2～0）和 BRP（BTC. 23～16）设定。TSEG1 包含 CAN 协议所定义的 PROP_SEG 和 PHASE_SEG1 两个时间段，TSEG2 定义了时间段 PHASE_SEG2 的长度。IPT（消息处理时间）相当于位读取操作所需要的时间，IPT 等于 2 个 TQ。

在确定各个位时间段的值时，必须满足以下规则：

- $TSEG1_{(min)} \geqslant TSEG2$；
- $IPT \leqslant TSEG1 \leqslant 16\ TQ$；
- $IPT \leqslant TSEG2 \leqslant 8\ TQ$；
- $IPT = 3/BRP$（IPT 的结果必须四舍五入到一个较大的整数值）；
- $TQ \leqslant SJW \leqslant min[4TQ,\ TSEG2]$（SJW＝同步跳转宽度）；
- 若使用三次采样模式，必须设置 $BRP \geqslant 5$。

2. CAN 模块的波特率计算

波特率表示了每秒钟传输的二进制位个数。CAN 模块的波特率可表示为：

$$波特率 = \frac{SYSCLKOUT}{BRP \times 位时间}$$

式中位时间是指每位中包含的 TQ 数；BRP 的值等于 $BRP_{reg} + 1$（BTC. 23～16）；SYSCLKOUT 是 CAN 模块的时钟频率，与 CPU 时钟频率相同。

如图 6.10 所示，位时间定义为：

$$位时间 = (TSEG1_{reg} + 1) + (TSEG2_{reg} + 1) + 1$$

式中 $TSEG1_{reg}$ 和 $TSEG2_{reg}$ 表示写入到 CANBTC 寄存器中相应域的数值。当 CAN 模块访问 $TSEG1_{reg}$、$TSEG2_{reg}$、SJW_{reg} 和 BRP_{reg} 时，这些参数的值自动加 1。

应该指出，除 CAN 模块外，F281x 片内的其他外设模块均采用高速外设时钟或低速外设时钟作为输入时钟，而只有 CAN 模块是直接采用 CPU 时钟的。

3. 位参数配置举例

当系统时钟为 150MHz 时，表 6.35 列出了如何通过改变 BRP 来获得不同的波特率，表中位时间（BT）＝15，采样点（SP）＝80%。表 6.36 给出了当 BT＝15 时，如何获得不同的采样点数。表 6.37 给出了当 BT＝10，SP＝80% 时，如何设置 BRP_{reg} 来获得不同的波特率。当系统时钟为 150MHz 时，能够达到的最低波特率为 23.4kb/s；当系统时钟为 100MHz 时，可达到的最低波特率为 15.6kb/s。

表 6.35 BRP 取不同值时的波特率(BT＝15,TSEG1$_{reg}$＝10,TSEG2$_{reg}$＝2,采样点＝80%)

CAN 总线速率	BRP$_{reg}$＋1	CAN 时钟
1Mb/s	10	15MHz
500kb/s	20	7.5MHz
250kb/s	40	3.75MHz
125kb/s	80	1.875MHz
100kb/s	100	1.5MHz
50kb/s	200	0.75MHz

表 6.36 当 BT＝15 时可获得的不同采样点数

TSEG1$_{reg}$	TSEG2$_{reg}$	SP
10	2	80%
9	3	73%
8	4	66%
7	5	60%

表 6.37 BRP 取不同值时的波特率(BT＝10,TSEG1$_{reg}$＝6,TSEG2$_{reg}$＝1,采样点＝80%)

CAN 总线速率	BRP$_{reg}$＋1	CAN 时钟
1Mb/s	15	10MHz
500kb/s	30	5MHz
250kb/s	60	2.5MHz
125kb/s	120	1.25MHz
100kb/s	150	1MHz
50kb/s	300	0.5MHz

4. 寄存器的 EALLOW 保护机制

为了防止意外地改变某些关键寄存器或寄存器中一些位的值,CAN 模块中的一些寄存器或位是受 EALLOW 保护的。只有当 EALLOW 写保护允许时,才允许改变这些寄存器或位的值。在 eCAN 模块中,下列寄存器及位是采用 EALLOW 保护的。

- CANMC[15～9]和 MCR[7～6];
- CANBTC;
- CANGIM;
- MIM[31～0];
- TSC[31～0];
- IOCONT1[3];
- IOCONT2[3]。

6.4.2 eCAN 模块的配置步骤

在 CAN 模块正常工作之前,必须通过 PCLKCR 寄存器的第 14 位来使能或禁止 CAN

时钟(见 2.1.3 节)。当系统不使用 CAN 模块时,该位也是非常有用的,通过将该位清零可以关闭 CAN 模块时钟以降低功耗。与 DSP 片内集成的其他外设模块一样,上电复位后 CAN 模块的时钟被禁止。配置 eCAN 模块时必须遵循以下步骤。

① 使能 eCAN 模块的时钟。

② 将 CAN 引脚 CANTX 和 CANRX 设为外设功能(复位时设为 GPIO,见 2.3 节)。接着配置这两个引脚为通信功能,即:

- 设置 CANTIOC.3~0=0x08,配置 CANTX 为发送引脚;
- 设置 CANRIOC.3~0=0x08,配置 CANRX 为接收引脚。

③ 复位后,将位 CCR(CANMC.12)和位 CCE(CAWNES.4)置 1,这将允许用户配置位时序控制寄存器(CANBTC)。如果位 CCE 已置 1(CANES.4=1),那么执行下一步;否则置位 CCR 位(CANMC.12=1)然后等待位 CCE 被置 1(CANES.4=1)。

④ 将 CANBTC 寄存器设置为适当的时序值,注意 TSEG1 和 TSEG2 的值不应等于 0;否则 CAN 模块无法退出初始化模式。

⑤ 对于标准 CAN 模式,这时可以配置局部验收屏蔽寄存器。例如,LAM(3)=0x3C000。

⑥ 配置主控制寄存器(CANMC),具体如下:

- 清除 CCR(CANMC.12=0);
- 清除 PDR(CANMC.11=0);
- 清除 DBO(CANMC.10=0);
- 清除 WUBA(CANMC.9=0);
- 清除 CDR(CANMC.8=0);
- 清除 ABO(CANMC.7=0);
- 清除 STM(CANMC.6=0);
- 清除 SRES(CANMC.5=0);
- 清除 MBNR(CANMC.4~0=0)。

⑦ 将 MSGCTRL*n* 寄存器的所有位初始化为 0。

⑧ 校验位 CCE 是否被清除(CANES.4=0)。如果已被清零,表明完成了对 CAN 模块的配置,这样就意味着完成了对 CAN 模块基本功能的设置。CAN 模块的初始化例程见 6.5.2 节。

1. 配置发送邮箱

为了能够发送消息,需要按照下列步骤操作,下面以邮箱 1 为例说明。

① 将 CANTRS 寄存器中的相应位清零。

清零 CANTRS.1 位(对 TRS 位写 0 无影响;相反地,需要置位 TRR.1,然后等待 TRS.1 被清零)。如果位 RTR 已置 1,TRS 位可以发送一个远程帧。一旦远程帧被发送,CAN 模块将清零邮箱的 TRS 位。同一个节点可以被用来向其他节点请求数据帧。

② 通过清零邮箱使能寄存器 CANME 中的相应位来禁用邮箱,即设置 CANME.1=0。

③ 将消息标识符写入邮箱的消息标识符寄存器 MSGID。对于正常的发送邮箱(MSGID.30=0 和 MSGID.29=0),需要将位 AME(MSGID.30)和 AAM(MSGID.29)清

零。例如：设置 MSGID(1)＝0x15AC0000。需要注意,正常操作过程中不允许修改这个寄存器的值,而只有当邮箱被禁用时才允许修改。

将数据长度值写入消息控制寄存器的 DLC 域(MSGCTRL. 3～0)。通常 RTR 标志被清零(MSGCTRL. 4＝0)。同样,在正常的操作过程中不允许修改寄存器 MSGCTRL 的值,而只能在邮箱被禁用时才允许修改。

通过清零寄存器 CANMD 中的相应位来设置邮箱方向。例如,设置 CANMD. 1＝0。

④ 置位 CANME 寄存器的相应位来使能邮箱。例如,设置 CANME. 1＝1,这样就将邮箱 1 配置为发送邮箱。

2. 发送消息

使用发送邮箱发送消息时,需要按照下列步骤操作,下面同样以邮箱 1 为例说明。

① 将消息写入邮箱的数据域。

前面进行初始化时 DBO(CANMC. 10)已被置为 0,这里将 MSGCTRL. 3～0 设为 2,因此数据存放至邮箱 1 的 MDL 寄存器的两个高字节。例如,可设置 CANMDL(1)＝0x xxxx0000。

② 置位发送请求寄存器中的标志位 CANTRS. 1＝1 来启动消息的发送。这样 CAN 模块开始处理消息的整个发送过程。

③ 等待相应邮箱的发送响应标志被置位 TA. 1＝1。当消息发送成功后,CAN 模块置位该标志位。

④ 当成功发送或中止发送一条消息后,CAN 模块复位 TRS 标志 TRS. 1＝0。

⑤ 为了确保该邮箱能够发送下一个消息,必须清零发送响应位。此时,可以通过置位 TA. 1＝1,然后等待直到 CPU 读出 TA. 1 的值为 0。

⑥ 使用同一个邮箱发送另外一条消息时,必须刷新邮箱 RAM 中的数据。通过置位 TRS. 1 标志,可以启动下一次传送。CPU 向邮箱 RAM 中写数据时,可以采用半字(16 位)或整字(32 位)方式,但只能对偶地址空间访问。

3. 配置接收邮箱

下面以使用邮箱 3 接收消息为例,说明接收邮箱的配置步骤。

① 将邮箱使能寄存器 CANME 中的相应位清零,从而禁用选定的邮箱工作。例如,本例中设置 CANME. 3＝0。

② 将选定的标识符写到相应的 MSGID 寄存器。必须配置标识符扩展位与用户期望的标识符一致。如果使用验收屏蔽,则必须置位验收屏蔽使能位(AME),即 MSGID. 30＝1。例如：设置 MSGID(3)＝0x4F780000。

③ 如果位 AME 置1,那么必须设置相应的验收屏蔽寄存器。例如：设置 LAM(3)＝0x03C0000。

④ 通过设置邮箱方向寄存器中的标志位 CANMD. 3＝1,将邮箱配置为接收邮箱。必须确保该寄存器中的其他位不受该操作的影响,这可以采用位或操作来实现。

⑤ 如果需要保护邮箱中的数据以免被覆盖,还需要对覆盖保护控制寄存器 CANOPC 进行配置。如果 OPC 被置位,软件必须保证有一个额外的邮箱被配置为缓冲邮箱,用于存

储"溢出"的消息；否则该消息将可能丢弃。本例中，可设置 OPC.3＝1。

⑥ 通过置位邮箱使能寄存器 CANME 中的相应位来使能邮箱。为了保证其他标志位不会被意外地修改，可通过位或语句使能邮箱 3。例如，CANME|＝0x0008。

这样，邮箱 3 就被配置为接收模式，接收邮箱会自动处理收到的任何消息。

4. 接收消息

同样，本例中使用邮箱 3 来接收消息。当接收到消息时，接收消息挂起寄存器 CANRMP 中的标志位被置 1，同时产生一个中断请求，然后 CPU 就可以从邮箱 RAM 中读取消息。在 CPU 从邮箱读取消息前，必须清零接收消息挂起标志位 RMP(RMP.3＝1)。此外，CPU 还需要检查消息丢弃标志位 RML.3，并根据具体的应用任务，决定如何处理出现的这种情况。

读取数据后，CPU 还需要检查位 RMP 是否再次被 CAN 模块置位。如果位 RMP 再次被置 1，表明数据可能已经被破坏。这是由于在 CPU 读取旧数据时，又接收到一条新消息，此时需要 CPU 再次读取新的接收数据。

5. 过载情况的处理

如果 CPU 不能够及时处理重要的消息，最好配置多个具有相同标识符的邮箱。例如：可使目标邮箱 3、4 和 5 有相同的标识符，并且共享相同的屏蔽位。对于标准 CAN 模式，使用寄存器 LAM(3)屏蔽；而在 eCAN 模式下，由于每个目标邮箱有其各自的局部接收屏蔽寄存器，即 LAM(3)、LAM(4)和 LAM(5)，初始化时应该使这些寄存器具有相同的配置值。

为了保证不会丢失消息，将目标邮箱 4 和 5 的 OPC 标志置位，从而防止未读取的消息被覆盖。如果 CAN 模块必须要保存一条接收到的消息，则首先检查邮箱 5，如果邮箱是空的，将消息保存在邮箱 5 中；如果目标邮箱 5 的 RMP 标志被置位(邮箱被占用)，CAN 模块检查邮箱 4 的状态，如果邮箱 4 仍被占用，CAN 模块将检查邮箱 3。因为邮箱 3 的 OPC 标志没有置位，消息将被保存至邮箱 3 中。如果邮箱 3 的内容先前未被读取，那么目标邮箱 3 的接收消息丢失标志 RML 被置位，并产生一个中断请求。

建议通过目标邮箱 4 产生一个中断，以通知 CPU 立刻读取邮箱 4 和 5。这一方法对于数据长度为 8 个字节以上的消息(即需要多条消息)是十分有用的。在这种情况下，消息所包含的全部数据会被集中在这些邮箱中，然后由 CPU 一次读取接收的所有数据。

6.4.3 远程帧邮箱的处理

对远程帧的处理有两种模式：一是向其他节点发出数据请求；二是应答其他节点发出的数据请求。

1. 向其他节点请求数据

为了向其他节点请求数据，目标邮箱需要被配置为接收邮箱。以邮箱 3 为例，CPU 需要执行以下操作。

① 将消息控制寄存器 MSGCTRL 中的 RTR 位置 1。例如，MSGCTRL(3)＝0x12。

② 将正确的标识符写入消息标识符寄存器(MSGID)。例如，设置邮箱 3 的标识符为

MSGID(3)＝0x4F780000。

③ 置位邮箱 3 的发送请求控制位。例如,CANTRS.3＝1。由于将该邮箱配置为接收邮箱,它只能向其他节点发送远程请求消息。

④ 当接收到消息时,CAN 模块将应答消息存储在邮箱中,并置位接收消息挂起标志位 RMP,这样会产生一个中断请求。此外,要确保其他邮箱没有与邮箱 3 相同的标识符。

⑤ 等待 RMP.3＝1 后,CPU 读取接收到的消息。

2. 应答远程请求

以邮箱 1 为例,应答远程请求时的步骤如下。

① 将目标邮箱配置为发送邮箱。

② 在使能邮箱前,将 MSGID 寄存器中的自动应答模式位(AAM,即 MSGID.29)置 1。例如,设置 MSGID(1)＝0x35AC0000。

③ 更新邮箱 1 的数据域,即设置 MDL(1)和 MDH(1)的值为 0x xxxxxxxx。

④ 将邮箱使能寄存器 CANME 中的相应位置位以使能邮箱,即设置 CANME.1＝1。

当接收到来自其他节点的远程请求帧时,TRS 标志被自动置位,并且数据被发送到那个节点。接收和发送消息的标识符是相同的,数据发送完成后,发送响应标志位 TA 被置位,然后 CPU 可以再次刷新数据。

3. 刷新数据域

为了刷新已配置为自动应答模式的邮箱数据,需要执行下列操作。

① 在主控制寄存器 CANMC 中置位数据改变请求位 CDR 和目标邮箱的邮箱编号 MBNR,这样就告诉 CAN 模块,CPU 需要修改数据域。例如,对于邮箱 1,可设置 CANMC＝0x0000101。

② 将消息数据写入邮箱数据寄存器。对于邮箱 1,可设置 CANMDL(1)＝0x xxxx0000。

③ 清除 CDR 位(CANMC.8)来使能目标邮箱。例如,可设置 CANMC＝0x00000000。

6.4.4 CAN 模块的中断操作

CAN 模块支持两种类型的中断,一种是与邮箱相关的中断,如接收消息挂起中断、中止操作应答中断;另一种是系统中断,包括错误处理或与系统相关的中断,如消极错误中断、唤醒中断。CAN 模块的中断结构如图 6.11 所示,下列事件可引起邮箱中断或系统中断。

1. 邮箱中断

- 消息接收中断:接收到一条消息;
- 消息发送中断:成功发送一条消息;
- 中止应答中断:中止一个挂起的发送;
- 接收消息丢失中断:在旧消息被读取前,接收到的新消息覆盖了旧消息;
- 邮箱超时中断(仅用于 eCAN 模式):没有在预先设定的时间帧内完成消息发送或接收。

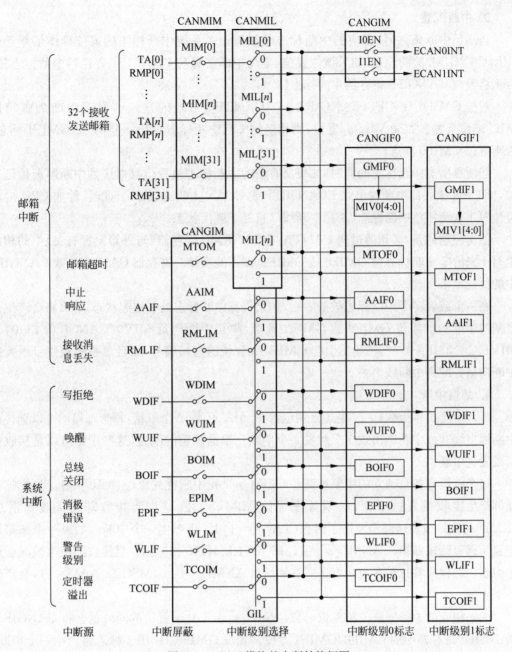

图 6.11 CAN 模块的中断结构框图

2. 系统中断

- 写拒绝中断：CPU 试图对邮箱执行写操作，但被拒绝；
- 唤醒中断：当唤醒 CAN 模块后产生该中断；
- 总线关闭中断：CAN 模块进入总线关闭状态；
- 消极错误中断：CAN 模块进入消极错误模式；
- 警告等级中断：一个或两个错误计数器的值大于等于 96；
- 时间标记计数器溢出中断(仅用于 eCAN 模式)：时间标记计数器的值溢出。

3. 中断配置

当满足中断条件时,相应的中断标志位被置位。系统中断标志的置位操作依赖于位 GIL(CANGIM.2)的设置,如果该位置位,全局中断将置位 CANGIF1 寄存器中的标志位,否则将置位 CANGIF0 寄存器中的标志位。

对位 GMIF0/GMIF1(CANGIF0.15/ CANGIF1.15)的置位与引起中断的邮箱的 MIL[n]位有关。如果 MIL[n]置位,则相应的邮箱中断标志 MIF[n]将置位 GMIF1 标志,否则置位 GMIF0 标志。

当清零所有中断标志的同时,如果又有新的中断标志被置位且对应的中断屏蔽位已置位,则 CAN 模块的中断输出线 ECAN0INT 或 ECAN1INT 被激活。此时,除非 CPU 向相应位写 1 来清零该中断标志,否则中断线一直处于激活状态。

值得注意的是,必须通过向 CANTA 或 CANRMP 寄存器(与邮箱配置有关)中的相应位写 1 来清零中断标志位 GMIF0 或 GMIF1,而不能直接对寄存器 CANGIF0 或 CANGIF1 中的位清零来实现。

在一个或者多个中断标志被清零后,如果仍有中断标志处于挂起状态,那么将会产生一个新的中断。如果位 GMIF0 或 GMIF1 置位,邮箱中断向量 MIV0(CANGIF0.4～0)或 MIV1(CANGIF1.4～0)将给出引起 GMIF0/1 置位的邮箱编号,而且总是邮箱序号最大的中断向量分配到中断线上去。

4. 邮箱中断

eCAN 模式和标准 CAN 模式分别包含 32 个邮箱或 16 个邮箱,每个邮箱均可以选择在中断输出线 0 或中断输出线 1 上触发一个中断。根据邮箱的配置,这些中断可以是接收中断或发送中断。

每个邮箱有各自独立的中断屏蔽位(MIM[n])和中断优先级位(MIL[n])。为使邮箱能够产生接收或发送中断,必须首先置位 MIM[n]位,这样当接收邮箱接收到消息(RMP[n]=1)或发送邮箱发送了消息(TA[n]=1)时,会产生一个中断。如果一个邮箱被配置为远程请求邮箱(CANMD[n]=1,MSGCTRL.RTR=1),则一旦接收到应答帧时会产生中断。远程应答邮箱在成功发送应答帧后(CANMD[n]=0,MSGID.AAM=1),会产生一个中断。

如果相应的中断屏蔽位被置位,当对 RMP[n]或 TA[n]置位的同时也会将 CANGIF0/CANGIF1 寄存器中的 GMIF0/GMIF1 置位。置位 GMIF0/GMIF1 标志将产生一个中断,CPU 可以从位域 MIV0/MIV1 读出相应的邮箱中断向量(等于邮箱编号)。此外,中断产生还与邮箱中断级别寄存器的设置有关。

当通过置位发送请求复位位(TRR[n])中止一个消息的发送时,GIF0/GIF1 寄存器中的中止应答标志(AA[n])和中止应答中断标志(AAIF)被置位。如果已置位 GIM 寄存器中的屏蔽位 AAIM,那么当发送中止时将产生中断。当清除 AA[n]标志位时,同时复位 AAIF0/AAIF1 标志。

当丢失接收消息时,将通过置位消息丢失标志(RML[n])和 GIF0/GIF1 寄存器中的接收消息丢失中断标志(RMLIF0/RMLIF1)来通知用户。如果希望在发生接收消息丢失时产生中断,必须置位 GIM 寄存器中的接收消息丢失中断屏蔽位(RMLIM)。清零 RML[n]标志不会复位标志位 RMLIF0/RMLIF1,这些中断标志必须被单独清除。

在 eCAN 模式下,每个邮箱都有一个相对应的消息对象邮箱超时寄存器(MOTO)。如果发生超时事件(TOS[n]=1),且 CANGIM 寄存器中的邮箱超时中断屏蔽位(MTOM)已置位,那么将通过其中一条中断线产生邮箱超时中断。用户可设置邮箱中断级别位(MIL[n]选择邮箱超时中断所对应的中断线。

5. 中断处理

用户可选择 CAN 模块提供的两条中断线中的一条来触发 CPU 中断。当 CPU 完成中断处理后,通常应该清除中断源,并通过 CPU 清零中断标志。为此,必须清零寄存器 CANGIF0 或 CANGIF1 中的中断标志,这通常是通过对中断标志位写1来实现的。但是还有一些例外情况,如表 6.38 所列。如果没有挂起的中断,那么相应的中断线被释放。

表 6.38 eCAN 模块的中断确认和清除

中断标志	中断条件	GIF0/GIF1 的确定	清除机制
WLIF[n]	一个或两个错误计数器的值大于等于 96	GIL	写1清除标志
EPIF[n]	CAN 模块进入"消极错误"模式	GIL	写1清除标志
BOIF[n]	CAN 模块进入"总线关闭"模式	GIL	写1清除标志
RMLIF[n]	一个接收邮箱发生了溢出事件	GIL	清零已置位的 RMP[n] 位会清零该标志
WUIF[n]	CAN 模块退出局部低功耗模式	GIL	写1清除标志
WDIF[n]	对邮箱的写操作被拒绝	GIL	写1清除标志
AAIF[n]	一个发送请求被中止	GIL	清零已置位的 AA[n] 位会清零该标志
GMIF[n]	一个邮箱成功地发送或接收了一条消息	GIL	对 CANTA 或 CANRMP 寄存器中的相应位写1清除该标志
TCOF[n]	TSC 寄存器的最高位从 0 变为 1	GIL	写1清除标志
MTOF[n]	邮箱没在规定时间内完成消息发送或接收	MIL[n]	清零已置位的 TOS[n] 位会清零该标志

注:
- 中断标志:与 CANGIF0/CANGIF1 寄存器中相应中断标志位的名称相对应;
- 中断条件:该列给出了中断产生的条件;
- GIF0/GIF1 的确定:中断标志位可以在 CANGIF0 或者 CANGIF1 寄存器中置位,这是由 CANGIM 寄存器的 GIL 位或 CANMIL 寄存器的 MIL[n]位来设定的;
- 清除机制:该列描述了如何清除一个中断标志位,有些位可以通过直接写1来清除,其他标志位的清除是通过对 CAN 控制寄存器中一些特定位的操作来实现的。

1)中断处理的配置

中断处理的配置包括对邮箱中断级别寄存器、邮箱中断屏蔽寄存器和全局中断屏蔽寄存器的配置,具体操作步骤如下。

(1)配置中断级别寄存器 CANMIL,定义消息发送成功后在中断线 0 或中断线 1 上产生中断。例如,若设置 CANMIL=0xFFFFFFFF,那么将所有邮箱的中断级别设为 1。

（2）配置邮箱中断屏蔽寄存器CANMIM，屏蔽那些不希望引起中断的邮箱。如果将该寄存器设置为0xFFFFFFFF，这样就使能了所有邮箱的中断，而那些未用到的邮箱无论如何都不会产生中断。

（3）配置全局中断屏蔽寄存器CANGIM。位AAIM、WDIM、WUIM、BOIM、EPIM和WLIM(GIM. 14~9)需要被一直置位以使能这些中断。此外，可以清零GIL(GIM. 2)位来使全局中断与邮箱中断的级别不同，这时应该置位标志位I1EN(GIM. 1)和I0EN(GIM. 0)来使能两条中断线。根据CPU的负荷情况，RMLIM(GIM. 11)也可能被置位。

以上配置将所有的邮箱中断分配给中断线1，而所有的系统中断分配给中断线0。这样，CPU在处理所有的系统中断时具有较高的优先级，而另外一中断条线上的邮箱中断具有较低的中断优先级。需要指出，用户也可以将那些需要具有高优先级的邮箱中断分配至中断线0上。

2) 邮箱中断处理

当一个目标邮箱已经接收或发送了一条消息后，全局邮箱中断标志GMIF0/1置位，相应的邮箱编号保存在MIV0/MIV1(GIF0. 4~0/GIF1. 4~0)中。正常的中断处理过程如下：

（1）中断产生时，读取GIF寄存器的低16位。如果值为负数(GMIF0/1置位)，表明是一个邮箱中断；否则需要检查中止应答中断标志(AAIF0/AAIF1)或接收消息丢失中断标志(RMLIF0/RMLIF1)。如果不是上述情况，则表明发生了系统中断，在这种情况下，需要CPU检查每个系统中断标志。

（2）如果是RMLIF标志引起的中断，表明有一个邮箱的消息被新的消息覆盖。该中断同时会引起一个GMIF0/GMIF1中断。在正常操作状态下，这种情况是不应该发生的。当出现这种情况时，需要CPU对该位写1来清除中断标志，然后检查接收消息丢失寄存器RML，以判断是哪个邮箱引起的中断。在应用系统设计时，用户软件必须能够处理这种可能出现的问题。

（3）如果是AAIF标志引起的中断，表明CPU中止了一次发送操作。此时，CPU应该检查中止应答寄存器(AA. 31~0)，以查出是哪个邮箱导致的中断，并确定是否再次发送该消息。

（4）如果是GMIF0/GMIF1标志引起的中断，可以从MIV0/MIV1域中读取产生中断的邮箱编号，CPU根据这个向量的值跳转到相应的邮箱中断处理程序。如果是接收邮箱，CPU需要读取接收的数据，并对位RMP[n]写1来清除接收消息挂起标志。如果是发送邮箱，在正常发送流程下CPU只需对位TA[n]写1来清除发送响应位。在这种情况下，除非需要发送更多的数据，否则不需要CPU执行其他操作。

3) 中断处理顺序

为了使CPU内核能够识别并处理CAN模块的中断请求，在编写CAN中断服务程序时必须执行以下操作。

（1）清除CANGIF0/CANGIF1寄存器中引起中断的标志位。在该寄存器中有两种类型的标志位：一种是通过对相应的中断标志位写 1 可以清零该位，属于这种情况的标志位包括 TCOF[n]、WDIF[n]、WUIF[n]、BOIF[n]、EPIF[n]、WLIF[n]；另一种是通过对相关寄存器进行位操作来清零中断标志位，这些标志位包括 MTOF[n]、GMIF[n]、AAIF[n] 和 RMLIF[n]。

- MTOF[n] 位的清除是通过清除 TOS 寄存器中的相应位来实现的。例如，如果邮箱 27 发生超时事件导致 MTOF[n] 置位，中断服务程序需要通过清零 TOS[27] 位来清零 MTOF[n] 位。

- GMIF[n] 位的清除是通过清除 TA 或 RMP 寄存器中的相应位来实现的。例如，若邮箱 19 被配置为发送邮箱，且已完成一次发送，则 TA[19] 和 GMIF[n] 被依次置位，中断服务程序需要通过清除 TA[19] 位来清零 GMIF[n] 位。如果邮箱 8 已被配置为接收邮箱，且已完成一次接收，则 RMP[8] 和 GMIF[n] 被依次置位。为了清零 GMIF[n] 位，需要在中断服务程序中清零位 RMP[8]。

- 清零 AAIF[n] 位是通过清除 AA 寄存器中的相应位来实现的。例如，如果邮箱 13 的发送被中止导致 AAIF[n] 置位，那么需要在中断服务程序中通过清零 AA[13] 位来清零 AAIF[n] 位。

- 清零 RMLIF[n] 位是通过清零 RMP 寄存器中的相应位来实现的。例如，如果邮箱 13 发生消息覆盖事件导致 RMLIF[n] 置位，那么在中断服务子程序中要通过清零 RMP[13] 位来清零 RMLIF[n] 位。

(2) 与 CAN 模块中断对应的中断确认位 PIEACK 位必须设置为 1，例如：

```
PieCtrlRegs.PIEACK.bit.ACK9 = 1;          //使能 PIE 向 CPU 发送中断确认脉冲
```

(3) 使能 CAN 模块到 CPU 的中断线，例如：

```
IER| = 0x0100;                            //使能 INT9,外设中断分组见表 2.24
```

(4) 清除 INTM 位，使能 CPU 的全局中断。

```
EINT;                                     //#define EINT asm(" clrc INTM")
```

6.4.5 CAN 模块的掉电模式

CAN 模块支持局部掉电模式，以降低系统功耗和网络负荷。

1. 进入/退出局部掉电模式

在局部掉电模式下，CAN 模块的时钟被关闭，只有唤醒逻辑处于工作状态，而 DSP 片内的其他外设不受影响。当对位 PDR(CANMC.11) 写 1 时，请求进入局部掉电模式，这时允许完成正在进行的数据包传送。当传送完成后，状态位 PDA(CANES.3) 置位，通过该位可以确认 CAN 模块已进入掉电模式。在局部掉电模式下，寄存器 CANES 的读出值为 0x08(仅 PDA 位置位)，而其他 CAN 寄存器的读出值均为 0x00。

当软件清除 PDR 位或者在 CAN 总线上检测到任何总线激活事件后(需要使能总线唤醒功能)，CAN 模块将退出局部掉电模式。可以通过配置 CANMC 寄存器的 WUBA 位来使能或禁止总线自动唤醒功能。如果总线上有激活动作,CAN 模块将开始顺序上电,直到在 CANRX 引脚检测到 11 个连续的隐性位后,CAN 模块进入总线激活状态。值得注意的是,用来激活总线的第一条消息无法被正确地接收到,这意味着将 CAN 模块从掉电模式自动唤醒时,接收到的第一条消息将被丢失。

当退出休眠模式后,PDR 和 PDA 位均被清零,而 CAN 模块的错误计数器保持不变。

如果当位 PDR 置位时,CAN 模块正在传送消息,传送操作将继续进行直至完成一次成功的传送、发生仲裁丢失事件或 CAN 总线上发生错误。然后,PDA 位被置位,CAN 模块进入掉电模式,这样可以避免在 CAN 总线上出现错误。

要实现局部掉电模式,需要使用 CAN 模块中的两个独立时钟。其中,一个时钟一直处于工作状态,保证掉电模式的操作,即唤醒逻辑和对 PDA 位的读写操作;另一个时钟根据 PDR 位的设置处于开启或关闭状态。

2. DSP 芯片进入和退出低功耗模式时的注意事项

在 C28x 系列 DSP 器件的两种低功耗模式,即 STANDBY(待机)和 HALT(停止)模式下,外设时钟被关闭。由于 CAN 模块连接在由多节点构成的网络上,在器件进入和退出诸如待机和停止等低功耗模式时须特别注意,一个 CAN 信息包必须被所有的节点完整接收。如果消息发送过程被中途停止,这个中止的数据包将违反 CAN 协议,从而导致网络上的所有节点产生一个错误帧。

同样,节点也不能够突然退出低功耗模式。例如,如果当一个节点退出低功耗模式时,CAN 总线上正在传输数据,该节点会从总线上收到一个不完整的数据包,从而会产生错误帧并干扰总线的正常传输。

在使 DSP 芯片进入低功耗模式时,必须考虑以下两点。

(1) CAN 模块已经完成传送最后一个请求传送的数据包;

(2) CAN 模块已经通知 CPU 准备好进入低功耗模式。

也就是说,只有当 CAN 模块进入局部低功耗模式后,DSP 芯片才能进入低功耗模式。

6.5 eCAN 模块的应用

6.5.1 CAN 网络接口

在了解 eCAN 模块的配置和邮箱收发操作后,就可以利用 CAN 模块构建基于总线的通信网络。为使各个 CAN 总线节点的电平符合高速 CAN 总线的电平特性,在各个节点和 CAN 总线之间需要配置电平转换器件。典型的 CAN 网络及其物理连接关系见图 6.12,图中 CAN 总线收发器采用 TI 公司的接口芯片 SN65HVD230(符合 ISO 11898),它将 eCAN 模块的发送信号 CANTX、接收信号 CANRX 转换为差分的 CAN 总线信号 CANH、CANL,总线传输速率可达 1Mb/s,支持后备模式以降低功耗,允许总线上挂接多达 120 个节点,采用 3.3V 电压供电。此外,ISO 11898 标准要求 CAN 总线上的终端节点两端并联 120Ω 的匹配电阻,以避免总线上传输的信号产生反射。

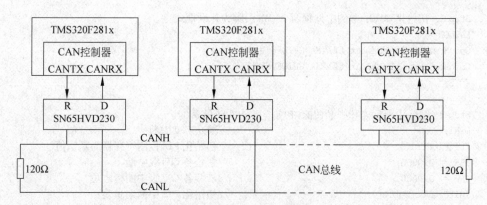

图 6.12 采用 TMS320F281x 构成的 CAN 网络

6.5.2 eCAN 模块应用举例

本节通过一个简单的例程说明 eCAN 模块的编程和应用方法。例程中假设 CAN 模块：

（1）工作于自测试模式下，即在同一 CAN 模块内部的邮箱间发送/接收消息；

（2）使能增强模式，邮箱 0～15 用于发送消息，邮箱 16～31 采用查询方式接收消息，其中邮箱 0 发送消息给邮箱 16，邮箱 1 发送消息给邮箱 17，依次类推；

（3）发送和接收邮箱的数据长度为 8 个字节；

（4）通信波特率设为 1Mb/s；

（5）校验接收到的数据，如果数据通信出现错误，那么记录出错次数。

```c
# include "DSP281x_Device.h"          //DSP281x Headerfile Include File
# include "DSP281x_Examples.h"        //DSP281x Examples Include File

void mailbox_check(int32 T1, int32 T2, int32 T3);
void mailbox_read(int16 i);
Uint32 ErrorCount;
Uint32 MessageReceivedCount;
Uint32 TestMbox1 = 0;
Uint32 TestMbox2 = 0;
Uint32 TestMbox3 = 0;

void main(void)
{
    Uint16 j;

    //eCAN 模块的控制寄存器需要 CPU 读写访问时采用 32 位方式,本例中创建一组映射寄存器,借助
    //于这些映射寄存器来实现 32 位访问方式
    struct ECAN_REGS ECanaShadow;

//Step 1. 初始化系统控制：PLL,看门狗,使能外设时钟
    InitSysCtrl();                    //本例必须使能 eCAN 时钟,见 2.1.3 节
```

```
//Step 2. 初始化 GPIO：本例中配置两个 CAN 引脚为外设模式
    EALLOW;
    GpioMuxRegs.GPFMUX.bit.CANTXA_GPIOF6 = 1;
    GpioMuxRegs.GPFMUX.bit.CANRXA_GPIOF7 = 1;
    EDIS;

//Step 3. 清除中断标志和中断使能，初始 PIE 中断向量表
    DINT;                                   //禁止 CPU 中断
    InitPieCtrl();                          //初始化 PIE 控制寄存器为默认值
    IER = 0x0000;                           //禁止各 CPU 级中断
    IFR = 0x0000;                           //清零各 CPU 级中断标志位
    InitPieVectTable();                     //初始化 PIE 中断向量表

//Step 4. 初始化各外设模块
    //InitPeripherals();                    //本例中只用到 CAN 模块，可不必包含外设初始化

//Step 5. 与具体任务有关的代码
    MessageReceivedCount = 0;               //计数接收消息次数
    ErrorCount = 0;                         //计数通信出错次数

//eCAN 模块的控制寄存器需要采用 32 位方式进行访问，如果仅希望修改其中的某一位，编译器会
//将其分成两次 16 位的访问。一种解决办法是借助于映射寄存器，实现对 CAN 控制器的 32 位操
//作，具体方法包括：(1)读取整个寄存器的值给映射寄存器；(2)修改映射寄存器的某些位；
//(3)将修改后的值以 32 位方式赋值给 CAN 寄存器
//配置 eCAN 模块的 CANRX 和 CANTX 引脚为接收和发送引脚
    EALLOW;
    ECanaShadow.CANTIOC.all = ECanaRegs.CANTIOC.all;
    ECanaShadow.CANTIOC.bit.TXFUNC = 1;
    ECanaRegs.CANTIOC.all = ECanaShadow.CANTIOC.all;
    ECanaShadow.CANRIOC.all = ECanaRegs.CANRIOC.all;
    ECanaShadow.CANRIOC.bit.RXFUNC = 1;
    ECanaRegs.CANRIOC.all = ECanaShadow.CANRIOC.all;
    EDIS;

//禁止所有的邮箱，对整个 32 位寄存器值进行写操作时无须映射寄存器
    ECanaRegs.CANME.all = 0;

//初始化发送邮箱 0～15 的 MSGID 寄存器
    ECanaMboxes.MBOX0.MSGID.all = 0x9555AAA0;
    ECanaMboxes.MBOX1.MSGID.all = 0x9555AAA1;
    ECanaMboxes.MBOX2.MSGID.all = 0x9555AAA2;
    ECanaMboxes.MBOX3.MSGID.all = 0x9555AAA3;
    ECanaMboxes.MBOX4.MSGID.all = 0x9555AAA4;
    ECanaMboxes.MBOX5.MSGID.all = 0x9555AAA5;
    ECanaMboxes.MBOX6.MSGID.all = 0x9555AAA6;
    ECanaMboxes.MBOX7.MSGID.all = 0x9555AAA7;
    ECanaMboxes.MBOX8.MSGID.all = 0x9555AAA8;
    ECanaMboxes.MBOX9.MSGID.all = 0x9555AAA9;
    ECanaMboxes.MBOX10.MSGID.all = 0x9555AAAA;
    ECanaMboxes.MBOX11.MSGID.all = 0x9555AAAB;
    ECanaMboxes.MBOX12.MSGID.all = 0x9555AAAC;
```

```
ECanaMboxes.MBOX13.MSGID.all = 0x9555AAAD;
ECanaMboxes.MBOX14.MSGID.all = 0x9555AAAE;
ECanaMboxes.MBOX15.MSGID.all = 0x9555AAAF;

//初始化接收邮箱16～31的MSGID寄存器
ECanaMboxes.MBOX16.MSGID.all = 0x9555AAA0;
ECanaMboxes.MBOX17.MSGID.all = 0x9555AAA1;
ECanaMboxes.MBOX18.MSGID.all = 0x9555AAA2;
ECanaMboxes.MBOX19.MSGID.all = 0x9555AAA3;
ECanaMboxes.MBOX20.MSGID.all = 0x9555AAA4;
ECanaMboxes.MBOX21.MSGID.all = 0x9555AAA5;
ECanaMboxes.MBOX22.MSGID.all = 0x9555AAA6;
ECanaMboxes.MBOX23.MSGID.all = 0x9555AAA7;
ECanaMboxes.MBOX24.MSGID.all = 0x9555AAA8;
ECanaMboxes.MBOX25.MSGID.all = 0x9555AAA9;
ECanaMboxes.MBOX26.MSGID.all = 0x9555AAAA;
ECanaMboxes.MBOX27.MSGID.all = 0x9555AAAB;
ECanaMboxes.MBOX28.MSGID.all = 0x9555AAAC;
ECanaMboxes.MBOX29.MSGID.all = 0x9555AAAD;
ECanaMboxes.MBOX30.MSGID.all = 0x9555AAAE;
ECanaMboxes.MBOX31.MSGID.all = 0x9555AAAF;

ECanaRegs.CANMD.all = 0xFFFF0000;        //配置邮箱0～15为发送,邮箱16～31为接收
ECanaRegs.CANME.all = 0xFFFFFFFF;        //使能全部邮箱

//指定发送和接收邮箱的数据长度为8个字节
ECanaMboxes.MBOX0.MSGCTRL.bit.DLC = 8;
ECanaMboxes.MBOX1.MSGCTRL.bit.DLC = 8;
ECanaMboxes.MBOX2.MSGCTRL.bit.DLC = 8;
ECanaMboxes.MBOX3.MSGCTRL.bit.DLC = 8;
ECanaMboxes.MBOX4.MSGCTRL.bit.DLC = 8;
ECanaMboxes.MBOX5.MSGCTRL.bit.DLC = 8;
ECanaMboxes.MBOX6.MSGCTRL.bit.DLC = 8;
ECanaMboxes.MBOX7.MSGCTRL.bit.DLC = 8;
ECanaMboxes.MBOX8.MSGCTRL.bit.DLC = 8;
ECanaMboxes.MBOX9.MSGCTRL.bit.DLC = 8;
ECanaMboxes.MBOX10.MSGCTRL.bit.DLC = 8;
ECanaMboxes.MBOX11.MSGCTRL.bit.DLC = 8;
ECanaMboxes.MBOX12.MSGCTRL.bit.DLC = 8;
ECanaMboxes.MBOX13.MSGCTRL.bit.DLC = 8;
ECanaMboxes.MBOX14.MSGCTRL.bit.DLC = 8;
ECanaMboxes.MBOX15.MSGCTRL.bit.DLC = 8;

//由于复位时RTR位的值是不确定的,必须将其初始化。这里假定没有远程帧请求
ECanaMboxes.MBOX0.MSGCTRL.bit.RTR = 0;
ECanaMboxes.MBOX1.MSGCTRL.bit.RTR = 0;
ECanaMboxes.MBOX2.MSGCTRL.bit.RTR = 0;
ECanaMboxes.MBOX3.MSGCTRL.bit.RTR = 0;
ECanaMboxes.MBOX4.MSGCTRL.bit.RTR = 0;
ECanaMboxes.MBOX5.MSGCTRL.bit.RTR = 0;
ECanaMboxes.MBOX6.MSGCTRL.bit.RTR = 0;
```

```
ECanaMboxes.MBOX7.MSGCTRL.bit.RTR = 0;
ECanaMboxes.MBOX8.MSGCTRL.bit.RTR = 0;
ECanaMboxes.MBOX9.MSGCTRL.bit.RTR = 0;
ECanaMboxes.MBOX10.MSGCTRL.bit.RTR = 0;
ECanaMboxes.MBOX11.MSGCTRL.bit.RTR = 0;
ECanaMboxes.MBOX12.MSGCTRL.bit.RTR = 0;
ECanaMboxes.MBOX13.MSGCTRL.bit.RTR = 0;
ECanaMboxes.MBOX14.MSGCTRL.bit.RTR = 0;
ECanaMboxes.MBOX15.MSGCTRL.bit.RTR = 0;

//往邮箱0~15的RAM中写8个字节的发送数据
ECanaMboxes.MBOX0.MDL.all = 0x9555AAA0;
ECanaMboxes.MBOX0.MDH.all = 0x89ABCDEF;
ECanaMboxes.MBOX1.MDL.all = 0x9555AAA1;
ECanaMboxes.MBOX1.MDH.all = 0x89ABCDEF;
ECanaMboxes.MBOX2.MDL.all = 0x9555AAA2;
ECanaMboxes.MBOX2.MDH.all = 0x89ABCDEF;
ECanaMboxes.MBOX3.MDL.all = 0x9555AAA3;
ECanaMboxes.MBOX3.MDH.all = 0x89ABCDEF;
ECanaMboxes.MBOX4.MDL.all = 0x9555AAA4;
ECanaMboxes.MBOX4.MDH.all = 0x89ABCDEF;
ECanaMboxes.MBOX5.MDL.all = 0x9555AAA5;
ECanaMboxes.MBOX5.MDH.all = 0x89ABCDEF;
ECanaMboxes.MBOX6.MDL.all = 0x9555AAA6;
ECanaMboxes.MBOX6.MDH.all = 0x89ABCDEF;
ECanaMboxes.MBOX7.MDL.all = 0x9555AAA7;
ECanaMboxes.MBOX7.MDH.all = 0x89ABCDEF;
ECanaMboxes.MBOX8.MDL.all = 0x9555AAA8;
ECanaMboxes.MBOX8.MDH.all = 0x89ABCDEF;
ECanaMboxes.MBOX9.MDL.all = 0x9555AAA9;
ECanaMboxes.MBOX9.MDH.all = 0x89ABCDEF;
ECanaMboxes.MBOX10.MDL.all = 0x9555AAAA;
ECanaMboxes.MBOX10.MDH.all = 0x89ABCDEF;
ECanaMboxes.MBOX11.MDL.all = 0x9555AAAB;
ECanaMboxes.MBOX11.MDH.all = 0x89ABCDEF;
ECanaMboxes.MBOX12.MDL.all = 0x9555AAAC;
ECanaMboxes.MBOX12.MDH.all = 0x89ABCDEF;
ECanaMboxes.MBOX13.MDL.all = 0x9555AAAD;
ECanaMboxes.MBOX13.MDH.all = 0x89ABCDEF;
ECanaMboxes.MBOX14.MDL.all = 0x9555AAAE;
ECanaMboxes.MBOX14.MDH.all = 0x89ABCDEF;
ECanaMboxes.MBOX15.MDL.all = 0x9555AAAF;
ECanaMboxes.MBOX15.MDH.all = 0x89ABCDEF;

EALLOW;
ECanaRegs.CANMIM.all = 0xFFFFFFFF;
//请求修改配置寄存器
ECanaShadow.CANMC.all = ECanaRegs.CANMC.all;
ECanaShadow.CANMC.bit.CCR = 1;
ECanaRegs.CANMC.all = ECanaShadow.CANMC.all;
EDIS;
```

```
//等待 CCE 位置 1,表明允许 CPU 修改配置寄存器
do
{
  ECanaShadow.CANES.all = ECanaRegs.CANES.all;
} while(ECanaShadow.CANES.bit.CCE != 1 );

//配置 eCAN 模块的时序
EALLOW;
ECanaShadow.CANBTC.all = ECanaRegs.CANBTC.all;
ECanaShadow.CANBTC.bit.BRPREG = 9;              //(BRPREG + 1) = 10, CAN 时钟为 15MHz
ECanaShadow.CANBTC.bit.TSEG2REG = 5 ;
ECanaShadow.CANBTC.bit.TSEG1REG = 7;            //位时间 = 15,波特率为 1Mb/s
ECanaRegs.CANBTC.all = ECanaShadow.CANBTC.all;
ECanaShadow.CANMC.all = ECanaRegs.CANMC.all;
ECanaShadow.CANMC.bit.CCR = 0;
ECanaRegs.CANMC.all = ECanaShadow.CANMC.all;
EDIS;

//等待直到不允许 CPU 修改配置寄存器
do
{
  ECanaShadow.CANES.all = ECanaRegs.CANES.all;
} while(ECanaShadow.CANES.bit.CCE != 0 );

//配置 eCAN 模块工作于自测试模式,使能 eCAN 的增强功能
EALLOW;
ECanaShadow.CANMC.all = ECanaRegs.CANMC.all;
ECanaShadow.CANMC.bit.STM = 1;                  //配置 CAN 为自测试模式
ECanaShadow.CANMC.bit.SCB = 1;                  //工作于 eCAN 模式
ECanaRegs.CANMC.all = ECanaShadow.CANMC.all;
EDIS;

//开始发送
while(1)
{
    ECanaRegs.CANTRS.all = 0x0000FFFF;          //置位所有发送邮箱的 TRS
    while(ECanaRegs.CANTA.all != 0x0000FFFF ) {} //等待所有的 TA[n]位被置位
    ECanaRegs.CANTA.all = 0x0000FFFF;           //清零所有的 TA[n]位
    MessageReceivedCount ++ ;
    //读取接收邮箱中的数据,并校验数据的正确性
    for(j = 0; j<16; j ++ )                     //读取并检查 16 个邮箱
    {
        mailbox_read(j);                        //读取指定邮箱中的数据
        mailbox_check(TestMbox1,TestMbox2,TestMbox3); //校验接收的数据
    }
}
}


void mailbox_read(int16 MBXnbr)
{
```

```
    volatile struct MBOX * Mailbox;
    Mailbox = &ECanaMboxes.MBOX0 + MBXnbr;
    TestMbox1 = Mailbox->MDL.all;        // = 0x9555AAAn (n 为邮箱序号)
    TestMbox2 = Mailbox->MDH.all;        // = 0x89ABCDEF (常数)
    TestMbox3 = Mailbox->MSGID.all;      // = 0x9555AAAn (n 为邮箱序号)
}

void mailbox_check(int32 T1, int32 T2, int32 T3)
{
    if((T1 != T3) || ( T2 != 0x89ABCDEF))
    {
        ErrorCount ++ ;
    }
}
```

6.5.3　eCAN 模块点对点通信举例

本节结合实例进一步说明 eCAN 模块的编程和应用方法。例程中假设 eCAN 模块：

(1) 采用图 6.12 所示网络结构,网络中有两个 CAN 通信节点;

(2) 给出其中一个节点的应用程序,使能增强模式,邮箱 0 用于发送消息,邮箱 1 用于接收来自另一个设备的消息;

(3) 发送和接收邮箱的数据长度为 8 个字节;

(4) 通信波特率设为 500kb/s;

(5) 发送及接收的数据中包含浮点类型数据,约定浮点数据置于邮箱的高 4 字节(MDH),字节存放顺序同 DBO=0。

```
//变量定义
unsigned long int Ecan_Receive_Data[10];
unsigned long int Ecan_Instuction = 0, Ecan_Instuction_Receive = 0;
unsigned long int temper = 0, temper1 = 0, temper2 = 0, temper3 = 0, temper4 = 0;
double Tem_Value = 0.0;
double Tem_Current = 0.0, Tem_Instruction = 0.0;
void Ecan_Init ( void )                              //eCAN 模块初始化设置子程序
{
    EALLOW;
    * CANTIOC = ( * CANTIOC) | 0x08;                 //CANTX 引脚用于 CAN 发送操作
    * CANRIOC = ( * CANRIOC) | 0x08;                 //CANRX 引脚用于 CAN 接收操作
    * CANMC = ( * CANMC)& 0xffbf;                    //CAN 模块工作于正常模式
    * MBOX0_MSGCTRL = 0x00000000;                    //CAN 模块初始化之前,消息控制寄存器所有位置零
    * MBOX1_MSGCTRL = 0x00000000;
    * CANTA = 0xffffffff;                            //清除所有 TAN 位
    * CANRMP = 0xffffffff;                           //清除所有 RMP 位
    * CANMC = ( * CANMC) | 0x00001000;               //请求 CPU 修改配置寄存器,CCR = 1
    while ( (( * CANES) & 0x10)!= 0x10 ){;}          //等待,直到 CPU 允许修改,CCE = 1
    * CANBTC = 0x0e03d7;              //BRP = 15,位时间 = 20,SYSCLKOUT = 150MHz,波特率 500kb/s
    * CANMC = ( * CANMC) & 0xffffefff;               //取消请求,CCR = 0,DBO = 0
    while ( (( * CANES) & 0x10)!= 0x00 ){;}          //等待,直到 CPU 不允许修改,CCE = 0
    * CANME = ( * CANME) & 0xfffffffe;               //屏蔽邮箱,在写 MSGID 寄存器之前需完成该操作
```

```
    * MBOX0_MSGID = 0x1b680000;                      //设置发送邮箱 0 的标识符 0x6da
    * MBOX1_MSGID = 0x5b640000;                      //设置接收邮箱 1 的标识符 0x6d9
    * CANMD = (( * CANMD)|0x2) & 0xfffffffe;         //设置邮箱 0 为发送邮箱,1 为接收邮箱
    * CANME = ( * CANME)|0x3;                        //邮箱 0、1 使能
    * MBOX0_MSGCTRL = ( ( * MBOX0_MSGCTRL) | 0x8 ) & 0xfffffff8;          //发送 8 个字节
    * MBOX1_MSGCTRL = ( ( * MBOX1_MSGCTRL) | 0x8 ) & 0xfffffff8;          //接收 8 个字节
    * MBOX0_LAM = 0x8003ffff;
                    //局部接收屏蔽滤波器,对于标准帧模式,第18~28位标识符被使用,其余位置1
    * MBOX1_LAM = 0x8003ffff;
    EDIS;
}
void Ecan_Send( void ) //CAN 数据发送子程序
{
    Ecan_Instuction = 0xA5;
    Ecan_Instuction = (Ecan_Instuction << 24) & 0xff000000;
    * MBOX0_MDL = Ecan_Instuction;                   //将无符号长整型指令写入邮箱 0 的低 4 字节
    Tem_Value = 35.339;
    memcpy(&temper,&Tem_Value,sizeof(double));
                            //对浮点数进行内存复制,复制结果存入一无符号长整型数
    temper1 = (temper << 24) & 0xff000000;
                            //将无符号长整型数进行移位,使低位放入 MDH 寄存器的 24~31 位
    temper2 = (temper << 8) & 0x00ff0000;
    temper3 = (temper >> 8) & 0x0000ff00;
    temper4 = (temper >> 24) & 0x000000ff;
    temper1 = temper1 + temper2 + temper3 + temper4;
                            //移位后的数据重新合成为一个无符号长整型数
    * MBOX0_MDH = temper1;                           //将处理后的浮点数写入邮箱 0 的高 4 字节
    * CANTRS = ( * CANTRS)|0x01;                     //发送请求 TRS0 置 1,开始发送
}
void Ecan_Receive( void ) //CAN 数据接收子程序
{
    if( (( * CANRMP) & 0x02) == 0x02 )               //如果邮箱 1 收到消息
    {
        Ecan_Receive_Data[3] = ( * MBOX1_MDL) & 0xff; //先接收邮箱 1 的低 4 字节指令数据
        Ecan_Receive_Data[2] = ( ( * MBOX1_MDL)>> 8) & 0xff;
        Ecan_Receive_Data[1] = ( ( * MBOX1_MDL)>> 16) & 0xff;
        Ecan_Receive_Data[0] = ( ( * MBOX1_MDL)>> 24) & 0xff;
        Ecan_Receive_Data[7] = ( * MBOX1_MDH) & 0xff; //后接收邮箱 1 的高 4 字节浮点数据
        Ecan_Receive_Data[6] = ( ( * MBOX1_MDH)>> 8) & 0xff;
        Ecan_Receive_Data[5] = ( ( * MBOX1_MDH)>> 16) & 0xff;
        Ecan_Receive_Data[4] = ( ( * MBOX1_MDH)>> 24) & 0xff;
        Ecan_Instuction_Receive = 0;
        Ecan_Instuction_Receive = (Ecan_Receive_Data[7]<< 24)&0xff000000 + (Ecan_Receive_Data
[6]<< 16)&0x00ff0000 + (Ecan_Receive_Data[5]<< 8)&0x0000ff00 + (Ecan_Receive_Data
[4])&0x000000ff;
        memcpy(&Tem_Current, & Ecan_Instuction_Receive, sizeof(double));
                                //对接收数据进行内存复制,复制结果存入一浮点数
        * CANRMP = * CANRMP | 0x02;                  //读完数据后,清零对应位的接收消息挂起寄存器
    }
}
```

习题与思考题

1. 与串行通信接口(SCI)相比,采用 CAN 总线通信接口有何特点?

2. 比较并简述 eCAN 和 SCI 分别是如何实现多机通信的。

3. 简述 CAN 总线通信协议是如何保证数据通信的可靠性的。

4. 结合 6.5 节的例程简述 eCAN 模块的初始化流程。

5. 结合表 6.35～表 6.37,简述如何设置 eCAN 模块的通信波特率。

6. 假定 eCAN 模块:(1)工作于自测试模式;(2)邮箱 0 用于发送数据,邮箱 1 用于接收数据;(3)采用中断方式接收数据。试编程实现上述要求。

## 第 7 章

事件管理器

C2000 系列 DSP 片内集成的事件管理器模块提供了强大的控制功能,特别适用于电机控制和运动控制等领域。F281x 器件提供了两个事件管理器模块 EV A 和 EV B,EV A 和 EV B 的结构、功能完全相同,可以方便地实现多轴运动控制。每个事件管理器包括通用定时器、比较单元与 PWM 产生电路、捕获单元(CAP)以及正交编码脉冲电路(QEP)。其中,通用定时器为事件管理器提供时间基准,也可用于产生定时器中断。在电机控制应用中,每个事件管理器能够提供三对互补的 PWM 信号输出,可用于控制一台三相全桥驱动的交流电机;同时每个事件管理器还可提供两路独立的 PWM 输出,这些 PWM 信号也可以作为 D/A 转换器使用。捕获单元可以精密测量外部事件发生的时刻,常用于直流无刷电机的电子换向和转速测量。正交编码脉冲电路可实现与增量式光电编码器等测角元件的无缝接口,实现运动控制系统的转角或位移检测。

7.1 事件管理器概述

F281x 的两个事件管理器均由通用定时器、比较单元与 PWM 产生电路、捕获单元以及正交编码脉冲电路组成,事件管理器的接口框图如图 7.1 所示。

两个事件管理器模块 EV A 和 EV B 的功能、结构相同,采用高速外设时钟作为时钟源,具有各自的时钟使能控制、控制寄存器、外设中断信号和外部引脚。表 7.1 按功能给出了 EV A 和 EV B 的所有寄存器地址及其简要功能描述。其中,EV A 的起始地址是7400H,EV B 的起始地址是 7500H,对应寄存器的偏移地址是相同的。

表 7.1 EV A 和 EV B 的寄存器

EV A		EV B		寄存器功能描述
寄存器	地址	寄存器	地址	
通用定时器寄存器				
GPTCONA	7400H	GPTCONB	7500H	通用定时器全局控制寄存器
T1CNT	7401H	T3CNT	7501H	定时器 1/3 的计数寄存器
T1CMPR	7402H	T3CMPR	7502H	定时器 1/3 的比较寄存器
T1PR	7403H	T3PR	7503H	定时器 1/3 的周期寄存器
T1CON	7404H	T3CON	7504H	定时器 1/3 的控制寄存器
T2CNT	7405H	T4CNT	7505H	定时器 2/4 的计数寄存器
T2CMPR	7406H	T4CMPR	7506H	定时器 2/4 的比较寄存器

续表

EV A		EV B		寄存器功能描述
寄存器	地址	寄存器	地址	
通用定时器寄存器				
T2PR	7407H	T4PR	7507H	定时器 2/4 的周期寄存器
T2CON	7408H	T4CON	7508H	定时器 2/4 的控制寄存器
扩展功能控制寄存器				
EXTCONA	7409H	EXTCONB	7509H	扩展功能控制寄存器
比较单元寄存器				
COMCONA	7411H	COMCONB	7511H	比较控制寄存器
ACTRA	7413H	ACTRB	7513H	比较方式控制寄存器
DBTCONA	7415H	DBTCONB	7515H	死区时间控制寄存器
CMPR1	7417H	CMPR4	7517H	比较寄存器 1/4
CMPR2	7418H	CMPR5	7518H	比较寄存器 2/5
CMPR3	7419H	CMPR6	7519H	比较寄存器 3/6
捕获单元寄存器				
CAPCONA	7420H	CAPCONB	7520H	捕获控制寄存器
CAPFIFOA	7422H	CAPFIFOB	7522H	捕获 FIFO 状态寄存器
CAP1FIFO	7423H	CAP4FIFO	7523H	捕获单元 1/4 的 FIFO 栈顶寄存器
CAP2FIFO	7424H	CAP5FIFO	7524H	捕获单元 2/5 的 FIFO 栈顶寄存器
CAP3FIFO	7425H	CAP6FIFO	7525H	捕获单元 3/6 的 FIFO 栈顶寄存器
CAP1FBOT	7427H	CAP4FBOT	7527H	捕获单元 1/4 的 FIFO 栈底寄存器
CAP2FBOT	7428H	CAP5FBOT	7528H	捕获单元 2/5 的 FIFO 栈底寄存器
CAP3FBOT	7429H	CAP6FBOT	7529H	捕获单元 3/6 的 FIFO 栈底寄存器
中断寄存器				
EVAIMRA	742CH	EVBIMRA	752CH	中断屏蔽寄存器 A
EVAIMRB	742DH	EVBIMRB	752DH	中断屏蔽寄存器 B
EVAIMRC	742EH	EVBIMRC	752EH	中断屏蔽寄存器 C
EVAIFRA	742FH	EVBIFRA	752FH	中断标志寄存器 A
EVAIFRB	7430H	EVBIFRB	7530H	中断标志寄存器 B
EVAIFRC	7431H	EVBIFRC	7531H	中断标志寄存器 C

　　表 7.2 列出了 EV A 和 EV B 的功能模块及其外部信号。其中,捕获单元和 QEP 电路的引脚是复用的。下面以 EV A 为例,介绍事件管理器的各个功能模块,EV A 的功能框图见图 7.2。

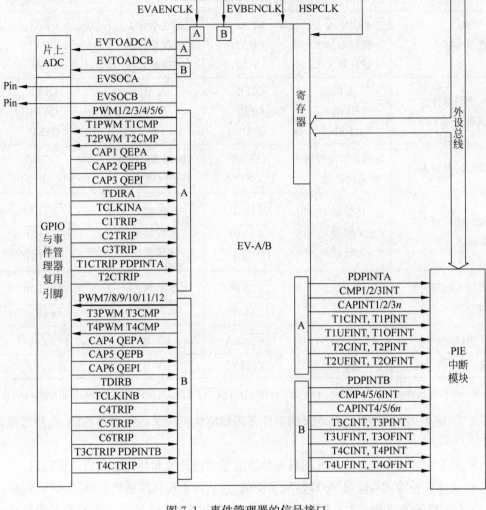

图 7.1 事件管理器的信号接口

表 7.2 **EV A 和 EV B 模块的信号名称**

事件管理器 功能模块	事件管理器 A		事件管理器 B	
	功能模块	外部引脚信号	功能模块	外部引脚信号
通用定时器的 PWM 或比较输出	通用定时器 1	T1PWM/T1CMP	通用定时器 3	T3PWM/T3CMP
	通用定时器 2	T2PWM/T2CMP	通用定时器 4	T4PWM/T4CMP
全比较单元的互补 PWM 输出	比较器 1	PWM1/2	比较器 4	PWM7/8
	比较器 2	PWM3/4	比较器 5	PWM9/10
	比较器 3	PWM5/6	比较器 6	PWM11/12

续表

事件管理器功能模块	事件管理器 A		事件管理器 B	
	功能模块	外部引脚信号	功能模块	外部引脚信号
捕捉单元输入	捕捉单元 1 捕捉单元 2 捕捉单元 3	CPA1 CPA2 CPA3	捕捉单元 4 捕捉单元 5 捕捉单元 6	CPA4 CPA5 CPA6
正交编码脉冲电路输入(QEP)	A 相 B 相 I 相	QEP1 QEP2 QEPI1	A 相 B 相 I 相	QEP3 QEP4 QEPI2
外部定时器输入	定时器方向控制 外部时钟输入	TDIRA TCLKINA	定时器方向控制 外部时钟输入	TDIRB TCLKINB
外部的比较器触发输入	比较器 1 比较器 2 比较器 3	$\overline{\text{C1TRIP}}$ $\overline{\text{C2TRIP}}$ $\overline{\text{C3TRIP}}$	比较器 4 比较器 5 比较器 6	$\overline{\text{C4TRIP}}$ $\overline{\text{C5TRIP}}$ $\overline{\text{C6TRIP}}$
外部输入的定时器比较触发	定时器 1 定时器 2	$\overline{\text{T1TRIP}}$ $\overline{\text{T2TRIP}}$	定时器 3 定时器 4	$\overline{\text{T3TRIP}}$ $\overline{\text{T4TRIP}}$
功率模块保护输入	EV A	$\overline{\text{PDPINTA}}$	EV B	$\overline{\text{PDPINTB}}$
外部 ADC 启动输出	EV A	EVASOC	EV B	EVBSOC

注：在 240x 兼容模式下，$\overline{\text{T1CTRIP}}$/$\overline{\text{PDPINTA}}$引脚用作$\overline{\text{PDPINTA}}$，$\overline{\text{T3CTRIP}}$/$\overline{\text{PDPINTB}}$引脚用作$\overline{\text{PDPINTB}}$。

与 240x 系列 DSP 相比，F281x 的事件管理器模块扩展了一些增强功能，这些增强特性包括：

- 每个定时器和全比较单元均具有独立的输出使能位和外部触发输入引脚；
- 允许事件管理器输出 A/D 转换启动信号，从而实现与高精度的外部 ADC 同步；
- CAP3/6 被重命名为 CAP3/6_QEPI1/2，通过 QEP 模块可以实现与工业标准的三线制增量式光电编码器的无缝接口。

用户可以通过扩展控制寄存器 EXTCONA/B 来使能或禁止这些增强的功能，表 7.3 列出了扩展控制寄存器 EXTCONA 的功能描述。设置 EXTCONx(x＝A 或 B)寄存器的目的是为了使 F281x 能够向下兼容 240x 的事件管理器模块。通过 EXTCONx 使能或禁止事件管理器中这些增强的功能，便于用户在应用增强特性和保持与已有代码的兼容性间进行选择。

这两个控制寄存器的功能相同，只是分别用于控制事件管理器 A 和事件管理器 B 的增强功能，默认情况下这些增强功能是被禁止的。

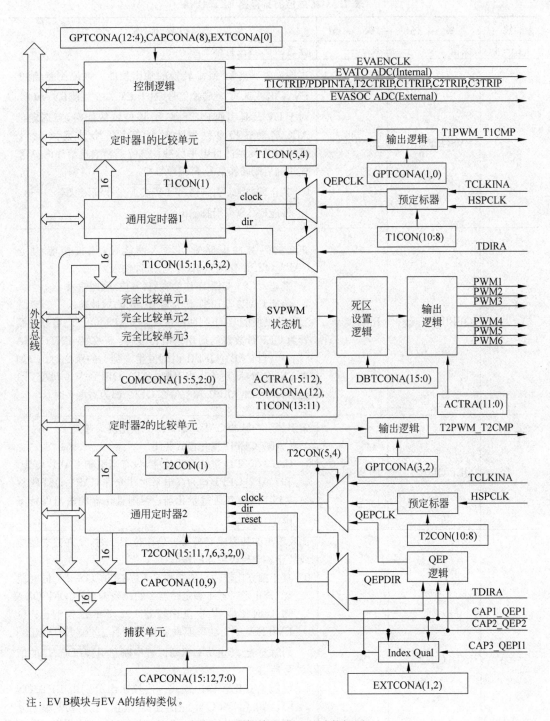

注：EV B模块与EV A的结构类似。

图 7.2 事件管理器 A 的功能框图

表 7.3　扩展控制寄存器 EXTCONA

位	名　称	类　型	功　能　描　述
15~4	保留	R-0	读返回 0,写没有影响
3	EVSOCE	R/W-0	事件管理器启动 ADC 转换的输出使能。该位使能/禁止 EV 输出 ADC 启动转换信号(对于 EV A 是引脚$\overline{\text{EVASOC}}$,对于 EV B 是引脚$\overline{\text{EVBSOC}}$)。该位被使能时,当选定的 ADC 启动转换事件发生时会产生一个脉宽为 32 个 HSPCLK 周期的低电平脉冲。该位不影响送给片内 ADC 模块的启动转换信号 EVTOADC 0　禁止$\overline{\text{EVxSOC}}$引脚输出,$\overline{\text{EVxSOC}}$处于高阻状态 1　使能$\overline{\text{EVxSOC}}$引脚输出
2	QEPIE	R/W-0	正交编码脉冲电路索引输入使能位,该位使能/禁止 CAP3_QEPI1 作为索引(零位)脉冲输入 0　禁止 CAP3_QEPI1 作为索引(零位)脉冲输入 1　使能 CAP3_QEPI1 作为索引(零位)脉冲输入 当该位被使能时,下列两种情况下 CAP3_QEPI1 可以使配置为 QEP 计数器的通用定时器复位: 1)如果 EXTCONA[1]=0,当 CAP3_QEPI1 引脚发生 0 到 1 的跳变时; 2)如果 EXTCONA[1]=1,当引脚 CAP3_QEPI1 从 0 跳变到 1 且引脚 CAP1_QEP1 和 CAP2_QEP2 都为高电平时
1	QEPIQUAL	R/W-0	索引(零位)脉冲 CAP3_QEPI1 的量化模式选择 0　CAP3_QEPI1 量化模式关闭 1　CAP3_QEPI1 量化模式使能,只有当引脚 CAP1_QEP1 和 CAP2_QEP1 均为高电平时才允许 CAP3_QEPI1 从 0 到 1 的跳变通过量化器;否则量化器的输出保持低电平
0	INDCOE	R/W-0	比较输出的独立使能模式。当该位置 1 时,允许独立使能或禁止各个比较单元的输出 0　禁止独立比较输出使能模式。位 GPTCONA[6]同时使能/禁止定时器 1 和定时器 2 的比较输出; COMCONA[9]同时使能/禁止全比较器 1、2、3 的比较输出;位 EVIFRA[0]为功率驱动保护中断标志位; EVIMR[0]同时使能/禁止功率驱动保护中断和引脚$\overline{\text{PDPINT}}$的信号通道 1　使能独立比较输出模式。比较输出分别由 GPTCON[5,4]和 COMCON[7∶5]使能/禁止;比较切断输入分别由 GPTCON[12,11]和 COMCON[2∶0]使能/禁止。当任何一个被使能的切断输入为低电平时,都会置位 EVIFRA[0]。EVIMRA[0]仅用于使能/禁止功率驱动保护中断

7.2 通用定时器

7.2.1 通用定时器概述

每个事件管理器包含两个通用定时器,其中定时器 1 和定时器 2 为事件管理器 A 的通用定时器,定时器 3 和定时器 4 为事件管理器 B 的通用定时器。与 2.2 节的 32 位 CPU 定时器相比,事件管理器的通用定时器为 16 位计数器,但增加了一个比较寄存器和三个外部引脚(TxCMP、TCLKINA、TDIRA),并提供了多种计数工作模式。

每个通用定时器都可以独立使用,也可以多个定时器彼此同步使用。通用定时器的比较寄存器用作比较功能时可以产生 PWM 波形。当定时器工作在递增/减计数模式时,有 3 种连续工作方式,可以通过可编程的预定标因子对内部或外部输入时钟进行分频后作为定时器时钟。通用定时器还为事件管理器的其他模块提供基准时钟,例如:定时器 1 为 EV A 的比较器和 PWM 电路提供基准时钟,定时器 2 为 EV A 的捕获单元和正交编码脉冲计数操作提供基准时钟。这些通用定时器的典型应用包括:

(1) 用作通用定时器,在控制系统中产生采样周期;

(2) 为捕获单元和正交编码脉冲计数操作提供基准时钟;

(3) 为比较单元和相应的 PWM 产生电路提供基准时钟。

图 7.3 给出了通用定时器的功能框图,图中 x=1,2,3,4;当 x=2 时,y=1;当 x=4 时,y=3;MUX 功能仅 x=2、4 时起作用。主要功能模块包括:

- 一个可读写的 16 位增/减计数器(TxCNT),该寄存器保存当前计数器的计数值,并根据计数器的计数方向连续增或减计数;
- 一个可读写的 16 位比较寄存器(TxCMPR),采用双缓冲结构;
- 一个可读写的 16 位周期寄存器(TxPR),采用双缓冲结构;
- 一个可读写的 16 位控制寄存器 (TxCON);
- 定时器时钟可以选择内部时钟,也可以选择外部时钟,并可对输入时钟预定标;
- 4 个可屏蔽中断(下溢、上溢、比较匹配、周期匹配)的控制和中断逻辑;
- 可选择计数方向的输入引脚 TDIRA/B,当使用定向增或减计数模式时,用来选择采用增或减计数方式;
- 一个通用定时器的比较输出引脚 TxCMP。

此外,每个事件管理器还提供一个全局控制寄存器 GPTCONA/B,用于设定实现具体的定时器任务时需要采取的操作方式,并反映通用定时器的计数方向。

7.2.2 通用定时器的功能模块

1. 通用定时器的输入

如图 7.3 所示,每个通用定时器的输入包括:

(1) 内部高速外设时钟 HSPCLK;

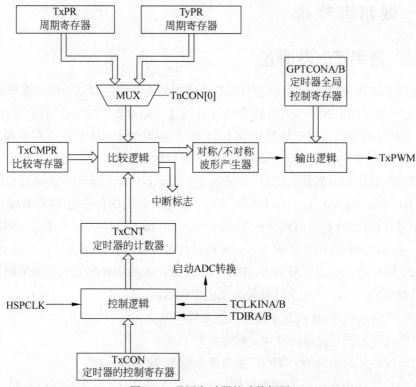

图 7.3　通用定时器的功能框图

（2）外部时钟输入引脚 TCLKINA/B,允许的时钟频率不超过 CPU 时钟的 1/4;

（3）计数方向输入引脚 TDIRA/B,可以控制通用定时器增或减计数操作的方向;

（4）复位信号 RESET。

此外,当通用定时器与正交编码脉冲电路一起使用时,可由正交编码脉冲电路提供定时器的时钟和计数方向。

2. 通用定时器的输出

每个定时器的输出包括:

（1）通用定时器的比较输出 TxPWM/TxCMP;

（2）为片内 ADC 模块提供的 A/D 转换启动信号;

（3）为比较逻辑和比较单元提供下溢、上溢、比较匹配和周期匹配信号;

（4）反映当前计数方向的标志位。

3. 通用定时器的控制寄存器(TxCON)

每个通用定时器的控制寄存器定义了该定时器的计数模式、时钟源、输入时钟的预定标因子、使能/禁止计数以及比较操作,表 7.4 给出了 TxCON(x=1,2,3,4)的功能描述。

表 7.4　通用定时器的控制寄存器（TxCON）

位	名　称	类　型	功　能　描　述	
15,14	FREE,SOFT	R/W-0	仿真控制位	00　仿真挂起则立即停止 01　仿真挂起时,当前定时器周期结束停止 1x　仿真挂起不影响操作
13	保留	R/W-0	读取该位返回 0,写操作没有影响	
12,11	TMODE1-TMODE0	R/W-0	计数模式选择	00　停止/保持 01　连续增/减计数模式 10　连续增计数模式 11　定向递增/减计数模式
10~8	TPS2-TPS0	R/W-0	输入时钟预定标因子(x＝HSPCLK,即高速外设时钟)	000　x/1;　100　x/16 001　x/2;　101　x/32 010　x/4;　110　x/64 011　x/8;　111　x/128
7	T2SWT1/T4SWT3	R/W-0	T2SWT1 是使用通用定时器 1 启动定时器 2 的使能位,T4SWT3 是使用通用定时器 3 启动定时器 4 的使能位	0　使用自己的使能位(TENABLE) 1　使用 T1CON(EV A)或 T3CON(EV B)的使能位,忽略自己的使能位 注:在 T1CON 和 T3CON 中该位为保留位
6	TENABLE	R/W-0	定时器使能控制位	0　禁止定时器操作,定时器被置为保持状态且预定标计数器复位 1　使能定时操作
5,4	TCLKS1-TCLKS 0	R/W-0	时钟源选择	00　内部时钟(即 HSPCLK) 01　外部时钟(即 TCLKINx) 10　保留 11　由 QEP 电路产生
3,2	TCLD1-TCLD 0	R/W-0	定时器比较寄存器的装载条件	00　计数器值等于 0 01　计数器值为 0 或等于周期寄存器的值 10　立即重载 11　保留
1	TECMPR	R/W-0	定时器比较使能	0　禁止定时器的比较操作 1　使能定时器的比较操作
0	SELT1PR/SELT3PR	R/W-0	SELT1PR 是定时器 2 的周期寄存器选择位 SELT3PR 是定时器 4 的周期寄存器选择位	0　定时器 2 和定时器 4 使用自己的周期寄存器 当 T2CON 的该位等于 1 时,定时器 2 和定时器 1 都使用定时器 1 的周期寄存器。当 T4CON 的该位等于 1 时,定时器 4 和定时器 3 都使用定时器 3 的周期寄存器

4. 全局通用定时器控制寄存器 GPTCONA/B

全局通用定时器控制寄存器 GPTCONA/B 定义了通用定时器实现具体的定时任务时需要采取的动作,并反映了通用定时器的计数方向。其中 GPTCONA 用于控制定时器 1 和定时器 2,GPTCONB 用于控制定时器 3 和定时器 4,两者的定义和功能相同。表 7.5 给出了 GPTCONA 的功能描述。

表 7.5 通用定时器控制寄存器 GPTCONA

位	名 称	类 型	功 能 描 述		
15	保留	R-0	读返回 0,写没有影响		
14	T2STAT	R-1	通用定时器 2 的状态	0	递减计数
				1	递增计数
13	T1STAT	R-1	通用定时器 1 的状态	0	递减计数
				1	递增计数
12	T2CTRIPE	R/W-1	使能或屏蔽定时器 2 的比较输出切断功能。当 EXTCON(0)=1 时,该位有效;当 EXTCON(0)=0 时,该位保留	0	T2CTRIP 被屏蔽。T2CTRIP 引脚的电平不影响定时器 2 的 GPTCON(5)、PDPINTA 标志以及比较输出
				1	T2CTRIP 被使能。当引脚 T2CTRIP 为低电平时,定时器 2 的比较输出进入高阻状态,GPTCON(5)清零,PDPINT 标志置 1
11	T1CTRIPE	R/W-1	使能或屏蔽定时器 1 的比较输出切断功能。当 EXTCON(0)=1 时,该位有效;当 EXTCON(0)=0 时,该位保留	0	T1CTRIP 被屏蔽。T1CTRIP 引脚的电平不影响定时器 1 的 GPTCON(4)、PDPINT 标志以及比较输出
				1	T1CTRIP 被使能。当引脚 T1CTRIP 为低电平时,定时器 1 的比较输出进入高阻状态,GPTCON(4)清零,PDPINT 标志置 1
10,9	T2TOADC	R/W-0	使用通用定时器 2 来启动 ADC 转换	00	不启动 ADC
				01	下溢中断标志启动 ADC
				10	周期中断标志启动 ADC
				11	比较中断标志启动 ADC
8,7	T1TOADC	R/W-0	使用通用定时器 1 来启动片内 ADC 模块的 A/D 转换	00	不启动 ADC
				01	下溢中断标志启动 ADC
				10	周期中断标志启动 ADC
				11	比较中断标志启动 ADC
6	TCMPOE	R/W-0	定时器的比较输出使能。当 EXTCON(0)=0 时,TCMPOE 有效,EXTCON(0)=1 时,该位保留	0	定时器比较输出 T1/2PWM_T1/2CMP 为高阻状态
				1	定时器比较输出 T1/2PWM_T1/2CMP 由各个定时器的比较逻辑驱动
5	T2CMPOE	R/W-0	定时器 2 的比较输出使能。如果 T2CMPOE 有效,当 T2CTRIP 被使能且为低电平时,将 T2CMPOE 复位为 0		当 EXTCON(0)=1 时,T2CMPOE 有效;当 EXTCON(0)=0 时,该位保留
				0	定时器 2 的比较输出 T2PWM_T2CMP 为高阻状态
				1	定时器 2 的比较输出 T2PWM_T2CMP 由定时器 2 的比较逻辑独立驱动

续表

位	名 称	类 型	功 能 描 述	
4	T1CMPOE	R/W-0	定时器 1 的比较输出使能。如果 T1CMPOE 有效，当 T1CTRIP 被使能且为低电平时，将T1CMPOE 复位为 0	当 EXTCON(0)＝1 时，T1CMPOE 有效；当 EXTCON(0)＝0 时，该位保留 0 定时器 1 的比较输出 T1PWM_T1CMP 为高阻状态 1 定时器 1 的比较输出 T1PWM_T1CMP 由定时器 1 的比较逻辑独立驱动
3,2	T2PIN	R/W-0	通用定时器 2 比较输出的极性选择	00 强制低 01 低有效
1,0	T1PIN	R/W-0	通用定时器 1 比较输出的极性选择	10 高有效 11 强制高

5. 通用定时器的比较寄存器与周期寄存器

通用定时器的比较寄存器与周期寄存器均为可读写的 16 位寄存器。其中，计数寄存器中保存当前时刻定时器的计数值，比较寄存器中存放定时器的比较值，周期寄存器中存放定时器的周期值。当比较寄存器中存储的比较值与计数寄存器中的计数值发生比较匹配（两者相等）时，将产生下列事件：

(1) 根据 GPTCONA/B 设置的模式，对应的比较输出引脚的电平将产生跳变；

(2) 相应的中断标志位置位；

(3) 如果中断未被屏蔽，会产生一个外设中断请求。

通过设置 TxCON 的控制位，可以使能或禁止比较操作。不论工作在哪种计数工作模式，定时器的比较操作和比较输出都可以被使能或禁止。

周期寄存器的值决定了定时器的定时周期。当周期寄存器的周期值和定时器的计数值发生匹配时，根据所设定的计数模式，通用定时器的计数值复位为 0 或者开始递减计数。

6. 比较寄存器和周期寄存器的双缓冲结构

通用定时器的比较寄存器 TxCMPR 和周期寄存器 TxPR 是带映射缓冲的寄存器，在一个周期的任何时刻都可以对这两个寄存器进行读写操作。当进行写操作时，新的值是写到映射缓冲寄存器，而不是实际的工作寄存器。对于比较寄存器，只有当 TxCON 寄存器所设定的定时事件发生时，映射缓冲寄存器中的值才加载到工作的比较寄存器中。对于周期寄存器，只有当计数寄存器 TxCNT 的值为 0 时，工作寄存器才重新加载映射缓冲寄存器中的值。比较寄存器加载的条件可以是下列情况之一：

(1) 数据写入映射缓冲寄存器后立即加载；

(2) 下溢时，即通用定时器的计数器值为 0 时；

(3) 下溢或周期匹配时，即当计数值为 0 或计数值与周期寄存器的值相等时。

周期寄存器和比较寄存器的双缓冲结构允许用户程序在一个定时周期的任何时刻更新周期寄存器和比较寄存器的值，从而可以在下一定时器周期改变输出信号的周期和脉冲宽度。如果使用定时器产生 PWM 信号,采用双缓冲结构允许在一个周期的任何时刻更新周期寄存器和比较寄存器,从而可以在满足加载条件后立即改变 PWM 信号的载波频率和占空比。

需要指出,通用定时器的周期寄存器应该在计数器值被初始化为非 0 前初始化;否则,周期寄存器的值只有在产生一个溢出事件时才会改变。当禁止相应的比较操作时,比较寄存器是透明的,即新装载的值立即进入工作寄存器。

7. 通用定时器的比较输出

通用定时器的比较输出可以通过 GPTCONA/B 寄存器来设置具体的输出极性,即编程为高电平有效、低电平有效、强制高电平或强制低电平。当比较输出为高(低)电平有效时,在第一次比较匹配发生时,比较输出产生一个由低变高(由高变低)的跳变。如果通用定时器工作于递增/减计数模式,则在第二次比较匹配时,比较输出产生一个由高至低(由低至高)的跳变;如果通用定时器工作于递增计数模式,则在发生周期匹配时比较输出产生一个由高至低(由低至高)的跳变。当比较输出设置为强制高(低)时,定时器的比较输出立即变为高(低)电平。

8. 通用定时器的计数方向

在所有定时器操作中,寄存器 GPTCONA/B 中的状态位反映了每个通用定时器的计数方向。

(1) 1 代表递增计数;

(2) 0 代表递减计数。

当通用定时器工作在定向增/减计数模式时,输入引脚 TDIRA/B 决定了计数方向。如果 TDIRA/B 引脚为高电平,采用递增计数方式;如果 TDIRA/B 引脚为低电平,采用递减计数方式。

9. 定时器的时钟

通用定时器可以采用内部的高速外设时钟或外部输入时钟作为时钟源,外部时钟是通过 TCLKINA/B 引脚输入的。如果使用外部时钟,要求时钟频率必须小于或等于内部 CPU 频率的 1/4。在定向增/减计数模式下,通用定时器 2(EV A)和通用定时器 4(EV B)可以与正交编码脉冲电路配合使用。在这种情况下,正交编码脉冲电路为定时器提供时钟和方向输入。此外,用户可以通过 TxCON 寄存器中的输入时钟预定标因子灵活设定时钟源的分频系数,从而得到期望的定时器时钟频率。

10. 两个通用定时器间的同步

适当地配置控制寄存器 T2CON 和 T4CON,可以实现通用定时器 2 与通用定时器 1 的计数操作同步(EV A 模块);或者通用定时器 4 与通用定时器 3(EV B 模块)同步。对于 EV A 模块,具体实现步骤如下:

(1) 设置 T1CON 寄存器的 TENABLE 位为 1,使能定时器操作;将 T2CON 寄存器中的 T2SWT1 位设定为 1,这样定时器 1 的使能位就可以用来启动定时器 2 的计数,从而实现两个定时器的计数器同步启动。

（2）在启动同步操作之前,初始化通用定时器 1 和定时器 2 中的计数器为不同的初始值。

（3）将寄存器 T2CON 的 SELT1PR 位设置为 1,这样通用定时器 2 使用通用定时器 1 的周期寄存器中设定的周期值,而忽略自己的周期寄存器。

这样就可以实现两个定时事件之间的同步。由于每个通用定时器从它的计数寄存器的当前值开始计数操作,因此通过编程可以实现一个通用定时器启动后,延时一段特定的时间再启动另一个通用定时器。

11. 应用定时器事件启动 A/D 转换

在 GPTCONA/B 寄存器中可以设置由哪个通用定时器事件来产生 ADC（模-数转换器)的启动信号,这些事件包括下溢、周期匹配和比较匹配。这一特性允许在没有 CPU 干预的情况下,实现通用定时器事件与模-数转换器的启动转换操作间同步。

12. 仿真挂起时的通用定时器操作

当内部 CPU 时钟被仿真器停止时,将产生仿真挂起。例如,当仿真时遇到一个断点,将会产生仿真挂起。

通用定时器的控制寄存器(TxCON)还定义了仿真挂起时的定时器操作。通过设置相应的仿真控制位可以实现：

（1）当一个仿真中断产生时允许通用定时器继续工作,这样就可以实现在线仿真;

（2）当仿真中断出现时,通用定时器立即停止操作或在当前计数周期完成后停止操作。

13. 通用定时器的中断

4 个通用定时器的中断标志寄存器（包括 EVAIFRA、EVAIFRB、EVBIFRA 和 EVBIFRB,见 7.5.2 节)中共包含了 16 个与通用定时器相关的中断标志位。每个通用定时器可以根据下列事件产生 4 个中断。

- 上溢中断：TxOFINT($x=1,2,3$ 或 4)。
- 下溢中断：TxOUFINT($x=1,2,3$ 或 4)。
- 比较匹配：TxCINT($x=1,2,3$ 或 4)。
- 周期匹配：TxPINT($x=1,2,3$ 或 4)。

当通用定时器的计数器值与比较寄存器中的值相同时,产生一个定时器比较（匹配)事件。此时,如果比较操作被使能,则匹配事件发生后经过一个时钟周期,置位相应的比较中断标志。

当定时器的计数器值达到 0xFFFF 时,会产生一个上溢事件;当定时器的计数器值达到 0x0000 时,会产生一个下溢事件。类似地,当定时器的计数器值与周期寄存器的值相同时,会产生一个周期事件,表 7.6 中总结了产生定时器中断的条件。同样,在每个事件发生一个时钟周期后,定时器的上溢、下溢和周期中断标志位被置位。

表 7.6　定时器中断的产生条件

中断	产生条件
下溢	当计数器的值等于 0x0000 时
上溢	当计数器的值等于 0xFFFF 时
比较	当计数寄存器的值和比较寄存器匹配时
周期	当计数寄存器的值和周期寄存器匹配时

14. 通用定时器的复位

当系统复位时,将通用定时器初始化为以下状态:

(1) 除 GPTCONA/B 中的计数方向标识位外,所有通用定时器的寄存器位被复位为 0;因此,所有通用定时器的操作被禁止,计数方向标识位被置 1。

(2) 所有定时器中断标志位被复位为 0。

(3) 除了信号 $\overline{PDPINTx}$ 外,所有定时器的中断屏蔽位复位为 0,即禁止定时器中断。

(4) 所有通用定时器的比较输出引脚均置为高阻状态。

7.2.3　通用定时器的计数操作

通过配置控制寄存器,每个通用定时器可编程为下述 4 种计数操作模式之一:

(1) 停止/保持模式;

(2) 连续递增计数模式;

(3) 定向增/减计数模式;

(4) 连续增/减计数模式。

定时器控制寄存器 TxCON 中的模式选择位(TMODE1 和 TMODE0)决定了通用定时器的计数模式,使能位 TENABLE 可以使能或禁止定时器的计数操作。当定时器被禁止时,定时器停止计数操作,且定时器的预定标因子被复位为 x/1,即不对输入时钟进行分频。当使能定时器时,定时器按照寄存器 TxCON 中设定的工作模式开始计数。

1. 停止/保持模式

在停止/保持模式下,通用定时器停止计数操作并保持其当前状态。此时,定时器的计数器、比较输出和预定标计数器都保持不变。应该指出,一般较少应用这种计数模式。

2. 连续递增计数模式

在连续递增计数模式下,通用定时器按照预定标后的输入时钟计数,直到定时器的计数器值和周期寄存器的周期值匹配。在发生匹配事件之后的下一个输入时钟的上升沿,通用定时器的计数器值被复位为 0,并开始下一个计数周期。

在计数器与周期寄存器发生匹配后再过一个时钟周期,周期中断标志被置位。如果周期中断未被屏蔽,将产生一个周期中断请求。如果该周期中断已由 GPTCONA/B 寄存器中的相应位选定用来启动 ADC,那么在中断标志位被置位的同时,还会向 ADC 模块发送一个 A/D 转换的启动信号。

在通用定时器的计数值变为 0 后再过一个时钟周期,定时器的下溢中断标志被置位。如果下溢中断未被屏蔽,会产生一个下溢中断请求。同样,如果该下溢中断已由 GPTCONA/B 寄存器中的相应位选定用来启动 ADC,那么在中断标志被置位的同时,会向 ADC 模块发送一个 A/D 转换的启动信号。

在计数寄存器的值与 0xFFFF 匹配后再经过一个时钟周期,上溢中断标志被置位。如果上溢中断未被屏蔽,那么会产生一个上溢中断请求。

除了第一个计数周期外,定时器的计数周期为(TxPR+1)个定标后的时钟输入周期。通用定时器的 16 位计数器初值可以设定为 0x0000~0xFFFF 间的任意值。如果定时器的计数器初值设为 0,则第一个计数周期也是 TxPR+1 个定标后的时钟周期。根据计数寄存器的初值不同,第一个计数周期可分为如下三种情况:

(1) 如果计数器的初值大于周期寄存器的值,则定时器在计数到 0xFFFF 时置位上溢中断标志,一个时钟周期后计数器清零,然后从零开始继续递增计数操作。

(2) 当计数寄存器的初值等于周期寄存器的值时,定时器置位周期中断标志,一个周期后计数器清零,然后从零开始继续递增计数操作。

(3) 如果计数寄存器的初值在 0 和周期寄存器的值之间,则在输入时钟控制下定时器递增计数直到计数值等于周期寄存器的值后,置位周期中断标志;经过一个时钟周期后将计数器清零,完成当前计数周期,然后开始下一个计数周期,从零开始继续递增计数操作。在每次计数器值复位为 0 时置位下溢中断标志。

在连续递增计数模式下,GPTCONA/B 寄存器中的定时器计数方向标志位为 1,可以选择片内的高速外设时钟或外部输入时钟作为定时器的计数时钟,而外部引脚 TDIRA/B 对计数方向不起作用。

在许多电机和运动控制系统中,通用定时器的连续递增计数模式特别适用于产生边沿触发或异步 PWM 波形,也适用于数字控制系统中设定采样周期。通用定时器工作于连续递增计数模式时的计数操作如图 7.4 所示。

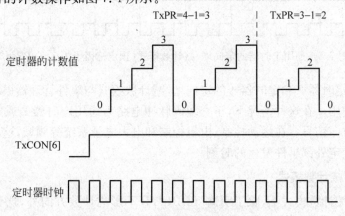

图 7.4　通用定时器的连续递增计数模式(TxPR=3 或 2)

3. 定向增/减计数模式

在定向增/减计数模式下,通用定时器根据预定标后的时钟和计数方向输入引脚(TDIRA/B)进行递增或递减计数。

(1) 当引脚 TDIRA/B 为高电平时,通用定时器进行递增计数,直到计数值等于周期寄存器的值(如果计数器初值大于周期寄存器的值,就计数到 0xFFFF)。当通用定时器的计数值等于周期寄存器的值(或等于 0xFFFF)时,定时器的计数器复位为 0,然后重新递增计数到周期寄存器的值。

(2) 当引脚 TDIRA/B 为低电平时,通用定时器的计数器将递减计数直到等于 0。当定时器的值递减计数到 0 时,定时器将周期寄存器中的值重新载入计数寄存器,然后开始下一个递减计数周期。

同样,计数寄存器的初值可以是 0x0000～0xFFFF 之间的任意值。如果 TDIRA/B 引脚为高电平且计数器的初值大于周期寄存器的值,那么定时器递增计数到 0xFFFF 后自动清零,然后继续计数操作。如果 TDIRA/B 引脚为低电平且计数器的初值大于周期寄存器的值,定时器将递减计数到等于周期寄存器的值后再继续递减计数到 0,然后重新装入周期寄存器的值到计数器,继续递减计数操作。

定向增/减计数模式下的周期、下溢、上溢中断标志位和中断请求由各自的中断事件产生,这与连续递增计数模式是相同的。当计数方向引脚 TDIRA/B 的电平发生变化时,定时器在当前计数时钟周期结束后再延迟一个计数时钟才会改变计数方向。在这种工作模式下,定时器的计数方向由 GPTCONA/B 寄存器中的方向标志位确定:1 代表递增计数,0 代表递减计数。通用定时器在定向增/减计数模式下的计数操作波形如图 7.5 所示。

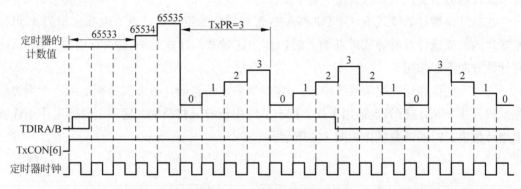

图 7.5 通用定时器的定向增/减计数模式(预定标因子为 1,TxPR＝3)

通常,通用定时器 2 和定时器 4 的定向增/减计数模式与事件管理器模块中的正交编码脉冲电路配合使用。在这种情况下,正交编码脉冲电路为通用定时器 2 或定时器 4 提供计数时钟和计数方向信号。在运动控制、电机控制和电力电子系统等领域,这种工作方式还可以用来记录并确定外部事件发生的时刻。

4. 连续增/减计数模式

在连续增/减计数模式下,除了引脚 TDIRA/B 不影响计数方向外,这种计数模式与定向增/减计数模式相同。当计数器的值递增计数直到等于周期寄存器的值时(若计数器的初值大于周期寄存器的值时,则为0xFFFF),定时器的计数方向从递增计数自动变为递减计数。当计数器的值递减计数至0时,定时器的方向又从递减计数变为递增计数,重新开始下一个定时周期。在这种计数模式下,除了第一个计数周期外,定时器的计数周期都是2×TxPR个定标后的时钟周期。

通用定时器的计数器初值可以是0x0000~0xFFFF中的任意值。当计数器的初值大于周期寄存器的值时,定时器将递增计数到0xFFFF,然后将计数器清零,此后继续正常的计数操作。当计数器的初始值与周期寄存器的值相同时,计数器就递减计数至0,然后从0开始正常的计数操作。当计数器的初始值在0与周期寄存器的值之间时,定时器就递增计数至周期寄存器的值,而后计数器的工作就类似于计数器初值与周期寄存器的值相同时的情形。

同样,定向增/减计数模式下的周期、下溢、上溢中断标志和中断请求由各自的中断事件产生,这与连续递增计数模式是相同的。

在这种工作模式下,定时器的计数方向由GPTCONA/B寄存器中的方向标志位确定:1代表递增计数,0代表递减计数。用户可以选择TCLKINA/B引脚提供的外部时钟或内部的高速外设时钟作为定时器的输入时钟,但方向控制引脚TDIRA/B不起作用。连续增/减计数模式下的计数操作波形如图7.6所示,在运动控制、电机控制和电力电子系统等领域,常采用连续增/减计数模式产生中心对称的PWM波形。

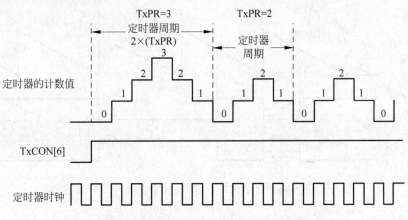

图7.6 通用定时器的连续增/减计数模式(TxPR=3或2)

7.2.4 通用定时器的比较操作

每个通用定时器均有一个比较寄存器TxCMPR和一个PWM输出引脚(TxPWM)。通用定时器的计数值一直与比较寄存器的值进行比较,当二者相等时,就产生比较匹配事件。将位TxCON[1]置为1就可以使能比较操作,如果比较操作被使能,那么发生比较匹配时会产生下列事件:

(1)比较匹配后再经过一个CPU时钟周期,定时器的比较中断标志被置位;

(2)比较匹配后再经过一个CPU时钟周期,根据由寄存器GPTCONA/B设定的输出方式,PWM引脚的输出电平产生跳变;

(3)如果已通过设置寄存器GPTCONA/B使能了比较中断标志启动A/D转换器,则

比较中断被置位的同时,也将产生 A/D 转换的启动信号;

(4) 如果比较中断未被屏蔽,将产生一个外设(比较)中断请求。

1. PWM 引脚的电平跳变

PWM 引脚的电平跳变由一个非对称或对称的波形发生器和相关的输出逻辑控制,PWM 的输出与下列设置有关。

- GPTCONA/B 寄存器中的极性选择位设置;
- 定时器的计数操作模式;
- 当选择连续增/减计数模式时的计数方向。

根据所选择的计数模式,PWM 波形发生器可以产生对称或非对称的 PWM 输出波形。

2. 非对称波形的产生

非对称 PWM 波形的一个显著特点是改变比较寄存器的值仅仅影响 PWM 脉冲的一侧。当通用定时器工作于连续递增计数模式时,可以产生非对称的 PWM 波形,如图 7.7 所示。在这种计数模式下,波形发生器产生的 PWM 输出电平按照如下次序变化(假定 PWM 输出为高电平有效):

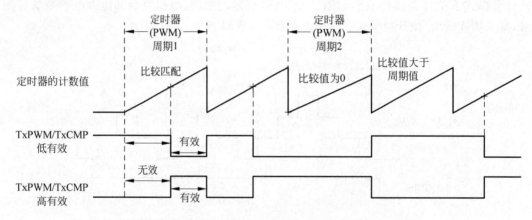

图 7.7　连续递增计数模式下通用定时器的比较/PWM 输出

- 计数操作开始前输出为 0(低电平);
- 比较匹配发生前输出保持不变(TxCNT＜TxCMPR);
- 在比较匹配时切换输出状态为 1(高电平)(TxCNT＝TxCMPR);
- 直到当前计数周期结束输出电平保持不变(TxCNT＜TxPR);
- 如果下一周期新的比较寄存器的值不是 0,那么当周期匹配时输出复位为 0(TxCNT＝TxPR)。

在一个计数周期开始时,如果比较值为 0,则在整个计数周期内输出为高电平且保持不变,即 PWM 的占空比为 100%;如果下一个计数周期的比较值仍为 0,则输出不会被复位为低电平,这样允许产生占空比从 0～100%变化的无毛刺 PWM 脉冲。而如果设定的比较值大于周期寄存器中的周期值,则整个定时周期内输出为低电平,即 PWM 的占空比为 0;如果比较值等于周期寄存器的值,则在一个定标后的时钟周期后,输出保持为高电平。

3. 对称波形的产生

当通用定时器工作于连续增/减计数模式时,可以产生对称的 PWM 波形,如图 7.8 所示。在这种计数模式下,波形发生器产生的 PWM 输出电平按照如下次序变化(假定 PWM 输出为高电平有效):

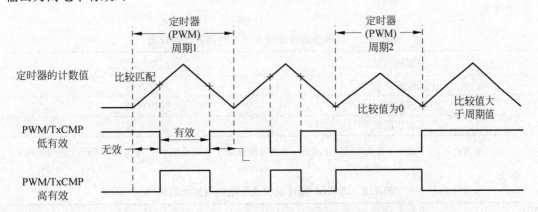

图 7.8 连续递增/减模式下通用定时器的比较/PWM 输出

- 计数操作开始前输出为 0(低电平);
- 第一次比较匹配前输出保持不变;
- 第一次比较匹配时切换输出为高电平;
- 第二次比较匹配之前输出保持不变;
- 第二次比较匹配时再次切换输出为低电平;
- 当前定时周期结束前输出电平保持不变;
- 如果下一定时周期的比较值不为 0,则在周期结束后输出复位为低电平。

如果比较值在定时周期开始时为 0,则周期开始时刻波形发生器的输出为高电平,直到第二次比较匹配之前一直保持不变。如果比较值在后半周期仍然为 0,则输出保持为高电平直到周期结束。此时,如果下一周期的比较值仍然为 0,则输出不会复位为低电平,这一特性使得能够产生占空比在 0~100% 之间的 PWM 脉冲。

如果前半个周期的比较值大于或等于周期寄存器的值,则不会产生第一次跳变。然而,若在后半周期发生了比较匹配,那么输出电平仍将跳变,这种错误的输出跳变通常是由于应用程序的计算错误引起的。由于在当前定时周期结束时输出被复位为低电平,因此这种错误在当前周期结束后能够被纠正过来。而如果下一周期的比较值为 0,则输出仍将保持为高电平,这同样可将波形发生器的输出置为正确的状态。

4. 输出逻辑

通过输出逻辑电路可以进一步配置波形发生器的输出极性,以满足不同的功率电子器件对 PWM 波形的特定要求。通过配置 GPTCONA/B 寄存器的相应位可以设定 PWM 的输出信号为高电平有效、低电平有效、强制低电平或强制高电平。

如图 7.7 和图 7.8 所示,当 PWM 输出被设置为高电平有效时,它的极性与相应的非对称/对称波形发生器的输出极性相同。当 PWM 输出被设置为低电平有效时,它的极性与相应的非对称/对称波形发生器的输出极性相反。如果设定 PWM 输出为强制高电平(或低电平),那么 PWM 输出将被立即置为高电平(或低电平)。

在正常计数模式下,如果使能比较操作,那么通用定时器的 PWM 输出就会发生跳变。表 7.7 和表 7.8 分别列出了连续递增计数模式和连续增/减计数模式下 PWM 输出信号的变化规律。

表 7.7　连续递增计数模式下定时器的比较输出

在一个周期的时间	比较输出状态
比较匹配之前	无变化
当比较匹配时	置为有效
当周期匹配时	置为无效

注:"置为有效"指当高电平有效时,输出高电平;当低电平有效时,输出低电平。"置为无效"则与上述情形相反。

表 7.8　连续增/减计数模式下定时器的比较输出

在一个周期的时间	比较输出状态
第一次比较匹配之前	无变化
第一次比较匹配时	置为有效
第二次比较匹配时	置为无效
第二次比较匹配之后	无变化

需要指出,这里介绍的对称/非对称 PWM 波形发生器,同样适用于事件管理器的全比较单元(见 7.3 节)。当以下任一事件发生时,所有通用定时器的 PWM 输出都被置为高阻状态:

- 软件将 GPTCONA/B[6]清零,禁止定时器的比较输出;
- PDPINTx引脚电平被拉低而且未屏蔽该中断;
- 发生了一个复位事件;
- 软件将 TxCON[1]清零,禁止定时器的比较操作。

5. 有效/无效时间的计算

对于连续递增计数模式,比较寄存器中的值代表了从计数周期开始到第一次匹配发生之间的时间(即无效阶段时间),这段时间等于定标后的输入时钟周期乘以 TxCMPR 寄存器的值。因此,有效阶段时间就等于(TxPR－TxCMPR＋1)个定标后的输入时钟周期,这也就是输出脉冲的宽度,如图 7.7 所示。

对于连续增/减计数模式,比较寄存器在递减计数和递增计数状态下可以设置为不同的值。在连续增/减计数模式下,有效阶段时间等于(TxPR － TxCMPR$_{up}$ ＋ TxPR － TxCMPR$_{dn}$)个定标后的输入时钟周期,这也就是输出脉冲宽度。这里 TxCMPR$_{up}$是增计数时的比较值,TxCMPR$_{dn}$是减计数时的比较值,如图 7.8 所示。

如果定时器处于连续递增计数模式,当 TxCMPR 中的值为 0 时,通用定时器的比较输出在整个周期内有效。对于连续增/减计数模式,如果 TxCMPR$_{up}$的值为 0,那么比较输出在周期开始时有效;如果 TxCMPR$_{dn}$的值也为 0,则比较输出在整个定时周期为有效状态,即 PWM 信号的占空比为 100%。

对于连续递增计数模式,如果 TxCMPR 的值大于 TxPR 的值,有效阶段时间(即输出脉冲宽度)为 0。对于连续增/减计数模式,如果 $TxCMPR_{up}$ 大于或等于 TxPR,比较输出将不会发生第一次跳变;同样,如果 $TxCMPR_{dn}$ 大于或等于 TxPR,也不会产生第二次跳变。这种情况下,通用定时器的比较输出在整个定时周期内均为无效状态,即 PWM 信号的占空比为 0。

7.2.5 应用通用定时器产生 PWM 信号

每个通用定时器都可以独立提供一个 PWM 输出通道,这样每个事件管理器的两个通用定时器可提供两路 PWM 输出。

应用通用定时器产生 PWM 输出波形时,选择连续递增计数模式时可产生边沿触发或非对称 PWM 波形,而选择连续增/减计数模式可产生对称 PWM 波形。为了应用通用定时器产生 PWM 输出波形,需要执行下列操作。

(1) 根据所需的 PWM 信号周期设置 TxPR;

(2) 配置 GPTCONA/B 寄存器,设定 PWM 输出的极性;

(3) 设置 TxCON 寄存器来确定计数模式和时钟源,并启动 PWM 输出操作;

(4) 将软件实时计算出来的 PWM 脉冲宽度(占空比)加载到 TxCMPR 寄存器中。

如果选用连续递增计数模式来产生非对称 PWM 波形,把所需要的 PWM 周期除以通用定时器输入时钟的周期值,然后减 1,便得到定时器的周期值。如果选用连续增/减计数模式产生对称 PWM 波形,把所需的 PWM 周期除以 2 倍的定时器输入时钟周期,就得到定时器的周期。通常,在应用程序运行过程中,根据计算出的 PWM 占空比不断刷新比较寄存器的值,从而可以实时改变 PWM 信号的脉冲宽度。

例 7.1 若高速外设时钟 HSPCLK＝75MHz,输入时钟预定标因子为 x/1,要产生 20kHz 的 PWM 波形,试计算产生对称/非对称 PWM 波形时的定时器周期值。

(1) 若在连续递增计数模式下产生非对称 PWM 波形,周期寄存器 TxPR 的值应设为: 75MHz/20kHz－1＝3749。

(2) 若在连续增/减计数模式下产生对称 PWM 波形,周期寄存器 TxPR 的值应设为: 75MHz/20kHz/2＝1875。

例 7.2 本例中设置 EV A 的定时器 1 在每个周期匹配时产生中断,并启动一次 A/D 转换操作,用户可在中断服务程序中添加代码处理与具体任务相关的定时事件。

```
# include "DSP281x_Device.h"        //DSP281x Headerfile Include File
# include "DSP281x_Examples.h"      //DSP281x Examples Include File
# define PIEACK_GROUP2    0x0002
# define M_INT2           0x0002
# define M_INT4           0x0008
# define BIT7             0x0080
interrupt void eva_timer1_isr(void);
void init_eva_timer1(void);
Uint32 EvaTimer1InterruptCount;
void main(void)
{
```

```
//Step 1. 初始化系统控制:PLL，看门狗，使能外设时钟
InitSysCtrl();                              //本例需使能 EV A 的外设时钟

//Step 2. 初始化 GPIO
//InitGpio();                               //本例不使用外设引脚

//Step 3. 清零所有外设中断标志,初始化 PIE 中断向量表
DINT;                                       //禁止全局中断
InitPieCtrl();                              //初始化 PIE 控制寄存器为默认值,禁止所有 PIE
                                            //中断,对中断标志位清零
IER = 0x0000;                               //禁止 CPU 级中断
IFR = 0x0000;                               //清零 CPU 级中断标志
InitPieVectTable();                         //初始化 PIE 中断向量表
EALLOW;
PieVectTable.T1PINT = &eva_timer1_isr;      //重新映射定时器周期中断服务程序
EDIS;

//Step 4. 初始化外设
init_eva_timer1();                          //本例只需初始化 EV A

//Step 5. 使能中断
EvaTimer1InterruptCount = 0;                //初始计数值为 0
PieCtrlRegs.PIEIER2.all = M_INT4;           //使能 PIE 第二组的中断 4(定时器 1 周期中断)
IER |= M_INT2;                              //使能 CPU 中断 INT2
EINT;                                       //使能全局中断 INTM
ERTM;                                       //使能全局实时中断 DBGM

//Step 6. 与用户任务有关的代码
for(;;);
}

void init_eva_timer1(void)
{
EvaRegs.GPTCONA.all = 0;                    //初始化 EV A 定时器 1
EvaRegs.T1PR = 0x0200;                      //周期寄存器设为 0x0200
EvaRegs.T1CMPR = 0x0000;                    //比较寄存器置为 0
EvaRegs.EVAIMRA.bit.T1PINT = 1;            //使能定时器 1 的周期中断
EvaRegs.EVAIFRA.bit.T1PINT = 1;            //复位定时器 1 的周期中断标志
EvaRegs.T1CNT = 0x0000;                     //对定时器 1 的计数器初值清零
EvaRegs.T1CON.all = 0x1742;                 //递增计数，x/128，使能比较
EvaRegs.GPTCONA.bit.T1TOADC = 2;           //采用定时器 1 的周期中断启动 ADC 模块
}

interrupt void eva_timer1_isr(void)
{
EvaTimer1InterruptCount ++ ;                //中断次数计数
   ⋮                                        //此处可添加用户代码
EvaRegs.EVAIMRA.bit.T1PINT = 1;
```

```
    EvaRegs.EVAIFRA.all = BIT7;              //对定时器1的周期中断标志清零
    PieCtrlRegs.PIEACK.all = PIEACK_GROUP2;  //中断确认,以便能响应随后的周期中断
}
```

7.3　比较单元及 PWM 电路

在对电动机、电源变换器、电磁振动台、磁悬浮轴承等功率负载的控制和驱动中,根据半导体功率器件的配置可分为两种工作方式,即线性放大方式和开关驱动方式。线性放大器中的半导体功率器件工作在线性区,这种方式的优点是控制原理简单,输出纹波小,线性度高,对邻近电路的电磁干扰小。但当功率器件工作在线性区时,会将大部分电功率用于产生热量,效率较低,体积较大,散热问题严重。因此,在电动机的驱动和逆变电路中,广泛采用脉冲宽度调制(pulse width modulation,PWM)方式,通过使功率器件工作在开关状态,功率级的输出效率得到显著提高。

图 7.9 是利用开关管对直流电动机进行 PWM 调速控制的原理图和输入输出电压波形,在输入信号控制下功率器件工作于开关状态。当 MOSFET 开关管的栅极输入 U_i 为高电平时,开关管导通,电机电枢绕组上的电压 U_a 等于电源电压 U_s;经过时间 t_1 或 t_2 后,MOSFET 管的栅极变为低电平,开关管截止,电动机电枢两端电压为零,且功率器件中的电流为零。经过时间 T 后,MOSFET 管的栅极输入重新变为高电平,开关管的动作重复前面的过程。这样,对应着输入电平的高或低,直流电动机电枢绕组两端的电压如图 7.9(b)和图 7.9(c)所示。由于开关管处于导通状态时,源极和漏极间的电压近似为 0,绝大部分电功率施加在负载上。而当开关管处于关断状态时,源极和漏极间的电流为 0,不消耗电能。因此,PWM 功率放大器具有极高的效率,在中大功率应用系统中高达 95% 以上。

PWM 信号是指周期和幅值固定、宽度可变的脉冲序列。这个定长的周期 T 称为 PWM(载波)周期,其倒数称为 PWM(载波)频率。系统应用时 PWM 信号的脉冲宽度可以根据调制信号的幅值来设定,通常将 PWM 信号的脉冲宽度与周期的比值称作占空比 $\alpha(0 \leqslant \alpha \leqslant 1)$。

如图 7.9(b)所示,电动机电枢绕组两端的电压平均值 U_a 为

$$U_a = \frac{t_1 U_s + 0}{T} = \frac{t_1}{T} U_s = \alpha U_s$$

由上式可知,当电源电压 U_s 不变的情况下,电枢端电压的平均值 U_a 取决于占空比 α 的大小,改变 α 值就可以改变端电压的平均值,从而达到调压调速的目的。从图 7.9 中可以看出 $t_2 > t_1$,因此有 $\alpha_2 > \alpha_1$,$U_{a2} > U_{a1}$。

在实际应用中,很多被控对象(如电动机)本身就具有非常理想的低通滤波特性,PWM信号的一个重要应用领域就是电机驱动系统。在电机控制系统中,PWM 信号被用来控制功率开关器件的导通和关断时间,以便为电机绕组提供期望的电流和能量。如通过控制相电流的频率和幅值可以控制交流电机的转速和转矩,这里提供给电机的控制电流或电压作为调制信号,通常调制信号的频率要比 PWM 载波频率低得多。

每个事件管理器可以同时产生多达 8 路 PWM 波形输出。上节介绍了每个通用定时器可产生 1 路独立的 PWM 信号,本节介绍由全比较单元和 PWM 电路产生 6 路死区可编程的 PWM 信号。应用全比较单元和 PWM 电路产生的 PWM 信号具有如下特点:

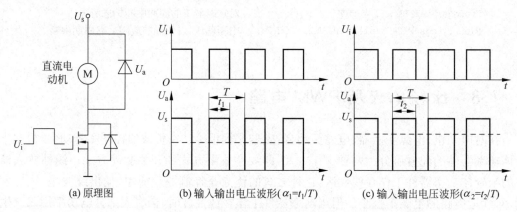

(a) 原理图　　　(b) 输入输出电压波形($\alpha_1=t_1/T$)　　　(c) 输入输出电压波形($\alpha_2=t_2/T$)

图 7.9　PWM 放大器及其输入输出波形

- 3 个全比较单元可产生 3 对(6 个)互补输出的 PWM 信号。
- 由全比较单元产生的每一对 PWM 输出的死区时间都是可编程的。
- 最小的死区时间可设为一个 CPU 时钟周期。
- 可以设定的最小脉冲宽度和最小的脉冲宽度变化均为一个 CPU 时钟周期。
- PWM 信号的分辨率可达到 16 位。
- 周期寄存器采用双缓冲结构,可快速地改变 PWM 信号的载波频率。
- 比较寄存器采用双缓冲结构,可快速地改变 PWM 信号的脉冲宽度(占空比)。
- 提供专门的功率驱动保护中断。
- 能够产生可编程的非对称、对称和空间矢量 PWM 波形。
- 比较寄存器和周期寄存器可自动装载,从而能够最大限度地减少 CPU 的开销。

7.3.1　全比较单元

每个事件管理器模块(EV A 和 EV B)均包含三个全比较单元,分别称作全比较单元 1、2、3(EV A)和全比较单元 4、5、6(EV B),每个比较单元控制两个 PWM 输出。图 7.10 给出了全比较单元的功能框图。

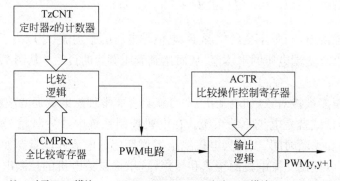

注: 对于 EV A 模块, x=1,2,3; y=1,3,5; z=1。对于 EV B 模块, x=4,5,6; y=7,9,10; z=3。

图 7.10　全比较单元的功能框图

每个事件管理器的全比较单元包括：

- 三个 16 位的比较寄存器（对于 EV A 为 CMPR1、CMPR2 和 CMPR3；对于 EV B 为 CMPR4、CMPR5 和 CMPR6），所有这些寄存器都具有一个可读/写的映像寄存器。
- 一个 16 位的比较控制寄存器（EV A 为 COMCONA；EV B 为 COMCONB）。
- 一个 16 位的比较方式控制寄存器（EV A 为 ACTRA；EV B 为 ACTRB）。
- 六个 PWM 输出引脚（对于 EV A 为 PWM1～PWM6；对于 EV A 为 PWM7～PWM12）。
- 比较、中断和输出逻辑。

比较单元及其相关的 PWM 电路由通用定时器 1（EV A）或通用定时器 3（EV B）分别提供时间基准。当使能全比较操作时，可以设定通用定时器的计数模式，从而在比较输出引脚上产生期望的电平跳变。

1. 全比较单元的操作

1）全比较单元的输入输出

一个比较单元的输入包括：

- 来自比较控制寄存器的控制信号；
- 通用定时器 1 或定时器 3 的计数器 T1CNT/T3CNT 及其下溢、周期匹配信号；
- 复位信号。

比较单元的输出为一个比较匹配信号。如果使能了比较操作，这个匹配信号将置位中断标志位，并使得两个 PWM 输出引脚的电平产生跳变。

2）比较单元的操作模式

比较单元的比较操作是通过比较控制寄存器 COMCONx 来设定的，这些控制位可以用来决定：

- 是否使能比较操作；
- 是否使能比较输出；
- 用映像寄存器的值更新比较寄存器时需满足的条件；
- 是否使能空间矢量 PWM 模式。

表 7.9 给出了寄存器 COMCONA 的功能描述。COMCONB 与 COMCONA 的位定义类似，区别在于各位对应的全比较器不同：COMCONA 对应 EV A 的全比较器 1、2、3；COMCONB 对应 EV B 的全比较器 4、5、6。

表 7.9　比较器控制寄存器 COMCONA

位	名　称	类型	功　能　描　述	
15	CENABLE	R/W-0	比较单元使能控制	0　禁止比较单元操作 1　使能比较单元操作
14,13	CLD1,CLD0	R/W-0	比较单元的比较寄存器（CMPRx）重载条件	00　当 T1CNT=0 时（下溢匹配） 01　当 T1CNT=0 或 T1PR（下溢或周期匹配） 10　立即装载 11　保留
12	SVENABLE	R/W-0	空间矢量 PWM 模式使能控制	0　禁止空间矢量 PWM 模式 1　使能空间矢量 PWM 模式

位	名　称	类型	功　能　描　述	
11,10	ACTRLD1, ACTRLD0	R/W-0	比较方式控制寄存器的重载条件	00　当T1CNT=0时(下溢匹配) 01　当T1CNT=0或T1PR(下溢或周期匹配) 10　立即重载 11　保留
9	FCMOPE	R/W-0	全部比较单元的输出使能。当 EXTCONA(0)=0时,可以同时使能或禁止 EV A 的所有比较器的输出	0　输出引脚 PWM1/2/3/4/5/6 为高阻状态 1　使能全比较输出,引脚 PWM1/2/3/4/5/6 由相应的比较逻辑控制 当 FCMOPE=1时,若 PDPINTA/T1CTRIP 为低电平且 EVAIFRA[0]=1,该位被复位为0
8	$\overline{PDPINTA}$	R-0	该位反映PDPINTA引脚的当前状态	
7	FCMP3OE	R/W-0	全比较器 3 的输出(PWM5/6)使能	只有当EXTCONA(0)=0时,这些位的设置有效;当EXTCONA(0)=1时,这些位为保留位 0　全比较器$i(i=1,2,3)$的输出处于高阻状态 1　全比较器 i 的输出由其比较逻辑单元控制。在有效状态下,如果引脚 CiTRIP 为低电平且被使能,则对应位被复位为零
6	FCMP2OE	R/W-0	全比较器 2 的输出(PWM3/4)使能	
5	FCMP1OE	R/W-0	全比较器 1 的输出(PWM1/2)使能	
4,3	保留	R-0	保留位	
2	C3TRIPE	R/W-1	使能或禁止全比较器 3 的切断输入(C3TRIP)	只有当 EXTCONA(0)=0时,该位有效;当EXTCONA(0)=1时,这些位为保留位 0　CiTRIP(i=1,2,3)被禁止,引脚 CiTRIP 的电平不响应全比较器 i 的输出 1　CiTRIP 被使能。当引脚 CiTRIP 为低电平时,全比较器 i 的两个输出引脚处于高阻状态,位 COMCONA(i+5)被复位为0且标志位 PDPINTA(EVAIFRA[0])置1
1	C2TRIPE	R/W-1	使能或禁止全比较器 2 的切断输入(C2TRIP)	
0	C1TRIPE	R/W-1	使能或禁止全比较器 1 的切断输入(C1TRIP)	

3) 比较操作

对于 EV A 的比较操作,通用定时器 1 的计数器值不断地与三个比较寄存器的值相比较,当产生一个比较匹配事件时,与比较单元对应的两个输出引脚的电平会根据比较方式控制寄存器 ACTRA 设定的动作发生跳变。通过 ACTRA 中的控制位可以定义当比较匹配发生时,每个输出引脚为高有效、低有效、强制高或强制低。如果比较操作被使能,那么当通用定时器 1 的计数器值和比较单元的比较寄存器之间比较匹配时,与比较单元对应的比较中断标志位将被置位。此时如果该中断没有被屏蔽,则会产生一个外设中断请求。输出跳变的时序、中断标志位的置位以及中断请求的产生与通用定时器的比较操作相同(见 7.2.4节)。而通过输出逻辑、死区单元和空间矢量 PWM 逻辑等可以灵活控制三个比较单元的输出方式。

如果通过位 COMCONx[15] 使能了比较操作,那么当比较事件发生时,比较方式控制寄存器(ACTRA 和 ACTRB)分别控制 6 个比较输出引脚 PWMx 的动作(对于 ACTRA,x=1~6; 对于 ACTRB,x=7~12)。ACTRA 和 ACTRB 采用双缓冲结构,其重载条件通过寄存器 COMCONx 设定。同时，ACTRA 和 ACTRB 中还包含与空间矢量 PWM 操作相关的配置位(SVRDIR、D2、D1、D0)。表 7.10 列出了比较方式控制寄存器 ACTRA 的功能描述。

表 7.10　比较方式控制寄存器 ACTRA

位	名　　　称	类型	功　能　描　述	
15	SVRDIR	R/W-0	空间矢量 PWM 旋转方向位，只有在产生 SVPWM 输出时使用	0　正向(逆时针方向) 1　负向(顺时针方向)
14～12	D2～D0	R/W-0	基本空间矢量，只有在产生 SVPWM 输出时使用	设定开关状态
11,10	CMP6ACT1-0	R/W-0	比较输出引脚 6 的输出方式	00　强制低电平 01　低电平有效 10　高电平有效 11　强制高电平
9,8	CMP5ACT1-0	R/W-0	比较输出引脚 5 的输出方式	
7,6	CMP4ACT1-0	R/W-0	比较输出引脚 4 的输出方式	
5,4	CMP3ACT1-0	R/W-0	比较输出引脚 3 的输出方式	
3,2	CMP2ACT1-0	R/W-0	比较输出引脚 2 的输出方式	
1,0	CMP1ACT1-0	R/W-0	比较输出引脚 1 的输出方式	

对于 EV B 模块，只需把对应的通用定时器 1 和 ACTRA 改为通用定时器 3 和 ACTRB 即可。设置比较单元的寄存器时，应按照表 7.11 给出的次序进行配置。

表 7.11　比较单元的寄存器设置次序

EV A 模块	EV B 模块
设置 T1PR	设置 T3PR
设置 ACTRA	设置 ACTRB
初始化 CMPRx	初始化 CMPRx
设置 COMCONA	设置 COMCONB
设置 T1CON	设置 T3CON

2. 比较单元的中断

对于每个比较单元，在 EVxIFRA(x=A 或 B)寄存器中都有一个可屏蔽的中断标志位(见 7.5.2 节)。如果比较操作被使能，比较单元的中断标志将在比较匹配后再过一个 CPU 时钟周期被置位。如果此时中断未被屏蔽，则会产生一个外设中断请求。

应当指出，当发生任何复位事件时，所有与全比较单元相关的寄存器都复位为零，且所有的比较输出引脚被置为高阻状态。

7.3.2　与比较单元相关的 PWM 电路

对于每个事件管理器模块，与比较单元相关的 PWM 电路能够产生六路死区时间和输出极性可编程的 PWM 输出。EV A 中 PWM 电路的功能框图如图 7.11 所示，主要包括以下功能单元。

(1) 对称/非对称的 PWM 波形发生器；

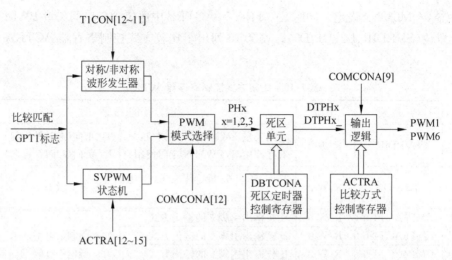

图 7.11　EV A 模块的 PWM 电路功能框图

(2) 可编程的死区单元 DBU;

(3) 输出逻辑控制;

(4) 空间矢量(Space Vector)PWM 状态机。

本节介绍与比较单元相关的 PWM 产生电路,关于产生对称/非对称 PWM 波形的方法与通用定时器相同,可参考 7.2 节的相关内容。在电机驱动、电源变换等采用 PWM 控制的场合,借助于事件管理器中的 PWM 电路可以最大限度地减少 CPU 的时间开销和用户干预,简化硬件设计和软件编程。PWM 电路产生的 PWM 波形通过以下寄存器控制:对于 EV A 模块由 T1CON、COMCONA、ACTRA 和 DBTCONA 控制;对于 EV B 模块,由 T3CON、COMCONB、ACTRB 和 DBTCONB 控制。

1. 可编程死区单元

在许多功率电子电路中,通常将两个功率器件(一个正向导通,另一个负向导通)配置为一对上下臂,串联起来控制一路功率输出。一对被控桥臂绝对不允许同时导通,否则会导致潜在的短路现象而损坏功率器件。由于功率器件的开通时间和关断时间并不相同,因此需要产生一对有效状态无重叠的 PWM 信号来正确地开启或关断这两个器件。通常在完全关闭一个功率器件后,延迟一段时间后再开启另一个功率器件,这种插入的延时通常称作死区时间。延迟时间的选取需要根据功率器件的开关特性以及具体应用系统中的负载特性来决定。

EV A 模块和 EV B 模块都有各自的可编程死区控制单元,这些可编程的死区单元具有如下特点。

- 一个可读写的 16 位死区控制寄存器 DBTCONx;
- 一个输入时钟预定标器,预定标因子可以是 x/1、x/2、x/4、x/8、x/16、x/32;
- 采用片内高速外设时钟作为输入;
- 3 个 4 位递减计数操作的定时器。

死区控制寄存器 DBTCONA 和 DBTCONB 控制着死区单元的定时器操作,两个寄存器的功能完全相同,只是分别服务于两个事件管理器。表 7.12 列出了寄存器 DBTCONA

的功能描述。

表 7.12 死区控制寄存器 DBTCONA

位	名 称	类 型	功 能 描 述
15～12	保留	R-0	保留位
11～8	DBT3～DBT0	R/W-0	死区定时器周期。用于定义 3 个死区定时器的周期值
7	EDBT3	R/W-0	死区定时器 3 使能(比较单元 3 的 PWM5 和 PWM6) 0 屏蔽 1 使能
6	EDBT2	R/W-0	死区定时器 2 使能(比较单元 2 的 PWM3 和 PWM4) 0 屏蔽 1 使能
5	EDBT1	R/W-0	死区定时器 1 使能(比较单元 1 的 PWM1 和 PWM2) 0 屏蔽 1 使能
4～2	DBTPS2～DBTPS0	R/W-0	死区定时器预定标控制位(x 为高速外设时钟频率) 000 x/1；100 x/16 001 x/2；101 x/32 010 x/4；110 x/32 011 x/8；111 x/32
1,0	保留	R-0	保留位

2. 死区的产生

一个死区单元的结构框图和输入输出波形如图 7.12 所示,图中 PH_x、$DTPH_x$ 和 $DTPH_{x\_}$ 均为 DSP 芯片的内部信号。对于 EV A,死区单元的输入信号为 PH1、PH2 和 PH3,它们分别由比较单元 1～3 的非对称/对称波形产生器产生。死区单元的输出是 DTPH1、DTPH1_、DTPH2、DTPH2_、DTPH3 和 DTPH3_,它们分别相对应于 PH1、PH2 和 PH3。

对于每一个输入信号 PH_x,经过死区单元后产生两个输出信号 $DTPH_x$ 和 $DTPH_{x\_}$。当比较单元输出的死区未被使能时,这两个输出信号完全相同。当比较单元的死区单元被使能时,这两个信号的跳变沿被一段称作死区的时间间隔分开,这个时间段由 DBTCONx 寄存器中的死区定时器周期来设定。假设 DBTCONx[11～8]中的周期值为 m,DBTCONx[4～2]中设定的预定标因子为 x/p,那么死区值为($p×m$)个 HSPCLK 时钟周期。表 7.13 列出了 DBTCONx 寄存器的一些典型取值及对应的死区时间,这里假定 HSPCLK 的时钟周期为 25ns。

表 7.13 根据 DBTCONx 的配置产生的死区值(单位为 μs)

DBT3～DBT0(m)	DBTPS2～DBTPS0(p)					
	110($p=32$)	100($p=16$)	011($p=8$)	010($p=4$)	001($p=2$)	000($p=1$)
0	0	0	0	0	0	0
1	0.8	0.4	0.2	0.1	0.05	0.025
2	1.6	0.8	0.4	0.2	0.1	0.05

续表

DBT3~DBT0(m)	DBTPS2~DBTPS0(p)					
	110(p=32)	100(p=16)	011(p=8)	010(p=4)	001(p=2)	000(p=1)
3	2.4	1.2	0.6	0.3	0.15	0.075
4	3.2	1.6	0.8	0.4	0.2	0.1
5	4	2	1	0.5	0.25	0.125
6	4.8	2.4	1.2	0.6	0.3	0.15
7	5.6	2.8	1.4	0.7	0.35	0.175
8	6.4	3.2	1.6	0.8	0.4	0.2
9	7.2	3.6	1.8	0.9	0.45	0.225
A	8	4	2	1	0.5	0.25
B	8.8	4.4	2.2	1.1	0.55	0.275
C	9.6	4.8	2.4	1.2	0.6	0.3
D	10.4	5.2	2.6	1.3	0.65	0.325
E	11.2	5.6	2.8	1.4	0.7	0.35
F	12	6	3	1.5	0.75	0.375

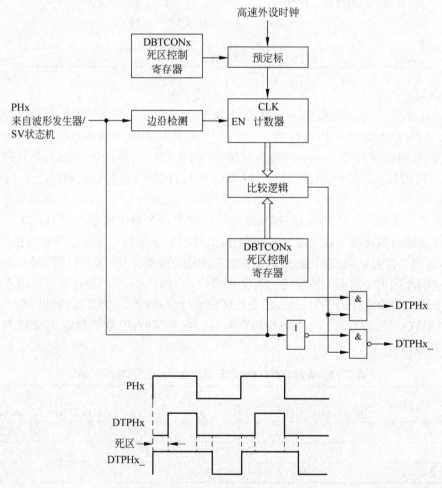

图 7.12　死区单元框图及输入输出波形

3. 输出逻辑控制

输出逻辑电路决定了发生比较匹配事件时,输出引脚 PWMx(x=1~12)的电平极性和动作。通过配置 ACTR 寄存器,可以将每个比较单元的 PWM 输出设定为低有效、高有效、强制低或强制高。当以下任一种事件发生时,所有的 PWM 输出引脚被置为高阻状态。

- 软件将 COMCONx[9] 位清零,禁止所有比较单元输出;
- 当 $\overline{\text{PDPINTx}}$ 未被屏蔽时,外部电路将功率驱动保护引脚 $\overline{\text{PDPINTx}}$ 拉为低电平;
- 发生复位事件。

PWM 输出逻辑电路的方框图如图 7.13 所示。其中,输入信号包括来自死区单元的信号 DTPHx 和 $\overline{\text{DTPHx}}$,寄存器 ACTRx 中的控制位,$\overline{\text{PDPINTx}}$ 和复位信号;输出信号包括六路输出 PWMy(对于 EV A,y=1~6)。

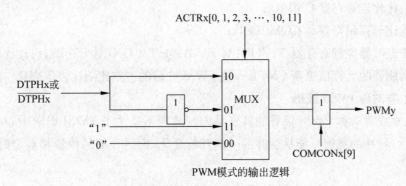

图 7.13 EV A 模块的输出逻辑方框图(x=1,2,3; y=1,2,3,4,5,6)

7.3.3 PWM 波形的产生

为了产生 PWM 信号,需要一个定时器按照 PWM 周期不断地进行计数操作。比较寄存器用于保持调制值(等效于调制信号幅值),比较寄存器中的值不断与定时器的计数值进行比较,一旦两个值匹配时,相应的 PWM 输出引脚上的电平就会产生跳变(从低到高或从高到低)。当发生第二次匹配或一个定时器周期结束时,就会产生第二次输出跳变(从高到低或从低到高)。通过这种方式,就能够产生一个导通或关断时间与比较寄存器的值成正比的脉冲信号。在每个定时器周期重复上述比较操作,通过改变比较寄存器中保存的调制值,在相应的输出引脚上就可以产生期望的 PWM 波形。

1. 应用事件管理器产生 PWM 波形

在事件管理器模块中,三个比较单元的任何一个与通用定时器1(对于 EV A)或通用定时器3(对于 EV B)、死区单元以及输出逻辑一起,能够产生一对死区时间和极性可编程的PWM 输出。对于每个事件管理器的三个全比较单元,对应六个这样的 PWM 输出引脚,这六个 PWM 输出可用于控制三相交流感应电机和无刷直流电机。借助于比较方式控制寄存器(ACTRx),PWM 的输出动作可以灵活配置,还可以控制广泛应用的开关磁阻电机和同步磁阻电机。此外,PWM 电路还可以方便地用来控制其他类型电动机,如单轴或多轴控制应用中的直流电机或步进电机。

2. 产生 PWM 波形时的寄存器配置

7.2 节介绍了采用通用定时器产生 PWM 波形,这里介绍采用全比较单元产生 PWM 波形。全比较单元除了可以产生非对称和对称 PWM 波形外,三个比较单元配合使用时,还可以产生三相对称的空间矢量 PWM 输出。

使用比较单元及其相关电路产生 PWM 波形时需要配置的寄存器如下:

- 设置比较方式寄存器 ACTRx;
- 如果需要死区时间,设置死区控制寄存器 DBTCONx;
- 设置定时器周期寄存器 T1PR(对 EV A)或 T3PR(对 EV B),确定 PWM 波形的周期;
- 初始化比较寄存器 CMPRx;
- 设置比较控制寄存器 COMCONx;
- 配置定时器控制寄存器 T1CON(对 EV A)或 T3CON(对 EV B),启动比较操作;
- 不断用新的计算值更新 CMPRx,使 PWM 波形的占空比随比较值变化。

3. 产生非对称 PWM 波形

边沿触发或非对称 PWM 信号的特点是调制脉冲不是关于 PWM 周期中心对称的,如图 7.14 所示,脉冲的宽度只能从脉冲的一侧开始变化,而另一侧的位置相对定时器周期是固定的。

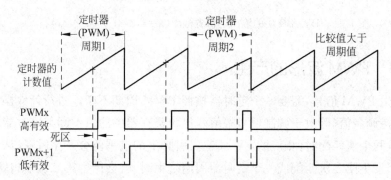

图 7.14　比较单元和 PWM 电路产生的非对称 PWM 波形(x=1,3,5)

为了产生非对称的 PWM 信号,需要将通用定时器 1 设置为连续递增计数模式,其周期寄存器装入期望的 PWM 载波周期值。然后配置 COMCONx 寄存器来使能比较操作,将相应的输出引脚设置成 PWM 输出并使能这些输出。如果需要使能死区单元,可通过软件将所需的死区时间值写入 DBTCONx[11:8]中,即将 4 位死区定时器的周期值写入 DBT[3:0]。需要指出,一个事件管理器的所有 PWM 输出通道使用同一个死区设定值。

通过软件适当配置 ACTRx 寄存器后,与比较单元相关的一个 PWM 输出引脚将产生 PWM 信号,而另一个 PWM 输出引脚可以设为在 PWM 周期的开始、中间或结束处始终保持低电平(关闭)或高电平(开启)。这种可用软件灵活配置的 PWM 输出特性尤其适于开关磁阻电机的控制。

通用定时器1启动计数操作后,在每个PWM周期中可以向比较寄存器写入新的比较值,从而可以实时地调节PWM输出的占空比来改变功率器件的导通和关断时间。由于比较寄存器是带有映射寄存器的,所以在一个PWM周期内的任何时刻都可以将新的比较值写入比较寄存器。此外,也可以随时向周期寄存器T1PR和比较方式寄存器ACTRA中写入新的值,从而改变PWM的周期或强制改变PWM输出的有效电平。

4. 产生对称PWM波形

对称PWM信号的特征为调制脉冲是关于每个PWM周期中心对称的。与非对称PWM信号相比,对称PWM信号在每个PWM周期的开始和结束处有两个时间相同的无效区。当采用正弦波调制时,交流电机(如感应电机和无刷直流电机)的相电流采用对称PWM波形时产生的谐波电流较小。图7.15分别给出了高电平有效和低电平有效时的对称PWM波形。

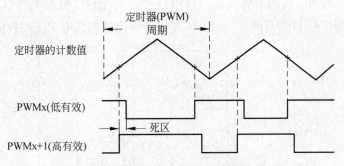

图7.15 用比较单元和PWM电路产生的对称PWM波形(x＝1,3,5)

应用比较单元和PWM电路产生对称和非对称PWM波形的方法基本相似。唯一的区别在于产生对称波形时,需要将通用定时器1设置为连续增/减计数模式。

在产生对称PWM波形时,一个周期内通常有两次比较匹配,第一次发生在周期匹配前的增计数期间,而另一次发生在周期匹配后的减计数期间。当周期匹配发生后,新的比较值会更新比较寄存器中的值,从而可以提前或延迟产生PWM脉冲的第二个边沿。这一特性可以用来补偿由死区引入的电流误差,特别适于交流电机的控制。

5. 双刷新PWM模式

F281x的事件管理器支持双刷新PWM模式。在这种操作模式下,可以独立地改变PWM脉冲的两个跳变沿。为了能够支持这种模式,在PWM周期的开始和中间阶段,决定PWM输出跳变时刻的比较寄存器的值必须允许被刷新。

事件管理器的比较寄存器是带有缓冲的,并支持三种比较值装载/刷新模式。支持PWM双刷新模式的重载条件包括下溢(PWM周期的开始)或周期(PWM周期的中间)事件。

7.3.4　空间矢量 PWM 波形的产生

空间矢量 PWM 是指三相功率逆变器中 6 个功率管的一种特殊开关方式,广泛应用于永磁同步伺服电动机和异步电动机控制系统。空间矢量 PWM 技术通过控制三相逆变电路中功率开关器件的 8 种开关状态,给三相绕组提供 8 种不同的空间电压矢量,使磁链空间矢量的旋转轨迹尽可能逼近理想的圆形,因此又称作磁链跟踪控制。与采用正弦脉宽调制技术相比,其输出电压和电流更接近于正弦波,能够在电机的气隙中产生圆形的旋转磁场,从而减小力矩脉动和铁心损耗,提高了控制精度、动态性能和电源电压的利用率。

1. 三相功率逆变器

图 7.16 给出了一个三相逆变器的典型结构。图中 V_a、V_b 和 V_c 是电机三相绕组的控制电压,DTPHx 和 DTPHx_(x=a,b,c)分别控制逆变器的六个功率管。当一相的上臂导通时(DTPHx=1),同一相的下臂关断(DTPHx_=0)。因此,根据上臂(Q1、Q3 和 Q5)的开关状态,即控制信号 DTPHx(x=a,b,c),可以计算出施加到电机上的控制电压 U_{out}。

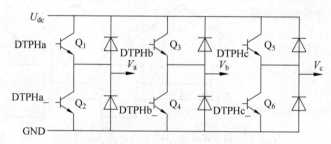

图 7.16　三相功率逆变器的原理图

2. 功率逆变器的开关模式和基本的空间矢量

当逆变器的其中一个上臂处于导通状态时,桥臂输出到相应电机绕组上的电压 V_x(x=a,b,c)等于电源电压 U_{dc};当上臂处于关闭状态时,施加到电机绕组上的电压为 0。三相逆变器中,上臂功率管(DTPHx,x=a,b,c)的开通与关断对应 8 种工作状态。对应这 8 种状态,导出的电机线电压和相电压相对直流电源电压 U_{dc} 之间的关系如表 7.14 所示,表中 a、b、c 分别代表 DTPHa、DTPHb、DTPHc 的值,0 代表关断,1 代表导通。

表 7.14　三相功率逆变器的开关模式

a	b	c	$V_{a0}(U_{dc})$	$V_{b0}(U_{dc})$	$V_{c0}(U_{dc})$	$V_{ab}(U_{dc})$	$V_{bc}(U_{dc})$	$V_{ca}(U_{dc})$
0	0	0	0	0	0	0	0	0
0	0	1	−1/3	−1/3	2/3	0	−1	1
0	1	0	−1/3	2/3	−1/3	−1	1	0
0	1	1	−2/3	1/3	1/3	−1	0	1
1	0	0	2/3	−1/3	−1/3	1	0	−1
1	0	1	1/3	−2/3	1/3	1	−1	0

续表

a	b	c	$V_{a0}(U_{dc})$	$V_{b0}(U_{dc})$	$V_{c0}(U_{dc})$	$V_{ab}(U_{dc})$	$V_{bc}(U_{dc})$	$V_{ca}(U_{dc})$
1	1	0	1/3	1/3	−2/3	0	1	−1
1	1	1	0	0	0	0	0	0

通过 $d\text{-}q$ 坐标变换,将 8 种状态组合对应的相电压映射到 $d\text{-}q$ 平面。$d\text{-}q$ 变换实际上就是将 (a,b,c) 三个向量正交投影到一个垂直于向量 $(1,1,1)$ 的二维平面($d\text{-}q$ 平面),这样就可以得到 6 个非零向量和 2 个零向量。6 个非零向量构成一个六边形,相邻向量之间的夹角为 $60°$,两个零向量位于原点处。这 8 个向量就是基本的空间向量,分别用 U_0、U_{60}、U_{120}、U_{180}、U_{240}、U_{300}、O_{000} 和 O_{111} 表示。对于希望施加到电

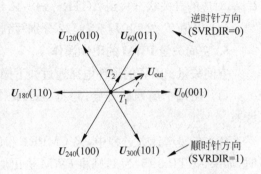

图 7.17　基本空间矢量和开关模式

机的电压矢量 U_{out} 也可以做同样的变换,基本空间向量和电机电压 U_{out} 的投影如图 7.17 所示。

其中,$d\text{-}q$ 坐标的 d、q 轴分别对应交流电机定子的几何水平轴和垂直轴,SVPWM 实质上就是通过 6 个功率开关的 8 种状态组合去逼近期望的电机电压矢量 U_{out}。两个相邻基本矢量的二进制表示只有 1 位不同,这就是说,当功率开关的状态从 U_x 切换到 U_{x+60} 或从 U_{x+60} 到 U_x 时,仅有一个上臂功率管动作。当逆变器的状态为零向量 O_{000} 和 O_{111} 时,表示无输出电压施加到电机绕组上。

3. 应用基本空间矢量逼近电机电压

在任何时刻,电机电压矢量 U_{out} 的投影都是 6 种基本空间矢量中的一种。因此,在任何 PWM 周期,可以根据两个相邻矢量分量的和来逼近电机的电压矢量 U_{out}:

$$U_{out} = T_1 U_x + T_2 U_{x+60} + T_0 (O_{000} \text{ 或 } O_{111})$$

式中 $T_0 = T_p - T_1 - T_2$,T_p 为 PWM 载波周期,上式右侧第三项 $T_0(O_{000}$ 或 $O_{111})$ 对电压矢量和 U_{out} 不会产生影响。上式表明,为了施加电压 U_{out} 至电机绕组,上臂功率器件的开关状态必须满足 U_x 的持续时间为 T_1,U_{x+60} 的持续时间为 T_2,而式中包括零向量有助于平衡功率管的开关周期及功耗。

4. 应用事件管理器产生空间矢量 PWM 波形

事件管理器模块内置的硬件电路极大地简化了空间矢量 PWM 波形的产生。用户软件通过如下的设置,就能够产生空间矢量 PWM 输出:

(1) 配置 ACTRx 寄存器,定义比较输出引脚的极性;

(2) 配置 COMCONx 寄存器,使能比较操作和空间矢量 PWM 模式,并将 CMPRx 的重载条件设置为下溢;

(3) 将通用定时器 1 或定时器 3 设为连续增/减计数模式,并启动比较操作。

然后,用户需确定在二维的 $d\text{-}q$ 坐标下输入到电机各相的电压 U_{out},然后分解 U_{out},并在

每个 PWM 周期完成下列操作：

(1) 确定两个相邻矢量 U_x 和 U_{x+60}；

(2) 确定参数 T_1、T_2 和 T_0；

(3) 将 U_x 对应的开关状态写入 ACTRx[14～12]，并将 1 写入 ACTRx[15]；或者将 U_{x+60} 对应的开关状态写到 ACTRx[14～12]中，并将 0 写入 ACTRx[15]；

(4) 将值 $T_1/2$ 和 $(T_1+T_2)/2$ 分别写到比较寄存器 CMPR1 和 CMPR2 中。

5. 空间矢量 PWM 的硬件操作

空间矢量 PWM 的硬件电路通过如下操作来完成一个空间矢量 PWM 周期。

(1) 在每个周期的开始，根据 ACTRx[14～12]的定义将 PWM 输出设置成新的模式 U_y。

(2) 在递增计数过程中，当 CMPR1 和通用定时器 1 在 $T_1/2$ 处产生第一次比较匹配时，如果 ACTRx[15]为 1，则将 PWM 输出切换为 U_{y+60}；如果 ACTRx[15]为 0，则将 PWM 输出切换为 U_y($U_{0-60}=U_{300}$，$U_{360+60}=U_{60}$)。

(3) 在递增计数过程中，当 CMPR2 和通用定时器 1 在 $(T_1+T_2)/2$ 处产生第二次比较匹配时，将 PWM 输出切换为 000 或 111 模式，它们与第二种模式间只有 1 位的差别。

(4) 在递减计数过程中，当 CMPR2 和通用定时器 1 在 $(T_1+T_2)/2$ 处产生第一次比较匹配时，将 PWM 输出切换回第二种输出模式。

(5) 在递减计数过程中，当 CMPR2 和通用定时器 1 在 $T_1/2$ 处产生第二次比较匹配时，则将 PWM 输出切换为第一种输出模式。

空间矢量 PWM 波形是关于每个 PWM 周期中心对称的，因此也称作对称空间矢量 PWM 波形，图 7.18 是对称空间矢量波形的两个例子。需要指出，在空间矢量 PWM 模式下，当两个比较寄存器 CMPR1 和 CMPR2 装入的值均为 0 时，三个比较输出全都变为无效状态。因此，在空间矢量 PWM 模式下，用户必须确保满足条件：CMPR1≤CMPR2≤T1PR，否则会产生不可预料的结果。

6. 未使用的比较寄存器

产生空间矢量 PWM 波形时只用到了两个比较寄存器(对于 EV A 而言是 CMPR1 和 CMPR2)，而第三个比较寄存器 CMPR3 同样会不断与通用定时器 1 的计数器进行比较。当发生比较匹配时，如果相应的比较中断没有被屏蔽，那么对应的比较中断标志会被置位，并产生一个外设中断请求。因此，在空间矢量 PWM 输出中没有用到的比较寄存器 CMPR3 仍可用于产生其他定时事件。此外，由于状态机引入了额外的延时，在空间矢量 PWM 模式下比较输出的跳变时刻也被延时 1 个时钟周期。

7.3.5 应用事件管理器产生 PWM 波形

本节给出的例程中，在 EV A 模块的 8 个 PWM 输出引脚 T1PWM、T2PWM 和 PWM(1～6)上产生设定的 PWM 信号，读者可以通过示波器观察这些 PWM 波形的周期和占空比。

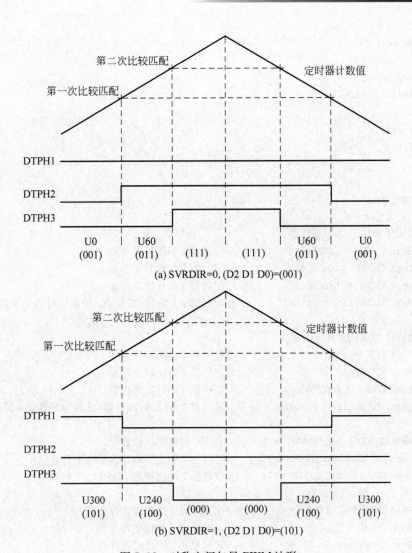

图 7.18 对称空间矢量 PWM 波形

例 7.3 利用 EV A 模块产生 8 路 PWM 输出波形。

```
# include "DSP281x_Device.h"        //DSP281x Headerfile Include File
# include "DSP281x_Examples.h"      //DSP281x Examples Include File
void init_eva(void);
void init_evb(void);

void main(void)
{
    InitSysCtrl();                  //使能 EV A 的外设时钟

    EALLOW;
    GpioMuxRegs.GPAMUX.all = 0x00FF;    //配置引脚 T1PWM、T2PWM、PWM (1~6)为外设功能
    EDIS;
```

```
    DINT;
    InitPieCtrl();
    IER = 0x0000;
    IFR = 0x0000;
    InitPieVectTable();

    init_eva();
    for(;;);
}


void init_eva()
{
    //初始化 EV A 的通用定时器 1
    EvaRegs.T1PR = 0xFFFF;              //定时器 1 的周期寄存器
    EvaRegs.T1CMPR = 0x3C00;           //定时器 1 的比较寄存器
    EvaRegs.T1CNT = 0x0000;            //定时器 1 的计数寄存器
    EvaRegs.T1CON.all = 0x1042;        //定时器 1 为递增/减计数,使能定时器 1 及其比较操作

    //初始化 EV A 的通用定时器 2
    EvaRegs.T2PR = 0x0FFF;             //定时器 2 的周期寄存器
    EvaRegs.T2CMPR = 0x03C0;           //定时器 2 的比较寄存器
    EvaRegs.T2CNT = 0x0000;            //定时器 2 的计数寄存器
    EvaRegs.T2CON.all = 0x1042;        //定时器 2 为递增/减计数,使能定时器 2 及其比较操作

    EvaRegs.GPTCONA.bit.TCMPOE = 1;    //使能定时器的比较输出
    EvaRegs.GPTCONA.bit.T1PIN = 1;     //定时器 1 的比较输出为低电平有效
    EvaRegs.GPTCONA.bit.T2PIN = 2;     //定时器 2 的比较输出为高电平有效

    EvaRegs.CMPR1 = 0x0C00;            //比较单元 1 的比较寄存器
    EvaRegs.CMPR2 = 0x3C00;            //比较单元 2 的比较寄存器
    EvaRegs.CMPR3 = 0xFC00;            //比较单元 3 的比较寄存器

    //PWM1、PMW3、PMW5 为高电平有效,PWM2、PMW4、PMW6 为低电平有效
    EvaRegs.ACTRA.all = 0x0666;
    EvaRegs.DBTCONA.all = 0x0000;      //死区时间设为 0,也可设为非零值
    EvaRegs.COMCONA.all = 0xA600;      //使能比较操作和比较输出
}
```

7.4　捕获单元

两个事件管理器共有 6 个捕获单元,其中,EV A 的捕获单元为 CAP1、CAP2 和 CAP3, EV B 的捕获单元为 CAP4、CAP5 和 CAP6。每个捕获单元都有一个对应的捕获输入引脚, 通过捕获单元能够捕获这些输入引脚上的电平跳变并记录电平跳变时刻。利用捕获单元与 无刷直流电机的位置传感器接口时,可以为电子换向逻辑提供转子位置信号,并根据两次电 平跳变的时间间隔计算出电机转速(见 11.2 节)。

7.4.1　捕获单元的结构

EV A 的每个捕获单元可选择通用定时器 2 或定时器 1 作为它们的时间基准,但 CAP1 和 CAP2 必须选择同一个定时器作为时间基准。同理,每个 EV B 的捕获单元可选择通用定时器 4 或定时器 3 作为它们的时间基准,但 CAP4 和 CAP5 也必须选择同一个定时器作为它们的时基。

当检测到捕获输入引脚 CAPx(x=1,2,…,6)上发生设定的跳变事件时,通用定时器的计数值将被捕获并存入到一个两级深度的 FIFO 堆栈中。图 7.19 为 EV A 模块的捕获单元结构框图,EV B 的捕获单元结构与 EV A 类似,仅输入引脚和外设寄存器的名称和地址不同。

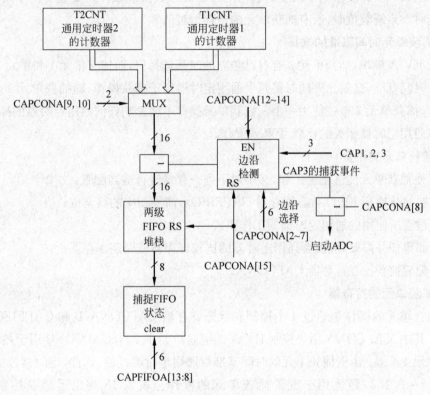

图 7.19　EV A 模块的捕获单元结构框图

以 EV A 为例,概括起来捕获单元具有如下特点:
- 一个 16 位的捕获控制寄存器 CAPCONA。
- 一个 16 位的捕获 FIFO 状态寄存器 CAPFIFOA。
- 可选择通用定时器 1 或定时器 2 作为时基。
- 每个捕获单元具有一个 2 级深度的 16 位 FIFO 堆栈。
- 3 个施密特触发的捕捉输入引脚 CAP1~CAP3,每个捕获单元对应一个输入引脚,所有捕获单元的输入和内部 CPU 时钟同步。输入引脚 CAP1 和 CAP2 也可以用作正交编码脉冲电路的输入。
- 用户可配置的跳变检测方式(检测上升沿、下降沿、上升和下降沿)。

- 3个可屏蔽的中断标志位,每个捕获单元对应一个。

7.4.2 捕获单元的操作

捕获单元被使能后,一旦检测到输入引脚上出现设定的电平跳变,所选择的通用定时器的计数值就会被装入到相应的 FIFO 堆栈中。此时,如果已有一个或多个有效的捕获值保存在 FIFO 堆栈中,即 CAPxFIFO 位不等于0,那么相应的中断标志会被置位。如果该中断未被屏蔽,会产生一个外设中断请求。每当捕获到新的计数值存入 FIFO 堆栈时,捕获单元的 FIFO 状态寄存器 CAPFIFOx 中的状态位会及时调整,以反映 FIFO 堆栈的最新状态。从捕获单元输入引脚发生电平跳变到通用定时器的计数值被锁存需要经历两个 CPU 时钟周期的延时。系统复位时,所有捕获单元的寄存器被清零。

1. 捕获单元时间基准的选择

对于 EV A 模块,捕获单元3有自己独立的时基选择位,而捕获单元1和单元2需要使用同一个时间基准,这就允许同时将两个通用定时器用于捕获操作,即捕获单元1和单元2共用一个,捕获单元3单独使用一个。捕获单元操作不会影响任何通用定时器的操作,也不会影响与通用定时器相关的比较/PWM 操作。

2. 捕获单元的设置

为了使捕获单元能够正常工作,必须对下列寄存器进行适当配置:

(1) 初始化捕获 FIFO 状态寄存器 CAPFIFOx,清零相应的状态位;

(2) 设置所使用的通用定时器的工作模式;

(3) 如果任务需要,可设置通用定时器的比较寄存器或周期寄存器;

(4) 配置捕获控制寄存器 CAPCONA。

3. 捕获单元的寄存器

对捕获单元的操作是通过 4 个控制和状态寄存器 CAPCONA/B 和 CAPFIFOA/B 来实现的。其中,CAPCONA 用于控制 EV A 的捕获单元1、2、3,CAPCONB 用于控制 EV B 的捕获单元4、5、6。由于捕获单元的时间基准由通用定时器提供,因此,定时器控制寄存器 TxCON(x=1,2,3,4)也用于配置捕获单元的操作。表 7.15 列出了捕获控制寄存器 CAPCONA 的功能描述。

表 7.15 捕获控制寄存器 CAPCONA

位	名 称	类 型	功 能 描 述		
15	CAPRES	R/W-0	捕获单元复位,读操作总是返回0	0	将所有捕获单元的寄存器清零
				1	无操作
14,13	CAP12EN	R/W-0	捕获单元1和单元2的使能位	00	禁止捕获单元1和单元2,FIFO 内容不变
				01	使能捕获单元1和单元2
				1x	保留

续表

位	名 称	类 型	功 能 描 述		
12	CAP3EN	R/W-0	捕获单元3的使能位	0	禁止捕获单元3,FIFO内容不变
				1	使能捕获单元3
11	保留	R/W-0	读返回0,写没有影响		
10	CAP3TSEL	R/W-0	捕获单元3的通用定时器选择	0	选择通用定时器2
				1	选择通用定时器1
9	CAP12TSEL	R/W-0	捕获单元1和单元2的通用定时器选择	0	选择通用定时器2
				1	选择通用定时器1
8	CAP3TOADC	R/W-0	用捕获单元3的捕获事件启动A/D转换	0	无操作
				1	当CAP3INT标志置位时启动ADC
7,6	CAP1EDGE	R/W-0	捕获单元1的边沿检测控制	00	不检测
5,4	CAP2EDGE	R/W-0	捕获单元2的边沿检测控制	01	检测上升沿
				10	检测下降沿
3,2	CAP3EDGE	R/W-0	捕获单元3的边沿检测控制	11	两个边沿都检测
1,0	保留	R/W-0	读返回0,写没有影响		

CAPFIFOA寄存器包含捕获单元的3个FIFO堆栈的状态位,如表7.16所列。当发生捕获事件使得状态位CAPnFIFO刷新时,如果CPU同时也向状态位写数据,则首先执行写操作。借助于向CAPFIFOx寄存器写数据可以为代码调试带来很大的灵活性。例如,如果写01到位域CAPnFIFO,则事件管理器模块认为FIFO中已经有一个捕获事件,随后每当FIFO获得新的捕获值时,均会产生一个捕捉单元中断。

表7.16 捕获单元FIFO状态寄存器CAPFIFOA

位	名 称	类 型	功 能 描 述	
15,14	保留	R-0	读返回0,写没有影响	
13,12	CAP3FIFO	R/W-0	捕获单元3的FIFO状态	00 FIFO为空
				01 有1个捕获值入栈
11,10	CAP2FIFO	R/W-0	捕获单元2的FIFO状态	10 有2个捕获值入栈
				11 已有两个捕获值入栈时,又有一个
9,8	CAP1FIFO	R/W-0	捕获单元1的FIFO状态	新的捕获值,则堆栈中的第一个捕
				获值被丢弃
7~0	保留	R-0	读返回0,写没有影响	

4. 捕获单元的FIFO堆栈

每个捕获单元有一个专用的2级深度的FIFO堆栈。对于EV A模块,栈顶寄存器包括CAP1FIFO、CAP2FIFO和CAP3FIFO,栈底寄存器包括CAP1FBOT、CAP2FBOT和CAP3FBOT。所有FIFO堆栈的栈顶寄存器是只读寄存器,存放着相应捕获单元捕获到的旧计数值,因此读取捕获单元的FIFO堆栈时总是返回堆栈中最早的计数值。当位于FIFO栈顶寄存器中的旧计数值被读取时,栈底寄存器中如果有新的计数值,那么该值将被自动压入栈顶寄存器。

如果需要,也可以直接读取 FIFO 栈底寄存器的值,同时捕获 FIFO 状态寄存器的标志位也会随之变化:如果读取前捕获 FIFO 状态寄存器的状态位为 10 或 11,则读取后变为 01,即堆栈中还有一个捕获值;如果读取前 FIFO 的状态位为 01,则读取后变为 00,即堆栈为空。

1) 第 1 次捕获

当捕获单元的输入引脚出现一次设定的跳变时,选定的通用定时器的计数值会被记录下来。此时,如果捕获堆栈是空的,这个计数值就会被写入到 FIFO 堆栈的栈顶寄存器,同时 CAPFIFOx 中的状态位被置为 01。如果在下一次捕获操作前 CPU 对 FIFO 堆栈进行了读操作,则 FIFO 状态位被复位为 00。

2) 第 2 次捕获

如果在上一次捕获的计数值被读取之前,又产生了另一次捕获事件,那么新捕获到的计数值被保存到栈底寄存器,同时 FIFO 的状态位被置为 10。如果在下一次捕获操作之前 CPU 对 FIFO 堆栈进行了读操作,那么栈顶寄存器中的旧计数值被读取,且栈底寄存器中的新计数值被压入到栈顶寄存器,同时 FIFO 的状态位被置为 01。

第 2 次捕获会将相应的捕获中断标志位置 1,如果中断未被屏蔽,那么会产生一个外设中断请求。

3) 第 3 次捕获

当 FIFO 堆栈中已保存有两个计数值时,如果这时又发生了一个捕获事件,则位于栈顶寄存器中最早的计数值将被弹出堆栈并被丢弃,而栈底寄存器的值将被压入栈顶寄存器中,新捕获到的计数值被压入栈底寄存器,同时 FIFO 的状态位被置为 11,以表明有 1 个或多个旧的捕获计数值已被丢弃。

同样,第 3 次捕获会将相应的捕获中断标志位置 1,如果中断未被屏蔽,那么会产生一个外设中断请求。

5. 捕获中断

当捕获单元完成一次捕获,且 FIFO 中至少有一个有效的计数值(即 CAPxFIFO 位不为 0),则相应的中断标志被置位。如果中断未被屏蔽,则会产生一个外设中断请求。因此,如果使用了捕获中断,则可从中断服务程序读取到一对捕获计数值。如果不使用中断,也可以通过查询中断标志位或 FIFO 堆栈的状态位来确定是否发生了捕获事件。若已发生捕获事件,那么 CPU 同样可以从捕获单元的 FIFO 堆栈中读取捕获计数值。

7.4.3　正交编码脉冲电路

光电编码器是一种通过光电转换装置将输出轴的角度变化转换为脉冲信号的传感器,也是目前应用最多的角度传感器,主要由光栅盘和光电检测电路组成。在伺服系统中,光电编码器通常与电动机同轴安装,当系统运行时光栅盘与电动机转子同步旋转,经光源和光敏二极管等元件组成的检测装置输出的脉冲信号可反映转角变化,而脉冲的频率反映了电机的转速。此外,为了便于判别旋转方向,增量式编码器均提供一组相位相差 90°的输出脉冲,根据两路输出脉冲的相位可确定电机的旋转方向,如图 7.20 所示。

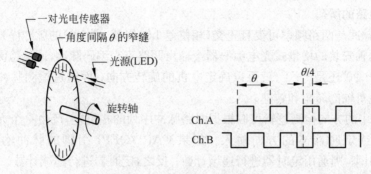

图 7.20　光电编码器及其输出脉冲

每个事件管理器模块都有一个 QEP 电路,可方便地实现与增量式光电编码器的无缝接口,用以检测旋转机械的转角和转速信息。当 QEP 电路被使能时,可以对 CAP1/QEP1、CAP2/QEP2 和 CAP3/QEPI1(对于 EV A)引脚上输入的正交编码脉冲进行解码和计数。应该指出,QEP 电路的 3 个输入引脚与捕获单元引脚 CAP1/CAP2/CAP3 复用,如果使能 QEP 电路,则引脚 CAP1/CAP2/CAP3 的捕获功能将被禁止,这些外部引脚的功能是通过 CAPCONx 寄存器设置的。

1. QEP 电路的时钟基准

对于 EV A 模块,通用定时器 2 为 QEP 电路提供时间基准。此时,通用定时器 2 必须配置为定向增/减计数模式,并选择 QEP 电路作为输入时钟源。图 7.21 给出了 EV A 模块中 QEP 电路的方框图。

当使用 QEP 时,它可以为定向增/减计数模式下的通用定时器提供输入时钟和计数方向控制信号。此时,输入时钟不受通用定时器的预定标参数影响,也就是说,当由 QEP 提供输入时钟时,预定标因子恒为 1。

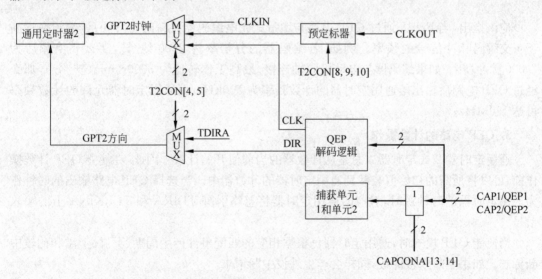

图 7.21　EV A 的 QEP 电路方框图

2. QEP 电路的解码

正交编码脉冲是两路频率可变且正交(相位差 1/4 周期,即 90°)的脉冲序列。当电机旋转时,与电机同轴安装的增量式光电编码器会输出两路正交编码脉冲,通过检测两路脉冲序列的相位差为 +90°还是 −90°,就可以确定电机的旋转方向;而通过检测脉冲数和脉冲频率,可以测得电机轴的转角和转速。

QEP 电路中的方向检测逻辑可以根据两路脉冲序列的相位差,产生一个方向信号作为通用定时器 2 或定时器 4 的方向输入。如果 CAP1/QEP1 引脚的脉冲输入相位超前 CAP2/QEP2 引脚,则通用定时器进行递增计数;反之,定时器进行递减计数。

正交编码脉冲电路对输入脉冲的上升沿和下降沿均进行计数,因此经过 QEP 电路后的时钟输出是每路输入脉冲频率的 4 倍,EV A 模块将这个 4 倍频后的时钟作为通用定时器 2 或定时器 4 的时钟输入。因此,正交编码脉冲电路的脉冲信号频率必须小于等于内部 CPU 时钟频率的 1/4。

图 7.22 给出了一个 QEP 电路输入输出信号的示例,图中 QEP1 和 QEP2 为两路正交编码脉冲输入,CLK 和 DIR 分别是经过 QEP 电路后输出的 4 倍频时钟和计数方向信号。

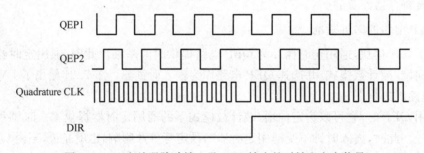

图 7.22　正交编码脉冲输入及 QEP 输出的时钟和方向信号

应该指出,当 F281x 通过 QEP 电路与增量式光电编码器接口时,允许的计数频率远高于正交编码脉冲信号的频率。例如,若编码器的分辨率为 2500 线/转,那么 4 倍频后为 10000 脉冲/转。如果编码器与电动机同轴连接,最高工作转速为 3000r/min(转/分),那么经过 QEP 电路后输出给通用定时器的计数频率为 500kHz,而通用定时器允许的计数频率可达 150MHz。

3. QEP 电路的计数操作

通用定时器 2 或定时器 4 总是从计数器的当前值开始计数。因此,在使能 QEP 计数操作前,可以将所需的初始值装载到通用定时器的计数器中。当选择 QEP 电路输出的时钟作为通用定时器的时钟源时,对应的通用定时器将忽略引脚 TDIRA 和 TCLKINA 上的输入信号。

当使能 QEP 模式时,通用定时器仍根据相应的匹配事件产生周期、下溢、上溢和比较中断标志。如果中断未被屏蔽,同样会产生外设中断请求。

4. QEP 电路的寄存器设置

为了启动 EV A 模块的 QEP 电路,需要完成如下设置:

（1）将期望的初始值装载到通用定时器 2 的计数寄存器、周期寄存器和比较寄存器中；

（2）配置 T2CON 寄存器：使通用定时器 2 工作在定向增/减计数模式，选择 QEP 电路作为时钟源，并使能通用定时器 2。

例 7.4　设增量式编码器的分辨率为 900 线/转，采用事件管理器 B 的 QEP 电路与编码器接口，实现电机转角的测量。此时，QEP 电路的输入脉冲经过 4 倍频和辨向后作为通用定时器 4 的时钟源和方向控制信号，定时器 4 必须工作在定向增/减计数模式，预定标参数恒为 1。当程序执行时，定时器 4 的计数寄存器 T4CNT 中包含了与电机轴转角对应的脉冲计数值，根据编码器的分辨率可计算得到电机转角。例如，本例中正交脉冲经过 QEP 电路 4 倍频后每转输出 3600 个脉冲，这样定时器 4 的计数器值 T4CNT 每变化 1，对应电机的机械转角转过 $0.1°$。初始化事件管理器 B 实现电机转角检测的代码如下：

```
void InitEvB(void)
{
    EALLOW;
    GPBMUX[0] = 0xffff;              //设置 EV B 的所有引脚为外设功能
    EDIS;
    T4CON[0] = 0x187c;              //使能 T4 计数器工作，定向增减，QEP 作时钟源
    CAPCONB[0] = 0x70fc;           //选择定时器 4，使能 QEP4 和 QEP5
    T4PR[0] = 0xffff;               //设置计数器的计数范围为允许的最大值
    T4CNT[0] = 0x8000;             //设置计数器的初值为其最大值的一半
}
```

7.5　事件管理器的中断

7.5.1　事件管理器的中断概述

事件管理器的中断分成 A、B、C 三组，每个中断组都有相应的中断标志寄存器和中断使能寄存器，如表 7.17 所列。每个中断组对应事件管理器的多个外设中断请求，表 7.18 和表 7.19 分别列出了 EV A、EV B 的中断优先级和分组情况。

表 7.17　中断标志寄存器和中断屏蔽寄存器

中断标志寄存器	中断屏蔽寄存器	EV 模块
EVAIFRA	EVAIMRA	EV A
EVAIFRB	EVAIMRB	
EVAIFRC	EVAIMRC	
EVBIFRA	EVBIMRA	EV B
EVBIFRB	EVBIMRB	
EVBIFRC	EVBIMRC	

表 7.18　事件管理器 A 的中断

中断组	中　　断	组内优先级	中断 ID	描　　述	PIE 中断分组
A	PDPINTA	1(最高)	0x0020H	功率驱动保护中断 A	1
	CMP1INT	2	0x0028H	比较单元 1 比较中断	2
	CMP2INT	3	0x0029H	比较单元 2 比较中断	
	CMP3INT	4	0x002AH	比较单元 3 比较中断	
	T1PINT	5	0x002BH	通用定时器 1 周期中断	
	T1CINT	6	0x002CH	通用定时器 1 比较中断	
	T1UFINT	7	0x002DH	通用定时器 1 下溢中断	
	T1OFINT	8	0x002EH	通用定时器 1 上溢中断	
B	T2PINT	1	0x0030H	通用定时器 2 周期中断	3
	T2CINT	2	0x0031H	通用定时器 2 比较中断	
	T2UFINT	3	0x0032H	通用定时器 2 下溢中断	
	T2OFINT	4	0x0033H	通用定时器 2 上溢中断	
C	CAP1INT	1	0x0034H	捕获单元 1 中断	3
	CAP2INT	2	0x0035H	捕获单元 2 中断	
	CAP3INT	3(最低)	0x0036H	捕获单元 3 中断	

表 7.19　事件管理器 B 的中断

中断组	中　　断	组内优先级	中断 ID	描　　述	PIE 中断分组
A	PDPINTB	1(最高)	0x0021H	功率驱动保护中断 B	1
	CMP4INT	2	0x0038H	比较单元 4 比较中断	4
	CMP5INT	3	0x0039H	比较单元 5 比较中断	
	CMP6INT	4	0x003AH	比较单元 6 比较中断	
	T3PINT	5	0x003BH	通用定时器 3 周期中断	
	T3CINT	6	0x003CH	通用定时器 3 比较中断	
	T3UFINT	7	0x003DH	通用定时器 3 下溢中断	
	T3OFINT	8	0x003EH	通用定时器 3 上溢中断	
B	T4PINT	1	0x0040H	通用定时器 4 周期中断	5
	T4CINT	2	0x0041H	通用定时器 4 比较中断	
	T4UFINT	3	0x0042H	通用定时器 4 下溢中断	
	T4OFINT	4	0x0043H	通用定时器 4 上溢中断	
C	CAP4INT	1	0x0044H	捕获单元 4 中断	5
	CAP5INT	2	0x0045H	捕获单元 5 中断	
	CAP6INT	3(最低)	0x0046H	捕获单元 6 中断	

当事件管理器有中断事件发生时,中断标志寄存器中相应的中断标志位被置 1。如果 EVAIMRx(x＝A、B 或 C)中的相应位为 0,那么当 EVAIMRx 中的标志位置 1 时不会产生外设中断请求。而如果在中断组中对应的中断未被屏蔽(即 EVAIMRx 中相应位被置 1),会向外设中断控制模块产生一个外设中断请求。

当 CPU 响应外设中断请求时,PIE 控制器将相应的外设中断向量载入外设中断向量寄存器 PIVR 中。载入 PIVR 的是已被使能且等待响应的所有外设中断中具有最高优先级的中断向量。值得注意的是,这些中断标志寄存器中的标志位必须由用户在中断服务程序中通过软件清零,即通过直接向中断标志位写 1 来清零。如果中断响应后未清零中断标志位,则该中断源将无法再次产生中断请求。

7.5.2 事件管理器的中断寄存器

1. 中断标志寄存器

事件管理器的中断标志寄存器均为 16 位的寄存器,当软件访问这些寄存器中的保留位时,读操作总是返回 0,写操作对保留位的值没有影响。由于这些中断标志寄存器是可读的寄存器,因此当某一中断被屏蔽时,可以通过软件查询中断标志位来监测是否发生了中断事件。表 7.20~表 7.22 列出了 EV A 的中断标志寄存器 A、B、C,EV B 的中断标志寄存器与 EV A 类似。需要指出,对这些中断标志位写 1 可清除该中断标志,这通常由用户在中断服务程序中完成,以便能够响应后续的中断请求。

表 7.20 EV A 的中断标志寄存器 EVAIFRA

位	名　称	类　型	功　能　描　述	
15~11	保留	R-0	读返回 0,写没有影响	
10	T1OFINT FLAG	RW1C-0	通用定时器 1 上溢中断标志	读:0 标志被复位 1 标志被置位 写:0 没有影响 1 复位标志位
9	T1UFINT FLAG	RW1C-0	通用定时器 1 下溢中断标志	
8	T1CINT FLAG	RW1C-0	通用定时器 1 比较中断标志	
7	T1PINT FLAG	RW1C-0	通用定时器 1 周期中断标志	
6~4	保留	R-0	读返回 0,写没有影响	
3	CMP3INT FLAG	RW1C-0	比较单元 3 中断标志	
2	CMP2INT FLAG	RW1C-0	比较单元 2 中断标志	
1	CMP1INT FLAG	RW1C-0	比较单元 1 中断标志	读:0 标志被复位 1 标志被置位 写:0 没有影响 1 复位标志位
0	PDPINTA FLAG	RW1C-0	功率驱动保护中断标志 当 EXTCONA(0)=0 时其定义和 240x 相同;当 EXTCONA(0)=1 时,任何比较输入切断功能被使能且其切断输入引脚为低电平时该位置位	

表 7.21 EV A 的中断标志寄存器 EVAIFRB

位	名　称	类　型	功　能　描　述	
15~4	保留	R-0	读返回 0,写没有影响	
3	T2OFINT FLAG	RW1C-0	通用定时器 2 上溢中断标志	读:0 标志被复位 1 标志被置位 写:0 没有影响 1 复位标志位
2	T2UFINT FLAG	RW1C-0	通用定时器 2 下溢中断标志	
1	T2CINT FLAG	RW1C-0	通用定时器 2 比较中断标志	
0	T2PINT FLAG	RW1C-0	通用定时器 2 周期中断标志	

表 7.22　EV A 的中断标志控制寄存器 EVAIFRC

位	名　称	类　型	功　能　描　述	
15～3	保留	R-0	读返回 0,写没有影响	
2	CAP3INT FLAG	RW1C-0	捕获单元 3 中断标志	读：0 标志被复位
1	CAP2INT FLAG	RW1C-0	捕获单元 2 中断标志	1 标志被置位 写：0 没有影响
0	CAP1INT FLAG	RW1C-0	捕获单元 1 中断标志	1 复位标志位

2. 中断屏蔽寄存器

中断屏蔽寄存器与中断标志寄存器的位分配是相同的。只有当中断屏蔽寄存器中的某位为 1 才使能该中断,这样当中断标志寄存器中的对应位也为 1 时,会产生一个外设中断请求。表 7.23～表 7.25 列出了 EV A 的三个中断屏蔽寄存器 A、B、C,EV B 的中断屏蔽寄存器与 EV A 类似。

表 7.23　EV A 的中断屏蔽寄存器 EVAIMRA

位	名　称	类　型	功　能　描　述	
15～11	保留	R-0	读返回 0,写没有影响	
10	T1OFINT	R/W-0	定时器 1 的上溢中断使能	
9	T1UFINT	R/W-0	定时器 1 的下溢中断使能	0　禁止中断
8	T1CINT	R/W-0	定时器 1 的比较中断使能	1　使能中断
7	T1PINT	R/W-0	定时器 1 的周期中断使能	
6～4	保留	R-0	读返回 0,写没有影响	
3	CMP3INT	R/W-0	比较单元 3 的中断使能	
2	CMP2INT	R/W-0	比较单元 2 的中断使能	0　禁止中断
1	CMP1INT	R/W-0	比较单元 1 的中断使能	1　使能中断
0	PDPINTA	R/W-1	功率驱动保护中断使能	

表 7.24　EV A 的中断屏蔽寄存器 EVAIMRB

位	名　称	类　型	功　能　描　述	
15～4	保留	R-0	读返回 0,写没有影响	
3	T2OFINT	R/W-0	定时器 2 的上溢中断使能	
2	T2UFINT	R/W-0	定时器 2 的下溢中断使能	0　禁止中断
1	T2CINT	R/W-0	定时器 2 的比较中断使能	1　使能中断
0	T2PINT	R/W-0	定时器 2 的周期中断使能	

表 7.25　EV A 的中断屏蔽寄存器 EVAIMRC

位	名　称	类　型	功　能　描　述	
15～3	保留	R-0	读返回 0,写没有影响	
2	CAP3INT	R/W-0	捕获单元 3 的中断使能	
1	CAP2INT	R/W-0	捕获单元 2 的中断使能	0　禁止中断
0	CAP1INT	R/W-0	捕获单元 1 的中断使能	1　使能中断

习题与思考题

1. 与 2.2 节介绍的 CPU 通用定时器相比,事件管理器中的通用定时器有何特点?

2. 对于例 7.2,当高速外设时钟设为 75MHz 时,试计算定时器 1 的定时周期。

3. 设置 PWM 输出引脚的输出方式为高有效和低有效时,对占空比的设定有什么区别?

4. 与线性功率放大器相比,PWM 功率放大器有何优点? 适用于哪些场合?

5. 与应用通用定时器产生的 PWM 波形相比,应用全比较单元和 PWM 电路产生的 6 路 PWM 输出有何特点?

6. 假设例 7.3 中的高速外设时钟频率为 75MHz,试分析各路 PWM 信号的频率和占空比。

7. 假定采样频率为 100Hz,试根据例 7.4 编程实现电动机的转角和转速测量与实时刷新。

第 8 章

A/D 转换模块

A/D 转换器(ADC)是嵌入式测控系统的一个重要组成部分,它提供了微处理器与外部模拟信号的连接通道。通过 ADC 单元可以检测诸如温度、湿度、压力、流量、电压、电流、速度等模拟量,并将这些模拟信号转换成数字信号以实现数字控制、数字信号处理、数据采集与远程传输等。TMS320F281x 片内包含了一个 A/D 转换模块,其核心是一个 12 位分辨率、流水线结构的 A/D 转换器,提供了 16 个模拟输入通道和功能强大的排序器。当与事件管理器配合使用时,易于实现对电机电流、电压等模拟量的实时采集和转换,转换速率可达 12.5MSPS,MSPS 为 million samples per second 的缩写(百万次采样每秒)。

8.1 A/D 转换模块概述

A/D 转换模块共有 16 个模拟输入通道,可以配置为相互独立的两组,每组包含 8 个通道,分别与事件管理器 EV A 和 EV B 配合使用。此外,两个独立的 8 通道模块也可以级联后成为一个 16 通道模块。这里需要指出,尽管在 A/D 转换模块中有 16 个输入通道和两个排序器,但需要通过多路开关分时切换不同的输入通道以共享同一个 A/D 转换器。片内 ADC 模块的功能框图如图 8.1 所示,模拟电路部分包括多路选择开关(MUXs)、采样/保持 (S/H)电路、A/D 转换内核、电压基准以及其他辅助电路。数字电路部分包括可编程的转换排序器、转换结果寄存器以及与模拟电路、外设总线、片内其他外设模块的接口。

两个 8 通道模块能够自动排序完成一系列 A/D 转换过程,每个模块可以通过多路选择开关选择 8 通道中的任何一个输入通道。在级联模式下,自动排序器将作为一个 16 通道的排序器使用。某个排序器一旦完成 A/D 转换操作,就将所选择通道的转换值保存在各自的转换结果寄存器(ADCRESULT)中。自动排序器允许用户对同一个通道进行多次连续转换以便应用过采样算法,与传统的单次采样/转换方式相比,这样易于获得更高的分辨率。

概括起来,ADC 模块的主要特点如下。

(1) 内核为包含两个采样/保持器的 12 位 A/D 转换器。

(2) 可选择同步采样或顺序采样模式。

(3) 模拟输入电压范围为 0~3V。

(4) 快速的转换时间(当 ADC 的时钟配置为 25MHz 时,转换速率可达 12.5MSPS)。

(5) 多达 16 通道模拟输入,自动排序功能支持 16 通道自动转换操作,每次转换的通道可通过软件编程选择。

（6）排序器可以工作在两个独立的 8 通道排序器模式，也可以工作在 16 通道级联模式。

（7）16 个结果寄存器存放转换结果，模拟电压经 A/D 转换后的数字量可表示为：

$$数字值＝4095 ×（输入模拟电压值－ADCLO）/3$$

（8）提供多个触发源用于启动 A/D 转换过程。

- 软件：软件立即启动（用 SOC SEQn 位控制）；
- EV A：事件管理器 A（在 EV A 中有多个事件源可启动 A/D 转换）；
- EV B：事件管理器 B（在 EV B 中有多个事件源可启动 A/D 转换）；
- 外部：通过外部引脚 ADCSOC 的电平触发。

（9）灵活的中断控制机制，允许在每个或每隔一个转换序列结束时产生中断请求。

（10）排序器可以工作在启动-停止模式，允许多个按时间排序的触发源来同步转换。

（11）在双排序器模式下，EV A、EV B 可以分别触发排序器 1 和排序器 2。

（12）采样/保持器的采样脉冲宽度有独立的预定标控制位来设置。

为实现 F281x 芯片给定的 A/D 转换精度，进行合理的电路板设计是至关重要的。这就要求连接到输入引脚 ADCINxx 的模拟信号线要尽量远离数字信号线，以最大程度地减少数字信号的开关噪声对 ADC 输入通道的干扰。同时，ADC 模块的电源引脚和 DSP 芯片的数字电源间需要采取适当的隔离与滤波措施。

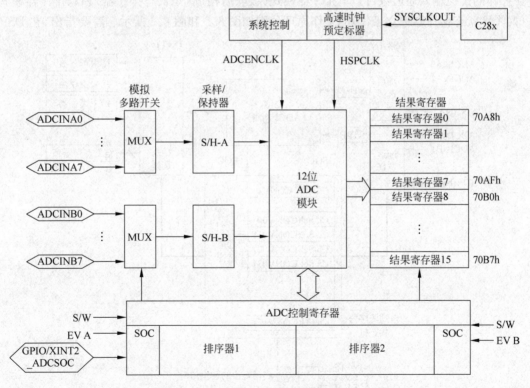

图 8.1　ADC 模块组成框图

ADC 模块的寄存器如表 8.1 所列，这些外设寄存器均映射到外设帧 2，该寄存器空间只允许按照 16 位方式进行访问。

表 8.1   ADC 模块的寄存器

名 称	地 址	占用空间	功 能 描 述
ADCCTRL1	0x0000 7100	1	ADC 控制寄存器 1
ADCCTRL2	0x0000 7101	1	ADC 控制寄存器 2
ADCMAXCONV	0x0000 7102	1	最大转换通道数寄存器
ADCCHSELSEQ1	0x0000 7103	1	通道选择排序控制寄存器 1
ADCCHSELSEQ2	0x0000 7104	1	通道选择排序控制寄存器 2
ADCCHSELSEQ3	0x0000 7105	1	通道选择排序控制寄存器 3
ADCCHSELSEQ4	0x0000 7106	1	通道选择排序控制寄存器 4
ADCASEQSR	0x0000 7107	1	自动排序状态寄存器
ADCRESULT0~15	0x0000 7108~0x0000 7117	16	A/D 转换结果寄存器 0~15
ADCCTRL3	0x0000 7118	1	ADC 控制寄存器 3
ADCST	0x0000 7119	1	ADC 状态寄存器

8.2   自动转换排序器的工作原理

ADC 模块的排序器由两个独立的 8 状态排序器 SEQ1 和 SEQ2 组成,这两个排序器还可以级联后构成一个 16 状态排序器 SEQ。这里的状态是指排序器能够自动完成 A/D 转换操作的模拟输入通道数目。单排序器模式(级联后构成 16 状态排序器)和双排序器模式(两个 8 状态排序器独立工作)的工作原理分别如图 8.2 和图 8.3 所示。需要指出,在 DSP

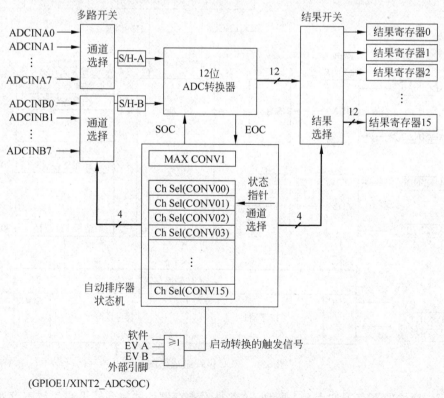

注:通道选择可以设为0~15
ADCMAXCONV=0~15

图 8.2   级联排序器模式

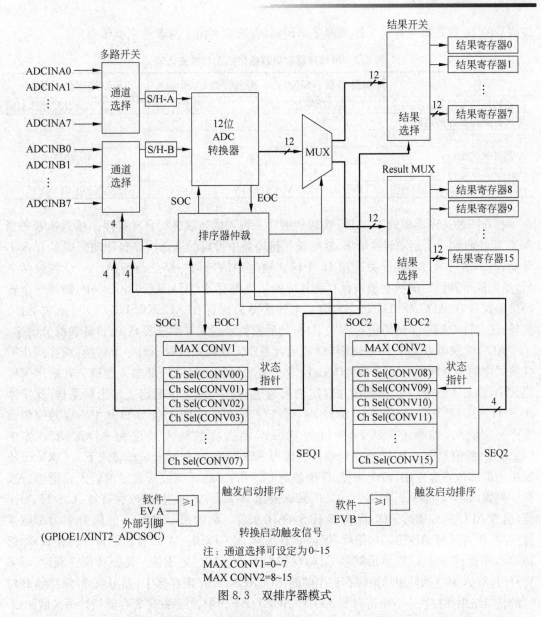

注：通道选择可设定为 0~15
MAX CONV1=0~7
MAX CONV2=8~15

图 8.3 双排序器模式

芯片内部只有一个 A/D 转换器，双排序器模式下两个排序器是共享同一个 A/D 转换器的。如果 SEQ1 和 SEQ2 同时产生启动转换请求，则排序器 1 具有更高的优先级并被立即响应。

为了叙述方便，以后排序器的状态采用如下方式表示：

- 单排序器 1(SEQ1)：包括 CONV00 到 CONV07；
- 单排序器 2(SEQ2)：包括 CONV08 到 CONV15；
- 级联排序器(SEQ)：包括 CONV00 到 CONV15。

每次排序转换时，所选择的模拟输入通道由 ADC 通道选择排序控制寄存器 (ADCCHSELSEQn)中的位域 CONVnn 确定。CONVnn 的长度为 4 位，这样可选择 16 个模拟通道中任何一个进行转换。由于在级联模式下，一个转换序列允许对多达 16 个输入通道进行转换，这样就需要 16 个 CONVnn 位域(CONV00~CONV15)，这些位域分布在 4 个 16 位通道选择寄存器中(ADCCHSELSEQ1~ADCCHSELSEQ4)。两个 8 状态排序器和级联后的 16 状态排序器的工作原理基本相同,表 8.2 列出了两者的主要区别。

表 8.2　单排序器和级联排序器工作模式比较

特　征	单排序器 1(SEQ1)	单排序器 2(SEQ2)	级联排序器(SEQ)
启动转换触发信号	EV A/软件/外部引脚	EV B/软件	EV A/EV B/软件/外部引脚
最大自动转换的通道数	8	8	16
序列结束时自动停止	是	是	是
仲裁时的优先级	高	低	不适用
转换结果寄存器位置	0~8	8~15	0~15
ADCCHSELSEQn 位域分配	CONV00~CONV07	CONV08~CONV15	CONV00~CONV15

在这两种排序器模式下,ADC 模块能够对一系列的转换进行自动排序。这意味着每当 ADC 模块收到一个启动转换请求,就能按照排序器中设定的通道次序自动地完成多个 A/D 转换,而每次可通过多路开关选择 16 个输入通道中的任何一路进行转换。A/D 转换结束后,所选通道转换后的数字值被保存到相应的结果寄存器(ADCRESULTn)中,即第一个转换结果保存在 ADCRESULT0 中,第二个转换结果保存在 ADCRESULT1 中,依次类推。此外,还允许对同一个通道进行多次采样,然后借助于过采样算法提高 A/D 转换的分辨率。

ADC 模块可以工作于同步采样模式或者顺序采样模式。对于每一个转换(或在同步采样模式中的一对转换),位域 CONVxx 决定了被采样和转换的外部输入通道。在顺序采样模式中,CONVxx 的 4 位全部用来确定输入通道,其中,最高位确定了是选择采样/保持器 A(S/H-A)还是采样/保持器 B(S/H-B),低 3 位定义了 S/H-A 或 S/H-B 中对应的模拟通道序号。例如,如果 CONVxx 的值为 0101B,则选择的输入通道为 ADCINA5;如果 CONVxx 的值是 1011B,则选择的输入通道为 ADCINB3。在同步采样模式下,CONVxx 位域中的最高位不起作用,每个采样/保持器对 CONVxx 的低 3 位所确定的输入通道进行采样。例如,如果 CONVxx 的值为 0110B,那么通道 ADCINA6 通过采样/保持器 A(S/H-A)采样,通道 ADCINB6 通过采样/保持器 B(S/H-B)采样。而如果 CONVxx 的值为 1001B,则采样/保持器 A 采样 ADCINA1,采样/保持器 B 采样 ADCINB1。A/D 转换器首先转换采样/保持器 A 中保持的电压值,然后转换采样/保持器 B 中保持的电压值。每当转换完成后,与采样/保持器 A 对应的转换结果保存到当前的 ADCRESULTn 寄存器中,而与采样/保持器 B 对应的转换结果保存在下一个寄存器 ADCRESULT(n+1)中,然后结果寄存器指针每次增加 2。

顺序采样模式和同步采样模式的时序举例分别见图 8.4 和图 8.5,在这两个例子中,采样脉冲宽度(ACQ_PS3-0)设为 0001B,这样采样窗口时间均为两个 ADC 时钟周期。在图 8.4 中,CONV00 设定的通道从采样结束到 A/D 转换结果存入结果寄存器的时间延迟 C1 为 4 个 ADC 时钟周期,以后每个通道的时间延迟为(2+ACQ_PS3-0)个 ADC 时钟周期。在图 8.5 中,CONV00 设定的通道 Ax 和 Bx 从采样结束到 A/D 转换结果存入结果寄存器的时间延迟分别为 4 个和 5 个 ADC 时钟周期,随后通道 Ax 和 Bx 的转换时间分别为(3+ACQ_PS3-0)和(4+ACQ_PS3-0)个 ADC 时钟周期。

例 8.1　顺序采样、双排序器模式时的初始化例程。

```
AdcRegs.ADCTRL3.bit.SMODE_SEL = 0;        //设置为顺序采样模式
AdcRegs.ADCMAXCONV.all = 0x0011;          //双排序器模式,共转换 4 个通道
AdcRegs.ADCCHSELSEQ1.bit.CONV00 = 0x0;    //设置 SEQ1 的第一个通道为 ADCINA0
```

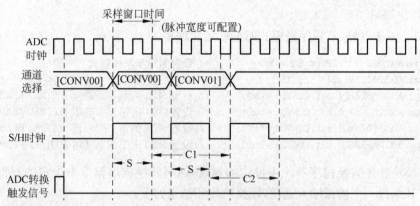

注：4位寄存器CONVxx中包含了ADC通道地址。S表示采样脉冲宽度，C1表示第一个通道的转换结果保存到结果寄存器的延迟时间，C2表示随后通道转换结果刷新的延迟时间。

图 8.4　顺序采样模式(SMODE＝0)

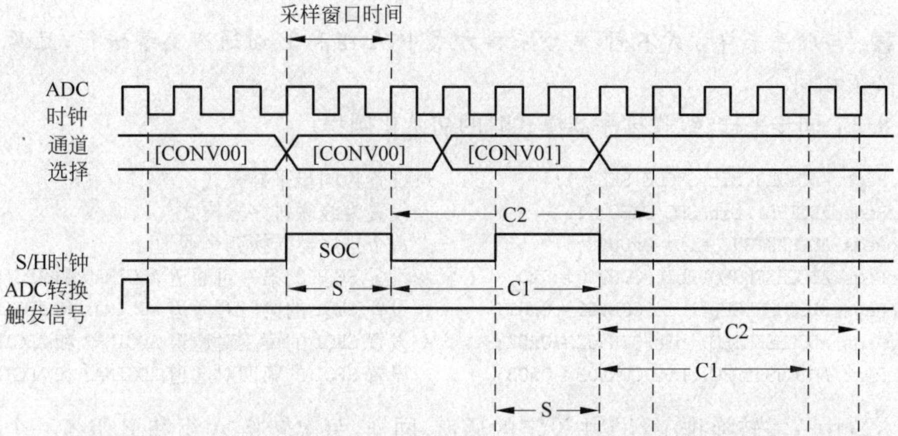

注：4位寄存器CONVxx中包含了ADC通道地址。S表示采样脉冲宽度，C1表示Ax通道转换结果保存到结果寄存器的延迟时间，C2表示Bx通道转换结果保存到结果寄存器的延迟时间。

图 8.5　同步采样模式(SMODE＝1)

```
AdcRegs.ADCCHSELSEQ1.bit.CONV01 = 0x01;    //设置 SEQ1 的第二个通道为 ADCINA1
AdcRegs.ADCCHSELSEQ2.bit.CONV08 = 0x0A;    //设置 SEQ2 的第一个通道为 ADCINB2
AdcRegs.ADCCHSELSEQ2.bit.CONV09 = 0x0B;    //设置 SEQ2 的第二个通道为 ADCINB3
```

ADC 模块依次转换排序器 1 和 2 中设定的模拟输入通道，转换次序和结果如下：

```
ADCINA0 - 》ADCRESULT0;
ADCINA1 - 》ADCRESULT1;
ADCINB2 - 》ADCRESULT2;
ADCINB3 - 》ADCRESULT3。
```

如果一个输入来自 ADCINA0～ADCINA7，另一个输入来自 ADCINB0～ADCINB7，ADC 模块的两个采样保持器能够同时采样两个 ADCINxx 输入。此时，要求两个输入通道必须有相同的采样/保持偏移值（例如，ADCINA4 和 ADCINB4，但不可以是 ADCINA7 和 ADCINB6）。为了让 ADC 模块工作在同步采样模式，必须设置 ADCCTRL3 寄存器中的采样模式选择位(SMODE_SEL)为1。

例8.2 同步采样、双排序器模式时的初始化例程。

```
AdcRegs.ADCTRL3.bit.SMODE_SEL = 1;        //设置为同步采样模式
AdcRegs.ADCMAXCONV.all = 0x0011;          //双排序器模式,每个排序器转换两对通道
AdcRegs.ADCCHSELSEQ1.bit.CONV00 = 0x0;    //设置 SEQ1 的第一对通道 ADCINA0 和 ADCINB0
AdcRegs.ADCCHSELSEQ1.bit.CONV01 = 0x01;   //设置 SEQ1 的第二对通道 ADCINA1 和 ADCINB1
AdcRegs.ADCCHSELSEQ2.bit.CONV08 = 0x02;   //设置 SEQ2 的第三对通道 ADCINA2 和 ADCINB2
AdcRegs.ADCCHSELSEQ2.bit.CONV09 = 0x03;   //设置 SEQ2 的第四对通道 ADCINA3 和 ADCINB3
```

ADC 模块首先转换排序器 1 中设定的通道,然后转换排序器 2 中设定的通道,每次转换 A 组和 B 组各一个模拟输入通道,转换次序和结果如下:

```
ADCINA0 - 》 ADCRESULT0;ADCINB0 - 》 ADCRESULT1;
ADCINA1 - 》 ADCRESULT2;ADCINB1 - 》 ADCRESULT3;
ADCINA2 - 》 ADCRESULT4;ADCINB2 - 》 ADCRESULT5;
ADCINA3 - 》 ADCRESULT6;ADCINB3 - 》 ADCRESULT7。
```

注意:与顺序采样方式不同,同步采样方式中 A 组和 B 组通道交替进行,且两者的通道序号必须相同。

例8.3 同步采样、级联排序器模式时的初始化例程。

```
AdcRegs.ADCTRL3.bit.SMODE_SEL = 1;        //设置为同步采样模式
AdcRegs.ADCTRL1.bit.SEQ_CASC = 1;         //设置为级联排序器模式
AdcRegs.ADCMAXCONV.all = 0x0003;          //每个排序器转换四个通道
AdcRegs.ADCCHSELSEQ1.bit.CONV00 = 0x0;    //设置 SEQ1 的第一对通道 ADCINA0 和 ADCINB0
AdcRegs.ADCCHSELSEQ1.bit.CONV01 = 0x01;   //设置 SEQ1 的第二对通道 ADCINA1 和 ADCINB1
AdcRegs.ADCCHSELSEQ1.bit.CONV02 = 0x02;   //设置 SEQ1 的第三对通道 ADCINA2 和 ADCINB2
AdcRegs.ADCCHSELSEQ1.bit.CONV03 = 0x03;   //设置 SEQ1 的第四对通道 ADCINA3 和 ADCINB3
```

例 8.3 中只需转换排序器 1 中设定的通道,同样,每次转换 A 组和 B 组各一个模拟输入通道,转换次序和结果如下:

```
ADCINA0 - 》 ADCRESULT0;ADCINB0 - 》 ADCRESULT1;
ADCINA1 - 》 ADCRESULT2;ADCINB1 - 》 ADCRESULT3;
ADCINA2 - 》 ADCRESULT4;ADCINB2 - 》 ADCRESULT5;
ADCINA3 - 》 ADCRESULT6;ADCINB3 - 》 ADCRESULT7。
```

注意:在级联排序器模式下,顺序采样时的通道数目可以是 1~16 个,而同步采样时设定的通道数目最多为 8 个,此时采样 A 组和 B 组的各 8 个通道。

8.3 ADC 模块的转换操作

8.3.1 排序器的连续排序模式

排序器可工作于两种模式,分别称作连续排序模式和启动-停止模式。连续自动排序模式仅适于 8 状态排序器(SEQ1 或 SEQ2)的转换操作,在该模式下,SEQ1/SEQ2 能够在一次排序过程中对多达 8 个任意输入通道的转换操作进行排序。每次转换结果保存在对应的结果寄存器中,SEQ1 的结果寄存器为 ADCRESULT0~ADCRESULT7,SEQ2 的结果寄

存器为 ADCRESULT8～ADCRESULT15,按照地址从低到高的次序依次向结果寄存器存放 A/D 转换结果。

每次排序中的转换通道数目由位域 MAX CONVn(在 ADCMAXCONV 寄存器中)设定,该值在自动排序转换过程的开始时刻被装载到自动排序状态寄存器(AUTO_SEQ_SR)的排序计数器(SEQ CNTR3～0),MAX CONVn 的值在 0～7 之间(级联排序器为 0～15)。当排序器从通道 CONV00 开始依次转换时,SEQ CNTRn 的值从装载值开始递减计数,直到 SEQ CNTRn 等于 0 时转换结束。在一次自动排序过程中,已完成的转换次数为 MAX CONVn 的值加 1。

例 8.4 在双排序模式下使用排序器 SEQ1 进行 A/D 转换。

假定使用 SEQ1 完成 7 个通道(如输入通道 ADCINA2、ADCINA3、ADCINA2、ADCINA3、ADCINA6、ADCINA7 和 ADCINB4)的 A/D 转换,则 MAX CONV1 的值应设为 6,且 ADCCHSELSEQn 寄存器填入如表 8.3 中所列的通道值。

表 8.3 ADCCHSELSEQn 寄存器的设置

地址	位 15～12	位 11～8	位 7～4	位 3～0	通道选择寄存器
70A3H	3	2	3	2	ADCCHSELSEQ1
70A4H	x	12	7	6	ADCCHSELSEQ2
70A5H	x	x	x	x	ADCCHSELSEQ3
70A6H	x	x	x	x	ADCCHSELSEQ4

注:表中通道值为十进制表示,x 表示任意值。

连续自动排序模式下的 A/D 转换流程如图 8.6 所示。一旦排序器接收到启动转换(SOC)的触发信号,就将设定的转换通道数目装载到 SEQ CNTRn 中,并开始转换操作。排序器按照 ADCCHSELSEQn 寄存器中设定的通道顺序进行转换,每次转换完成后 SEQ CNTRn 的值自动减 1。当 SEQ CNTRn 递减至 0 时,根据寄存器 ADCCTRL1 中连续运行位(CONT RUN)的状态不同,会出现以下两种情况:

(1) 如果位 CONT_RUN 的值为 1,则排序器工作于连续转换模式。此时,转换序列再次自动开始,即 SEQ CNTRn 装入 MAX CONV1 的初值,且 SEQ1 的通道指针指向 CONV00。在这种情况下,为了避免当前的转换结果被覆盖,必须保证在下一个转换序列开始之前,由 CPU 读取结果寄存器的值。如果当 ADC 模块向结果寄存器写入数据的同时,用户也从结果寄存器读取数据,ADC 模块内部的伸裁逻辑可保证结果寄存器的值不会被破坏。

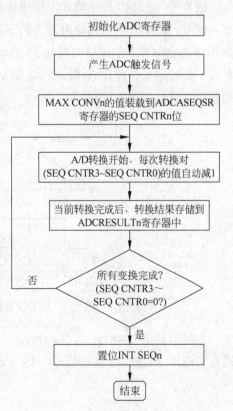

图 8.6 连续自动排序模式的流程图

(2) 如果 CONT_RUN 的值为 0,表明排序器工作于启动-停止模式。此时,排序器指针停留在最后状态,如本例中停留在 CONV06,SEQ CNTRn 的值继续保持为 0。为了能够继续随后的排序操作,在下一个启动转换信号到来之前,必须通过位 RST SEQn 复位排序器。

如果在每次 SEQ CNTRn 的值减计数至 0 时,中断标志位都置位(通过设置 INT ENA SEQn=1 且 INT MODE SEQ1=0),那么可以在中断服务程序中通过 RST SEQn 位实现软件复位排序器。这样可以将 SEQn 的状态复位到初始值(对于 SEQ1 为 CONV00,对于 SEQ2 为 CONV08),这一特点尤其适于启动-停止模式下的排序器操作。

8.3.2 排序器的启动-停止模式

除了连续自动排序模式外,排序器 SEQ1、SEQ2 和 SEQ 均可工作于启动-停止模式,以方便地实现 A/D 转换操作与多个不同时刻的启动转换触发信号同步。在这种工作模式下,ADCCTRL1 寄存器中的连续运行位(CONT RUN)必须设置为 0。该模式与例 8.4 的不同之处在于,一旦排序器完成了第一个转换序列后,不需要在中断服务程序中复位排序器,即排序器不需要复位到初始状态 CONV00 就可以被重新触发。因此,当一个转换序列结束后,排序器指针指到当前的通道。通常,数字控制系统中的 A/D 转换过程由确定采样周期的定时器中断触发,此时 ADC 模块工作于启动-停止模式。

例 8.5 在启动-停止模式下应用排序器进行 A/D 转换操作。

要求:触发源 1(通用定时器 1 的下溢事件)启动 3 个通道的自动转换(I_1、I_2、I_3),触发源 2(通用定时器 1 的周期匹配)同样启动 3 个通道的自动转换(V_1、V_2、V_3)。触发源 1 和触发源 2 在时间上是分开的,假定间隔 $25\mu s$(即 PWM 周期为 $50\mu s$),二者均由事件管理器 A 的通用定时器 1 产生,如图 8.7 所示。

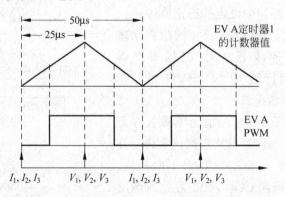

图 8.7 用事件管理器 A 作为触发源启动排序器

本例中只用到 SEQ1,在这种情况下,MAX CONV1 的值设置为 2,且 ADC 模块的输入通道选择排序控制寄存器(ADCCHSELSEQn)按表 8.4 设置。

表 8.4 ADC 模块的输入通道选择排序控制寄存器设置

地址	位 15~12	位 11~8	位 7~4	位 3~0	寄存器值
70A3H	V_1	I_3	I_2	I_1	ADCCHSELSEQ1
70A4H	x	x	V_3	V_2	ADCCHSELSEQ2
70A5H	x	x	x	x	ADCCHSELSEQ3
70A6H	x	x	x	x	ADCCHSELSEQ4

一旦复位和初始化完成之后，SEQ1 就等待启动转换的触发信号。第一个触发信号到来后，通道选择值为 CONV00(I_1)、CONV01(I_2)和 CONV02(I_3)的 3 个 A/D 转换被执行。转换完成后，SEQ1 停在当前状态等待下一个触发信号的到来。经过 $25\mu s$ 后另一个触发信号到来，开始通道选择值为 CONV03(V_1)、CONV04(V_2)和 CONV05(V_3)的 3 个转换操作。在第二个转换序列完成之后，A/D 转换结果存储到相应的结果寄存器中，如表 8.5 所列。

表 8.5 ADC 结果寄存器的值

转换结果寄存器	对应的模拟输入信号
ADCRESULT0	I_1
ADCRESULT1	I_2
ADCRESULT2	I_3
ADCRESULT3	V_1
ADCRESULT4	V_2
ADCRESULT5	V_3
ADCRESULT6~ADCRESULT15	x

在这两次触发时刻，MAX CONV1 的值均会自动地装入 SEQ CNTRn 中。如果在第二个触发源要求转换的通道数与第一个触发源不同，则用户软件必须在第二个触发源到来之前改变 MAX CONV1 的值，否则 ADC 模块将继续使用原来的值。通常，可以在第一个触发源引起的转换操作完成后，在中断服务程序中改变 MAX CONV1 的值，以便与下一次转换操作的通道数目相匹配。

在第二个转换序列完成后，SEQ1 保持当前状态等待下一次触发。用户可以通过软件复位 SEQ1，将排序器指针指到 CONV00，然后重复触发源 1 和 2 所设定的转换操作。

8.3.3 启动 A/D 转换的触发源

每个排序器都有一组可以分别被使能或禁止的触发源，用来启动 A/D 转换操作（SOC）。SEQ1、SEQ2 和 SEQ 的有效触发源如表 8.6 所列。在数字控制和数字信号处理等应用系统中，通常应用定时器中断，通过软件来触发并启动 A/D 转换过程。当利用事件管理器的 PWM 输出控制电机驱动器时，往往需要借助于事件管理器的特定事件来触发 A/D 转换操作，实现对电机电压或电流的同步采样。此外，当需要与外部的特定事件同步时，还可以采用外部引脚信号作为触发源。

表 8.6　排序器的触发信号

排序器 1(SEQ1)	排序器 2(SEQ2)	级联排序器(SEQ)
软件触发(软件置位 SOC)	软件触发(软件置位 SOC)	软件触发(软件置位 SOC)
事件管理器 A(EV A SOC)	事件管理器 B(EV B SOC)	事件管理器 A(EV A SOC) 事件管理器 B(EV B SOC)
外部 SOC 引脚		外部 SOC 引脚

只要有一个排序器处于空闲状态,一个 SOC 触发就能启动一个自动转换序列。排序器的空闲状态是指在收到一个触发信号前,排序器的指针指向 CONV00,或者排序器已经完成了一个转换序列,即 SEQ CNTRn 为 0。

当转换序列正在进行时,如果有一个新的 SOC 触发信号,则会将 ADCCTRL2 寄存器中的位 SOC SEQn 置 1(该位在前一个转换开始时已被清除)。此时,如果又有一个 SOC 触发信号,该信号将被丢弃。也就是说,当位 SOC SEQn 已经置位(SOC 挂起)时,随后的触发信号将被忽略。

一旦排序器被触发后,将无法被中途停止或中断,通常需要等待直到当前转换序列结束。此外,也可以通过软件复位排序器,这样就使排序器立即返回到空闲的初始状态,即 SEQ1 和 SEQ 的指针指向 CONV00,SEQ2 的指针指向 CONV08。

当 SEQ1/2 工作于级联模式时,只有到 SEQ1 的触发源有效,而到 SEQ2 的触发源被忽略。因此,级联排序器方式可以视作 SEQ1 具有多达 16 个转换通道的情形。

8.3.4　排序转换时的中断操作

在排序器的两种工作模式下,A/D 转换过程均可以产生中断请求。SEQ1 和 SEQ2 均有一个中断使能控制位,如果将该位置 1,则使能排序器产生的中断请求。排序器有两种中断模式可供选择,即在每个排序序列结束时产生中断(称作中断模式 1)或每隔一个排序序列结束时产生中断(称作中断模式 2),这两种中断模式的选择是由 ADCCTRL2 寄存器中的中断模式控制位设定的。

对例 8.5 稍作改动,就可以说明在不同的工作条件下如何使用中断模式 1 和中断模式 2。在 ADC 排序转换过程中的中断操作如图 8.8 所示。

1. 第一个序列和第二个序列中转换的通道数目不相同

这种情形下如果采用中断模式 1,那么在每个排序转换结束(EOS)信号到来时产生中断请求。

(1) 排序器初始化 MAX CONVn=1,开始转换 I_1 和 I_2。

(2) 在中断服务程序 a 中,软件将 MAX CONVn 的值改为 2,开始转换 V_1、V_2 和 V_3。

(3) 在中断服务程序 b 中,完成下列操作:

* 将 MAX CONVn 的值再次设置为 1,以转换 I_1 和 I_2;
* 从 ADC 结果寄存器中读取 I_1、I_2、V_1、V_2 和 V_3 的值;
* 软件复位排序器。

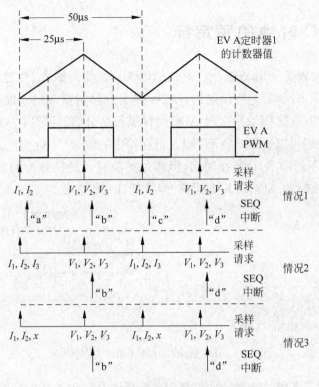

图 8.8 排序转换过程的中断操作

(4) 重复(2)和(3)的操作。

注意：每次 SEQ CNTRn 等于 0 时中断标志置 1,这样共产生两次中断请求。

2. 在第一个序列和第二个序列中转换的通道数目相同

在这种情形下应该使用中断模式 2,即每隔一个 EOS 信号产生一次中断请求。

(1) 排序器初始化 MAX CONVn＝2,以转换 I_1、I_2 和 I_3(或 V_1、V_2 和 V_3)。

(2) 在中断服务程序 b 和 d 中,完成下列操作:

- 从 ADC 结果寄存器中读取 I_1、I_2、I_3、V_1、V_2 和 V_3 的值;
- 软件复位排序器。

(3) 重复(2)的操作。

3. 在第一个序列和第二个序列中转换的通道数目相同(含哑读)

在这种情形下也可以使用中断模式 2,即每隔一个 EOS 信号产生一次中断请求。

(1) 排序器初始化 MAX CONVn＝2,以转换 I_1、I_2 和 x。

(2) 在中断服务程序 b 和 d 中,完成下列操作:

- 从 ADC 结果寄存器中读取 I_1、I_2、x、V_1、V_2 和 V_3 的值;
- 软件复位排序器。

(3) 重复(2)的操作。

注意：第三种情形下对 x 的采样为一个哑采样,并不是所要求的采样。然而,利用模式 2 间隔产生中断请求的特点,可以减少中断服务程序的时间开销和 CPU 的干预。

8.4 ADC 时钟的预定标

ADC 模块的时钟是采用高速外设时钟(HSPCLK)作为输入,经过 ADCCTRL3 寄存器中的位域 ADCCLKPS[3-0]所设定的预定标因子分频后得到的。此外,还可以通过寄存器 ADCCTRL1 中的位 CPS 再次对 ADC 时钟进行 2 分频。而且,为了适应不同的信号源阻抗,ADC 模块还可以通过 ADCCTRL1 寄存器中的位域 ACQ_PS[3-0]设置采样窗口的时间,这些位并不影响 A/D 转换时间,但通过扩展启动转换脉冲的宽度可以延长采样时间。ADC 的内核时钟 ADCCLK 和采样/保持脉冲的设置如图 8.9 所示。

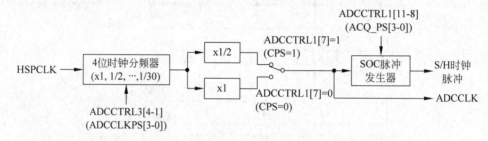

图 8.9   ADC 的内核时钟和采样/保持时钟

ADC 模块提供了多级时钟预定标途径,以便灵活地设定 ADC 的时钟频率,进而确定 ADC 模块的转换速率。图 8.10 给出了从 DSP 芯片的外部时钟输入至 ADC 时钟的整个链路。

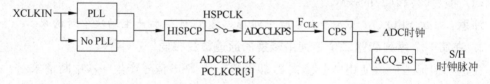

图 8.10   ADC 的时钟链路

例 8.6   根据图 8.10 的时钟链路,表 8.7 列出了设置 ADC 时钟的两个例子。

表 8.7   ADC 时钟选择

XCLKIN	PLLCR[3:0]	HSPCLK	ADCCTRL3[4-1]	ADCCTRL[7]	ADC_CLK	ADCCTRL[11-8]
30MHz	0000B	HISPCP=0	ADCCLKPS=0	CPS=1	7.5MHz	ACQ_PS=0
	15MHz	15MHz	15MHz	7.5MHz		S/H 脉冲宽度=1
30MHz	1010B	HISPCP=3	ADCCLKPS=2	CPS=1	3.125MHz	ACQ_PS=15
	150MHz	150MHz/(2×3)=25MHz	25MHz/(2×2)=6.25MHz	6.25MHz/2=3.125MHz		S/H 脉冲宽度=16

8.5 低功耗模式与上电次序

ADC 模块所需的基准源和模拟电源可以通过 ADCCTRL3 寄存器中的相应位来独立控制。这三个控制位构成了三种供电模式,即上电模式、掉电模式和关闭模式,如表 8.8 所示。

表 8.8 ADC 模块功耗模式选择

功耗级别	ADCBGRFDN1	ADCBGRFDN0	ADCPWDN
ADC 上电模式	1	1	1
ADC 掉电模式	1	1	0
ADC 关闭模式	0	0	0
保留	1	0	x
保留	0	1	x

当 ADC 模块复位时处于关闭状态,如果要给 ADC 模块上电,需严格遵守以下步骤:

① 如果使用外部基准源,在硬件设计时应分别提供 2V、1V 的高精度基准电压源至引脚 ADCREFP 和 ADCREFM,ADC 模块的初始化过程通过寄存器 ADCCTRL3 的位 EXTREF 使能外部基准输入,见图 8.11。在内部基准上电之前必须配置该位,以避免内部基准电路驱动外部基准源。

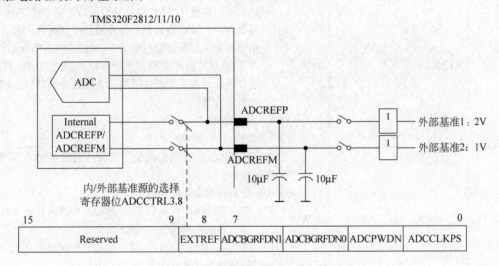

图 8.11 内部或外部基准源的选择

② 如果选择使用内部基准电路,需要在软件给 ADC 内部的带隙基准电路上电后,至少再延迟 7ms,待基准源电压稳定后再给 ADC 模块的其余模拟电路上电。

③ 当 ADC 模块全部上电后,为了保证 A/D 转换精度,需要至少再延迟 $20\mu s$ 才能开始启动第一次 A/D 转换。

当关闭 ADC 模块时,需要同时清除寄存器 ADCCTRL3 的 3 个控制位。应该指出,ADC 模块的功耗模式必须通过软件设置,且 ADC 模块的功耗模式与 DSP 芯片的功耗模式是独立设置的。

例 8.7 ADC 模块上电过程的初始化代码举例。

```
void InitAdc(void)
{
    AdcRegs.ADCTRL3.all = 0x0100;              //使能外部基准输入
    asm(" rpt #10 || nop");                    //延迟等待外部基准电压稳定
    AdcRegs.ADCTRL3.bit.ADCBGRFDN = 0x3;       //给内部基准电路上电
    DELAY_LOOP(ADC_DELAY1);                     //软件延迟,不少于7ms
```

```
        AdcRegs.ADCTRL3.bit.ADCPWDN = 1;              //给其他模块电路上电
        DELAY_LOOP(ADC_DELAY2);                        //软件延迟,不少于 20μs
    }
```

8.6 ADC 模块的寄存器

表 8.1 列出了 ADC 模块的各个寄存器,本节介绍各个寄存器的功能描述和位定义。ADC 模块共有 3 个控制寄存器,各个寄存器的功能描述见表 8.9～表 8.11。

表 8.9　ADC 控制寄存器 ADCCTRL1

位	名　称	类　型	功　能　描　述
15	保留	R-0	读返回 0,写没有影响
14	RESET	R/W-0	ADC 模块软件复位 • 该位可以使整个 ADC 模块复位。与复位 DSP 芯片一样,所有的 ADC 寄存器和排序器复位到初始状态 • 将该位置 1 后会立即自动清零,读该位时返回 0 • ADC 的复位信号需要 2 个时钟周期的延迟,即 ADC 复位操作后的 2 个时钟周期内不能改变 ADC 的其他控制寄存器 0　没有影响 1　复位 ADC 模块
13,12	SUSMOD1～SUSMOD0	R/W-0	仿真挂起模式。这两位决定了仿真挂起发生时 ADC 模块的操作 00　仿真挂起事件被忽略 01　在当前的排序完成后,排序器和其他逻辑停止工作。随后转换结果被锁存,刷新状态机 10　在当前的转换完成后,排序器和其他逻辑停止工作。随后转换结果被锁存,刷新状态机 11　仿真挂起时,排序器和其他逻辑立即停止
11～8	ACQ_PS3～ACQ_PS0	R/W-0	采样时间窗的大小 这些位控制启动转换信号的脉冲宽度,同时也决定了采样开关闭合的时间。采样脉冲的宽度是(ADCCTRL1[11: 8]＋1)个 ADCCLK 时钟周期
7	CPS	R/W-0	内核时钟预定标器。用来选择是否对外设时钟 HSPCLK 分频 0　ADCCLK＝F_{CLK}/1 1　ADCCLK＝F_{CLK}/2 注: F_{CLK}＝HSPCLK/(ADCCLKPS[3-0])
6	CONT RUN	R/W-0	运行模式设定位。该位决定排序器工作在连续转换模式还是开始-停止模式。在连续转换模式中不需要复位排序器,而在开始-停止模式下必须软件复位排序器 0　开始-停止模式 1　连续转换模式

续表

位	名 称	类 型	功 能 描 述
5	SEQ OVRD	R/W-0	排序器覆盖功能控制 0 禁止排序器覆盖功能 1 使能排序器覆盖功能
4	SEQ CASC	R/W-0	级联排序器工作方式。该位决定了 SEQ1 和 SEQ2 作为两个独立的 8 状态排序器还是作为一个级联的 16 状态排序器(SEQ) 0 双排序器模式,SEQ1 和 SEQ2 作为两个 8 状态排序器工作 1 级联排序器模式,SEQ1 和 SEQ2 作为一个 16 状态排序器工作
3~0	保留	R-0	读返回 0,写没有影响

表 8.10 ADC 控制寄存器 ADCCTRL2

位	名 称	类 型	功 能 描 述
15	EV B SOC SEQ	R/W-0	用于级联排序器的 EV B SOC 使能控制,该位只在级联模式下有效 0 禁止 EV B SOC 触发级联排序器 1 允许 EV B 的触发信号启动级联排序器
14	RST SEQ1	R/W-0	复位排序器 1 0 不起作用 1 立即复位排序器 1。如果排序器 1 有正在进行的转换序列,转换将被终止,且指针指到 CONV00 状态等待下次触发
13	SOC SEQ1	R/W-0	SEQ1 的启动转换触发。以下触发方式可将该位置 1: • S/W——软件向该位写 1 • EV A——事件管理器 A • EV B——事件管理器 B(仅在级联模式中) • EXT——外部引脚(即 ADCSOC 引脚) 0 清除一个正被挂起的 SOC 触发 注:如果排序器已经启动,该位会自动被清零。因而,向该位写 0 不起任何作用,即不能用清除该位的方法来停止一个已启动的转换序列 1 软件触发——从当前停止的位置启动 SEQ1(即空闲模式) 注:RST SEQ1(ADCCTRL2.14)和 SOC SEQ1(ADCCTRL2.13)位不能用同样的指令设置,这会复位排序器,但不会启动排序器。正确的排序操作是首先设置 RST SEQ1 位,然后在下一指令设置 SOC SEQ1 位。这样可保证复位排序器并启动一个新的排序。这种操作顺序也应用于位 RST SEQ2(ADCCTRL2.6)和 SOC SEQ2(ADCCTRL2.5)
12	保留	R-0	读返回 0,写没有影响

位	名　称	类　型	功　能　描　述
11	INT ENA SEQ1	R/W-0	SEQ1 中断使能控制。该位使能 INT SEQ1 向 CPU 发出的中断请求 0　屏蔽 INT SEQ1 产生的中断请求 1　使能 INT SEQ1 产生的中断请求
10	INT MOD SEQ1	R/W-0	SEQ1 中断模式设置 0　在每个 SEQ1 序列结束时,置位中断标志 INT SEQ1 1　在每隔一个 SEQ1 序列结束时,置位中断标志 INT SEQ1
9	保留	R-0	读返回 0,写没有影响
8	EV A SOC SEQ1	R/W-0	SEQ1 由事件管理器 A 触发的使能控制 0　禁止 EV A 的触发信号启动 SEQ1 1　允许 EV A 的触发信号启动 SEQ1/SEQ 注:可以对事件管理器编程,通过不同的事件启动 A/D 转换
7	EXT SOC SEQ1	R/W-0	SEQ1 的外部信号启动转换 0　无影响 1　允许外部引脚(ADCSOC)信号启动 ADC 的自动转换序列
6	RST SEQ2	R/W-0	复位排序器 2 0　不起作用 1　立即复位排序器 2,如有正在进行的转换序列,转换将被终止,且指针指到 CONV08 状态等待下次触发
5	SOC SEQ2	R/W-0	排序器 2 的启动转换触发。仅用于双排序模式,以下触发可使该位置位: • S/W: 软件向该位写 1 • EV B: 事件管理器 B 的触发事件
4	保留	R-0	读返回 0,写没有影响
3	INT ENA SEQ2	R/W-0	SEQ2 中断使能控制。该位使能 INT SEQ2 向 CPU 发出的中断请求 0　屏蔽 INT SEQ2 产生的中断请求 1　使能 INT SEQ2 产生的中断请求
2	INT MOD SEQ2	R/W-0	SEQ2 中断模式设置 0　在每个 SEQ2 序列结束时,置位中断标志 INT SEQ2 1　在每隔一个 SEQ2 序列结束时,置位中断标志 INT SEQ2
1	保留	R-0	读返回 0,写没有影响
0	EV B SOC SEQ2	R/W-0	SEQ2 由事件管理器 B 触发的使能控制 0　禁止 EV B 的触发信号启动 SEQ2 1　允许 EV B 的触发信号启动 SEQ2

表 8.11 ADC 控制寄存器 ADCCTRL3

位	名 称	类 型	功 能 描 述
15~9	保留	R-0	读返回 0,写没有影响
8	EXTREF	R/W-0	使能 ADCREFM 和 ADCREFP 引脚作为基准源输入 0 ADCREFP(2V) 和 ADCREFM(1V) 是内部基准源的输出引脚 1 ADCREFP(2V) 和 ADCREFM(1V) 是外部基准源的输入引脚
7,6	ADCBGRFDN[1:0]	R/W-0	ADC 模块内部的带隙和基准电源控制,这两位必须同时置位或清零 00 带隙和基准电路掉电 11 带隙和基准电路上电
5	ADCPWDN	R/W-0	控制 ADC 模块中除带隙和基准源外的其他模拟电路的上电或掉电 0 除带隙和基准电路外的其他模拟电路掉电 1 ADC 模块内部的模拟电路上电
4~1	ADCCLKPS[3:0]	R/W-0	设定 ADC 时钟的分频系数 ADC 模块的时钟 ADCCLK 需要首先按照 ADCCLKPS[3:0]设定的预定标因子对 HSPCLK 进行分频,然后再根据(ADCCTRL1[7]+1)分频得到 ADCCLKPS[3:0]　　　　ADCCLK 0000　　HSPCLK/(ADCCTRL1[7]+1) 0001　　HSPCLK/[2×1×(ADCCTRL1[7]+1)] 0010　　HSPCLK/[2×2×(ADCCTRL1[7]+1)] ⋮ 1111　　HSPCLK/[2×15×(ADCCTRL1[7]+1)]
0	SMODE SEL	R/W-0	采样模式选择 0 选择顺序采样模式 1 选择同步采样模式

转换通道数目寄存器 ADCMAXCONV 定义了自动排序操作中要转换的通道数目,如表 8.12 所列。

表 8.12 转换通道数寄存器 ADCMAXCONV

位	名 称	类 型	功 能 描 述
15~7	保留	R-0	读返回 0,写没有影响
6~4	MAX CONV2[2:0]	R/W-0	MAX CONVn 定义了自动转换过程中要转换的通道数目 • 对于 SEQ1,使用 MAX CONV1[2:0] • 对于 SEQ2,使用 MAX CONV2[2:0]
3~0	MAX CONV1[3:0]	R/W-0	• 对于 SEQ,使用 MAX CONV1[3:0] 一个自动转换序列总是从初始状态开始,然后连续转换直至结束状态,并将转换结果按顺序装载到结果寄存器。每个转换序列可以编程为转换 (MAX CONVn+1)个通道

自动排序状态寄存器 ADCASEQSR 包含了自动排序器的计数值,如表 8.13 所列。

表 8.13　自动排序状态寄存器 ADCASEQSR

位	名　称	类　型	功　能　描　述
15~12	保留	R-0	读返回 0,写没有影响
11~8	SEQ CNTR[3:0]	R-0	排序计数器状态位 • 在转换开始,将 MAX CONV 设置的通道数装载到排序器的计数位 SEQ CNTR[3:0]。在自动转换序列中的每次转换或同步采样模式中的一对转换完成后,排序计数器减 1 • 在递减计数过程中随时可以读取 SEQ CNTR[3:0] 位,检查排序器的状态 SEQ CNTR[3:0]　　　　　待转换的通道数 0000　　　　　　　　　1 或 0(取决于 BSY 位状态) 0001　　　　　　　　　2 0010　　　　　　　　　3 ⋮　　　　　　　　　　⋮ 1111　　　　　　　　　16
7	保留	R-0	读返回 0,写没有影响
6~4	SEQ2 STATE[2:0]	R-0	SEQ2 的指针,这些保留位专门用于 TI 芯片测试使用
3~0	SEQ1 STATE[3:0]	R-0	SEQ1 的指针,这些保留位专门用于 TI 芯片测试使用

ADC 模块的状态和标志寄存器 ADCST 反映了 ADC 模块的工作状态和中断标志,如表 8.14 所列。

表 8.14　ADC 状态和标志寄存器 ADCST

位	名　称	类　型	功　能　描　述
15~8	保留	R-0	读返回 0,写没有影响
7	EOS BUF2	R-0	SEQ2 的排序缓冲器结束位 • 中断模式 1 时(ADCCTRL2[2]=0),该位未用且保持为 0 • 中断模式 2 时(ADCCTRL2[2]=1),在每次 SEQ2 序列结束时该位切换状态 • 该位在芯片复位时被清零,排序器复位或清除相应中断标志对该位无影响
6	EOS BUF1	R-0	SEQ1 的排序缓冲器结束位 • 中断模式 1 时(ADCCTRL2[10]=0),该位未用且保持为 0 • 中断模式 2 时(ADCCTRL2[10]=1),在每次 SEQ1 序列结束时该位切换状态 • 该位在芯片复位时被清零,排序器复位或清除相应中断标志对该位无影响
5	INT SEQ2 CLR	R/W-0	SEQ2 的中断标志清除位 0　向该位写 0 没有影响 1　向该位写 1 清除 SEQ2 的中断标志位 INT SEQ2

续表

位	名　称	类　型	功　能　描　述
4	INT SEQ1 CLR	R/W-0	SEQ1 的中断标志清除位 0　向该位写 0 没有影响 1　向该位写 1 清除 SEQ1 的中断标志位 INT_SEQ1
3	SEQ2 BSY	R-0	SEQ2 的忙状态位,对该位写操作无影响 0　SEQ2 处于空闲状态,等待触发 1　SEQ2 处于运行状态
2	SEQ1 BSY	R-0	SEQ1 的忙状态位,对该位写操作无影响 0　SEQ1 处于空闲状态,等待触发 1　SEQ1 处于运行状态
1	INT SEQ2	R-0	SEQ2 的中断标志位 • 中断模式 1 时,每次 SEQ2 排序结束时被置位 • 中断模式 2 时,如果 EOS_BUF2 被置位,该位在一个 SEQ2 排序结束时置位 0　SEQ2 没有发生中断事件 1　SEQ2 已产生中断事件
0	INT SEQ1	R-0	SEQ1 的中断标志位 • 中断模式 1 时,每次 SEQ1 排序结束时被置位 • 中断模式 2 时,如果 EOS_BUF1 被置位,该位在一个 SEQ1 排序结束时置位 0　SEQ1 没有发生中断事件 1　SEQ1 已产生中断事件

　　图 8.12～图 8.15 给出了 ADC 模块的 4 个输入通道选择控制寄存器,每个 4 位的位域 CONVnn 可以为自动排序转换操作选择 16 个模拟输入通道中的一个,4 个通道选择控制寄存器最多可选择 16 个通道。表 8.15 列出了 CONVnn 位的值及其与 ADC 输入通道之间的对应关系。

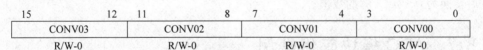

图 8.12　ADC 输入通道选择控制寄存器 1(ADCCHSELSEQ1)

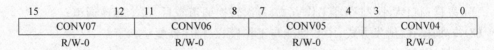

图 8.13　ADC 输入通道选择控制寄存器 2(ADCCHSELSEQ2)

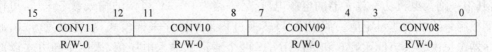

图 8.14　ADC 输入通道选择控制寄存器 3(ADCCHSELSEQ3)

15		12	11		8	7		4	3		0
	CONV15			CONV14			CONV13			CONV12	
	R/W-0			R/W-0			R/W-0			R/W-0	

图 8.15 ADC 输入通道选择控制寄存器 4(ADCCHSELSEQ4)

表 8.15 CONVnn 位的值及选择的 ADC 输入通道

CONVnn	选择的 ADC 输入通道	CONVnn	选择的 ADC 输入通道
0000	ADCINA0	1000	ADCINB0
0001	ADCINA1	1001	ADCINB1
0010	ADCINA2	1010	ADCINB2
0011	ADCINA3	1011	ADCINB3
0100	ADCINA4	1100	ADCINB4
0101	ADCINA5	1101	ADCINB5
0110	ADCINA6	1110	ADCINB6
0111	ADCINA7	1111	ADCINB7

ADC 模块共有 16 个转换结果缓冲寄存器(ADCRESULTn,n=0~15),转换结果的位排列如图 8.16 所示。

15	14	13	12	11	10	9	8
D11	D10	D9	D8	D7	D6	D5	D4
R-0	R-0	R-0	R-0	R-0	R-0	R-0	R-0

7	6	5	4	3	2	1	0
D3	D2	D1	D0	Reserved	Reserved	Reserved	Reserved
R-0	R-0	R-0	R-0	R-0	R-0	R-0	R-0

图 8.16 ADC 转换结果缓冲寄存器 n(ADCRESULTn)

需要特别注意的是,12 位的转换结果保存至 16 位的结果寄存器中,转换值采用左对齐格式,保存在结果寄存器的高 12 位,低 4 位是无定义的。软件编程时可以将转换结果右移 4 位后转换为 0~4095 间的数值。

8.7 ADC 模块应用举例

在初始化 ADC 模块时,需要通过配置 ADC 寄存器来确定如下选项:
(1) 采样窗口大小、排序器工作方式、每次转换通道数目、每个转换通道;
(2) 转换模式、触发方式、中断使能与工作模式、排序器复位;
(3) 时钟分频、电源控制。

在本节给出的例子中,结合 9.3 节介绍的 DSP 实验系统,检测两个输入通道的模拟电压,其中一路为电机功率放大器的电源电压,另一路为 0~3V 可调的输入参考电压,可作为速度控制系统的转速设定值。假定 A/D 转换过程采用顺序采样模式,软件触发方式,通过排序器 1 每次转换 ADCINA6 和 ADCINA7 两个通道的输入电压值,采用中断方式读取转换结果,并将 A/D 转换后的数字值变换为 0~3V 间的电压值,显示在四位八段数码管上。

```
# include "DSP28_Device.h"
```

```
# define Loop 10        //对转换结果进行算术平均的次数
volatile unsigned int  * LED0 = (volatile unsigned int  * )0x80000;    //LED0
volatile unsigned int  * LED1 = (volatile unsigned int  * )0x80001;    //LED1
volatile unsigned int  * LED2 = (volatile unsigned int  * )0x80002;    //LED2
volatile unsigned int  * LED3 = (volatile unsigned int  * )0x80003;    //LED3
//以下分别为数码管显示时的段码,LEDCode 与 LEDCodeDP 的区别在于后者显示小数点
unsigned int LEDCode[10] = {0xC0,0xF9,0xA4,0xB0,0x99,0x92,0x82,0xF8,0x80,0x90};
unsigned int LEDCodeDP[10] = {0x40,0x79,0x24,0x30,0x19,0x12,0x02,0x78,0x00,0x10};
float    power_voltage,reference_input,Voltage[Loop];
float    adclo = 0.0,adcres = 65536;
unsigned int count = 0,value = 0,j;
unsigned int num0,num1,num2,num3,temp;    //用于数码管显示
interrupt void ad_isr(void);
void delay_loop(void);
void InitAdc(void);
void main(void)
{
    InitSysCtrl();        //使能 ADC 模块时钟
    DINT;
    IER = 0x0000;
    IFR = 0x0000;
    InitPieCtrl();
    InitPieVectTable();
    EALLOW;
    PieVectTable.ADCINT = &ad_isr;            //初始化 ADC 中断的中断向量表
    EDIS;
    InitAdc();                                //初始化 ADC 模块
    LED3[0] = LEDCode[0];                     //初始化数码管全显示 0
    LED2[0] = LEDCode[0];
    LED1[0] = LEDCode[0];
    LED0[0] = LEDCodeDP[0];
    PieCtrl.PIEIER1.bit.INTx6 = 1;            //使能 ADC 对应的外设中断
    IER |= M_INT1;                            //使能 INT1
    EINT;                                     //使能全局中断
    ERTM;
while(1)  {
    for(j = 1;j<Loop;j++) Voltage[0] + = Voltage[j];
    value = (int)(Voltage[0] * 1000/Loop);
    num0 = value/1000;
    num1 = (value-num0 * 1000)/100;
    num2 = (value-num0 * 1000-num1 * 100)/10;
    num3 = (value-num0 * 1000-num1 * 100-num2 * 10);
    LED3[0] = LEDCode[num3];
    LED2[0] = LEDCode[num2];
    LED1[0] = LEDCode[num1];
    LED0[0] = LEDCodeDP[num0];
    delay_loop();
    }
}
interrupt void ad_isr(void)
{
```

```
    power_voltage = ((float)AdcRegs.RESULT0) * 3.0/adcres + adclo; //电源电压
    reference_input = ((float)AdcRegs.RESULT1) * 3.0/adcres + adclo; //参考输入
    Voltage[count] = reference_input;
    count ++ ;
    if(count == Loop) count = 0;

    AdcRegs.ADCTRL2.bit.RST_SEQ1 = 1;                  //复位 SEQ1
    AdcRegs.ADC_ST_FLAG.bit.INT_SEQ1_CLR = 1;          //对 INT SEQ1 位清零
    PieCtrl.PIEACK.all = PIEACK_GROUP1;                //确认 PIE 中断
    AdcRegs.ADCTRL2.bit.SOC_SEQ1 = 1;                  //软件触发排序器1,启动下一次转换
}
void delay_loop()                                     //软件延迟
{
  long i;
  for (i = 0; i < 1000000; i++) {}
}
void InitAdc(void)                                    //初始化 ADC 模块
{
    long i;
    AdcRegs.ADCTRL1.bit.RESET = 1;                    //复位 ADC
    for(i = 0;i<100;i++) NOP;
    AdcRegs.ADCTRL1.bit.RESET = 0;                    //退出复位状态
    AdcRegs.ADCTRL1.bit.SUSMOD = 0;                   //忽略仿真挂起事件
    AdcRegs.ADCTRL1.bit.ACQ_PS = 0;                   //采样窗口时间为 1 个 ADCCLK 时钟周期
    AdcRegs.ADCTRL1.bit.CPS = 0;                      //内核时钟预定标 Fclk = CLK/1
    AdcRegs.ADCTRL1.bit.CONT_RUN = 0;                 //启动-停止模式
    AdcRegs.ADCTRL1.bit.SEQ_CASC = 0;                 //双排序器模式
    AdcRegs.ADCTRL3.bit.ADCBGRFDN = 3;                //给 ADC 模块的内部基准电路上电
    for(i = 0;i<200000;i++) NOP;                      //延迟至少 7ms
    AdcRegs.ADCTRL3.bit.ADCPWDN = 1;                  //给 ADC 模块的其余模拟电路上电
    for(i = 0;i<5000;i++) NOP;                        //延迟至少 20μs
    AdcRegs.ADCTRL3.bit.ADCCLKPS = 10;                //ADC 时钟预定标因子
    AdcRegs.ADCTRL3.bit.SMODE_SEL = 0;                //选择顺序采样模式 S
    AdcRegs.MAX_CONV.bit.MAX_CONV = 1;                //每次转换两个通道
    AdcRegs.CHSELSEQ1.bit.CONV00 = 6;                 //ADCINA6,取样后的电源电压:24V/10 = 2.4V
    AdcRegs.CHSELSEQ1.bit.CONV01 = 7;                 //ADCINA7——参考输入电压:0~3V
    AdcRegs.ADC_ST_FLAG.bit.INT_SEQ1_CLR = 1;         //对 SEQ1 的中断标志清零
    AdcRegs.ADCTRL2.bit.RST_SEQ1 = 0;                 //复位排序器 1
    AdcRegs.ADCTRL2.bit.INT_ENA_SEQ1 = 1;             //使能 SEQ1 中断
    AdcRegs.ADCTRL2.bit.INT_MOD_SEQ1 = 0;             //SEQ1 采用中断模式 0
    AdcRegs.ADCTRL2.bit.EVA_SOC_SEQ1 = 0;             //禁止 EVASOC 启动 SEQ1
    AdcRegs.ADCTRL2.bit.EXT_SOC_SEQ1 = 0;             //禁止外部引脚启动转换
    AdcRegs.ADCTRL2.bit.SOC_SEQ1 = 1;                 //软件启动触发排序器 1
}
```

习题与思考题

1. 试将 F281x 系列中的 ADC 模块与熟悉的一种 ADC 芯片(如 ADC0809、ADC574 等)进行比较,简述 DSP 芯片中集成的 ADC 模块有什么优点。

2. 如果片内 ADC 模块的精度无法满足系统要求,举例说明如何扩展 ADC 芯片。

提示:可以通过 SPI 接口或外部扩展接口(XINTF)扩展串行或并口接口的 ADC 芯片。

3. 试针对某一数字信号处理系统或数字控制系统,简述 A/D 转换器的功能。

4. 试比较双积分型和逐次逼近型 A/D 转换器的优缺点。如果待采样的模拟信号频率为 1kHz,两种类型的 A/D 转换器都可以选用吗?

5. 设高速外设时钟为 75MHz,试根据图 8.9 分析 ADC 时钟频率和采样脉冲宽度的设定范围。

6. 试根据例 8.5 的要求,采用 8.3.4 节介绍的中断情形 2,编程实现对电动机三相电压和三相电流的采样与 A/D 转换。

## 第 9 章

DSP 系统硬件设计基础

通过前面各章的学习,已经对 F281x 系列 DSP 芯片的内部结构、片内外设、外部接口、软件编程等内容有了一定的了解。在熟悉了 DSP 芯片的基础上,从本章开始,讨论的重点将转向如何在实际的控制系统中应用这些高性能的 DSP 芯片。为了使读者能够系统地掌握 F281x 系列 DSP 控制器的原理和应用,接下来的四章将围绕"怎样进行 DSP 应用系统的设计和开发"这一问题展开讨论。

本章以 TMS320F281x 系列数字信号控制器为主线,介绍 DSP 系统的硬件设计基础。首先介绍 DSP 系统设计的一般步骤,然后以 TMS320F2812 最小系统设计为例,逐步分析硬件设计过程以及在硬件设计时应考虑的问题,最后介绍了作者设计的 DSP 实验开发系统。希望通过本章的学习,读者可初步掌握 DSP 硬件系统设计的基本方法。

9.1 DSP 系统设计概述

TMS320F281x 作为 TI 推出的高性能数字信号控制器,在电机数字控制、多轴运动控制、UPS 电源、汽车控制、电磁振动台、光纤通信、电力系统测控等领域得到广泛应用。本节以基于 F281x 的数字控制系统为例,介绍 DSP 应用系统的设计流程。通常,DSP 系统的设计过程可分为 7 个阶段,即需求分析、芯片选型、总体方案设计、硬件/软件设计、系统调试、系统集成以及性能测试,如图 9.1 所示。往往各个阶段之间需要不断地反复和改进,直至达到最终的设计目标。

1. 编写设计任务书

在进行 DSP 控制系统设计之前,首先要对被控对象的工作特性进行深入的分析,根据系统所要完成的具体任务,确定要达到的性能指标。在设计任务书中,需要明确 DSP 系统的设计任务,清楚、准确地表述系统要实现的功能和要达到的技术指标,作为整个控制系统设计的依据。

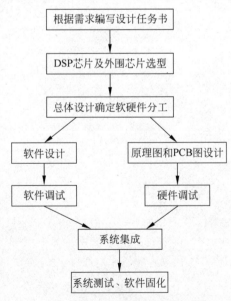

图 9.1 DSP 应用系统的设计流程

2. 选择 DSP 和外围芯片

选择 DSP 及其外围芯片时,遵循的一般原则是既要满足设计要求,又要具有高的性价比。对于大批量生产的应用系统,最优意味着满足要求的同时,芯片的价格最低;对于中小批量的应用系统,最优则是开发工具成本和开发费用、器件价格和功能之间的最佳折中;而对于开发单台或极少数量的 DSP 系统,最优是指开发工具成本低、系统开发的效率高。

在进行 DSP 系统设计时,面临的首要问题是如何合理选择 DSP 芯片。每种 DSP 都有比较适合的应用领域,以 TI 的 DSP 芯片为例,C2000 系列内含多种面向工业控制的外设模块,适于构成高性能的控制系统;C5000 系列具有处理速度快、功耗低、成本低等特点,适于便携式设备及消费类电子产品;而 C6000 系列具有处理速度快、运算精度高的特点,适于图像处理、宽带网络等应用领域。在选择 DSP 芯片时,一般应根据具体的应用领域,并结合以下几个方面来考虑。

(1) 运算速度:DSP 芯片的运算速度一般用 MIPS(百万条指令/每秒)或 MFLOPS(百万条浮点指令/每秒)表示。从运算速度来看,低档 DSP 一般为 20MIPS,中档 DSP 一般为 100MIPS,高档 DSP 可达 4800MIPS。考虑到速度高的 DSP 芯片功耗大,且系统开发难度也较大,在满足系统要求的前提下,选择的处理器速度不宜过高。

(2) 运算精度:一般定点 DSP 芯片的字长为 16 或 32 位。对于需要大量高精度运算的场合,可优先选择浮点 DSP 芯片。虽然定点 DSP 也可完成浮点运算,但往往要以牺牲运算速度为代价。

(3) 寻址空间:不同系列 DSP 芯片的程序、数据、I/O 空间大小不一。与单片机不同,DSP 能够在一个指令周期内能完成多个操作,指令效率很高,因此程序空间一般不会有问题,关键是数据空间是否满足要求。

(4) 芯片的价格:这是选择 DSP 芯片需考虑的一个重要因素。一般定点 DSP 芯片的种类齐全,功耗较低,价格较浮点 DSP 要低,速度也较快,是市场上的主流产品。要获得低成本的 DSP 系统,建议优先选择定点 DSP 芯片。

(5) 硬件资源:如片内 RAM、ROM 的容量,片内外设和外部接口等。此外,还可根据应用要求,选择具有特殊外设模块的 DSP 芯片,如 C2000 适合于电机控制;OMAP(C55＋ARM9)适合于多媒体外设等。

(6) 开发工具:DSP 系统的开发工具通常包含软件开发工具(包括汇编、编译、链接、仿真、调试、实时操作系统等)和硬件开发工具(包括仿真器、评估模板等)。借助于功能强大的开发工具支持,有利于大大缩短开发周期。

(7) 其他因素:除了上述因素之外,选择 DSP 芯片还应考虑封装形式、质量标准、供货情况、生命周期等。

初学者在选择 DSP 外围芯片时,应尽量选择市场上流通量大的芯片,这主要是为了供货方便,并易于获得相关技术资料供设计参考,以缩短开发周期。此外,设计者也可以选择自己熟悉的外围芯片,这样可以沿用原来的技术积累,有利于加快研制进度。需要指出,DSP 的外部硬件结构和单片机大体相同,只不过 DSP 的外部总线要比单片机快很多,所以选择外部器件时要选用高速器件。

新一代 DSP 芯片的 I/O 工作电压多为 3.3V 的,因此其 I/O 电平也是 3.3V 的逻辑电平。在选择外围芯片时,应尽可能选择兼容 3.3V 逻辑电平的器件,以简化接口电路设计。值得注意的是,目前还有许多外围芯片的工作电压是 5V 的,在 DSP 系统设计时,还会面临如何将 3.3V 的 DSP 芯片与这些 5V 供电芯片的混接问题。

3. 总体方案设计

在选定 DSP 芯片后,就可以根据控制任务确定拟采用的控制算法,然后进行系统总体方案设计,如确定输入/输出通道、人机接口、通信接口、存储空间、中断使用和外设 I/O 地址分配,以及软件开发环境和开发工具、编程语言、采样频率等。最后根据软硬件的分工,分别给出软件设计说明书和硬件设计说明书。

在确定总体方案时,可参考所选定 DSP 芯片的评估模板(evaluation module,EVM)、DSK(初学者套件)等原理图,完成 DSP 最小系统的设计。DSK 提供了基本的硬件平台,包括 DSP、内存、A/D、D/A 和标准并口,同时提供 CCS 软件,以及板上资源控制的示例程序,非常适合于学校教学使用,或者用于初学者参考设计。EVM 同样包括硬件平台和 CCS 软件平台,但 EVM 提供了较完善的 DSP 开发平台,用户可以利用 EVM 的硬件平台测试 DSP 算法,利用 CCS 软件编写和调试用户的程序,并且可以为用户的产品设计提供较好的参考。

根据具体应用需要,确定外围电路时可遵循以下原则:

* 一般如语音/视频、控制等领域均有成熟的电路可以从 TI 网站得到。
* 外围电路与 DSP 的接口可参考 EVM 或 DSK,以及所选外围芯片的典型接口电路原理图。
* 外围电路芯片可以选择 TI 的产品,硬件接口有现成原理图,而且提供了很多 DSP 与其接口的源代码。
* 地址译码、时序控制、I/O 扩展等建议用 CPLD 或 FPGA 来实现,将 DSP 的地址线、数据线、控制信号线等引进去以方便系统调试与升级。

4. 硬件电路设计

随着电子技术的发展,出现了许多面向电子设计自动化(electronic design automation,EDA)的专用软件。目前,能够同时进行原理图和印刷电路板(printed circuit board,PCB)设计的软件很多,比较流行的有 Cadence、Mentor 及 Protel 等公司的设计软件。本书中的部分原理图采用 Protel 公司的 Protel99 SE 软件绘制。此外,对于模拟器件和高频器件等电路的设计,还可以进行电路仿真分析,以优化电路结构与参数。

当在 EDA 软件中完成原理图的设计后,就可以将生成的网络表装载到 PCB 设计环境中,进行 PCB 的布局和布线。在完成 PCB 设计准备交付制版前,还可以对 PCB 进行仿真,校验信号完整性、电磁干扰、热分析等特性。应当指出,在设计 PCB 板时,一般应采用四层或更多层板,这样才易于保证 DSP 系统运行的可靠性和稳定性。

5. 软件设计

软件设计主要根据系统要求和所选的 DSP 芯片编写相应的应用程序。目前的 DSP 集成开发环境均支持高级语言编程与编译,若系统对运算速度不是特别苛刻,建议采用高级语言(如 C/C++语言)编程,以缩短开发周期,并便于代码移植和维护。由于高级语言编译器的效率还比不上手工编写汇编语言的效率高,因此在实际应用系统中有时采用高级语言和汇编语言的混合编程方法,即对运算频繁的软件模块,如控制算法、与过程通道的接口等,采用汇编语言编写,以提高代码的执行效率;而对一些不太频繁执行的功能模块,如系统初始化、人机接口等,则采用高级语言编程实现。采用这种方法,既可缩短软件开发的周期,提高程序的可读性和可移植性,又能兼顾对系统实时运算的要求。

6. 软件和硬件调试

DSP 系统的硬件和软件设计完成后,就需要进行硬件和软件的调试。软件调试一般是借助于 DSP 开发工具完成的,如软件模拟器、集成开发环境等。调试 DSP 控制算法时一般采用比较实时结果与模拟结果的方法,如果实时程序和模拟程序的输入相同,则两者的输出应该一致。应用系统的其他软件可以根据实际情况进行调试。硬件调试一般采用硬件仿真器并结合软件进行,调试前需要熟悉各个扩展外设的时序要求。可对逐个电路单元编写相应的测试程序验证是否工作正常,如果借助于数字示波器、逻辑分析仪等仪器来记录、分析接口时序波形,则可以大大加快调试过程。

7. 系统集成

当系统的软件和硬件部分分别调试完成后,就可以进行软硬件的联调。此时,需要考察 DSP 系统的资源分配是否合理,过程通道、人机接口、通信接口、控制算法、故障诊断与保护等功能模块是否可以实时运行,并按照设计任务书进行正确性验证。当然,DSP 系统的开发,特别是软件开发是一个需要反复进行的过程,虽然通过算法模拟基本上可以验证实时系统的性能,但实际上模拟环境不可能做到与实时系统的运行环境完全一致,而且将模拟算法移植到实时系统时必须考虑算法是否能够实时运行的问题。

当整个 DSP 系统的软硬件联调完成后,需要验证实现的数字控制器是否与设计结果一致。通常可以使用测试仪器来精确测得基于 DSP 的数字控制器的频率特性,测试原理如图9.2 所示,典型的测试仪器包括扫频仪、动态信号分析仪、网络分析仪等。此外,也可以借助于信号发生器施加激励信号至 A/D 转换器,通过示波器测试 D/A 转换器输出的方法近似测得控制器的幅频特性。通过将频率特性的测试数据与仿真结果(如应用 MATLAB)进行比较,可以验证 DSP 系统是否正确地实现了所设计的数字控制算法。经测试正确后,就可以将软件固化至程序存储器,这样可脱离开发系统而直接在应用系统上运行。

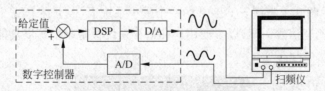

图 9.2　应用扫频仪测试数字控制器的频率特性

8. 系统测试

当基于 DSP 的数字控制器调试完成后,就可以与系统的其他环节一起构成闭环控制系统运行。此时需要根据设计任务书中规定的技术指标,对控制系统的性能进行逐项测试。如果系统测试结果符合设计指标,则样机的设计完毕。但是,由于在软硬件调试阶段所采用的调试环境是模拟的,因此,在系统测试阶段往往会出现一些问题,如精度不够、稳定性不好等问题,这时需要根据测试结果对控制参数、系统软件或硬件进行调整和改进。

上面针对基于 DSP 的数字控制器设计,介绍了一般的设计流程。实际的 DSP 控制系统还包括许多其他设计任务,如电机转速控制系统还包括控制系统建模、设计与仿真分析,功率放大器的电路设计,反馈元件的选取和接口设计,系统测试大纲的制定等。如果作为产品设计,通常还包括结构设计、工艺设计、可靠性设计、可维修性设计、电磁兼容设计、环境适应性设计等方面的工作。

9.2   DSP 最小系统设计

本节结合 F281x 最小系统,介绍 DSP 系统的基本组成及硬件设计的基础知识。

9.2.1   DSP 最小系统组成

DSP 最小系统由 DSP 芯片及其基本的外围电路和接口组成,如果去掉其中的任何一部分,都无法成为一个独立的 DSP 系统工作。最小系统通常包括 DSP 芯片、时钟源、复位电路、电源变换电路、JTAG 仿真接口等,如图 9.3 所示。

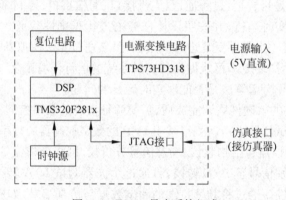

图 9.3   F281x 最小系统组成

国内外许多 TI 第三方支持厂商提供了各个系列的 DSP 最小系统板,可供初学者设计参考和学习使用。图 9.4 为基于 F2812 的一个最小系统板,板上在 DSP 芯片的四周通过双排插针将 DSP 的所有信号引出,以方便用户在最小系统板基础上扩展功能。

图 9.4   F2812 最小系统电路板

DSP 最小系统只提供了 DSP 芯片工作所必需的外围电路和仿真接口。用户在进行 DSP 应用系统设计时,可以根据具体的设计要求,在 DSP 最小系统的基础上扩展所需的外设和接口。

9.2.2 时钟电路

F281x 需要一路时钟输入信号,作为 DSP 内核、片内外设以及外部接口的时钟源。由 2.1.2 节可知,时钟电路可以采用无源晶体与有源晶振两种配置方式。

(1) 无源晶体需要使用 DSP 片内的振荡器,连接方法参考图 9.5(a)。无源晶体不存在电平匹配问题,时钟信号电平是根据振荡电路来决定的,可用于各种 DSP 芯片,而且价格也较低。当使用无源晶体时,F281x 片内振荡器的输出频率只能工作在 20~35MHz 之间,通常选用精度较高的石英晶体。

(2) 有源晶振不需要使用 DSP 的内部振荡器,信号质量好,驱动能力强,而且连接方式相对简单,见图 9.5(b),此时晶振的频率可在 4~150MHz 之间选择。相对于无源晶体,有源晶振的输出信号电平与其电源电压有关,需要时钟信号与 DSP 芯片的电平匹配,而且价格较高。

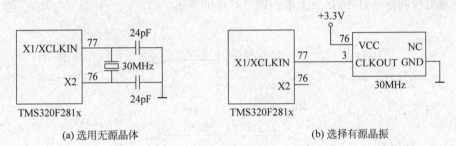

(a) 选用无源晶体   (b) 选择有源晶振

图 9.5 TMS320F281x 的时钟电路

TMS320F281x 片内集成了锁相环电路,用户可以将一个较低的外部时钟通过锁相环电路倍频至系统需要的 CPU 时钟。采用较低频率的外部时钟,一方面可以削弱外部信号对时钟信号的干扰,同时也避免了高频时钟干扰板上的其他信号,有利于提高 DSP 系统的电磁兼容能力。对于 F281x 系列芯片,通常采用 30MHz 的石英晶体或晶体振荡器,经过锁相环后时钟频率可设定在 15~150MHz 之间。

9.2.3 电源与复位电路

目前,新一代的 DSP 芯片均向着低电源电压、低功耗的方向发展。为了降低功耗,又便于实现 DSP 芯片和外设间的接口,TMS320F281x 系列 DSP 芯片采用双电源供电机制,以大大降低 DSP 芯片的功耗。

1. 电源设计的考虑

对于 TMS320F281x 而言,一般有以下三种电源需要电源电路提供。

(1) DSP 芯片内核电源 V_{DD}。内核电源电压为 1.8V(135MHz)或 1.9V(150MHz 时),主要为器件的内部逻辑电路提供电源,包括 CPU、时钟电路和片内外设。新一代的 DSP 芯片通常采用较低的内核电压,其主要目的是为了降低芯片的功耗。

(2) I/O 供电电源 V_{DDIO}。DSP 芯片与外部接口间采用 3.3V 电源电压,所有数字输入引脚与 3.3V 的 TTL 电平兼容,所有输出引脚与 3.3V 的 CMOS 电平兼容。这样便于 DSP 引脚直接和外部低压器件接口,而无须额外的电平转换电路。

(3) 模拟电路电源 V_{DDA}。电源电压为 3.3V,专门为 ADC 模块中的模拟电路供电。

由于 DSP 芯片有多个供电电源,加电次序是需要考虑的一个问题。理想情况下,DSP 芯片上的两个电源 V_{DD} 和 V_{DDIO} 同时上电,但在实际系统中通常很难实现。如果不能做到同时加电,应首先对 V_{DDIO} 和 V_{DDA} 等 3.3V 供电电源加电,然后再对 V_{DD} 加电。图 9.6 为 TI 推荐的上电和掉电时序,首先给所有的 3.3V 电源上电,在 3.3V 电源的输出电压到达 2.5V 之前 V_{DD} 要小于 0.3V。这样的上电次序可保证上电复位信号经过 I/O 缓冲后,可靠地复位 DSP 芯片内部的各个功能模块。当电源上电后,复位信号要继续保持有效(最小值为 1ms),以使得电源电压和振荡电路输出稳定。在掉电过程中,当 V_{DD} 的幅值降至 1.5V 之前,DSP 的复位信号必须变为有效低电平,且持续时间不少于 $8\mu s$,这样可以使得掉电过程片内 Flash 模块处于复位状态。在电源设计时,建议采用电源芯片输出的复位信号作为 DSP 的复位控制信号,以满足对上电和掉电时序的要求。

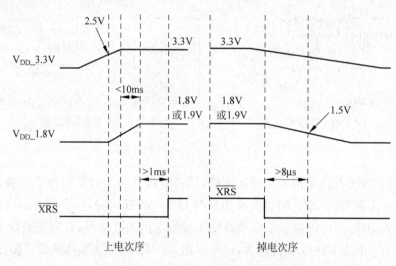

图 9.6　典型的上电和掉电时序

除了电源电压幅值和加电次序,另一个必须考虑的因素是系统对各个电源电压精度和供电电流的要求。当时钟频率为 150MHz 时,TMS320F2812 的电源电压与工作电流的典型值如下。

- 数字 I/O 电源: $V_{DDIO} = 3.3V \pm 5\%$, $I_{DDIO} = 15mA$。
- Flash 存储器电源: $V_{DD3VFL} = 3.3V \pm 5\%$, $I_{DD3VFL} = 40mA$。
- 内核电源: $V_{DD} = 1.9V \pm 5\%$, $I_{DD} = 195mA$。
- 模拟电路电源: $V_{DDA} = 3.3V \pm 5\%$, $I_{DDA} = 40mA$。

除了 DSP 芯片本身的功率消耗外,DSP 系统中还扩展有其他外设和接口,这些外设芯片通常也是采用 3.3V 电源供电,在电源设计时也要一并考虑,并使电源的输出电流能力留有一定的裕量。

2. 电源设计

采用哪种供电结构,主要取决于应用系统中提供了什么样的供电电源。考虑到大部分数字系统的供电电源为 5V 和 3.3V,下面分两种情况讨论。

(1) 采用 5V 电源供电:在这种方案中需要两个电源变换器,电压调节器 A 提供 3.3V 电压,电压调节器 B 提供 1.8V 或 1.9V 电压。

(2) 采用 3.3V 电源供电:在这种方案中只需一个电压调节器来提供 1.8V 或 1.9V 电压。

TI 提供了多种双路低压差输出(low dropout,LDO)的电源芯片,可用于 F281x 系列 DSP 芯片的电源设计,如 TPS73HD301、TPS73HD318 等,其输入电压范围为 4~10V,典型值为 5V。其中,TPS73HD301 的一路输出电压为 3.3V,一路为可调输出(1.2~9.75V); TPS73HD318 的两路输出电压均为固定值,分别为 3.3V 和 1.8V。这些电源芯片的每路输出电流可达 750mA,并提供独立的输出使能控制。此外,每路输出还分别提供一个宽度为 200ms 的低电平有效复位脉冲,可作为 DSP 芯片的上电复位信号。图 9.7 是 TPS73HD318 的典型应用电路,图中采用 3.3V 电源的复位信号作为 DSP 芯片的上电复位信号,以便与 DSP 芯片的 I/O 电平兼容。

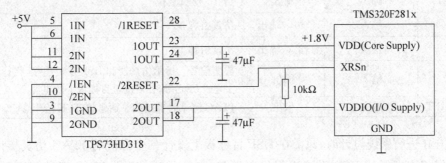

图 9.7　TMS320F281x 的电源电路

9.2.4　JTAG 仿真接口

国际电气和电子工程师协会(Institute of Electrical and Electronics Engineers,IEEE) 于 1990 年公布的 1149.1 标准,又称作 JTAG 标准,是针对超大规模集成电路测试、检测面临的困难而提出的基于边界扫描机制和标准测试接口的国际标准。边界扫描就是对含有 JTAG 逻辑的集成电路芯片边界引脚(外引脚)通过软件完全控制和扫描观测其状态的方法。这种能力使得高密度的大规模集成电路芯片在线(在电路板上及工作状态中)测试成为可能。其原理是在芯片的输入/输出引脚内部配置存储单元,用来保存引脚状态,并在内部将这些存储单元连接在一起,通过一个输入脚 TDI 引入和一个输出脚 TDO 引出。在正常情况下,这些存储单元(边界单元)是不工作的,在测试模式下存储单元存储输入/输出口状态,并在测试存储口的控制下输入/输出。

IEEE 1149.1标准颁布后,TI为随后的DSP芯片均设置了符合国际标准的JTAG逻辑测试口,通过JTAG测试口可完成访问和调试DSP芯片。一个完整的DSP系统必须具有与硬件仿真器的标准接口,借助于仿真接口用户可以通过PC调试和下载应用程序到指定的应用板。F281x采用符合1149.1标准的JTAG仿真接口,仿真电缆和DSP芯片的JTAG仿真接口是通过一个14脚的双排插头/插座来连接的。TI的通用JTAG仿真接口的信号定义如图9.8所示,其中引脚6无定义,常用于保证仿真电缆插头与DSP芯片的JTAG仿真接口正确连接,JTAG接口的信号描述见表9.1。

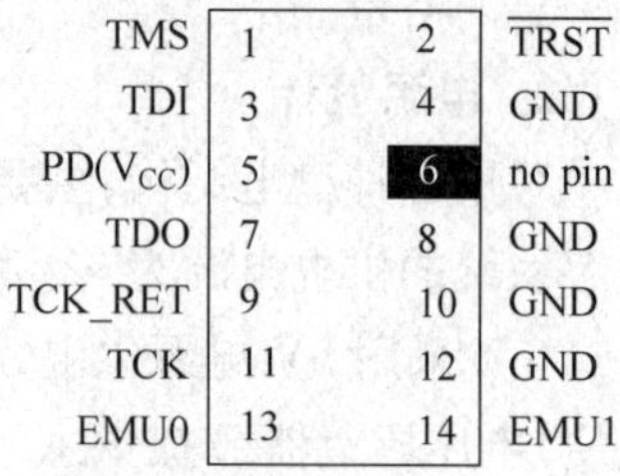

TMS	1	2	$\overline{TRST}$
TDI	3	4	GND
PD(V_{CC})	5	6	no pin
TDO	7	8	GND
TCK_RET	9	10	GND
TCK	11	12	GND
EMU0	13	14	EMU1

图 9.8 JTAG 仿真接口的信号定义

表 9.1 JTAG 仿真接口信号

JTAG 信号	仿真器侧的状态	DSP 侧的状态	信 号 描 述
TMS	输出	输入	JTAG 测试方式选择
TDI	输出	输入	JTAG 测试方式输入(针对 DSP)
TDO	输入	输出	JTAG 测试方式输出(针对 DSP)
TCK	输出	输入	JTAG 测试时钟。由仿真器提供,频率为 10.368MHz
$\overline{TRST}$	输出	输入	JTAG 测试复位
EMU0	输入	输入/输出	仿真引脚 0
EMU1	输入	输入/输出	仿真引脚 1
PD	输入	输出	检测信号。指示仿真器和 DSP 正确连接,目标系统已上电。PD 引脚必须接至目标板上的电源
TCK_RET	输入	输出	JTAG 测试时钟返回。通常将 TCK 接至 TCK_RET

用户在进行系统设计时,只需在 DSP 目标板上设计一个标准的 JTAG 仿真接口,与仿真器电缆相连即可对 DSP 系统进行代码下载、实时仿真、调试、Flash 编程等操作。如果 DSP 目标板上的 JTAG 仿真接口与仿真器间的距离不大于 6 英寸,可以采用如图 9.9 所示的无缓冲连接方式。其中 EMU0 和 EMU1 必须接上拉电阻(建议用 4.7kΩ),使得信号的上升时间小于 10μs。

典型的 DSP 开发系统构成如图 9.10 所示,主要包括安装集成开发环境 Code Composer Studio(简称 CCS 软件)的 PC、硬件仿真器(XDS510 或 XDS560)和 DSP 目标板。硬件仿真器是功能强大的全速仿真器,仿真器与 PC 的接口主要有 USB 接口、并行接口、ISA 总线和 PCI 总线接口,其中 USB 接口的仿真器安装方便,得到越来越广泛的应用。由于每个 DSP 芯片都提供了 JTAG 仿真接口,通过 XDS510 或 XDS560 检测器件内部的寄存器、状态机及引脚状态,结合 PC 上安装的集成开发环境可实现对 DSP 内部状态的实时监控以及软件下载、调试和 Flash 编程。应该指出,用户程序编译链接后生成的可执行文件(.out)是保存在计算机上的,必须借助于仿真器下载至 DSP 芯片的片内 RAM 或烧写至 Flash 中才能运行和调试。

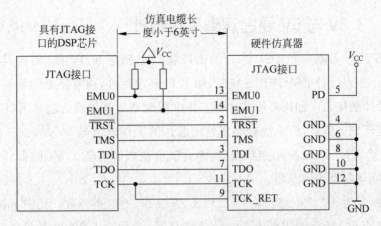

图 9.9 DSP 芯片的 JTAG 仿真接口和仿真器电缆间的连接关系

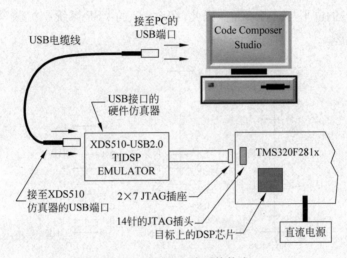

图 9.10 DSP 开发系统构成

与通常的单片机仿真器相比,DSP 仿真器上没有任何 DSP 资源,所有资源都在 DSP 目标系统上。DSP 仿真器只提供独立于 DSP 的 JTAG 标准接口,DSP 芯片上有专门用于仿真调试的信号引脚,用户只需按 JTAG 接口标准,在 DSP 目标板上预留一个 JTAG 接口(14芯双排插针),二者直接相连即可对 DSP 进行仿真调试。归纳起来,DSP 芯片的 JTAG 仿真器具有如下优点。

(1) 硬件时序即为目标系统的硬件时序;

(2) 仿真器不占用 DSP 的任何资源;

(3) 仿真接口与 DSP 芯片的引脚数和封装类型无关;

(4) 仿真接口与 DSP 芯片的时钟频率无关;

(5) 不同系列 DSP 芯片的仿真器硬件和集成开发环境相同,所不同的只是编译、调试等软件模块,这样就节省了用户的开发投资。

9.2.5 3.3V 与 5V 混合逻辑系统设计

TMS320F281x 等新一代 DSP 芯片的 I/O 接口电压是 3.3V 的,因此其 I/O 电平是 3.3V 逻辑电平。在设计 DSP 应用系统时,除了 DSP 芯片外,通常还必须设计 DSP 芯片与其他外设芯片间的接口。如果外设芯片的工作电压也是 3.3V,那么通常可以直接连接,不存在电平转换问题。但是,目前仍有很多外设芯片的工作电压是 5V 的,如一些 A/D 转换芯片、D/A 转换芯片、LCD 显示控制器等,因此就存在如何实现 3.3V 的 DSP 芯片与这些 5V 供电芯片间可靠接口的问题。

图 9.11 所示为 5V CMOS、5V TTL 和 3.3V TTL 的电平标准。其中 V_{OH} 表示输出高电平的最低电压,V_{OL} 表示输出低电平的最高电压,V_{IH} 表示输入高电平的最低电压,V_{IL} 表示输入低电平的最高电压。从图 9.11 可以看出,5V TTL 和 3.3V TTL 的电平标准是相同的,而 5V CMOS 的电平与二者不同。因此,在 3.3V 的 DSP 系统中扩展 5V 器件时,必须考虑电平匹配问题。

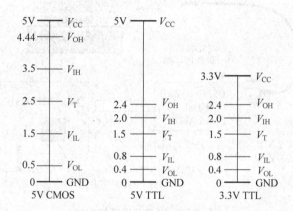

图 9.11 电平转换标准

在设计 3.3V 与 5V 逻辑器件之间的接口时,可分为以下 4 种情形。

1. 5V TTL 器件驱动 3.3V TTL 器件

由于 5V TTL 和 3.3V TTL 的电平规范是一样的,因此,如果 3.3V 器件能够承受 5V 电压,二者可以直接连接而无须电平转换。否则需要专门的电平转换芯片,如 74LVTH245、74LVTH16245 等。

2. 3.3V TTL 器件驱动 5V TTL 器件

从图 9.11 可以看出,3.3V 器件的 V_{OH} 和 V_{OL} 电平分别是 2.4V 和 0.4V,而 5V 器件的 V_{IH} 和 V_{IL} 电平分别是 2V 和 0.8V,因此 3.3V TTL 器件可以直接驱动 5V TTL 器件,而无须电平转换。

3. 5V CMOS 器件驱动 3.3V TTL 器件

显然,二者的电平标准是不兼容的。但进一步分析 5V CMOS 的 V_{OH} 和 V_{OL} 以及 3.3V

器件的 V_{IH} 和 V_{IL} 可以看出,如果 3.3V 器件能够承受 5V 电压,电平匹配而言二者是可以直接连接的。因此,对于能够承受 5V 电压的 LVC 系列器件,5V 器件的输出是可以直接驱动 3.3V 器件的,否则需要电平转换芯片。

4. 3.3V TTL 器件驱动 5V CMOS 器件

从图 9.11 可以看出,3.3V 器件的 V_{OH} 为 2.4V,而 5V CMOS 器件的 V_{IH} 是 3.5V,因此 3.3V 器件的输出不能直接驱动 5V CMOS 器件。在这种情形下,可以采用双电压供电(一侧为 3.3V,另一侧为 5V)的驱动器,如 SN74ALVC164245。这样可以较好地解决 3.3V 器件和 5V CMOS 器件间的电平转换问题。

从发展趋势来看,使用 3.3V 供电的低电压接口芯片已经是目前的发展方向。因此,在设计 DSP 应用系统时,应尽量选用 3.3V 供电的外设芯片,这样有助于简化硬件电路设计,并降低系统功耗。

9.3 基于 TMS320F2812 的实验开发系统

9.3.1 实验开发系统概述

1. 实验系统的组成和特点

基于 TMS320F2812 的 DSP 教学实验系统包括 DSP 实验板、模块式开关电源、电机功率放大器、无刷直流电机及编码器、USB 接口仿真器、集成开发环境 CCS3.1、PC 和测试仪器等,如图 9.12 所示。

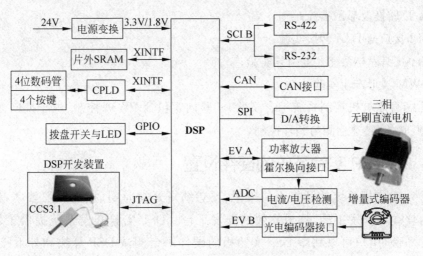

图 9.12　DSP 实验系统组成框图

1) DSP 实验板的主要特点
- 一片 TMS320F2812 芯片,主频可达 150MHz;
- 64KW 的扩展存储器(static RAM,SRAM),访问时间 12ns;
- 片内 16 通道、12 位 A/D 转换器输入,模拟输入电压范围 0~3V;

- 通过 SPI 扩展了 4 通道、12 位 D/A 转换器,建立时间 $12\mu s$,输出电压范围 0~3V;
- 1 路 eCAN 总线收发驱动,符合 CAN2.0 协议,最高传输速率 1Mb/s;
- 1 路 SCI 收发驱动,接口标准 RS-232、RS-422/485 可配置;
- 2 路事件管理器接口;
- 4 个键盘输入,4 位拨盘开关输入;
- 2 个发光二极管输出,4 个八段数码管显示;
- 标准 JTAG 仿真接口,方便系统调试。

2) 电机功率放大器的主要特点

- 三相全桥 PWM 功率放大器,输出电流≤10A,电源电压≤60V;
- 三相无刷直流电机的霍尔信号接口及整形电路;
- 三相电机的相电压与相电流检测接口;
- 标准的增量式光电编码器接口;
- 输出过流时,自动切断 PWM 功率级输出,并产生功率保护中断信号。

2. 可在实验系统上进行的实验

- 通用 I/O 的配置与测试;
- CPU 定时器与外设中断实验;
- 键盘扫描与数码管显示实验;
- 通过 RS-232 或 RS-422 接口与 PC 串行通信实验;
- 两块 DSP 板间的 CAN 总线通信实验;
- A/D 转换及显示实验;
- SPI 接口与 D/A 转换实验;
- Flash 编程与系统上电引导实验;
- PWM 波形产生实验;
- 无刷直流电机控制系统综合实验,实验内容包括 PWM 控制、电子换向、相电流检测、转角/转速检测与闭环控制。

9.3.2 DSP 实验系统的硬件设置

对于 DSP 应用系统的开发人员来说,要想缩短开发周期,提高开发效率,必须有一套完整的软硬件开发工具,构成高效的开发平台。DSP 实验开发系统提供了较完善的 DSP 开发平台,用户可以利用 DSP 实验板的硬件平台测试 DSP 算法和外设接口,利用 CCS 软件编写、下载、调试与固化开发的应用程序,还可以为用户的产品设计提供参考。

1. DSP 实验板

DSP 实验板的电路原理见附录 B。实验系统采用一个开关电源模块给 DSP 实验板和电机功放板供电,供电电源的额定输出为直流 24V/5A。DSP 实验板上设计了两级电源变换电路,第一级采用 DC/DC 电源变换芯片 LM2575T-5.0 将 24V 的直流电压变换得到 5V

电源,输出电流可达 1A;第二级采用 TPS73HD318 双路输出稳压器得到 3.3V 和 1.8V 电源提供给 DSP 芯片和板上的外围电路。

与单片机一样,DSP 系统通常采用较简单的人机交互接口,以免增加软件开发的负担。键盘和显示是人机交互的主要途径,DSP 实验板上的人机接口包括作为输入的 4 个按键和 4 位拨盘开关,以及作为输出的 2 个发光二极管和 4 个八段数码管。其中与拨盘开关和发光二极管的接口采用 DSP 的通用 I/O 实现;使用可编程逻辑芯片 EPM7128S 扩展了与 4 个八段数码管的静态显示接口和 4 个按键接口。数码管采用共阳极接法,当引脚为低电平时对应的段发光,表 9.2 列出了数字 0~9 对应的段码定义,软件编程可参考 8.7 节的例程。

表 9.2　数码管的段码表

数字	0	1	2	3	4	5	6	7	8	9
段码	0xC0	0xF9	0xA4	0xB0	0x99	0x92	0x82	0xF8	0x80	0x90

DSP 实验板的元件布局和外部接口见图 9.13。扩展的外设芯片包括 64KB 的 SRAM (见 3.5.1 节)、SCI 扩展的串行通信接口(见 4.4.2 节)、SPI 扩展的 D/A 转换器(见 5.6.2 节)、CAN 总线接口(见 6.5.1 节)和两个事件管理器接口。实验系统中采用 EV A 输出的 PWM1~PWM6 信号控制三相全控桥式 PWM 功率放大器,利用 EV A 的捕获单元检测无刷直流电机内部的霍尔换向信号,采用 EV B 的 QEP 电路实现与增量式光电编码器的接口。DSP 实验板与外部的接口见表 9.3,板上跳线设置和数字输入见表 9.4,上电引导模式设置见表 9.5。

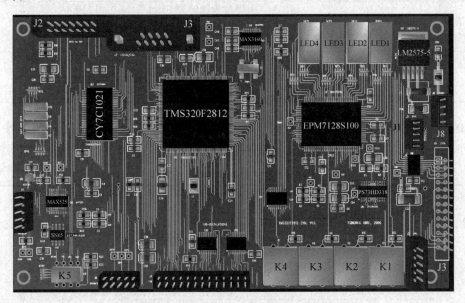

图 9.13　DSP 实验板的元件布局和外部接口

表 9.3 外部接口功能表

标号	名　称	插座封装	功 能 描 述
J1	JTAG1	IDC10	CPLD 芯片 EPM7128 的 JTAG 编程接口
J2	JTAG2	IDC14	DSP 的 JTAG 仿真接口,用于连接 DSP 仿真器
J3	EV A_1	IDC26	事件管理器 A 的 PWM 输出和 A 组 ADC 输入
J4	EV B_1	IDC26	事件管理器 B 的 PWM 输出和 B 组 ADC 输入
J5	EV A_2	IDC10	事件管理器 A 的捕获单元接口
J6	EV B_2	IDC10	事件管理器 B 的捕获单元接口
J7	SCI	DB9	RS-232/RS-422 串行通信接口
J8	POWER	POWER4	24V 直流电源输入
J9	DAC&CAN	IDC10	D/A 转换输出和 CAN 总线接口

表 9.4 跳线设置和数字输入

标号	类　型	功 能 描 述	
K1～K4	按键	K4～K1 与该地址的数据位 D3～D0 对应,有键按下时该位为低电平	
K5	拨盘开关	K5_1:模式选择,接至XMP/MC; K5_2:锁相环使能,接至XPLLDIS; K5_3:开关 SW1,接至 GPIOF8; K5_4:开关 SW2,接至 GPIOF9	
K6	跳线设置	上电时这四位的状态决定了 DSP 的引导模式,见表 9.5	接至 GPIOF2(SPICLKA)
K7			接至 GPIOF3(SPISTEA)
K8			接至 GPIOF12(MDXA)
K9			接至 GPIOF4(SCITXDA)

表 9.5 F281x 的引导模式选择

GPIOF4	GPIOF12	GPIOF3	GPIOF2	引 导 模 式
1	x	x	x	引导过程跳转至 Flash 地址 0x3F7FF6
0	1	x	x	调用 SPI 引导程序从外部 EEPROM 加载代码
0	0	1	1	调用 SCI 引导程序从 SCI A 加载用户代码
0	0	1	0	引导过程跳转至 H0 SARAM 地址 0x3F8000
0	0	0	1	引导过程跳转至 OTP 地址 0x3D7800
0	0	0	0	调用并口引导程序从 GPIOB 加载用户代码

DSP 实验板上经过外部总线扩展了人机交互接口、SRAM 及一些外设控制信号,这些扩展外设的地址分配见表 9.6。

表 9.6 扩展外设的地址分配

外设芯片	地址	R/W	功 能 描 述
SRAM	0x100000～0x10FFFF	R/W	扩展的 64K×16 位 SRAM 芯片 CY7C1021
CPLD	0x80000	W	数码管 1 的段码,低 8 位有效
	0x80001	W	数码管 2 的段码,低 8 位有效
	0x80002	W	数码管 3 的段码,低 8 位有效
	0x80003	W	数码管 4 的段码,低 8 位有效
	0x80004	R	按键 K1～K4 的状态,低 4 位有效
	0x80005	R/W	MAX3160 的模式设置,低 5 位有效
	0x80006	W	MAX5253 的清零引脚(CL)控制,仅 D0 位有效

2. 电机功率放大器及无刷直流电机

实验系统中,EV A 输出的六路 PWM 信号(PWM1~PWM6)经过 74LVT245 缓冲后送至功率放大板上的三相桥驱动器芯片 IR3132,然后控制三相 H 桥式结构的六个 N 沟道 MOS 功率管。电机功率放大器电路的原理图见附录 B,电路设计时兼顾了对三相无刷直流电机和永磁同步电机的控制要求。

选用的无刷直流电机型号为 57BL-0730N1,额定功率 70W,额定电压 24V,额定转速 3000r/min,额定转矩 0.23N·m,额定电流 4A,极对数为 5。

电机上的位置传感器用于在无刷直流电机中测定转子的磁极位置,为逻辑开关电路提供正确的换向信息,即将转子磁极的位置转换成电信号,然后去控制定子绕组换向。霍尔传感器输出的换向信号 Hall1~Hall3 经过 74LVT245 缓冲后送到 EV A 的捕获单元 CAP1~CAP3。

电机相电流的检测可以采用电阻取样、电流传感器等方式获得。在无刷直流电机控制实验系统中,采用主回路串接功率电阻(0.05Ω)取样测得。直接经过取样电阻测得的信号幅值还很小,经过放大和低通滤波后送至 ADC 模块的 ADCINA2 引脚。

电机轴角位移的检测通常可以采用光电编码器、旋转变压器或感应同步器等测角元件来实现。实验系统中采用 500 线的增量式光电编码器与电机转子同轴安装,通过 EV B 模块的 QEP 电路实现与 DSP 的接口。

电机功率放大器共包含 5 个连接器,电路板的元器件布局和连接器见图 9.14,连接器的功能描述见表 9.7。

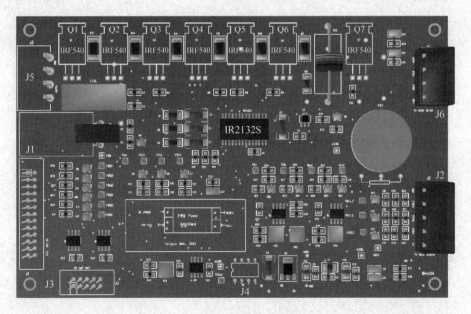

图 9.14　功率放大器板布局

表 9.7　功率放大器板上的接插件

接插件	功 能 描 述
J1	PWM 控制与状态接口(自 DSP 板 J3)
J2	电机磁极信号接口(自电机霍尔信号输出)
J3	电机霍尔信号接口(至 DSP 板 J5)
J5	功放板直流电源输入(24V 电源)
J6	电机功率接口(自电动机绕组引线)

习题与思考题

1. 简述 DSP 应用系统的一般设计流程。

2. 在设计 DSP 应用系统时,如何合理选择 DSP 芯片?

3. 一个 DSP 最小系统的硬件通常包括哪些部分?

4. DSP 芯片采用 JTAG 仿真接口有何优点?

5. 简述 TMS320F281x 芯片对电源的要求及上电/掉电次序。

6. 数码管显示主要有静态显示和动态显示两种方式,试讨论两种方法的优缺点。

7. 机械式按键不可避免地存在机械抖动,简述如何通过软件实现去抖动。

8. 试设计一个基于 TMS320F2812 的 DSP 应用系统。系统应包括 64KB 的扩展 SRAM、一路 RS-232 通信接口、4 路 12 位 D/A 转换器。

9. 试针对直流电机转速控制系统,设计相应的 DSP 控制电路。假定采用:测速发电机作为转速反馈元件;H 桥型 PWM 功率放大器;RS-422 接口与上位机通信。

## 第 10 章

TMS320C28x 的软件开发

TMS320C28x 的 C/C++编译器支持由美国国家标准学会定义的 ANSI C 语言标准。采用 C 语言编程具有代码的可读性与可移植性强,开发效率高的特点。虽然从理论上讲,汇编语言比 C 语言的代码效率高,但考虑到 F281x 的时钟频率高达 150MHz,Flash 存储器的容量可达 128Kw,CPU 的执行速度和存储器容量等均得到显著提高。因此,可以优先考虑采用 C 语言编程,而仅对少许与特定硬件操作相关的语句或代码段才使用汇编语言实现。本书仅对 C281x 的 C 语言编程进行介绍,对汇编语言和 C++语言编程感兴趣的读者可参考 TI 的技术手册或相关资料。

10.1 TMS320C28x 的 C 语言编程基础

本节介绍 TMS320C28x 系列芯片 C 语言编程的基础知识,关于 C 语言的常用语法可参考相关教材。

10.1.1 数据类型

在 C 语言中,每个变量在使用之前必须定义其数据类型。每个数据类型都有与之对应的类型名,这些类型名为编译器的保留字。C28x 编译器支持的各种数据类型的长度、表示方式以及数值范围见表 10.1。

表 10.1 TMS320C28x 的数据类型

数 据 类 型	长度/位	表 示 方 式	最 小 值	最 大 值
char,signed char	16	ASCII	-32768	32767
unsigned char	16	ASCII	0	65535
short	16	2 的补码	-32768	32767
unsigned short	16	二进制	0	65535
int,signed int	16	2 的补码	-32768	32767
unsigned int	16	二进制	0	65535
long,signed long	32	2 的补码	-2147483648	2147483647
unsigned long	32	二进制	0	4294967295
enum	16	2 的补码	-32768	32767
float	32	IEEE 32-bit	$1.19209290e-38$	$3.4028235e+38$

续表

数 据 类 型	长度/位	表 示 方 式	最　小　值	最　大　值
double	32	IEEE 32-bit	1.19209290e−38	3.4028235e+38
long double	32	IEEE 32-bit	1.19209290e−38	3.4028235e+38
pointers	32	二进制	0	0xFFFF
far pointers	22	二进制	0	0x3FFFFF

从表 10.1 可以看出,C28x 支持的数据类型具有如下特点:

(1) 由于 C28x 中的最小数据长度为 16 位,即用一个字的长度表示,因此所有的整型(char,short,int 及其无符号类型)都是等效的,用 16 位二进制数表示。

(2) 长整型和无符号长整型用 32 位二进制数表示。

(3) 有符号数用 2 的补码表示。

(4) 枚举类型 enum 代表 16 位值,在表达式中 enum 与 int 等效。

(5) 所有的浮点类型(float、double 及 long double)是等效的,均表示为 IEEE 单精度数据格式。

10.1.2　外设寄存器的位域结构定义

在传统的 C 语言中,当访问外设寄存器时,通常先用宏定义"♯define"为每一个寄存器创建一个地址标号。例如,CPU 定时器 0 的寄存器定义如下:

例 10.1　应用宏定义来定义 CPU 定时器的寄存器地址。

```
♯define CPUTIMER0_TIM (volatile unsigned long *)0x0C00    //定时器 0 的计数寄存器
♯define CPUTIMER0_PRD (volatile unsigned long *)0x0C02    //定时器 0 的周期寄存器
♯define CPUTIMER0_TCR (volatile unsigned int *)0x0C04     //定时器 0 的控制寄存器
♯define CPUTIMER0_TPR (volatile unsigned int *)0x0C06     //定时器 0 的预定标寄存器
```

采用传统的宏定义方法访问外设寄存器具有编程方便的特点。但上述寄存器定义方法的主要缺点在于:

(1) 即使完全相同的外设模块,如对于三个 CPU 定时器 0、1、2,需要为每个定时器的所有寄存器进行宏定义;

(2) 不便于对寄存器的值进行按位操作,如仅修改寄存器的一位或几位;

(3) 在 CCS 软件的 Watch 窗口中无法直观地显示外设寄存器中每一位的状态。

为了方便用户开发,提高 C/C++代码的运行效率和可维护性,TI 为访问外设寄存器提供了一种称作位域结构的定义方法。该方法将属于某一特定外设的所有寄存器分组到一个 C 结构中,然后通过链接器将每个结构中定义的外设寄存器映射到存储器。借助于位域结构方法定义的外设寄存器,用户可以方便地对外设寄存器进行按位操作,并且能够在 Watch 窗口中直观地显示外设寄存器的字段状态。

1. 外设寄存器结构

下面,可以应用 C 语言的结构来定义 CPU 定时器的寄存器。

例 10.2　应用结构类型定义 CPU 定时器的寄存器。

```
struct CPUTIMER_REGS
{
```

```
    Uint32 TIM;        //定时器计数寄存器
    Uint32 PRD;        //定时器周期寄存器
    Uint16 TCR;        //定时器控制寄存器
    Uint16 rsvd1;      //保留
    Uint16 TPR;        //预定标寄存器低16位
    Uint16 TPRH;       //预定标寄存器高16位
};
```

其中,struct是保留字,CPUTIMER_REGS是程序设计人员自己定义的类型名,它与基本数据类型(如char、int、float)一样,可以用来定义变量的类型。括号内为该结构的各个成员,由它们组成一个结构。可以注意到,上面的结构定义具有如下特点:

(1) 外设寄存器的顺序按照其占用的存储器地址依次排列;

(2) 保留的结构成员(如rsvd1)仅用于占用存储器中的相应空间;

(3) Uint16和Uint32是指无符号16位和32位数的类型定义。对于F28xx芯片,Uint16和Uint32分别等效于unsigned int和unsigned long。

采用前面的寄存器结构定义,可以声明一个变量来实现对外设寄存器的访问,这样相同外设的多个实例可以采用同一个结构定义。

例10.3 定义3个CPU定时器的寄存器结构变量。

```
volatile struct CPUTIMER_REGS CpuTimer0Regs;
volatile struct CPUTIMER_REGS CpuTimer1Regs;
volatile struct CPUTIMER_REGS CpuTimer2Regs;
```

注意:此处关键字volatile对于变量声明是十分重要的。volatile指明变量的值可能会被硬件改变,因此,编译器对代码优化时不会将包含volatile变量的代码去掉。

通过编译器的♯pragma DATA_SECTION伪指令,可以为每个外设寄存器结构中的所有变量指定一个数据段。例如,下面的例子中,变量CpuTimer0Regs被指定到数据段CpuTimer0RegsFile。

例10.4 将结构变量分配到数据段。

```
♯pragma DATA_SECTION(CpuTimer0Regs,"CpuTimer0RegsFile");
volatile struct CPUTIMER_REGS CpuTimer0Regs;
```

为DSP芯片的每一个外设寄存器结构变量进行这种数据段的分配,随后通过链接器可以直接映射每个数据段到与相应的外设寄存器对应的存储器地址空间。例如,对于CPU定时器0,在链接器命令文件(扩展名为cmd,见10.1.8节)中添加的代码如例10.5所示。

例10.5 将数据段映射到对应的存储空间。

```
MEMORY
{
    PAGE 1:
    CPU_TIMER0 : origin = 0x000C00,length = 0x000008 //CPU定时器的寄存器
}
SECTIONS
{
    CpuTimer0RegsFile : > CPU_TIMER0,PAGE = 1
}
```

将变量映射到与外设寄存器相同的地址空间后,用户就可以在 C 源文件中通过访问结构变量的成员实现对寄存器的访问。例如,对 CPU 定时器 0 的周期寄存器进行赋值的代码如下。

```
CpuTimer0Regs.PRD.all = 0xFFFFFFFF;    //初始化周期寄存器为最大值
```

2. 增加位域定义

有时用户需要直接访问外设寄存器中的某一位或几位,而基于位域结构方法的 C281x 头文件和外设例程提供了大部分外设寄存器的位域定义,可参见 TI 应用文档"C281x C/C++ Header Files and Peripheral Examples（SPRC097）"。

例 10.6 CPU 定时器的控制寄存器的位域定义。

```
struct TCR_BITS {         //位序号      功能描述
    Uint16   rsvd1:4;     //3:0         保留位
    Uint16   TSS:1;       //4           定时器的启动/停止位
    Uint16   TRB:1;       //5           定时器的重载控制位
    Uint16   rsvd2:4;     //9:6         保留位
    Uint16   SOFT:1;      //10          设定仿真模式
    Uint16   FREE:1;      //11          设定仿真模式
    Uint16   rsvd3:2;     //12:13       保留位
    Uint16   TIE:1;       //14          中断使能位
    Uint16   TIF:1;       //15          中断标志位
};
```

结构定义中需要对各个成员进行类型说明,例如,"Uint16 TIE: 1;"表示 TIE 是一个无符号整型变量,冒号表示成员是不满 16 位的整型数据,这样的成员称作字段,冒号后边的数字 1 表示该字段占用的二进制位的长度为 1。编译器可将各个字段顺序合并成一个字,当一个结构中有效字段的长度不足 16 位时,可以人为加入一些保留字段,以保证数据的完整性,如例 10.6 中的结构成员 rsvd1~rsvd3 为保留位。

位域定义方法允许用户直接对寄存器的某些位进行操作,但有时还希望能够将整个寄存器作为一个变量进行操作。通过联合声明允许对各个位域或整个寄存器进行访问。

例 10.7 CPU 定时器的控制寄存器的联合定义。

```
union TCR_REG {
    Uint16           all;
    struct TCR_BITS  bit;
};
```

上例中 TCR_REG 是联合名,其成员包括 all(无符号整型)和 bit(结构 TCR_BITS 的变量),且成员 all 和 bit 占用的地址空间是相同的。在定义了联合类型 union TCR_REG 后,就可以定义联合 TCR_REG 类型的变量了。例如,下面定义了一个联合 TCR_REG 类型的变量 TCR。

```
union TCR_REG TCR;
```

一旦为每个寄存器创建了位域和联合定义,就可以根据定义的联合重新定义 CPU 定时器的寄存器结构。

例 10.8 基于联合定义的外设寄存器结构。

```
struct CPUTIMER_REGS
{
    union TIM_GROUP TIM;        //定时器计数寄存器
    union PRD_GROUP PRD;        //定时器周期寄存器
    union TCR_REG  TCR;         //定时器控制寄存器
    Uint16 rsvd1;               //保留地址
    union TPR_REG  TPR;         //预定标寄存器低 16 位
    union TPRH_REG TPRH;        //预定标寄存器高 16 位
};
```

这样,在 C 源程序中,对 CPU 定时器的寄存器可以按照位域或整个寄存器进行访问。

例 10.9 在 C 源程序中使用位域结构定义的寄存器。

```
CpuTimer0Regs.TCR.bit.TSS = 1;         //对 TCR 寄存器中的一位进行操作
CpuTimer0Regs.TCR.all = 0x4C30;        //对整个 TCR 寄存器(16 位)进行操作
```

与采用宏定义方法相比,采用位域结构方法定义的外设寄存器具有如下优点:

(1) 位域结构中的位定义与寄存器的位定义名字是相同的,便于软件编程、调试和维护。

(2) 可直接对寄存器中的一位或几位访问,而无须通过软件屏蔽其他位。

(3) 可以在 CCS 的 Watch 窗口中直观地观察寄存器及其各个字段的状态。

(4) 可以充分利用 CCS 编辑器的自动代码输入功能。当输入代码时,CCS 的编辑器能够提示用户可能输入的结构或字段列表,这样用户编程时不必再通过查阅文档了解寄存器及其字段名称,方便了用户输入和编辑程序代码。

这里需要指出,并不是所有的外设寄存器都有位域和联合定义。例如,看门狗模块的控制寄存器的位 2:0 必须写入 101,因此无法对该寄存器进行按位写操作,而必须对整个寄存器执行写操作。在这种情况下,对寄存器访问时不必用标识. bit 或. all,例如:

```
SysCtrlRegs.WDCR = 0x0068;
```

10.1.3 编译预处理

预处理是 C 语言的重要特色之一。预处理并不是实现程序的功能,而是发布给 C 编译系统的信息,告诉编译器在对源程序编译前先做些什么。C 语言提供的预处理功能主要包括宏定义、文件包含及条件编译。

1. 宏定义

宏定义是指用一个指定的名字来代表一个常量表达式或字符串,其复杂形式是带参数的宏。其中符号常量的定义是最简单的形式,一般格式为:

＃define 标识符 常量表达式

例如,可以进行如下宏定义以便于代码维护。

```
＃define PI 3.14159
＃define EALLOW asm(" EALLOW")
＃define  LED1_ON  GpioDataRegs.GPFDAT.bit.GPIOF11 = 0      //发光二极管亮,见附录 B 图 B.2
＃define StartCpuTimer0() CpuTimer0Regs.TCR.bit.TSS = 0   //启动定时器 0
```

其中,♯define 是宏定义命令,标志符 PI 是所定义的符号常量的名字,又称宏名,习惯上用大写字母表示,PI 对应的常数是 3.14159。这样在下面的源程序中,凡是出现 PI 的地方,预处理过程均以常数 3.14159 代替。

通常♯define 出现在源程序的首部,在使用宏名之前,一定要用♯define 进行宏定义。宏定义的有效范围为定义点到该源文件结束。注意,宏定义不是 C 语句,不必在行末尾加分号。

2. 文件包含

文件包含是指一个程序文件将另一个指定文件的全部内容包含进来。一般格式为:

♯include "被包含文件名"或 ♯include <被包含文件名>

其中,"被包含文件名"通常称为头文件,以.h 作为扩展名。例如:

```
♯include <math.h>
♯include "DSP281x_Device.h"
```

第一条文件包含语句的功能是将头文件 math.h 的全部内容嵌入到该预处理命令行处,使它成为源程序的一部分。当用一对尖括号将被包含的头文件括起来时,编译系统按系统设定的标准目录搜索头文件。当用一对花括号将头文件括起来时,编译系统先在源文件所在的目录中搜索。若搜索不到,再按系统设定的标准目录搜索头文件。

文件包含预处理行通常放在文件的开头,被包含的文件内容常常是一些公用的宏定义或外部变量说明。使用文件包含时要注意以下几点:

(1) 调用标准库函数例如数学函数时,一定要在文件开头用文件包含所要用到的库文件;

(2) 头文件只能是 ASCII 码文件,不能是目标代码文件;

(3) 一个♯include 命令只能包含一个头文件,若要包含多个头文件,需要用多个♯include 命令;

(4) 头文件包含可以嵌套,即被包含的头文件中可以再包含其他的头文件,如 10.2.1 节的头文件 DSP281x_Device.h。

3. 条件编译

条件编译指在编译 C 源文件前,根据给定条件决定编译的范围。其格式有:

1) 条件编译格式一

```
♯ifdef 标识符
        …//程序段一
♯else
        …//程序段二
♯endif
```

上述条件编译语句是指若标识符已被定义过,则对程序段一进行编译,否则对程序段二进行编译。格式一可以简化为:

```
♯ifdef 标识符
        …//程序段一
♯endif
```

需要指出,只要条件编译之前有命令行"#define 标识符",无论该宏名对应的值是什么都不会导致编译错误。例如可以通过条件编译选择 SCI-B 模块的通信过程采用中断模式或查询模式(见 4.4.3 节的例程)。

```
#define SCIB_INT 1       //0—查询方式;1—中断方式
  ⋮
#if SCIB_INT             //如果为中断方式,则需要对 SCI-B 的中断初始化
    EALLOW;
    PieVectTable.TXBINT = &SCITXINTB_ISR;
    PieVectTable.RXBINT = &SCIRXINTB_ISR;
    EDIS;
    IER | = M_INT9;
    EINT;
#endif
```

2) 条件编译格式二

```
#ifndef 标识符
        …//程序段一
#else
        …//程序段二
#endif
```

这种格式的条件编译功能与格式一正好相反。例如,下面对 C 语言的数据类型重新进行了定义,相比之下新的数据类型更加直观和简洁。

```
#ifndef DSP28_DATA_TYPES
#define DSP28_DATA_TYPES
  typedef int             int16;
  typedef long            int32;
  typedef unsigned int    Uint16;
  typedef unsigned long   Uint32;
  typedef float           float32;
  typedef long double     float64;
#endif
```

10.1.4 在 C 语言中嵌入汇编语言

目前,C2000 系列 DSP 提供了 C/C++语言和汇编语言开发工具,这使得开发 DSP 程序更加方便和高效。在大多数情况下使用 C 语言会提高软件开发效率,但是有时仍需要用到汇编语言,这时可以采用 C 语言和汇编语言的混合编程方法,以达到最佳地利用 DSP 芯片软硬件资源的目的。

通常,需要在 C 语言程序中嵌入汇编语言指令,以实现 C 语言无法实现的一些硬件控制功能,如全局中断的使能/屏蔽,或者将用户程序中的一些关键语句或代码段采用汇编语句实现以优化代码执行效率。

TMS320C28x 的 C/C++编译器允许在 C 程序中嵌入汇编语言指令或伪指令,嵌入的汇编语句被直接链接至编译器产生的汇编语言输出文件中。在 C 程序中嵌入汇编语句的格式为:

```
asm(" assembler text");
```

括号内的字符串"assembler text"指汇编指令,左双引号后面要空一格。以标识符 asm 声明的语句类似于名为 asm 的函数调用,编译器直接将 assembler text 复制到输出文件中。assembler text 代码必须是合法的汇编语句,编译器并不检查这些语句是否有错;如果有错,则可以通过汇编器检查出来。

asm 命令通常用来处理一些采用 C/C++语句较难实现的硬件操作,如 asm(" NOP")。下面给出了部分汇编指令的宏定义(见文件 DSP281x_Device. h),在 C 程序中可以直接使用这些定义的标识符来代替汇编指令:

```
#define EINT    asm(" clrc INTM")    //使能可屏蔽中断 (清零 INTM)
#define DINT    asm(" setc INTM")    //禁止可屏蔽中断 (置位 INTM)
#define EALLOW  asm(" EALLOW")       //使能对受保护的寄存器进行写操作
#define EDIS    asm(" EDIS")         //禁止对受保护的寄存器进行写操作
```

10.1.5 关键字

TMS320C28x 的 C/C++编译器除了支持标准的 const、register 及 volatile 关键字外,还支持 cregister、interrupt 关键字。

1. const

C/C++编译器支持 ANSI/ISO 标准的关键字 const,通过该关键字可进一步优化和控制存储空间的分配。在任何变量或数组的定义中使用 const 关键字表明变量或数组的值是不变的。如果定义一个对象为常量,则在段. const 中为其分配存储空间。

关键字 const 在对象定义中的位置是很重要的。例如下面的第一条语句定义了指向 int 型变量的常量指针 p,第二条语句定义了一个指向 int 型常量的指针变量 q。

```
int * const p = &x;
const int * q = &x;
```

借助于关键字 const,可以定义较大的常量表,并将其存储在应用系统的非易失性存储器中(如 Flash 存储器)。例如,可以使用下面的定义将一个常量表分配至 F281x 的 Flash 存储器中。

```
const int digits[] = {0,1,2,3,4,5,6,7,8,9};
```

2. volatile

编译用户程序时优化器会分析数据流,以尽可能避免对存储器的直接读/写操作。因此,如果要编写 C 代码对存储器或外设寄存器进行访问,则需要使用 volatile 关键字标识这些操作,以此来说明所定义的变量是可以被 DSP 系统中的其他硬件修改的,而不是仅可以被 C 程序本身修改。用 volatile 关键字修饰的变量被分配到未初始化块,编译器不会在优化时修改引用 volatile 变量的语句。在下面的例子中,希望循环地对一个外设寄存器的地址进行读操作,直到读出的状态值等于 0xFF。

```
unsigned int * ctrl;
while( * ctrl! = 0xFF);
```

本例中，* ctrl 指针所指向的地址内容在循环过程中不会发生变化，该循环语句会被编译器优化成对存储器执行一次读操作。此时，应定义 * ctrl 指针为 volatile 型变量，即

```
volatile unsigned int * ctrl;
```

这里 * ctrl 指针用于指向一个硬件地址，比如 PIE 中断标志寄存器。

下面再举一个例子。由 3.2 节可知，在代码安全密码区（password location，PWL）存放有密钥，下面先定义一个结构类型 CSM_PWL，其成员为 8 个密钥字。

```
struct CSM_PWL{
    Uint16 PSWD0;        //PSWD bits15-0
    Uint16 PSWD1;        //PSWD bits31-16
    Uint16 PSWD2;        //PSWD bits47-32
    Uint16 PSWD3;        //PSWD bits63-48
    Uint16 PSWD4;        //PSWD bits79-63
    Uint16 PSWD5;        //PSWD bits95-80
    Uint16 PSWD6;        //PSWD bits111-96
    Uint16 PSWD7;        //PSWD bits127-112
};
extern volatile struct CSM_PWL CsmPwl; //CsmPwl 为结构 CSM_PWL 的一个变量
```

由于 CsmPwl 代表了一段硬件地址，虽然该地址实际上对应到 Flash 存储器，其内容是程序固化时设定好的，但仍然有必要加上 volatile，表明该变量是一段存储器空间，可以被其他硬件操作。此后，如果有用到该结构变量的地方，仍然要用 volatile 声明，例如：

```
void InitSysCtrl(void)                   //系统初始化函数
{
    volatile Uint16     * PWL;           //PWL 为指针
        ⋮
    EALLOW;
    PWL = &CsmPwl.PSWD0;                  //PWL 指向 CsmPwl.PSWD0
    For(i = 0; i<8; i++)pw = * PWL++;    //哑读
    EDIS;
}
```

PWL 为指向密钥字 PSWD0 的地址指针，而该地址内容是存储空间，可由被其他硬件访问，因此在定义 PWL 指针时要加关键字 volatile。语句"pw = * PWL++"表示先取PWL 所指向的存储单元的值赋给 pw，然后使指针变量 PWL 加 1，以便后面继续循环读下一个密码字的值，读取全部 8 个密钥字后初始化函数执行结束。

3. cregister

TMS320C28x 的编译器对 C 语言进行了扩展，增加了 cregister 关键字，从而允许采用高级语言直接访问控制寄存器。当一个对象前加 cregister 标识符时，编译器会比较对象和IER（中断使能寄存器）、IFR（中断标志寄存器）的名字是否相同，如果二者一致，编译器会产生对控制寄存器操作的代码；如果名字不符，编译器会提示一个错误。

cregister 关键字仅用于文件范围内，而不能用于函数内的变量声明。此外，cregister 只能用于整型或指针变量，而不能用于浮点、结构或联合等数据类型。

采用 cregister 声明的对象字并不意味着是 volatile 型的。如果所引用的控制寄存器是

volatile 型的,那么该对象应该同时用 volatile 声明。在 F281x 的 C 语言中,cregister 仅限于声明寄存器 IER 和 IFR,在程序中可采用如下格式进行声明。

```
extern cregister volatile unsigned int IER;
extern cregister volatile unsigned int IFR;
```

在声明了这两个寄存器后,就可以对其进行操作。例如:

```
IER = 0x100;
IER | = 0x100;
IFR | = 0x0004;
IFR & = 0x0800
```

需要指出,对寄存器 IER,可以采用赋值语句或位运算操作;而对寄存器 IFR,只能用位运算符|(位或)或 &(位与)对 IFR 中的位进行置位和清零操作,否则编译器会给出以下错误信息。

```
>>> Illegal use of control register
```

4. interrupt

C/C++编译器还增加了 interrupt 关键字用来声明一个函数是中断服务程序。CPU 响应中断服务程序时需要遵守特定的规则,如函数调用前依次对相关寄存器进行入栈保存,返回时恢复寄存器的值。当一个函数采用 interrupt 声明后,编译器会自动为中断函数产生保护现场和恢复现场所需执行的操作。

对于采用 interrupt 声明的函数,该函数的返回值应定义为 void 类型,且无参数调用。在中断函数内可以定义局部变量,并可以自由使用堆栈和全局变量。例如:

```
interrupt void int _handler()
{
unsigned int flags;
⋮
}
```

值得注意的是,C 初始化例程 c_int00 是 DSP 复位后的 C 程序入口点,被用作系统复位中断处理程序。这个特殊的中断服务程序用来初始化系统并调用 main()函数,c_int00 是由编译器自动产生的。

10.1.6 pragma 伪指令

通过伪指令 pragma 可以告知编译器如何对待特定的函数、对象或代码段。TMS320C28x 的 C/C++编译器支持如下的 pragma 伪指令。

```
CODE_SECTION(func,"section name")
DATA_SECTION(symbol,"section name")
INTERRUPT(func)
FUNC_EXT_CALLED(func)
FAST_FUNC_CALL(func)
```

其中,func 和 symbol 必须在函数外声明或定义。同时,pragma 伪指令也必须在函数外,且位于声明、定义或引用 func 和 symbol 之前,否则,编译器会给出警告信息。

1. CODE_SECTION

CODE_SECTION用于为一个名为 section name 的代码段中的函数 func 指定存储空间,其 C 语言的句法为:

```
#pragma CODE_SECTION (func,"section name");
```

如果希望将一段代码链接到与.text 段不同的存储空间中,那么该伪指令是非常有用的。例如:

```
char bufferA[80]          //bufferA 是全局变量
#pragma CODE_SECTION (funcA,"codeA");
char funcA(int i);        //对函数 funcA 的声明
void main()
{
    char c;
    c = funcA(1);         //对函数 funcA 的引用
}
char funcA(int i);        //函数 funcA 的定义
{
    return bufferA[i];
}
```

上例中,函数 funcA 编译生成的代码被定位于 codeA 段中,用户需要在链接命令文件中指定 codeA 段的物理地址。

2. DATA_SECTION

DATA_SECTION用于为一个名为 section name 的数据块中的 symbol 指定存储空间。其 C 语言的句法为:

```
#pragma DATA_SECTION (symbol,"section name");
```

如果希望将一个数据对象链接到与.bss 段不同的存储空间中,那么该伪指令是非常有用的。下面给出一个使用 DATA_SECTION 伪指令的 C 源文件例子:

```
#pragma DATA_SECTION(bufferB,"my_sect");
char bufferA[512];      //对 bufferA 的定义
char bufferB[512];      //对 bufferB 的定义放在 pragma 指令之后
```

上例中数据块 bufferB 被定位于用户自定义的段 my_sect 中。同样,用户需要在链接命令文件(.cmd)中指定 my_sect 段的物理地址。

10.1.7　如何分配段至存储器中

与单片机相比,DSP 更好地支持模块化编程,并便于工程化管理。所谓工程化管理,就是在一个项目中,尽可能地将硬件开发人员和软件开发人员的分工独立出来,软件开发人员基本上不需要了解系统的硬件资源,而只需专注于算法的研究和程序的编制,而软件和硬件之间的联系是由既懂硬件,又懂软件的系统分析员来完成的。对于单片机来说,由于编程时程序是绝对定位的,软件人员必须熟悉系统的硬件资源才能编程,因此是不便于工程化管理的。

DSP 的汇编语言和 C 语言中引进了一个非常简单,但又非常有效的概念 Section,称作

"段"。段为一块连续的储存空间,可以用来存放程序或数据。用户在编程时,段是没有绝对定位的,每个段都认为是从 0 地址开始的一块连续的储存空间,所以软件开发人员只需要将不同代码和数据放到不同的段中,而无须关心这些段究竟定位在系统的哪些地址空间。这样,一方面便于程序的模块化编程,另一方面,易于明确软件和硬件开发人员的分工,便于工程化管理。由于所有的段都是从地址 0 开始的,所以程序编译完成后是无法运行的,要让程序正确运行,必须对段进行重新定位,这个工作由链接器完成。对于链接器来说,首先要知道系统的硬件资源,其次要知道程序中使用了哪些段,这些段如何定位到系统的硬件资源上去。所以要由硬件人员描述系统的硬件资源,软件人员描述程序中用到的段,然后由系统分析员将相应的段定位到恰当的硬件资源上。用户可以编写链接命令文件将每个代码块和数据块分配至相应的存储空间中。

编译器对 C 语言程序编译后生成多个可重新定位的代码段和数据段,这些段可分为两种基本类型,即初始化段和未初始化段。

1. 初始化段

初始化段包含数据表和可执行代码,表 10.2 列出了 C 编译器产生的初始化段。

表 10.2　初始化段

段名	描　述	链接时的限制条件
. cinit	已初始化的变量和常量表（用于 C 程序）	程序空间
. pinit	已初始化的变量和常量表（用于 C++程序）	程序空间
. const	字符串常量以及用 const 声明的全局和静态变量	低于 64KB 数据空间
. econst	同. const 段,但用于 far const 声明的变量或编译器采用大存储器模式时	数据空间
. switch	为开关语句(switch)建立的数据表	程序或数据
. text	所有的可执行代码和常数	程序空间

2. 未初始化段

未初始化段用于在存储器中（通常为 RAM）保留空间,程序可在运行时使用这些空间来创建和保存变量。表 10.3 列出了 C 编译器产生的未初始化段。

表 10.3　未初始化段

段名	描　述	链接时的限制条件
. bss	为全局和静态变量保留空间。程序引导过程中,C 初始化例程会将保存在 ROM 中的. cinit 段复制至. bss	低 64KB 数据空间
. ebss	为用 far 声明的或大存储模式下的全局和静态变量保留空间。程序引导过程中,C 初始化例程将保存在 ROM 中的. cinit 段复制至. ebss	数据空间
. stack	为 C 系统的堆栈分配的空间,用于函数调用时传递参数以及为局部变量分配空间	低 64KB 数据空间

续表

段名	描 述	链接时的限制条件
. sysmem	为动态存储器分配保留的空间。若 C 程序未用到 malloc 函数,则 C 编译器不产生该段	低 64KB 数据空间
. esysmem	为动态存储器分配保留的空间。若 C 程序未用到 far malloc 函数,则 C 编译器不产生该段	数据空间

链接器从不同的程序模块中提取出一个个段,并将名字相同的段合并后产生一个输出段,完整的可执行程序由这些输出段组成。如果系统需要,用户可以将这些段放在存储器空间的任何地址。通常,. text、. cinit 和. switch 等初始化段链接至 ROM 或 RAM 空间,且必须位于程序存储器空间(即 Page 0)。. const 块可以链接至 ROM 或 RAM 空间,但必须是数据存储器空间(Page 1)。而. bss/. ebss 和. sysmem/. esysmem 等未初始化段必须链接至 RAM 空间,且必须位于数据存储器空间(Page 1)。表 10.4 列出了各个段所要求的存储器类型和页分配。

表 10.4 数据块映射表

段 名	存储器类型	页
. text	ROM 或 RAM	Page 0
. cinit	ROM 或 RAM	Page 0
. pinit	ROM 或 RAM	Page 0
. switch	ROM 或 RAM	Page 0 或 Page 1
. const	ROM 或 RAM	Page 1
. econst	ROM 或 RAM	Page 1
. bss	RAM	Page 1
. ebss	RAM	Page 1
. stack	RAM	Page 1
. system	RAM	Page 1
. esystem	RAM	Page 1

10.1.8 链接命令文件

由于 F281x 没有专门的操作系统来定位执行代码,而且每个用户设计的 DSP 系统的硬件配置也不尽相同,因此需要设计人员自己定义代码的存放和加载位置。

工程文件中包含的一个非常重要的文件就是链接命令文件,通常在链接命令文件中将生成的代码和数据分配到目标存储器。链接器提供了两条指令:MEMORY 用来定义目标系统的存储器映射,即指定每个存储器块的名字、起始地址和长度。SECTIONS 描述输入段怎样被组合到输出段,并指定了各个段的页类型以及如何将输出段放置在定义的存储器块中。其中,Page 0 页通常规定为程序存储器,Page 1 规定为数据存储器。

下面是一个典型的链接命令文件,用于生成在片内 RAM 中仿真运行的可执行文件(扩展名为 out)。本例中编译器采用大存储器模式,片内 SRAM 存储器块 H0 被等分为两个 4KB 的存储器块,分别配置至 Page 0 和 Page 1,复位后系统从 H0 引导(见 10.3.6 节)。

```
//FILE: F2812_EzDSP_RAM_lnk.cmd
MEMORY
{
PAGE 0 :
  RAMM0    : origin = 0x000000,length = 0x000400   //M0,1K
  BEGIN    : origin = 0x3F8000,length = 0x000002   //从 H0 引导
  PRAMH0   : origin = 0x3F8002,length = 0x000FFE   //H0,4K
  RESET    : origin = 0x3FFFC0,length = 0x000002

PAGE 1 :
  RAMM1    : origin = 0x000400,length = 0x000400   //M1,4K
  DRAMH0   : origin = 0x3f9000,length = 0x001000   //H0,4K
}

SECTIONS
{
  codestart    : > BEGIN,    PAGE = 0           //从 H0 引导
  ramfuncs     : > PRAMH0    PAGE = 0
  .text        : > PRAMH0,   PAGE = 0
  .cinit       : > PRAMH0,   PAGE = 0
  .pinit       : > PRAMH0,   PAGE = 0
  .switch      : > RAMM0,    PAGE = 0
  .reset       : > RESET,    PAGE = 0,TYPE = DSECT
  .stack       : > RAMM1,    PAGE = 1
  .ebss        : > DRAMH0,   PAGE = 1
  .econst      : > DRAMH0,   PAGE = 1
  .esysmem     : > DRAMH0,   PAGE = 1
}
```

10.2　典型的 C 工程文件

用 TI 提供的集成开发环境 CCS 打开一个标准的工程文件后,可以发现一个工程文件由许多文件组成。工程文件(＊.pjt)主要包含工程的版本信息、工程设置和源文件三个部分。其中,工程设置里主要记录了该工程对应的编译、汇编以及链接选项的设置;源文件部分记录了该工程包含哪些源文件(这里的源文件可以是 C 源代码、C++源代码、汇编源代码、库文件、DSP/BIOS 配置文件以及链接器命令文件等)。与其他 C 程序一样,一个工程文件中只有一个源文件(扩展名为 c)包含 main()函数,称作主程序,其他源文件可以包含一些相关的程序,如外设初始化程序、中断服务程序等,这些源文件一般均存放在工程文件中的同一个目录下。在生成可执行代码的过程中,编译器会分别编译各个源文件,然后通过链接器将生成的所有目标文件(扩展名为 obj)链接起来,并根据链接命令文件将生成的代码和数据分配到目标存储器。除了源文件外,在工程中一般还包含头文件(扩展名为 h),在头文件中定义了各个外设模块和 CPU、目标系统的资源,如宏定义、外设寄存器的位域结构定义等。

10.2.1　典型的工程文件组成

当工程文件中不采用位域结构形式时,可以直接采用宏命令来定义工程中用到的寄存

器地址,如例10.1。下面以 TI 提供的 CPU 定时器工程文件为例,介绍利用位域结构形式创建工程文件的步骤。

图10.1给出了在 CCS 中打开的工程文件"Example_281xCpuTimer. pjt"。一个工程中通常包括源代码文件(Source 目录)、头文件(Include 目录)、链接命令文件(* . cmd)和运行库文件(Libraries 目录)。在通常的 Debug 模式下,编译、链接后生成可加载至 DSP 片内 RAM 执行的文件 Example_281xCpuTimer. out,该文件保存在工程目录下的 Debug 目录中。单击 File 菜单下的 Load Program,可根据提示将生成的可执行文件从 PC 经 DSP 仿真器下载至 F281x 的片内 RAM 中。然后,执行 Debug 菜单下的 Run 或按 F5 键可全速执行用户程序。

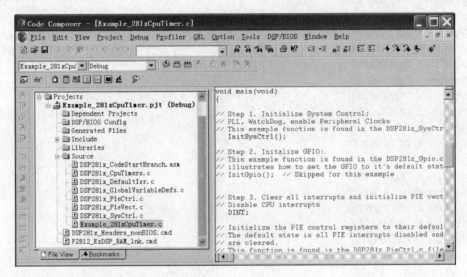

图 10.1　工程文件组成

1. Include 文件

在主程序(Example_281xCpuTimer. c)中通过 ♯ include 包含了下面两个头文件。其中,文件"DSP281x_Device. h"中包含了所有外设模块的头文件、与 DSP 芯片有关的宏定义和数据类型定义,采用位域结构方式时必须包含该头文件。文件"DSP281x_Examples. h"中包含了一些用于所有例子程序的参数定义,如果仅使用位域结构方法,主程序中可以不包含该头文件。

```
//File: Example_281xCpuTimer.c
# include "DSP281x_Device.h"      //DSP281x Headerfile Include File
# include "DSP281x_Examples.h"    //DSP281x Examples Include File
```

其中,头文件 DSP281x_Device. h 中的主要代码如下:

```
//FILE: DSP281x_Device.h
# ifndef DSP281x_DEVICE_H
# define DSP281x_DEVICE_H
# define   TARGET 1
# define   DSP28_F2812   TARGET
# define   DSP28_F2810   0
```

```
        extern cregister volatile unsigned int IFR;
        extern cregister volatile unsigned int IER;

        #define EINT     asm(" clrc INTM")
        #define DINT     asm(" setc INTM")
        #define ERTM     asm(" clrc DBGM")
        #define DRTM     asm(" setc DBGM")
        #define EALLOW   asm(" EALLOW")
        #define EDIS     asm(" EDIS")
        #define ESTOP0   asm(" ESTOP0")

        #define M_INT1  0x0001
        #define M_INT2  0x0002
        #define M_INT3  0x0004
        #define M_INT4  0x0008
        #define M_INT5  0x0010
        #define M_INT6  0x0020
        #define M_INT7  0x0040
        #define M_INT8  0x0080
        #define M_INT9  0x0100
        #define M_INT10 0x0200
        #define M_INT11 0x0400
        #define M_INT12 0x0800
        #define M_INT13 0x1000
        #define M_INT14 0x2000
        #define M_DLOG  0x4000
        #define M_RTOS  0x8000

        #define BIT0    0x0001
        #define BIT1    0x0002
        #define BIT2    0x0004
        #define BIT3    0x0008
        #define BIT4    0x0010
        #define BIT5    0x0020
        #define BIT6    0x0040
        #define BIT7    0x0080
        #define BIT8    0x0100
        #define BIT9    0x0200
        #define BIT10   0x0400
        #define BIT11   0x0800
        #define BIT12   0x1000
        #define BIT13   0x2000
        #define BIT14   0x4000
        #define BIT15   0x8000

        typedef int               int16;
        typedef long              int32;
        typedef unsigned int      Uint16;
        typedef unsigned long     Uint32;
        typedef float             float32;
        typedef long double       float64;
```

```
# include "DSP281x_SysCtrl.h"          //系统控制/低功耗模式
# include "DSP281x_DevEmu.h"           //器件仿真寄存器
# include "DSP281x_Xintf.h"            //XINTF 接口寄存器
# include "DSP281x_CpuTimers.h"        //32 位 CPU 定时器
# include "DSP281x_PieCtrl.h"          //PIE 控制寄存器
# include "DSP281x_PieVect.h"          //PIE 中断向量表
# include "DSP281x_Spi.h"              //SPI 寄存器
# include "DSP281x_Sci.h"              //SCI 寄存器
# include "DSP281x_Mcbsp.h"            //McBSP 寄存器
# include "DSP281x_ECan.h"             //eCAN 寄存器
# include "DSP281x_Gpio.h"             //通用 I/O 寄存器
# include "DSP281x_Ev.h"               //事件管理器寄存器
# include "DSP281x_Adc.h"              //ADC 寄存器
# include "DSP281x_XIntrupt.h"         //外部中断寄存器
```

由于在文件 DSP281x_Device.h 中嵌套了以位域结构方式定义的所有外设模块的头文件,通常在用户主程序中只需包含 DSP281x_Device.h。

2. 源代码文件

工程中的源程序包括两部分:一部分是专门用于定义位域结构的文件,这些文件对于所有的工程来说是相同的;另一部分是直接与用户任务有关的代码。

① DSP281x_GlobalVariableDefs.c

该文件中给出了 DSP281x 外设寄存器结构变量和数据段分配的声明,所有基于位域结构的工程中必须包括该文件。下面给出了采用 C 语言编程时的代码,而采用 C++编程时 pragma DATA_SECTION 的语法有所不同。

```
//FILE: DSP281x_GlobalVariableDefs.c
# include "DSP281x_Device.h"                              //DSP281x Headerfile Include File

//定义全局的外设变量
# pragma DATA_SECTION(AdcRegs,"AdcRegsFile");             //ADC 寄存器
volatile struct ADC_REGS AdcRegs;

# pragma DATA_SECTION(CpuTimer0Regs,"CpuTimer0RegsFile"); //定时器 0 寄存器
volatile struct CPUTIMER_REGS CpuTimer0Regs;

# pragma DATA_SECTION(CpuTimer1Regs,"CpuTimer1RegsFile"); //定时器 1 寄存器
volatile struct CPUTIMER_REGS CpuTimer1Regs;

# pragma DATA_SECTION(CpuTimer2Regs,"CpuTimer2RegsFile"); //定时器 2 寄存器
volatile struct CPUTIMER_REGS CpuTimer2Regs;

# pragma DATA_SECTION(ECanaRegs,"ECanaRegsFile");         //ECAN 寄存器
volatile struct ECAN_REGS ECanaRegs;
# pragma DATA_SECTION(ECanaMboxes,"ECanaMboxesFile");
volatile struct ECAN_MBOXES ECanaMboxes;
# pragma DATA_SECTION(ECanaLAMRegs,"ECanaLAMRegsFile");
volatile struct LAM_REGS ECanaLAMRegs;
# pragma DATA_SECTION(ECanaMOTSRegs,"ECanaMOTSRegsFile");
```

```
volatile struct MOTS_REGS ECanaMOTSRegs;
#pragma DATA_SECTION(ECanaMOTORegs,"ECanaMOTORegsFile");
volatile struct MOTO_REGS ECanaMOTORegs;

#pragma DATA_SECTION(EvaRegs,"EvaRegsFile");                //EV A 寄存器
volatile struct EVA_REGS EvaRegs;

#pragma DATA_SECTION(EvbRegs,"EvbRegsFile");                //EV B 寄存器
volatile struct EVB_REGS EvbRegs;

#pragma DATA_SECTION(GpioDataRegs,"GpioDataRegsFile");      //GPIO 寄存器
volatile struct GPIO_DATA_REGS GpioDataRegs;
#pragma DATA_SECTION(GpioMuxRegs,"GpioMuxRegsFile");
volatile struct GPIO_MUX_REGS GpioMuxRegs;

#pragma DATA_SECTION(McbspaRegs,"McbspaRegsFile");          //McBSP 寄存器
volatile struct MCBSP_REGS McbspaRegs;

#pragma DATA_SECTION(PieCtrlRegs,"PieCtrlRegsFile");        //PIE 寄存器
volatile struct PIE_CTRL_REGS PieCtrlRegs;
#pragma DATA_SECTION(PieVectTable,"PieVectTableFile");
struct PIE_VECT_TABLE PieVectTable;

#pragma DATA_SECTION(SciaRegs,"SciaRegsFile");              //SCI-A 寄存器
volatile struct SCI_REGS SciaRegs;

#pragma DATA_SECTION(ScibRegs,"ScibRegsFile");              //SCI-B 寄存器
volatile struct SCI_REGS ScibRegs;

#pragma DATA_SECTION(SpiaRegs,"SpiaRegsFile");              //SPI-A 寄存器
volatile struct SPI_REGS SpiaRegs;

#pragma DATA_SECTION(SysCtrlRegs,"SysCtrlRegsFile");        //系统控制寄存器
volatile struct SYS_CTRL_REGS SysCtrlRegs;

#pragma DATA_SECTION(DevEmuRegs,"DevEmuRegsFile");          //器件仿真寄存器
volatile struct DEV_EMU_REGS DevEmuRegs;

#pragma DATA_SECTION(CsmRegs,"CsmRegsFile");                //CSM 模块寄存器和密钥
volatile struct CSM_REGS CsmRegs;
#pragma DATA_SECTION(CsmPwl,"CsmPwlFile");
volatile struct CSM_PWL CsmPwl;

#pragma DATA_SECTION(FlashRegs,"FlashRegsFile");            //Flash 配置寄存器
volatile struct FLASH_REGS FlashRegs;

#if DSP28_F2812
#pragma DATA_SECTION(XintfRegs,"XintfRegsFile");            //XINTF 寄存器
volatile struct XINTF_REGS XintfRegs;
#endif
```

```
#pragma DATA_SECTION(XIntruptRegs,"XIntruptRegsFile");    //外部中断寄存器
volatile struct XINTRUPT_REGS XIntruptRegs;
```

② 与用户任务有关的源代码

在这里给出的 CPU 定时器的例子中,将定时器 0 配置为每秒中断一次,每次中断时计数值 CpuTimer0. InterruptCount 加 1。源程序"Example_281xCpuTimer. c"的代码如下:

```
//FILE: Example_281xCpuTimer.c
#include "DSP281x_Device.h"          //DSP281x Headerfile Include File
#include "DSP281x_Examples.h"        //DSP281x Examples Include File
interrupt void cpu_timer0_isr(void);

void main(void)
{
//Step 1. 初始化系统控制:PLL,看门狗,使能外设时钟
  InitSysCtrl();                     //函数定义在文件 DSP281x_SysCtrl.c 中

//Step 2. 初始化 GPIO
//InitGpio();  //函数定义在文件 DSP281x_Gpio.c 中,本例中不涉及 GPIO

//Step 3. 对所有的中断标志清零,禁止中断,初始化 PIE 中断向量表
  DINT;                              //禁止全局中断

//初始 PIE 控制寄存器为默认值:禁止 PIE 中断,清零中断标志
  InitPieCtrl();                     //函数定义在文件 DSP281x_PieCtrl.c 中
  IER = 0x0000;                      //禁止 CPU 级中断
  IFR = 0x0000;                      //清零所有的 CPU 级中断标志

//采用 DSP281x_DefaultIsr.c 中定义的中断服务程序初始化 PIE 中断向量表
  InitPieVectTable();                //函数定义在文件 DSP281x_PieVect.c 中

//重新映射本例中用到的定时器 0 中断向量为用户自己定义的中断服务程序
  EALLOW;
  PieVectTable.TINT0 = &cpu_timer0_isr;
  EDIS;

//Step 4. 初始化所有外设模块
  InitCpuTimers();                   //函数定义在文件 DSP281x_CpuTimers.c 中
  ConfigCpuTimer(&CpuTimer0,150,1000000); //150MHz 时钟,1s 中断一次,见 2.2 节
  StartCpuTimer0();                  //启动定时器 0

//Step 5. 使能中断
  IER |= M_INT1;                     //使能 CPU 级中断 INT1,该组中断中包含了定时器 0 中断
  PieCtrlRegs.PIEIER1.bit.INTx7 = 1; //使能 PIE 中断组 1 中的定时器 0 中断 TINT0
  EINT;                              //使能全局中断
  ERTM;                              //使能全局实时调试中断

//Step 6. 与用户任务有关的代码。本例中为空循环
  for(;;);                           //主程序不能退出,否则程序停止运行
}
```

```
interrupt void cpu_timer0_isr(void)
{
  CpuTimer0.InterruptCount ++ ;
  PieCtrlRegs.PIEACK.all = PIEACK_GROUP1; //INT1 的中断确认
}
```

值得注意的是,对于嵌入式控制系统而言,无论何时主程序也不能执行完毕而退出,否则整个系统停止工作,如按键无响应,显示器不刷新,数据通信中断,控制算法的计算终止,D/A 转换器的输出保持其当前值等。尤其是对于闭环控制系统,如数控机床伺服控制系统,由于系统失去控制可能会导致严重的事故。因此,在系统设计时不必考虑主程序的退出问题,只有当关闭系统电源时用户程序才停止执行。在系统掉电前,通常可以监控电源电压并执行一些现场保护任务,如停止执行数字控制模块,对 D/A 转换器的输出清零,中止通信任务等。

③ 共享的源代码

除了源文件"DSP281x_GlobalVariableDefs. c"外,还有许多共享的源文件可供用户有选择地使用,这些文件中包括了对系统控制、PIE 中断和外设模块的初始化和操作等函数,用户可将部分或全部的共享源文件添加到自己的工程中。例如,本例中需要将用到的文件DSP281x_SysCtrl. c、DSP281x_PieCtrl. c、DSP281x_PieVect. c、DSP281x_CpuTimers. c 添加至工程中,如图 10.1 所示。

3. 链接器命令文件

这里给出的例程中包括两个链接命令文件,这些文件指定了链接器如何将生成的代码段和数据段分配至物理存储器中。

① F2812_EzDSP_RAM_lnk. cmd

该文件用于分配编译器产生的各个段至存储器,其中包含了 SRAM 存储器块 M0、M1 和 H0 的地址映射,而未包含 SRAM 块 L0、L1 以及 Flash 存储器、代码保密模块的地址映射,见 10.1.8 节。该文件主要用于代码调试阶段,此时用户程序在 SRAM 中执行。关于配置用户程序从 Flash 存储器中执行的步骤及其链接命令文件见 10.3 节。

② DSP281x_Headers_nonBIOS. cmd

用于将 F281x 的外设寄存器结构产生的数据段映射至对应的存储器空间。如果选择使用位域结构方法,工程中必须包含该文件,该文件适于工程中不采用 DSP BIOS 的情形。如果工程中选择使用 DSP BIOS,则应包含链接命令文件"DSP281x_Headers_BIOS. cmd"。

```
//FILE: DSP281x_Headers_nonBIOS. cmd
MEMORY
{
PAGE 0:    //程序存储器

PAGE 1:    //数据存储器
  DEV_EMU     :origin = 0x000880,length = 0x000180 //器件仿真寄存器
  PIE_VECT    :origin = 0x000D00,length = 0x000100 //PIE 向量表
  FLASH_REGS  :origin = 0x000A80,length = 0x000060 //Flash 寄存器
  CSM         :origin = 0x000AE0,length = 0x000010 //代码保密模块寄存器
  XINTF       :origin = 0x000B20,length = 0x000020 //XINTF 寄存器
  CPU_TIMER0  :origin = 0x000C00,length = 0x000008 //CPU 定时器 0 寄存器
```

```
    PIE_CTRL     : origin = 0x000CE0,length = 0x000020 //PIE控制寄存器
    ECANA        : origin = 0x006000,length = 0x000040 //eCAN控制和状态寄存器
    ECANA_LAM    : origin = 0x006040,length = 0x000040 //eCAN局部接收屏蔽
    ECANA_MOTS   : origin = 0x006080,length = 0x000040 //eCAN消息对象时间标记
    ECANA_MOTO   : origin = 0x0060C0,length = 0x000040 //eCAN对象超时寄存器
    ECANA_MBOX   : origin = 0x006100,length = 0x000100 //eCAN邮箱
    SYSTEM       : origin = 0x007010,length = 0x000020 //系统控制寄存器
    SPIA         : origin = 0x007040,length = 0x000010 //SPI寄存器
    SCIA         : origin = 0x007050,length = 0x000010 //SCI-A寄存器
    XINTRUPT     : origin = 0x007070,length = 0x000010 //外部中断寄存器
    GPIOMUX      : origin = 0x0070C0,length = 0x000020 //GPIO方向寄存器
    GPIODAT      : origin = 0x0070E0,length = 0x000020 //GPIO数据寄存器
    ADC          : origin = 0x007100,length = 0x000020 //ADC寄存器
    EV A         : origin = 0x007400,length = 0x000040 //事件管理器A寄存器
    EV B         : origin = 0x007500,length = 0x000040 //事件管理器B寄存器
    SCIB         : origin = 0x007750,length = 0x000010 //SCI-B寄存器
    MCBSPA       : origin = 0x007800,length = 0x000040 //McBSP寄存器
    CSM_PWL      : origin = 0x3F7FF8,length = 0x000008 //CSM密钥
}
SECTIONS
{
    PieVectTableFile   : > PIE_VECT,    PAGE = 1

    //外设帧0寄存器结构
    DevEmuRegsFile      : > DEV_EMU,     PAGE = 1
    FlashRegsFile       : > FLASH_REGS,  PAGE = 1
    CsmRegsFile         : > CSM,         PAGE = 1
    XintfRegsFile       : > XINTF,       PAGE = 1
    CpuTimer0RegsFile   : > CPU_TIMER0,  PAGE = 1
    PieCtrlRegsFile     : > PIE_CTRL,    PAGE = 1

    //外设帧1寄存器结构
    SysCtrlRegsFile     : > SYSTEM,      PAGE = 1
    SpiaRegsFile        : > SPIA,        PAGE = 1
    SciaRegsFile        : > SCIA,        PAGE = 1
    XIntruptRegsFile    : > XINTRUPT,    PAGE = 1
    GpioMuxRegsFile     : > GPIOMUX,     PAGE = 1
    GpioDataRegsFile    : > GPIODAT      PAGE = 1
    AdcRegsFile         : > ADC,         PAGE = 1
    EvaRegsFile         : > EV A,        PAGE = 1
    EvbRegsFile         : > EV B,        PAGE = 1
    ScibRegsFile        : > SCIB,        PAGE = 1
    McbspaRegsFile      : > MCBSPA,      PAGE = 1

    //外设帧2寄存器结构
    ECanaRegsFile       : > ECANA,       PAGE = 1
    ECanaLAMRegsFile    : > ECANA_LAM    PAGE = 1
    ECanaMboxesFile     : > ECANA_MBOX   PAGE = 1
    ECanaMOTSRegsFile   : > ECANA_MOTS   PAGE = 1
    ECanaMOTORegsFile   : > ECANA_MOTO   PAGE = 1
```

```
    CsmPwlFile          :> CSM_PWL,    PAGE = 1  //代码安全模块寄存器结构
}
```

10.2.2 软件执行流程

系统复位后,所有的应用程序需要首先执行引导和初始化代码,参见 10.2.1 节给出的例程中的主程序"Example_281xCpuTimer.c"。对于采用 C281x 系列芯片的应用系统,TI推荐的初始化流程见图 10.2。

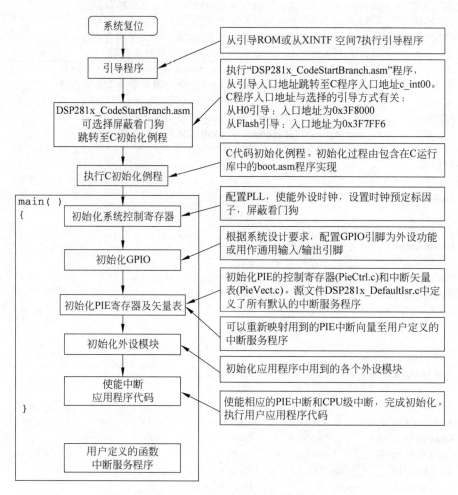

图 10.2 C281x 的应用程序流程

需要指出,10.2.1 节给出的工程中包含多个源文件,便于对用户代码进行工程化管理。用户也可以不采用图 10.1 给出的工程结构形式,而将源程序合并为一个文件。图 10.3 给出了一个无刷直流电机控制系统的例子,工程中包含的文件包括主程序 BLDCM Control.c、链接命令文件 SRAM.cmd,以及 C28x 系列 DSP 芯片的 C 运行库文件 rts2800_ml.lib。此外,由于采用了位域结构形式定义的外设寄存器,还要包含头文件 DSP28_Device.h。但是,不管用户的工程文件采用哪种结构形式,应用程序均需参照图 10.2 给出的程序执行流程来设计。

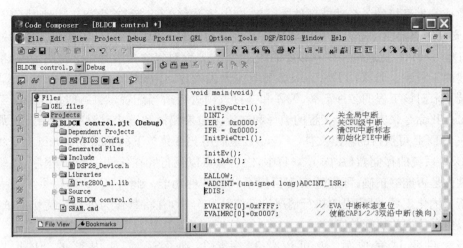

图 10.3　工程文件组成举例

10.2.3　软件开发流程

对于 DSP 开发人员来说,除了必须熟悉 DSP 本身的软件编程和硬件结构外,大量的时间和精力需要花费在熟悉和掌握开发工具和开发环境上。CCS 是 TI 推出的功能强大的集成开发环境,可以用于 TI 新一代全系列 DSP 芯片的软件开发。CCS 支持多种硬件仿真器、DSK 和 EVM 板,主要特点如下:

- 集成可视化代码编辑界面,可以直接编写 C/C++、汇编、头文件以及 CMD 文件等;
- 集成代码生成工具,包括汇编器、C 编译器、C++编译器和链接器等;
- 集成基本调试工具,可以完成执行代码的装载、寄存器和存储器的查看、反汇编器、变量窗口的显示等功能,同时还支持 C 源代码级的调试;
- 支持多 DSP 的调试;
- 集成断点工具,包括设置硬件断点、数据空间读/写断点、条件断点等;
- 集成探针工具,可用于算法仿真、数据监视等用途;
- 提供代码分析工具,可用于计算执行某段代码时所需的时钟周期数,从而对代码执行效率做出评估;
- 提供数据的图形显示工具,可绘制时域/频域波形;
- 支持通过 GEL(通用扩展语言)来扩展 CCS 的功能,实现用户自定义的控制面板/菜单、自动修改变量或配置参数等功能;
- 支持 RTDX(实时数据交换)技术,可在不中断目标系统运行的情况下,实现 DSP 与其他应用程序间的数据交换;
- 提供开放式的插件技术,支持第三方的 ActiveX 插件,支持包括软件仿真在内的各种仿真器(需要安装相应的驱动程序);
- 提供 DSP/BIOS 工具,增强对代码的实时分析能力,如分析代码的执行效率、调度程序执行的优先级,方便对系统资源的管理和使用,减小开发人员对 DSP 硬件知识的依赖程度,从而缩短了软件系统的开发进程。

图 10.4 给出了 DSP 程序的开发流程,它可以帮助程序开发人员更好地了解如何使用

CCS集成开发环境的各个功能部件。一般来说,安装好CCS后,首先要正确地对CCS进行设置(安装仿真器驱动等),然后对源程序文件进行规划,编写汇编、C源代码文件和链接命令文件(∗.cmd),把这些文件和必要的库文件(主要针对包含C源代码文件的工程)都添加到新建的工程中。若采用DSP/BIOS工具来开发程序,还需要添加DSP/BIOS的CDB文件。接下来对该工程的各种汇编、编译和链接选项进行适当配置,然后通过Project菜单下的build all命令来完成整个工程的编译和链接。如果编译和链接时没有出现错误,那么会生成一个DSP可执行的输出文件(∗.out),最后用File菜单下的load program命令将其加载到DSP系统的存储器(片内RAM)中,之后就可以运行和在线调试DSP程序,以验证设计的软件是否能够正确、可靠地实现目标系统的各种功能。此外,CCS还提供了强大的代码分析与优化工具,对代码的执行情况进行统计和分析,并将其作为进一步优化的依据,从而可以提高代码的执行效率。

当软件调试完成后,就可以将程序烧写到DSP芯片内部的Flash中(如TMS320F281x),使DSP系统脱离仿真器独立工作,从而完成DSP系统的软件开发。

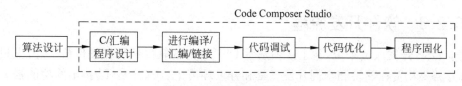

图10.4 DSP软件开发流程

10.3 从片内Flash运行应用程序

开发应用程序时,在CCS中经过编译、链接后生成的可执行代码文件(∗.out)需要通过仿真器下载至目标板上的DSP芯片中,通常是下载至片内RAM运行的。每次上电后,均需要通过仿真器从主机重新加载生成的用户代码。当软硬件调试完成后,通常要将用户代码固化到Flash存储器中,构成可独立工作的DSP应用系统。TMS320F281x系列DSP芯片内部集成了大容量的Flash存储器,通常无须用户扩展非易失的外部存储器,也无须通过主机来引导和加载程序。当设置为从Flash中运行程序时,链接器命令文件与通过仿真器调试时有所不同,下面针对应用程序未使用DSP/BIOS的情形,介绍如何配置工程文件使用户代码能够从片内Flash存储器中运行。

10.3.1 将段链接至存储器

从10.1.7节可知,编译器通过链接命令文件来管理不同类型的代码段,链接后的应用程序包含两个基本的代码段,即初始化段和未初始化段。不管用户程序是从RAM还是从Flash中执行,应用程序中段的组成是相同的。当从Flash中运行程序时,所有初始化段包含了用户代码或常数等,必须链接至非易失性的存储器中(如片内Flash存储器);而所有的未初始化段是在系统上电后的程序运行过程中进行初始化的,必须链接至易失性存储器中(如RAM),如表10.5所列。所有用户创建的初始化段要链接至Flash中,包括采用CODE_SECTION伪指令创建的段;而所有用户创建的非初始化段需要链接至RAM中,包括采用 DATA_SECTION 伪指令创建的段。

表 10.5　大存储器模式下段的链接

段名	链接至	段名	链接至
.cinit	Flash	.bss	RAM
.cio	RAM	.ebss	RAM
.const	Flash	.stack	低 64K RAM 空间
.econst	Flash	.sysmem	RAM
.pinit	Flash	.esysmem	RAM
.switch	Flash	.reset	RAM
.text	Flash		

需要注意的是,通常配置 C 编译器为大存储器模式(在编译器配置选项中选中-ml),并在创建的工程中包括大存储器模式的 C 编译器运行支持库文件(rts2800_ml.lib),见图 10.3。

.reset 段仅包含一个 32 位的中断向量,指向实时支持库 rts2800_ml.lib 中的 C 编译器引导函数_c_int00。通常不使用.reset 段,而是另外创建分支指令指向代码执行的初始位置,见 10.3.3 节。如果不使用.reset 段,可在链接命令文件中采用类型标志符 DSECT 将其忽略掉。例如:

```
SECTIONS
{
.reset : > FLASH, PAGE = 0, TYPE = DSECT
}
```

10.3.2　将段从 Flash 复制至 RAM

1. 复制中断向量

PIE 模块负责管理 F281x 芯片的所有外设和外部中断请求,用于存放 PIE 中断向量的 RAM 空间的起始地址为 0x000D00,块大小为 256KB。所有的中断向量必须保存在非易失性的 Flash 中,当系统上电后,用户程序的初始化过程再将这些中断向量复制至中断向量 RAM 中。有多种方法可以实现将中断向量链接至 Flash,当程序运行时再加载至中断向量 RAM 中。

方法 1: 定义一个包含 128 个 32 位中断向量的结构变量 PieVectTableInit,其中定义了所有的中断向量,即中断服务程序的入口地址,文件 DSP281x_PieVect.c 给出了该结构的定义(参见 2.4.5 节)。然后,程序运行时利用 C 编译器运行库提供的 memcpy()函数将该结构复制至中断向量 RAM 块。采用方法 1 的代码如下:

```
#include <string.h>
void main(void)
{
    PieCtrlRegs.PIECTRL.bit.ENPIE = 0;        //禁止 PIE 模块
    EALLOW;                                   //PIE 中断向量表受 EALLOW 保护
    memcpy((void *)0x000D00,&PieVectTableInit,256);
    EDIS;
    PieCtrlRegs.PIECTRL.bit.ENPIE = 1;        //使能 PIE 中断向量表
```

```
    }
```

方法 2：创建一个未初始化的结构 PieVectTable(定义见文件 DSP281x_PieVect. c)，并链接至中断向量表 RAM。然后，方法 1 中的 memcpy 语句可以用下面的语句代替。

```
memcpy(&PieVectTable, &PieVectTableInit, 256);
```

方法 3：直接调用文件 DSP281x_PieVect. c 定义的 PIE 中断向量表初始化函数。

```
void InitPieVectTable(void)
{
    int16 i;
    Uint32 * Source = (void * ) &PieVectTableInit;
    Uint32 * Dest = (void * ) &PieVectTable;
    EALLOW;
    for(i = 0; i < 128; i++)
        * Dest++ = * Source++;
    EDIS;
    PieCtrlRegs.PIECRTL.bit.ENPIE = 1;      //使能 PIE 中断向量表
}
```

与方法 1 相比，方法 2 和方法 3 避免了直接使用 PIE 中断向量 RAM 的起始地址作为参数，是一种好的编程习惯。

初始化 PIE 中断向量表后，就可以编写与中断处理有关的代码。在文件 DSP281x_DefaultIsr. c 中定义了所有的中断函数，用户只需在这些函数中加入中断处理的代码即可。此外，用户也可以编写自己的中断服务程序，而不使用 DSP281x_DefaultIsr. c 中的中断函数，这就需要在初始化 PIE 向量表后，用自己定义的中断服务程序入口地址覆盖默认的中断向量定义。例如：若用户自己定义了一个 CPU 通用定时器 0 的中断服务程序 ISRTimer0()，则与 PIE 中断初始化相关的代码如下。

```
void main(void)
{
    ⋮
    InitPieCtrl();                    //初始化 PIE 寄存器
    InitPieVectTable();               //初始化 PIE 中断向量表
    EALLOW;                           //将定时器 0 的中断服务程序入口地址赋值给对应的中断向量
    PieVectTable.TINT0 = &ISRTimer0;
    EDIS;
    PieCtrl.PIEIER1.all = 0x40;       //使能 PIE 中断中的 CPU 定时器 0 中断
    IER | = 0x0001;                   //使能 CPU 级中断 INT1
    EINT;                             //使能全局中断
    ⋮
}
interrupt void ISRTimer0(void)
{
    PieCtrl.PIEACK.all | = 0x0001;    //对 INT1 的中断确认
    ⋮
}
```

2. 初始化 Flash 控制寄存器

这里需要注意的是，初始化 Flash 寄存器的代码必须从 Flash 存储器加载至 RAM 中执行,而不能直接在 Flash 中执行,否则会导致意料不到的结果。而且,由于 Flash 控制寄存器是受代码安全模块保护的,因此,如果 CSM 已加密,则必须从可加密的 RAM 块(如 RAM 块 L0 和 L1)中执行初始化 Flash 的代码。

CODE_SECTION 伪指令可用于创建一个独立的、可链接的段实现初始化 Flash 的控制寄存器。例如,在函数 InitFlash()中实现了 Flash 寄存器的配置,并希望将该函数放至一个名为 secureRamFuncs 的可链接段中,则 C 源代码如下。

```c
#pragma CODE_SECTION(InitFlash,"secureRamFuncs")
void InitFlash(void)
{
    EALLOW
    FlashRegs.FPWR.bit.PWR = 3;                    //设置 Flash 为正常工作状态
    FlashRegs.FSTATUS.bit.V3STAT = 1;              //对 V3STAT 位清零
    FlashRegs.FSTDBYWAIT.bit.STDBYWAIT = 0x01FF;   //休眠至后备模式的等待周期
    FlashRegs.FACTIVEWAIT.bit.ACTIVEWAIT = 0x01FF; //后备至工作模式的等待周期
    FlashRegs.FBANKWAIT.bit.RANDWAIT = 5;          //设置随机访问的等待周期
    FlashRegs.FBANKWAIT.bit.PAGEWAIT = 5;          //设置按页访问时的等待周期
    FlashRegs.FOTPWAIT.bit.OTPWAIT = 8;            //OTP 存储器的等待周期
    FlashRegs.FOPT.bit.ENPIPE = 1;                 //使能 Flash 流水线
    EDIS
    asm(" RPT #6 || NOP");                         //软件延迟,等待流水线刷新
}
```

然后,在链接器命令文件(*.cmd)中添加段 secureRamFuncs,实现从 Flash 存储器中加载至 RAM 中运行。该段需要分别设置加载地址和运行地址,例如:

```
SECTIONS
{
    ⋮
secureRamFuncs:  LOAD = FLASH_AB, PAGE = 0
                 RUN = L0SARAM, PAGE = 0
                 RUN_START(_secureRamFuncs_runstart),
                 LOAD_START(_secureRamFuncs_loadstart),
                 LOAD_END(_secureRamFuncs_loadend)
}
```

其中,链接器根据助记符 RUN_START、LOAD_START、LOAD_END 产生了 3 个全局变量(变量前的下划线表示全局变量),用来确定复制该段时的加载地址、运行地址和代码长度。这里假设 Flash_AB 和 L0SARAM 均已在 MEMORY 中定义,且均位于 Page 0(即程序存储器空间)。

同样,在上电后的初始化过程中,用户程序可通过 memcpy()函数将该段从 Flash 存储器加载至 RAM 存储器,上述功能的 C 源代码如下。

```c
#include <string.h>
extern unsigned int secureRamFuncs_loadstart;
extern unsigned int secureRamFuncs_loadend;
extern unsigned int secureRamFuncs_runstart;
void main(void)
{
```

```
//将段 secureRamFuncs 从 Flash 复制至 RAM 中
memcpy(&secureRamFuncs_runstart, &secureRamFuncs_loadstart,
    &secureRamFuncs_loadend - &secureRamFuncs_loadstart);
InitFlash();  //初始 Flash 寄存器
}
```

3. 将对时间敏感的代码加载到 RAM 中运行以优化性能

我们知道,F281x 的片内 Flash 容量要比片内 RAM 容量大很多。但由于 CPU 对片内 Flash 访问时需要插入一定数目的等待周期,应用程序在 Flash 中是无法按照 CPU 的指令执行速率全速运行的。即使软件中使能 Flash 的流水线模式,应用程序在片内 Flash 中的运行速度也只能达到 90～100MIPS(百万条指令每秒)。而如果生成的可执行代码加载至片内 RAM 中,则能够以 150MIPS 的速率全速运行。对于嵌入式控制系统,一般情况下可在加电时将全部用户代码从 Flash 中加载至片内 RAM 中全速运行。如果系统较复杂,使得用户代码无法全部加载至片内 RAM 中,通常可将那些需要实时处理或密集计算等对时间敏感的代码加载至片内 RAM 中执行。由于所有的用户代码必须存放在非易失性存储器中,因此必须为在 RAM 中运行的函数分别设置加载地址和运行地址,然后在上电后的初始化过程将代码从 Flash 复制到 RAM 中。

与加载 Flash 初始化函数的方法类似,使用 CODE_SECTION 指令,可以将多个函数添加到同一个可链接段中,使得整个段可以一次加载至片内 RAM。此外,也可以为每个函数单独创建一个段,以便于代码维护。

4. 将关键的全局常量加载至 RAM 以优化性能

常量是指 C 语言中采用 const 关键字声明的数据,大存储器模式下编译器将所有的常量放至 .econst 段。从 3.3 节可知,访问片内 Flash 中的数据需要多个时钟周期,如时钟为 150MHz 时需要至少插入 5 个等待状态。因此,希望将那些频繁访问的常量和常量表加载至片内 RAM 中以提高处理器的执行效率,下面分两种情形分别介绍。

1) 运行时将所有的常量加载至 RAM 中

该方法编程相对简单,但需要占用较多的 RAM 单元。此时,可以采用前面介绍的方法,在用户的链接器命令文件中为 .econst 段指定独立的加载地址和运行地址,然后在用户程序中添加代码,当系统运行时复制整个 .econst 段至 RAM 单元。例如,在链接器命令文件和 C 源文件中添加如下代码:

```
SECTIONS
{
    .econst: LOAD = FLASH_AB, PAGE = 0
        RUN = L1SARAM, PAGE = 1
    RUN_START(_econst_runstart),
    LOAD_START(_econst_loadstart),
    LOAD_END(_econst_loadend)
}

# include <string.h>
extern unsigned int econst_loadstart;
extern unsigned int econst_loadend;
extern unsigned int econst_runstart;
```

```
void main(void)
{
    //复制段.econst section 至 RAM 中
    memcpy(&econst_runstart, &econst_loadstart,&econst_loadend - &econst_loadstart);
}
```

2）运行时将某一个常数数组加载到 RAM

该方法在系统运行时，有选择性将部分常量从 Flash 复制至 RAM 中。例如，有一个包含 5 个元素的常数数组 table[]需要加载至 RAM 中执行，那么可使用 DATA_SECTION 伪指令将 table[]放至用户定义的段 ramconsts 中，然后应用程序将 table[]从加载地址复制至运行地址。此时可在链接器命令文件和 C 源文件中分别添加如下代码：

```
SECTIONS
{
    ramconsts: LOAD = FLASH_AB,PAGE = 0
    RUN = L1SARAM, PAGE = 1
    LOAD_START(_ramconsts_loadstart),
    LOAD_END(_ramconsts_loadend),
    RUN_START(_ramconsts_runstart)
}

# include <string.h>
# pragma DATA_SECTION(table, "ramconsts")
const int table[5] = {1,2,3,4,5};
extern unsigned int ramconsts_loadstart;
extern unsigned int ramconsts_loadend;
extern unsigned int ramconsts_runstart;
void main(void)
{
    memcpy(&ramconsts_runstart, &ramconsts_loadstart, &ramconsts_loadend-
    &ramconsts_loadstart);
}
```

10.3.3　复位后如何从 Flash 中运行程序

F281x 芯片内部固化有上电引导程序，可完成芯片复位后的自动引导过程。当引导模式配置为从 Flash 引导时，上电过程引导程序将跳转至 Flash 存储器地址 0x3F7FF6，用户应该在该地址存放一条指令，跳转至用户代码的起始地址。CSM 模块的密钥是从 0x3F7FF8 处开始的，所以只有两个字的空间可以用来存放跳转指令，而一个长跳转指令（汇编语言为 LB）正好占用两个字的地址。

一般来说，执行地址 0x3F7FF6 处的跳转指令应跳转至位于 C 编译器运行库中的 C 初始化例程，该例程的入口用符号_c_int00 表示，只有当该例程结束后才开始执行 main()函数和其他的 C 代码。在有些情况下，用户需要在开始执行 C 应用程序之前执行一段汇编代码，例如屏蔽看门狗定时器。此时，跳转指令必须跳转至汇编代码的起始地址。在下面的例子中，创建了一个名为 codestart 的初始化段，并在该段中包含了一条长跳转指令，该指令将跳转至 C 初始化例程_c_int00。

```
* File: CodeStartBranch.asm
.ref _c_int00
.sect "codestart"
LB _c_int00 ;               ;跳转至_c_int00
.end                        ;文件 CodeStartBranch.asm 结束
```

在用户的链接器命令文件中,首先在 MEMORY 空间的 PAGE 0 定义一个名为 BEGIN _FLASH 的存储器块,然后将段"codestart"链接至该存储块。此时,可在链接器命令文件中添加如下代码:

```
MEMORY
{
    PAGE 0: /* 程序存储器 */
    BEGIN_FLASH : origin = 0x3F7FF6,length = 0x000002
    PAGE 1: /* 数据存储器 */
}
SECTIONS
{
    ⋮
    codestart: > BEGIN_FLASH, PAGE = 0
}
```

10.3.4　在引导过程中如何屏蔽看门狗定时器

C 运行环境的初始函数_c_int00 实现全局和静态变量的初始化,即将位于片内 Flash 存储器中的. cinit 段复制至位于片内 RAM 中的. ebss 段。当用户程序中包含大量的已初始化全局和静态变量时,在 C 运行环境的引导例程执行结束并开始调用 main()函数前,看门狗计数器可能溢出。在代码开发阶段,通常不会出现将. cinit 段链接至高速 RAM 中的问题。但是,在系统应用阶段,用户代码需要固化到 Flash 存储器中,. cinit 段被链接至片内 Flash,而从 Flash 中复制数据需要占用多个时钟周期,且在 Flash 中执行代码复制操作将进一步增加数据加载所需的时间。考虑到默认情况下看门狗定时器的周期值设定为最小值,故引导过程极有可能发生看门狗定时器溢出事件。

借助于 CCS 开发环境,按照下面的方法可以检验 DSP 系统的引导过程是否存在看门狗定时器的溢出问题。

(1) 调入与 Flash 程序对应的符号表(执行 File→Load_Symbols→Load_Symbols_ Only);

(2) 复位 DSP(执行 Debug→Reset_CPU);

(3) 执行至 main()函数(执行 Debug→Go_Main),如果无法执行到 main()处,则极有可能是由于在 C 引导例程完成执行之前看门狗定时器已溢出。

解决看门狗溢出问题的最简单方法是在运行 C 引导例程之前先屏蔽看门狗,然后当执行至 main()函数并开始正常的代码执行时,再根据需要使能看门狗或继续保持屏蔽状态。这里为了屏蔽看门狗模块,必须采用汇编语言编程,实现上述功能的代码(CodeStartBranch. asm)如下:

```
WD_DISABLE  .set 1              ;置1屏蔽看门狗,置0使能看门狗
    .ref   _c_int00
* Function: codestart section
    .sect "codestart"
    .if WD_DISABLE == 1
    LB   wd_disable             ;跳转至屏蔽看门狗代码
    .else
    LB _c_int00                 ;跳转至引导程序
    .endif
* Function: wd_disable
    .if WD_DISABLE == 1
    .text
wd_disable:
    EALLOW
    MOVZ DP, #7029h>>6
    MOV @7029h, #0068h          ;位 WDDIS 置1以屏蔽看门狗
    EDIS
    LB _c_int00                 ;跳转至运行库中的 boot.asm
    .endif
    .end                        ;结束文件 CodeStartBranch.asm
```

此外,用户还可以添加文件 DSP281x_CSMPasswords.asm 到工程中,这个文件包含了将要编程到代码安全模块 CSM 的密匙。在程序开发阶段,通常将密匙设为 0xFFFF,这样 DSP 芯片的存储器是不加锁的。待系统开发完成后,再设置安全模块为适当的密匙值。除了通过编写代码的方法设置代码安全模块外,通过在 CCS 中安装专门的 Flash 编程插件,也可以直接在对话框中设置密匙值(见3.3节)。

10.3.5 从 Flash 引导的链接命令文件实例

前面介绍了如何修改一个工程文件,使之能够从 Flash 引导,并将部分代码加载至片内 RAM 中运行。下面给出了一个链接命令文件例子,将 Flash 初始化函数(InitFlash)和 XINT1 的中断服务程序(XINT1_ISR)在引导过程从 Flash 加载至片内 RAM 中执行。

```
MEMORY
{
PAGE 0:             //程序存储器
  ZONE0         : origin = 0x002000, length = 0x002000   //XINTF 区域 0
  ZONE1         : origin = 0x004000, length = 0x002000   //XINTF 区域 1
  L0SARAM       : origin = 0x008000, length = 0x001000   //4KB 的 L0 SARAM
  ZONE2         : origin = 0x080000, length = 0x080000   //XINTF 区域 2
  ZONE6         : origin = 0x100000, length = 0x080000   //XINTF 区域 6
  OTP           : origin = 0x3D7800, length = 0x000400   //片内 OTP 存储器
  FLASH_IJ      : origin = 0x3D8000, length = 0x004000   //片内 Flash 存储器
  FLASH_GH      : origin = 0x3DC000, length = 0x008000   //片内 Flash 存储器
  FLASH_EF      : origin = 0x3E4000, length = 0x008000   //片内 Flash 存储器
  FLASH_CD      : origin = 0x3EC000, length = 0x008000   //片内 Flash 存储器
  FLASH_AB      : origin = 0x3F4000, length = 0x003F80   //片内 Flash 存储器
  BEGIN_FLASH   : origin = 0x3F7FF6, length = 0x000002   //Flash 引导模式
  CSM_PWL       : origin = 0x3F7FF8, length = 0x000008   //CSM 密匙
  H0SARAM       : origin = 0x3F9d00, length = 0x000200   //8K 字的 H0 SARAM
```

```
    XINT1_ISR_RAM      : origin = 0x3F8000, length = 0x000200
    BOOTROM            : origin = 0x3FF000, length = 0x000FC0     //引导 ROM
    RESET              : origin = 0x3FFFC0, length = 0x000002
    VECTORS            : origin = 0x3FFFC2, length = 0x00003E

PAGE 1 :               //数据存储器
    M0SARAM            : origin = 0x000000, length = 0x000400     //1KW M0 SARAM
    M1SARAM            : origin = 0x000400, length = 0x000400     //1KW M1 SARAM
    L1SARAM            : origin = 0x009000, length = 0x001000     //4KW L1 SARAM
    //外设寄存器帧 0
    DEV_EMU            : origin = 0x000880, length = 0x000180
    FLASH_REGS         : origin = 0x000A80, length = 0x000060
    CSM                : origin = 0x000AE0, length = 0x000010
    XINTF              : origin = 0x000B20, length = 0x000020
    CPU_TIMER0         : origin = 0x000C00, length = 0x000008
    CPU_TIMER1         : origin = 0x000C08, length = 0x000008
    CPU_TIMER2         : origin = 0x000C10, length = 0x000008
    PIE_CTRL           : origin = 0x000CE0, length = 0x000020
    PIE_VECT           : origin = 0x000D00, length = 0x000100
    //外设寄存器帧 1
    ECAN_A             : origin = 0x006000, length = 0x000100
    ECAN_AMBOX         : origin = 0x006100, length = 0x000100
    //外设寄存器帧 2
    SYSTEM             : origin = 0x007010, length = 0x000020
    SPI_A              : origin = 0x007040, length = 0x000010
    SCI_A              : origin = 0x007050, length = 0x000010
    XINTRUPT           : origin = 0x007070, length = 0x000010
    GPIOMUX            : origin = 0x0070C0, length = 0x000020
    GPIODAT            : origin = 0x0070E0, length = 0x000020
    ADC                : origin = 0x007100, length = 0x000020
    EV_A               : origin = 0x007400, length = 0x000040
    EV_B               : origin = 0x007500, length = 0x000040
    SCI_B              : origin = 0x007750, length = 0x000010
    MCBSP_A            : origin = 0x007800, length = 0x000040
    }
SECTIONS
{
    //程序存储器段（PAGE 0）
    .text              : > FLASH_AB,      PAGE = 0
    .cinit             : > FLASH_CD,      PAGE = 0
    .const             : > FLASH_CD,      PAGE = 0
    .econst            : > FLASH_CD,      PAGE = 0
    .pinit             : > FLASH_CD,      PAGE = 0
    .reset             : > RESET,         PAGE = 0,TYPE = DSECT
    .switch            : > FLASH_CD,      PAGE = 0
    //数据存储器段（PAGE 1）
    .bss               : > L1SARAM,       PAGE = 1
    .ebss              : > L1SARAM,       PAGE = 1
    .cio               : > M0SARAM,       PAGE = 1
    .stack             : > M1SARAM,       PAGE = 1
    .sysmem            : > L1SARAM,       PAGE = 1
```

```
     .esysmem          : > L1SARAM,         PAGE = 1
     //为外设帧 0 的寄存器结构映射地址
     DevEmuRegsFile    : > DEV_EMU          PAGE = 1
     FlashRegsFile     : > FLASH_REGS       PAGE = 1
     CsmRegsFile       : > CSM              PAGE = 1
     XintfRegsFile     : > XINTF            PAGE = 1
     CpuTimer0RegsFile : > CPU_TIMER0       PAGE = 1
     CpuTimer1RegsFile : > CPU_TIMER1       PAGE = 1
     CpuTimer2RegsFile : > CPU_TIMER2       PAGE = 1
     PieCtrlRegsFile   : > PIE_CTRL         PAGE = 1
     PieVectTable      : > PIE_VECT         PAGE = 1
     //为外设帧 1 的寄存器结构映射地址
     ECanaRegsFile     : > ECAN_A           PAGE = 1
     ECanaMboxesFile   : > ECAN_AMBOX       PAGE = 1
     //为外设帧 2 的寄存器结构映射地址
     SysCtrlRegsFile   : > SYSTEM           PAGE = 1
     SpiaRegsFile      : > SPI_A            PAGE = 1
     SciaRegsFile      : > SCI_A            PAGE = 1
     XIntruptRegsFile  : > XINTRUPT         PAGE = 1
     GpioMuxRegsFile   : > GPIOMUX          PAGE = 1
     GpioDataRegsFile  : > GPIODAT          PAGE = 1
     AdcRegsFile       : > ADC              PAGE = 1
     EvaRegsFile       : > EV_A             PAGE = 1
     EvbRegsFile       : > EV_B             PAGE = 1
     ScibRegsFile      : > SCI_B            PAGE = 1
     McbspaRegsFile    : > MCBSP_A          PAGE = 1
     CsmPwlFile        : > CSM_PWL          PAGE = 1      //为 CSM 密匙分配地址
     //用户自定义的段
     codestart         : > BEGIN_FLASH,     PAGE = 0     //用于 CodeStartBranch.asm
     passwords         : > PASSWORDS,       PAGE = 0     //用于 passwords.asm
     secureRamFuncs    :LOAD = FLASH_AB,    PAGE = 0     //用于 InitFlash()
                        RUN = L0SARAM,      PAGE = 0
                        LOAD_START(_secureRamFuncs_loadstart),
                        LOAD_END(_secureRamFuncs_loadend),
                        RUN_START(_secureRamFuncs_runstart)
     XINT1_ISR1 :       LOAD = FLASH_AB,    PAGE = 0     //用于 XINT1 的中断服务程序
                        RUN = XINT1_ISR_RAM, PAGE = 0
                        LOAD_START(_XINT1_ISR1_loadstart),
                        LOAD_END(_XINT1_ISR1_loadend),
                        RUN_START(_XINT1_ISR1_runstart)
}
```

10.3.6　设置引导模式

复位时如果 DSP 芯片的引脚 XMP/$\overline{\text{MC}}$为低电平,则 DSP 工作于微计算机模式,片上 4KB的引导 ROM 映射到地址 0x3FF000~0x3FFFC0。复位后引导程序可以将用户程序和数据从慢速的芯片(如 Flash)传送至高速的片内或片外 SRAM 中,并自动运行用户程序。对于无外部接口的芯片(如 F2810),片内将 XMP/$\overline{\text{MC}}$接为固定低电平,复位后使能程序引导方式。

F281x 系列芯片提供了多种引导方式,复位时的引脚状态及对应的引导模式见表 10.6。其中,大多数 DSP281x 的例子程序采用"从 H0 引导方式"直接从 SRAM 中执行代码。而当用户代码固化后,通常配置为"从片内 Flash 引导方式",从 Flash 存储器中执行代码。从表 10.6 可以看出,只需保证复位时引脚 GPIOF4(内部有上拉电阻)为高电平,就能够将 DSP 系统配置为从 Flash 引导方式。

表 10.6 程序引导方式选择

GPIOF4 (SCITXDA)	GPIOF12 (MDXA)	GPIOF3 (SPISTEA)	GPIOF2 (SPICLK)	引导模式选择
1	x	x	x	从 Flash 引导,跳转至 Flash 地址 0x3F7FF6
0	1	x	x	通过 SPI 接口的外部 EEPROM 引导
0	0	1	1	通过 SCI-A 接口加载用户程序
0	0	1	0	从 H0 引导,跳转至 SARAM 地址 0x3F8000
0	0	0	1	从 OTP 引导,跳转至 OTP 地址 0x3D7800
0	0	0	0	从 GPIO 的 B 组端口引导

如果配置为从 Flash 引导,则可以借助于 CCS 软件将工程生成的可执行代码(.out 文件)写入 Flash 存储器中,此后系统可以脱离仿真器和开发环境独立运行。如果需要调试用户程序,可以使用 CCS 的 Load Symbols Only 命令装载符号信息,然后运行用户程序。

习题与思考题

1. 为什么通常需要在 C 语言中嵌入汇编指令?

2. 在大模式下,编译器对 C 程序编译后生成哪些段? 这些段应存放至 Page 0 还是 Page 1?

3. 简述链接命令文件的作用,并比较从 H0 引导和从 Flash 存储器引导时,链接命令文件有哪些不同?

4. 为什么 DSP 应用系统开发完成后,用户程序通常要固化至 Flash 或 EEPROM 存储器中?

5. 与宏定义方式相比,外设寄存器采用位域结构方法定义时有什么优点?

6. 当系统采用 C 语言开发时,工程文件通常由哪些文件组成? 简述其作用。

7. 试修改 10.2 节介绍的 CPU 定时器中断例程,将工程从 H0 引导改为从 Flash 引导并加载至片内 RAM 中运行。

## 第 11 章

无刷直流电动机控制

电动机作为机电能量转换装置,其应用范围已遍及国民经济的各个领域以及人们的日常生活中。直流电动机具有调速性能好、启动转矩大等诸多优点,在相当长的一段时间内,在运动控制领域占据着十分重要的地位。但传统的直流电动机需要电刷以机械方式进行换向,存在机械摩擦和磨损,维护费用高,并由此带来了噪声、换向火花、电磁干扰、寿命短和可靠性等问题,从而限制了它的应用范围。

长期以来,人们希望能够在保持直流电动机良好的调节性能和启动性能的前提下,开发各种新型电动机来弥补其不足。经过长时间的努力和探索,借助于霍尔元件实现换向的无刷直流电动机终于在 1962 年问世。20 世纪 70 年代以来,随着电力电子技术的飞速发展,许多新型、高性能半导体功率器件(如 GTO、MOSFET、IGBT 等)的相继出现以及高性能永磁材料的问世,为无刷直流电动机的广泛应用奠定了坚实的基础。

由于无刷直流电动机既具备交流电动机结构简单、运行可靠、维护方便等一系列优点,又具备直流电动机运行效率高、无励磁损耗以及调速性能好等诸多优点,其应用范围日益广泛,已从最初的航空、国防等应用领域扩展到工业和民用领域。目前,小功率无刷直流电动机广泛应用于计算机外围设备、办公自动化设备和音响影视设备中,如用于软盘、硬盘、光驱、复印机、传真机、录像机、CD 机、VCD 机和摄像机等装置中的驱动电机。此外,无刷直流电动机在家用电器中的空调器、电冰箱、洗衣机,军事装备中的雷达驱动、武器瞄准、火力控制,工业控制领域中的机器人关节驱动、自动生产线、电子加工装备,以及近年来得到飞速发展的电动自行车等领域得到日益广泛的应用。

11.1 无刷直流电动机的工作原理

11.1.1 基本组成

永磁无刷直流电动机与一般的有刷直流电动机相比,在结构上有很多相似之处。二者的主要差别体现在无刷直流电动机中,用装有永磁体的转子取代有刷直流电动机的定子磁极,用逆变器和转子位置传感器组成的电子换向器取代有刷直流电动机的机械换向器和电刷。这样有效地避免了因电刷引起的火花和噪声等问题,具有机械特性和调节特性好、调速范围宽、寿命长、噪声小、不存在换向火花、维护方便等优点,而且可用于直流电动机不能应用的易燃、易爆场合。

无刷直流电动机主要由电动机本体和位置传感器组成。同有刷直流电动机一样,需要直流电源供电,其基本的控制系统组成如图11.1所示。图中直流电源通过开关电路向电动机定子绕组供电,与转子同轴安装的位置传感器检测转子的位置变化,并根据转子位置信号来控制逆变器中功率开关元件的导通和截止,从而自动地控制哪些绕组通电,哪些绕组断电,实现电动机的电子换向和连续运转。

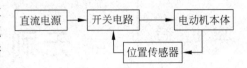

图 11.1 无刷直流电动机系统的基本组成

1. 电动机本体

电动机本体由定子和转子两部分组成。定子电枢铁芯由电工钢片叠成,电枢绕组通常为整距集中式绕组,呈三相对称分布,也有两相、四相或五相的。转子由永久磁钢按一定的极对数组成,转子磁钢的形状呈弧形,磁极下定子和转子间气隙均匀,气隙磁通密度呈梯形分布。通常在额定负载内,气隙磁场密度和电枢电流无关,转矩和电流呈线性关系。无刷直流电动机的转子结构既有传统的内转子结构,又有近年来出现的盘式结构、外转子结构等形式。

2. 位置传感器

位置传感器是永磁无刷直流电动机的关键部件,也是区别于有刷直流电动机的主要标志。其作用是检测转子在转动过程中的位置,将转子磁极的位置信号转换成电信号,为功率开关的逻辑电路提供正确的换向信息,使电动机电枢绕组中的电流随着转子的位置变化按次序换向,在气隙中形成步进式旋转磁场,驱动永磁转子连续旋转。通常,位置传感器的输出信号需要经过逻辑处理后才能用来控制功率开关单元。

位置传感器必须满足以下两个条件:

(1) 位置传感器在一个电周期内所产生的开关状态是不重复的,每个开关状态所占的电角度应相等。

(2) 位置传感器在一个电周期内所产生的开关状态数应与该电动机的磁状态数相对应。

位置传感器的种类较多,目前在无刷直流电动机中常用的位置传感器可分为磁敏式、光电式、电磁式、旋转变压器、光电编码器等多种类型。由于磁敏式霍尔位置传感器(简称霍尔传感器)具有结构简单、体积小、安装方便等优点,目前得到越来越广泛的应用。无刷直流电动机的霍尔位置传感器同样由定子和转子构成,若干个霍尔元件按一定的间隔,等距离地安装在传感器定子上,其转子与电动机转子同步旋转,以反映电动机转子的位置变化。

3. 电子换向器

电子换向器用来控制电动机定子上各相绕组通电的顺序和时间,由功率开关元件和位置信号处理电路两部分组成。无刷直流电动机本质上是自控同步电动机,电动机转子是跟随定子旋转磁场运动的。因此,应按一定的顺序给定子各相绕组轮流通电,使之产生旋转的定子磁场。这里,位置传感器的转子相当于直流电动机的电刷,而位置传感器的定子与电子换向开关电路组成换向器,转子磁链与定子电流之间的相互作用产生电磁转矩。需要指出,电子换向器并不包含在电机内部,通常在控制电路中实现换向逻辑,在电机功率放大器中通过功率开关元件控制各相绕组的接通和关断。

图 11.2 为一个典型的三相无刷直流电动机组成示意图,电动机本体包括定子和外壳、定子绕组、转子、位置传感器及电动机输出轴,图 11.2 中采用 3 个均布的霍尔元件作为位置传感器。

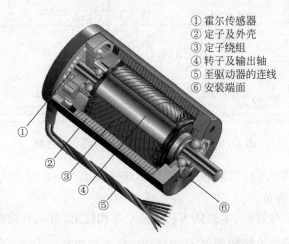

① 霍尔传感器
② 定子及外壳
③ 定子绕组
④ 转子及输出轴
⑤ 至驱动器的连线
⑥ 安装端面

图 11.2　无刷直流电动机的典型结构

此外,伴随着微处理器运算速度的迅速提高,近年来还出现了多种无刷直流电动机的无位置传感器控制算法,如反电势法、续流二极管法、电感法和状态观测器法等。其中,反电势法是迄今为止最为成熟、有效并广泛应用的一种转子位置信号检测方法,这种方法的基本原理就是在忽略永磁无刷直流电动机电枢反应影响的前提下,通过检测"断开相"的反电势过零点来依次检测转子磁极的位置信号,经过电路处理后轮流触发导通 6 个功率管,驱动电机运转。由于它省去了位置传感器,使得无刷电动机的结构更加紧凑,降低了成本,提高了可靠性,成为近年来研究开发的热点。

11.1.2　工作原理

大多数无刷直流电动机的绕组为三相,其主回路可接成丫或△型,控制电路分为三相半控或三相全控,根据绕组的通电次序不同,又有两两通电及三三通电等多种方式。这里以丫型连接、二相通电方式说明无刷直流电动机的工作过程。图 11.3 为三相无刷直流电动机采用丫型连接、全控桥式驱动方式时的驱动电路,图中由 6 个功率开关元件(MOSFET 管)V1、V2、V3、V4、V5、V6 组成三相 H 桥式逆变电路,HA、HB、HC 为霍尔传感器输出的位置信号。换向控制电路根据转子位置信号进行逻辑变换后,将控制信号转换为 6 路 PWM 信号(PWM1～PWM6),然后经过驱动电路控制相应的功率开关管导通或关断,使得电动机各相绕组按一定次序通电,从而在电动机气隙中产生步进式的旋转磁场。

所谓两两通电方式是指每一瞬间有两只功率管导通,电角度(θ_e)每隔 1/6 周期($60°$)换相一次,每次换向一个功率管,每个功率管导通 $120°$的电角度。这种运行模式下电枢绕组中每个磁状态由二相电枢绕组同时通电产生,完整的一个换向周期由 6 个磁状态组成,磁状态角为 $60°$。例如,电动机逆时针方向旋转时各功率管的导通次序是 V1、V4,V1、V6,V3、

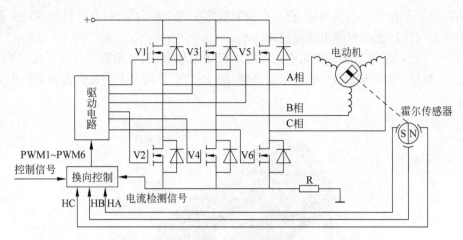

图 11.3　三相丫型连接的全控桥式驱动电路

V6,V3、V2,V5、V2,V5、V4,如果定义电流流入定子绕组产生的转矩为正,那么电流从绕组流出时所产生的转矩为负。

当功率管 V1、V4 导通时,电流从 V1 管流入 A 相绕组,再从 B 相绕组流出,经 V4 管回到电源地,它们产生的合成转矩如图 11.4(a)所示,其大小为 $\sqrt{3}\,T_A$,方向在 T_A 和 $-T_B$ 的平分线上。当电动机转过 $60°$ 电角度后,V1 继续保持导通,但将 V4 关断,同时使 V6 导通,这时电流从 A 相流入,从 C 相流出,此时产生的合成转矩如图 11.4(b)所示,大小同样为 $\sqrt{3}\,T_A$,但合成转矩的方向转过了 $60°$ 电角度。当转子再转过 $60°$ 电角度时,使 B、C 两相通电,按照这一规律,每切换一次导通状态,合成电磁转矩的矢量方向就随之转过 $60°$ 电角度,但转矩的大小始终保持 $\sqrt{3}\,T_A$ 不变。在一个完整的换向周期中,6 个开关状态下的合成转矩矢量方向如图 11.4(c)所示。

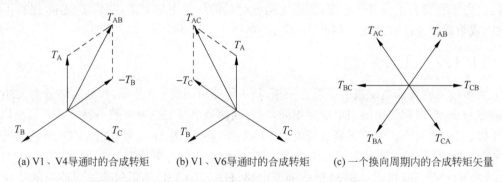

(a) V1、V4导通时的合成转矩　　(b) V1、V6导通时的合成转矩　　(c) 一个换向周期内的合成转矩矢量

图 11.4　三相绕组、丫型连接、两两导通方式时的合成转矩矢量图

位置传感器的基本功能是在电动机的每个电周期内,产生所要求的开关状态数。位置传感器的永磁转子每转过一对磁极(N、S 极)的转角,也就是说每转过 $360°$ 电角度,就要产生出与电动机绕组逻辑分配状态相对应的开关状态数,以完成电动机的一个换流全过程。随着转子的极对数增加,在 $360°$ 的机械角度内完成该换流全过程的次数也随之成比例增加。

在图 11.3 中,三相无刷直流电动机采用 3 个霍尔元件作为转子磁极位置传感器,空间配置时相互间隔 120°电角度。霍尔传感器的输出信号波形见图 11.5,每个霍尔传感器的输出均为脉宽为 180°的方波信号,相邻两相间的相位相差 120°的电角度。这样它们在每个换向周期中的上升和下降沿共有 6 个,正好对应 6 个换向时刻。图 11.5 中,横坐标为转子的电角度,等于转子的机械角度乘以电动机的极对数。

为保证得到恒定的电磁转矩,必须对三相无刷直流电动机进行正确地换向。掌握好恰当的换相时刻,可以减小转矩的波动。图 11.5 同时给出了当电动机逆时针方向旋转时三相绕组的电流波形示意,图中一个换向周期中三相绕组的通电顺序为 AB—AC—BC—BA—CA—CB—AB,每个绕组通电 240°,其中正向和反向通电分别为 120°。

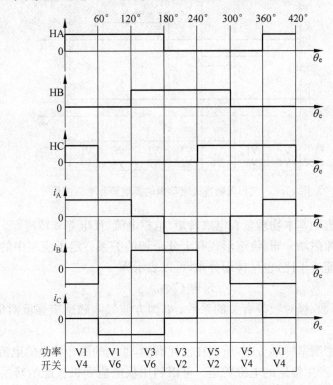

图 11.5　霍尔传感器信号和相电流波形示意图(逆时针旋转)

同理,电动机顺时针旋转时三相绕组的通电顺序为:BC—AC—AB—CB—CA—BA,对应的开关管导通次序为 V3、V6,V1、V6,V1、V4,V5、V4,V5、V2,V3、V2。

11.1.3　数学模型

永磁无刷直流电动机的气隙磁场可以为方波,也可以是正弦波或梯形波。对于采用稀土永磁材料的电动机,其气隙磁场一般为方波。对于方波气隙磁场,当定子绕组采用集中整矩绕组,即每极每相槽数为 1 时,方波磁场在定子绕组中感应的电势为梯形波,其理想波形如图 11.6 所示。方波气隙磁感应强度在空间的宽度应大于 120°电角度,从而使得在定子电枢绕组中感应的梯形波反电势的平顶宽度大于 120°的电角度。无刷直流电动机通常采用方波电流驱动,由电子换向器向电动机提供三相对称的、宽度为 120°电角度的方波电流。

方波电流应位于梯形波反电势的平顶宽度范围内,如图11.6所示。

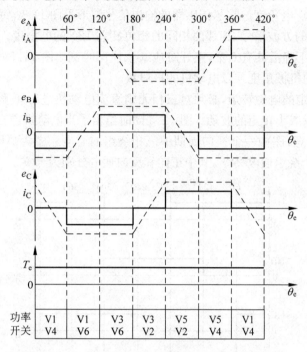

图11.6 三相无刷直流电动机的反电势和电流波形

无刷直流电动机的基本物理量有电磁转矩、电枢电流、反电势和转速等。这些物理量的表达式与电动机气隙磁场分布、绕组形式有十分密切的关系。定子绕组中的反电势与气隙磁通密度和转子转速成正比,也呈梯形分布,可以表示为

$$E = C_e \Phi \omega_m \tag{11-1}$$

式中 C_e 为与绕组匝数、极对数等有关的系数;Φ 为方波气隙磁感应强度对应的每极磁通;ω_m 为电动机的转速。

由于气隙磁通密度呈梯形分布,所以在任何瞬间,通电的两相绕组的电流与气隙磁通的平顶部分相互作用,产生恒定的电磁转矩。可以利用从电能到机械能的转换关系来计算电磁转矩,即

$$P_o = T_e \omega_m = 2EI \tag{11-2}$$

式中 T_e 为电磁转矩;I 为定子绕组方波电流的幅值。

根据式(11-1)和式(11-2)得到电磁转矩的表达式为

$$T_e = 2C_e \Phi I = C_T I \tag{11-3}$$

式中 C_T 为转矩常数。

由于永磁无刷直流电动机的气隙磁场、反电势以及电流波形是非正弦的,因此不易采用 d-q 坐标变换的方法对电动机的特性进行分析和仿真,而是直接采用电动机本身的相变量来建立数学模型。假定磁路不饱和,不计涡流和磁滞损耗,则三相定子绕组的电压平衡方程可列写为

$$
\begin{bmatrix} u_{a} \\ u_{b} \\ u_{c} \end{bmatrix} = \begin{bmatrix} R & 0 & 0 \\ 0 & R & 0 \\ 0 & 0 & R \end{bmatrix} \begin{bmatrix} i_{a} \\ i_{b} \\ i_{c} \end{bmatrix} + \begin{bmatrix} L & M & M \\ M & L & M \\ M & M & L \end{bmatrix} \frac{\mathrm{d}}{\mathrm{d}t} \begin{bmatrix} i_{a} \\ i_{b} \\ i_{c} \end{bmatrix} + \begin{bmatrix} e_{a} \\ e_{b} \\ e_{c} \end{bmatrix} \tag{11-4}
$$

式中 u_a、u_b、u_c 为定子相绕组电压；i_a、i_b、i_c 为定子相绕组电流；e_a、e_b、e_c 为定子相绕组反电势；L、R、M 分别为每相绕组的自感、内阻和每两相绕组的互感。

对于方波电流驱动的电动机,转子磁阻不随转子的位置变化,因此定子绕组的自感和互感为常数。当采用星形接法时,有 $i_a + i_b + i_c = 0$,因而式(11-4)可以改写为

$$
\begin{bmatrix} u_{a} \\ u_{b} \\ u_{c} \end{bmatrix} = \begin{bmatrix} R & 0 & 0 \\ 0 & R & 0 \\ 0 & 0 & R \end{bmatrix} \begin{bmatrix} i_{a} \\ i_{b} \\ i_{c} \end{bmatrix} + \begin{bmatrix} L-M & 0 & 0 \\ 0 & L-M & 0 \\ 0 & 0 & L-M \end{bmatrix} \frac{\mathrm{d}}{\mathrm{d}t} \begin{bmatrix} i_{a} \\ i_{b} \\ i_{c} \end{bmatrix} + \begin{bmatrix} e_{a} \\ e_{b} \\ e_{c} \end{bmatrix} \tag{11-5}
$$

电动机的电磁转矩可表示为

$$
T_e = (e_a i_a + e_b i_b + e_c i_c)/\omega_m \tag{11-6}
$$

转子轴上的转矩平衡方程为

$$
J \frac{\mathrm{d}\omega_m}{\mathrm{d}t} + B\omega_m = T_e - T_d \tag{11-7}
$$

式中 T_d 为扰动转矩,B 为阻尼系数,J 为驱动系统的转动惯量。

可以看出,无刷直流电动机与有刷直流电动机具有相似的数学模型和控制特性,这也是"无刷直流电动机"这一术语的由来。

11.2 基于 F281x 的无刷直流电动机控制系统

无刷直流电动机在可靠性、工作效率、性能和成本方面具有较大的优势,在中小功率的运动控制系统中得到了广泛应用。本节讨论 F281x 系列 DSP 控制器在无刷直流电动机控制系统中的应用,并结合第 9 章介绍的 DSP 实验系统,重点讨论无刷直流电机控制系统的硬件电路和软件设计。

11.2.1 无刷直流电动机控制系统概述

一个典型的无刷直流电动机控制系统见图 11.7,图中由电流环、速度环和位置环构成了全数字式串级控制回路。根据控制任务要求,应用系统中可以有针对地选择其中的 1~3 个闭环控制回路。例如,对于转速控制系统,通常包括速度环和电流环构成的双闭环调速系统,而无须包含位置环控制器;而对于位置控制系统,如果无法获得高分辨率的转速反馈信号,可以配置为仅包含位置环和电流环的伺服控制系统。

图 11.7 中,由电流环、速度环和位置环构成了串级控制系统。首先,DSP 控制器将位置参考输入信号 θ_{ref} 与所检测到的电动机转子位置信号 θ 求偏差得到 $\Delta\theta = \theta_{ref} - \theta$,$\Delta\theta$ 经过位置控制器后输出相应的速度参考信号 n_{ref}。然后,对 θ 进行差分得到电动机的当前转速 n (也可以采用测速发电机等反馈元件直接获得转速),将 n 与 n_{ref} 进行比较后得到速度偏差信号 $\Delta n = n_{ref} - n$,经过速度控制器后输出相应的电流参考信号 I_{ref}。最后,控制程序将 I_{ref} 与实际的电动机相电流信号 I 进行比较,偏差值 $\Delta I = I_{ref} - I$ 经电流控制器后,输出适当占空比的 PWM 信号给电动机的功率放大器,通过控制功率开关元件的导通与关断次序和时间,可

改变电动机定子绕组的电流大小和绕组的导通次序,从而实现对无刷直流电动机的转速和转矩控制。需要指出,对于位置控制系统而言,图11.7中的电流环和速度环并不是必需的,但对于高性能的伺服控制系统,通常采用图11.7所示的控制系统结构,以改善伺服系统的动态性能,并提高系统对参数变化和外部扰动的抑制能力。在应用系统设计时,可根据具体的任务要求,通过对控制系统进行建模、仿真和分析来确定系统结构和控制器参数。

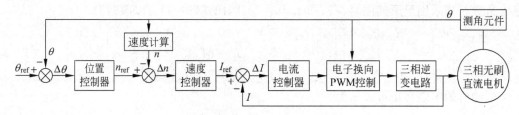

图 11.7　无刷直流电动机位置控制系统组成框图

11.2.2　硬件结构

应用 9.3 节介绍的 DSP 实验系统,可以构成一个三相无刷直流电动机控制系统,其硬件组成如图 11.8 所示。实验装置主要包括基于 TMS320F2812 的 DSP 实验板、电机功率放大器、无刷直流电动机、光电编码器、上位计算机和 DSP 开发系统。通过设计相应的数字控制器并在 DSP 中编程实现,可以构成转矩控制系统、速度控制系统或位置控制系统。

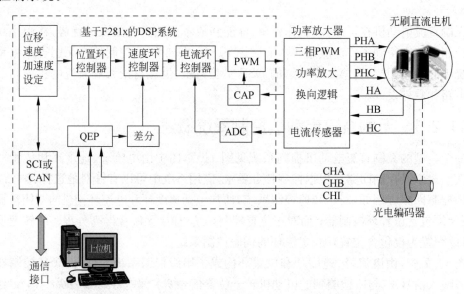

图 11.8　无刷直流电动机控制系统的硬件组成框图

1. 系统组成

参考图 11.8,无刷直流电动机实验系统的主要组成包括以下几个部分。

　　1) DSP 实验板

　　基于 TMS320F2812 的 DSP 实验板,参见 9.3 节和附录 B 的电路原理图。

　　2) 无刷直流电动机

　　实验中选用的无刷直流电动机的定子绕组为三相 Y 型连接方式,反电势波形为梯形,转子为 5 个磁极对,电动机内置霍尔传感器。主要技术参数为:额定功率 70W,额定电压 24V,额定转速 3000r/min,额定转矩 0.23Nm,额定电流 4A。

　　此外,为了便于构成位置控制系统或高精度的速度控制系统,在电动机转子上同轴安装有增量式光电编码器,编码器的分辨率为 500 线/转,经过 QEP 电路四倍频后为 2000 脉冲/转。

　　3) PWM 功率放大器

　　PWM 功率放大器作为一种功率变换装置,采用 24V 直流电源供电,每相额定输出电流可达 10A,可用于驱动三相永磁同步电动机、三相异步电动机等。主要包括三相全控桥式 PWM 驱动和开关电路、霍尔传感器信号整形电路、三相定子绕组的相电压和相电流检测、过流保护和速度给定值设定等电路。

　　4) 直流电源

　　采用效率高的开关电源模块为 DSP 实验板和功率放大器电路供电,额定输入电压为 AC 220V,额定输出电压为 DC 24V,输出电流可达 5A,在额定输出功率下效率可达 84%。

　　5) 系统接口

- EV A 输出的 6 路 PWM 信号 PWM1～PWM6,经过 PWM 功率放大器后用来控制电动机三相定子绕组的电压 PHA～PHC;
- 霍尔传感器输出的磁极位置信号 HA、HB、HC 经过整形和缓冲后送至 EV A 的捕获单元 CAP1、CAP2、CAP3;
- 增量式光电编码器的脉冲输出信号 CHA、CHB、CHI 经过缓冲后送至 EV B 的 QEP 电路;
- 电机相电流的检测通过在功率桥主回路中串接采样电阻得到,该信号经过放大和低通滤波后送至 ADC 模块的通道 ADCINA2;
- 可通过 CAN 模块或由 SCI-B 扩展的 RS-422/RS-232 接口与上位机通信。

2. 功率放大器电路

　　电动机功率放大器主要包括三相全控桥及其驱动电路、相电压和电流检测、霍尔传感器接口和整形电路,与 DSP 实验板和电动机间的接口见图 11.9。

　　在主逆变器回路中,从事件管理器 A 输出的 6 路 PWM 信号(PWM1～PWM6)经过缓冲后送至功率放大板上的三相全桥驱动器芯片 IR2132S,IR2132S 可用来驱动电源电压不高于 600V 的 MOSFET 或 IGBT 等功率器件,具有 3 组独立的高/低侧输出通道,可输出的最大正向峰值驱动电流为 200mA,反向峰值驱动电流可达 420mA。该器件的工作电源电压范围较宽(3～20V),内部设计有过流、过压、欠压保护和故障指示,使用户可方便地保护被驱动的 MOS 功率管。IR2132S 的门极驱动信号可产生 0.8μs 互锁延时时间,从而能够防止同一桥臂的上、下 2 个功率管同时导通。此外,IR2132S 的片内具有与被驱动的功率器件所通过的电流呈线性关系的电流放大器,片内 3 个通道的高压侧驱动器和低压侧驱动器可单独使用,亦可只用其内部的 3 个低压侧驱动器,其逻辑输入信号与 TTL 及 CMOS 电平

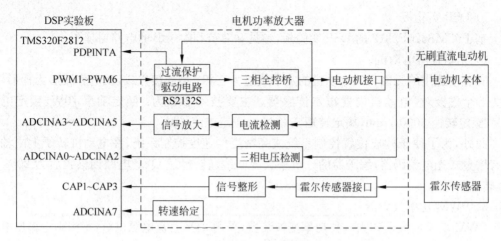

图 11.9　功率放大器原理及接口框图

兼容。

　　功率放大器中的功率开关器件采用 IFR540,源漏极间的击穿电压为 100V,源极电流可达 33A。其中 Q1～Q6 用于三相逆变器,由 PWM1～PWM6 控制。Q7 用于控制泵升电压限制电路,当电动机制动时,由事件管理器 B 的 PWM9 控制 Q7,将电动机转子和负载存储的部分能量通过功率电阻消耗掉,以避免电源电压升高导致开关管损坏。

　　在检测电路接口中,霍尔传感器的输出信号 HA～HC 经过滤波和施密特整形后,送至事件管理器 A 的捕获单元。对于具有梯形反电势的三相无刷直流电动机,功率电子主回路采用前面介绍的三相Y型连接全控桥式电路,工作于两两通电方式时只需一个电流传感器,这里定子绕组的电流检测信号(ISenseBus)经过低通滤波(截止频率约 1.6kHz)和运算放大器放大(电压增益为 20 倍后),送 ADC 模块的输入通道 ADCINA2。当采用无位置传感器的无刷直流电动机调速方案时,可以利用相电压检测信号 VSenseU、VSenseV 和 VSenseW 测得各相电枢绕组的反电势,从而间接确定转子磁极的位置,实现正确的换向逻辑。而对于三相同步电动机或异步电动机,可通过检测两相相电流 ISenseU、ISenseV,实现矢量变换和电流调节。

11.2.3　软件设计

　　本节针对具有位置传感器、采用两两通电方式的无刷直流电动机控制系统,介绍与软件设计和控制方案实现相关的问题。

1. 事件管理器 A 的初始化

　　设定时器 T1 为 PWM 波形产生提供时间基准,选择产生对称 PWM 波形;T2 为应用捕获单元检测电机转速提供时间基准,选择检测霍尔信号的两个跳变沿,即同时捕获上升沿和下降沿。EV A 模块的初始化代码如下:

```
void  Ini tEv(void){
    EALLOW;
    GPAMUX[0] = 0xFFFF;          //设定事件管理器 A 的引脚为外设
    EDIS;
```

```
EXTCONA[0] = 0x0009;          //使能 EV A 启动 ADC,使能独立比较输出使能模式(该位可选)
GPTCONA[0] = 0x0080;          //T1 下溢中断启动 ADC
T1CON[0] = 0x0840;            //连续递增/递减计数模式,输入时钟预定标参数 = 1,内时钟
T1PR[0] = Timer1_period;      //T1 的定时周期,根据 PWM 频率和时钟频率确定
T1CNT[0] = 0;                 //清零 T1 的计数寄存器

ACTRA[0] = 0x0FFF;            //PWM1~PWM6 强制高;在换向程序中需再更改 PWM 信号电平
COMCONA[0] = 0xC9E0;          //使能比较器操作和输出,对称 PWM 波形应在周期和下溢时重载
CMPR1[0] = 0; CMPR2[0] = 0; CMPR3[0] = 0;   //占空比设为 0,对应 PWM 信号高有效模式

T2CON[0] = 0x1740;            //T2 工作在递增模式,使能定时器操作,采用内部时钟源,128 分频
T2PR[0] = Timer2_period;      //初始化 T2 的周期定时器
T2CNT[0] = 0;
CAPCONA[0] = 0xB0FC;          //选择定时器 T2,使能 CAP1、2、3,检测两个边沿
CAPFIFOA[0] = 0x0000;         //清空捕获单元的 FIFO
}
```

如果定时器的输入时钟频率为 75MHz,PWM 的频率设为 20kHz,采用连续增/减计数模式产生对称 PWM 波形,则定时器 1 的周期值可设为 1875。

2. 转子磁极位置的检测与换向

选取的无刷直流电机采用开关型霍尔信号传感器,其输出为三相方波信号。霍尔传感器输出的 3 个换向信号送至事件管理器 A 的捕获单元(CAP1~CAP3),当捕获单元引脚上出现电平跳变时,捕获单元能够按预定方式触发中断,从而确定换向时刻。但是,仅仅通过捕获中断检测换向时刻,还无法实现正确换向,还需要知道应该对哪一相换相。在发生捕获中断后,通过将捕捉单元的引脚设置为 I/O 口,并检测这些端口的电平状态,就可以知道是哪一个霍尔传感器的什么沿(上升/下降沿)触发的捕捉中断。换向过程检测磁极位置的例程见函数 HallDrv(),在查询 CAP1~CAP3 引脚的状态时,要设置其为通用 I/O,查询完毕再设置为外设模式,以便通过捕获单元正确地测量电机转速。

当无刷直流电机采用两相通电方式时,有两种驱动功率管的模式,分别称作软开关模式和硬开关模式。在软开关模式中,功率管 V1、V3、V5 采用 PWM 控制,而功率管 V2、V4、V6 直接根据换向状态处于导通或关断状态;在硬开关模式中,6 个功率管均采用 PWM 控制,通电的两个功率管同时导通或关断,这种控制方式简单,但电流纹波偏大。

由于功率放大器板上的全桥驱动芯片 IR2132S 对 PWM 信号反相后驱动 MOS 管,因此,PWM 引脚为低电平时对应的 MOS 管导通。当选择软开关模式时,磁极位置检测和换向逻辑代码如下:

```
void  HallDrv(void)
{
 EALLOW;
 GPAMUX[0] = 0xF8FF;                         //将 CAP1~CAP3 口设为通用 I/O 口
 GPADIR[0] = 0x0000;                         //将 CAP1~CAP3 口设为通用输入
 EDIS;
 Hall_status = GPADAT[0]&0x0700;             //取 3 个 CAP 的状态值,得到磁极状态信号
 EALLOW;
 GPAMUX[0] = 0xFFFF;                         //将 CAP1~CAP3 口设为外设
 EDIS;
```

```
    if(direction == 0)                              //正转换向
      switch(Hall_status)  {
        case  0x0500：ACTRA[0] = 0x0F3E; break;  //PWM1 高有效，PWM4 强制低，其余强制高
        case  0x0100：ACTRA[0] = 0x03FE; break;  //PWM1 高有效，PWM6 强制低，其余强制高
        case  0x0300：ACTRA[0] = 0x03EF; break;  //PWM3 高有效，PWM6 强制低，其余强制高
        case  0x0200：ACTRA[0] = 0x0FE3; break;  //PWM3 高有效，PWM2 强制低，其余强制高
        case  0x0600：ACTRA[0] = 0x0EF3; break;  //PWM5 高有效，PWM2 强制低，其余强制高
        case  0x0400：ACTRA[0] = 0x0E3F; break;  //PWM5 高有效，PWM4 强制低，其余强制高
        default: break;
        }
    else                                            //反转换向
      switch(Hall_status)  {
        case  0x0500：ACTRA[0] = 0x0FE3; break;  //PWM3 高有效，PWM2 强制低，其余强制高
        case  0x0100：ACTRA[0] = 0x0EF3; break;  //PWM5 高有效，PWM2 强制低，其余强制高
        case  0x0300：ACTRA[0] = 0x0E3F; break;  //PWM5 高有效，PWM4 强制低，其余强制高
        case  0x0200：ACTRA[0] = 0x0F3E; break;  //PWM1 高有效，PWM4 强制低，其余强制高
        case  0x0600：ACTRA[0] = 0x03FE; break;  //PWM1 高有效，PWM6 强制低，其余强制高
        case  0x0400：ACTRA[0] = 0x03EF; break;  //PWM3 高有效，PWM6 强制低，其余强制高
        default: break;
        }
    }
```

换向操作可以选择以下方式实现：

(1) 主程序中不断调用 HallDrv() 函数，但需要较高的查询频率以实现实时换向。

(2) 在 T1 定时器中断中调用 HallDrv() 函数，这样换向逻辑的执行频率和 PWM 频率相同。但由于 PWM 频率比转子位置信号的脉冲频率高得多，因此 CPU 的时间开销较大。

(3) 在 CAP1～CAP3 的中断服务程序中调用 HallDrv() 函数，这样只有在需要换向时刻才执行换向程序，从而大大降低了 CPU 的时间开销。

3. 相电流检测

由于功率电子主回路采用两两通电方式，每一时刻电动机只有两相绕组通电，电流从一相流入，从另一相流出，形成一个回路，因此只需一个检测相电流的传感器。电机相电流的检测可以采用取样电阻、电流互感器等方式实现。在设计的功率放大器电路中，采用一个电流取样电阻 R 来检测相电流的变化，以方便地实现电流反馈和过流保护。该电阻位于三相全控功率变换电路的下端功率桥臂和电源地之间，如图 11.10 所示。此外，电流取样信号还送至驱动器 IR2132，作为过流保护电路的输入信号。

直接经过取样电阻测得的电压信号幅值还很小，经过功率放大器板上的运放 U8 放大 20 倍后送至 TMS320F2812 片内 ADC 模块的 ADCINA2 引脚，这样电机相电流检测环节的比例系数为 1V/A。值得注意的是，ADC 模块的输入通道允许的最大输入电压为 3V，系统设计时需要保证在电动机最大峰值电流情况下，送至 ADC 模块的电压信号不超过允许值，必要时采取硬件限幅措施，以免电压幅值超限损坏 DSP 芯片。

电流检测信号作为反馈信号经过 A/D 转换后，可方便地构成数字式的电流闭环控制回路。6 路 PWM 控制信号(PWM1～PWM6)经驱动电路连接到 6 个 NMOS 开关管，实现占空比调节和电子换向。在每一个 PWM 周期对电流进行一次采样，这里将 PWM 周期设为 $50\mu s$，即电流的采样频率为 20kHz。应该指出，由于功率管的导通与关断，取样电阻上的电

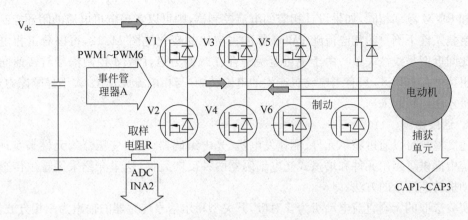

图 11.10 功率放大级的拓扑结构

流也在不断变化,因此必须合理选择相电流的采样时刻,如图 11.11 所示。

如果采用软开关 PWM 控制模式,即上桥臂开关管 V1 采用 PWM 控制,另一个开关管 V4 保持导通状态。在 PWM 周期的"开"周期,电流经 V1、两相串联绕组、V4 和电阻 R 至电源地构成回路,电流波形如图 11.11(a) 所示。而在 PWM 周期的"关"期间,电流经过保持导通状态的开关管 V4、两相串联绕组和开关管 V2 的续流二极管形成续流回路,这个续流回路并不经过电流取样电阻 R,因此在 R 上没有压降,所以在 PWM 周期的"关"期间不能采样电流。

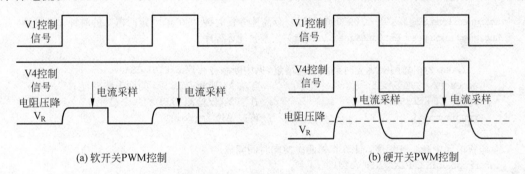

(a) 软开关PWM控制　　　　　　　　　　　　　(b) 硬开关PWM控制

图 11.11 两种不同 PWM 控制模式下取样电阻上的电压波形

如果采用硬开关 PWM 控制模式,那么在开关管 V1、V4 导通期间,电流波形同软开关模式;而在开关管关断期间,由于 V1 和 V4 关断,电流经电源地、电阻 R、V2 的续流二极管、两相绕组、V3 的续流二极管和滤波电容构成回路,因此取样电阻 R 上会出现负的检测电压。同样,开关管在 PWM 周期的"开"和"关"瞬间,电流上升并不稳定,所以电流采样时刻易选取在 PWM 周期的"开"期间的中部,如图 11.11(b) 所示。

电机相电流的采样可以通过事件管理器 A 中定时器 T1 的特定事件来触发,通常在 PWM 信号有效周期的中部进行电流采样。如果采用对称波形的 PWM 信号,则当 PWM 信号为高有效时,可以在 T1 的下溢中断时进行电流采样;而当 PWM 信号是低有效时,可以在 T1 的周期中断时进行电流采样。电流检测可参考 8.7 节给出的例程,这里需要转换一个通道(ADCINA2),可采用通用定时器 1 的下溢中断触发。这样 A/D 转换模块的采样频率和 PWM 频率相同,如果设计相应的电流控制器,则可以实现电机电流的闭环控制。

空载条件下测得的相电流随 PWM 脉冲占空比的变化见图 11.12,可以看出相电流与占空比间近似呈线性关系。由于不可避免地存在摩擦力矩,PWM 控制信号与转速间的输入输出特性存在死区,只有当电动机产生的电磁转矩(与相电流成正比)大于静摩擦力矩后,电动机才能运转起来。

4. 速度检测

速度检测可以通过霍尔元件、测速发电机、光电编码器、旋转变压器等元件来实现。实验系统中提供了霍尔元件和增量式光电编码器两种反馈元件,这里介绍采用霍尔传感器实现电动机转速测量的方法。

实验选取的无刷直流电动机为 5 对极,开关型霍尔信号传感器的输出为三相方波信号,电机每转过 360° 的机械转角,每相输出 5 个周期的方波信号,共包含了 10 个上升或下降沿。这样电机每转一周,通过 3 个捕获引脚可以测得 30 个换向信号的跳变。因此,转速 n 可通过下式计算得到:

$$n = \left(\frac{\Delta\theta}{360°}\right) \times \frac{1}{\Delta T} \times 60 \tag{11-8}$$

式中:$\Delta\theta$ 为机械转角(°),ΔT 为转过 $\Delta\theta$ 所需的时间(s),n 的单位为 r/min。

如果 3 个霍尔信号的跳变沿均检测,则每两个相邻的跳变沿对应式(11-8)中 $\Delta\theta = 12°$。下面采用 T 法测速,即检测霍尔信号中两个相邻跳变的时间间隔 ΔT,从而测得电动机转速。转速计算及通过捕获中断检测霍尔信号跳变沿(以定时器 T2 为时间基准)的代码如下:

```
unsigned long SPEED = 75 * 1000000/128;    //高速外设时钟75MHz,对定时器2的时钟128分频
unsigned int speed_est(unsigned int det) //速度计算程序
{
       //det 为相邻两次跳变时刻的时间增量,见中断服务程序 CAPINT_ISR(void)
    speed = 2 * SPEED/det;              //方法 1:检测 CAP1～3 的两个跳变
    speed = 6 * SPEED/det;              //方法 2:仅检测 CAP1 的两个跳变
    return speed;                       //转速单位为 r/min
}
//捕获单元中断服务程序,计算相邻两次换向时间间隔
interrupt void CAPINT_ISR(void)
{
    int det1;
    PIEACK[0] = PIEACK[0]|0x0004;       //清除 PIE3 应答位
    Hall_counter[0] = Hall_counter[1];

    if((EVAIFRC[0] &0x01) == 0x01) {
        EVAIFRC[0] | = 0x01;            //清 CAP1 中断标志
        Hall_counter[1] = * CAP1FIFO;
    }
    else if((EVAIFRC[0] & 0x02) == 0x02) {
        EVAIFRC[0] | = 0x02;           //清 CAP2 中断标志
        Hall_counter[1] = * CAP2FIFO;
    }
    else if((EVAIFRC[0] & 0x04) == 0x04) {
        EVAIFRC[0] | = 0x04;           //清 CAP3 中断标志
        Hall_counter[1] = * CAP3FIFO;
```

```
        }
        det1 = Hall_counter[1] - Hall_counter[0];
        //T2 上溢时对时间间隔进行调整，如 T2PR = 0x7FFF
        if(det1<0) det = det1 + (Timer2_period + 1);
        if(det1>300) det = det1;                    //如果有 PWM 信号引起的窄脉冲干扰，不更新速度值
        result = speed_est(det);
    }
```

这里需要指出：

（1）如果速度测量时仅检测 CAP1 的两个跳变沿，只需使能 CAP1 的中断即可；如果同时检测信号 CAP1～CAP3 的跳变沿，则需要使能 CAP1～CAP3 的中断，此时 3 个捕获中断可共用一个中断服务程序 CAPINT_ISR()。相比之下，后一种方式下速度检测的分辨率较高，速度测量的范围较宽。

（2）与采用光电编码器等反馈元件相比，开关型霍尔元件的速度检测分辨率较低。当无角位移反馈元件时，通常采用检测信号 CAP1～CAP3 的两个跳变沿来测量无刷直流电动机的转速，这种测速方法在一些对调速范围要求不高的系统中得到广泛应用。

实验测得电动机的空载转速随 PWM 脉冲占空比的变化如图 11.12 所示。从图中可以看出，在额定转速以下，转速与占空比间近似呈线性关系。由于电机功率放大器的输出电压与 PWM 输入信号间的特性可视作比例环节，因此空载转速与施加到定子绕组上的控制电压间呈线性关系，通过调节控制电压可实现转速调节。但是，伺服控制系统中不可避免地存在各种外部扰动和被控对象的参数摄动，因此，通常在转速、位置控制系统中包括电流环，以提高伺服系统对外部扰动和参数变化的抑制能力。

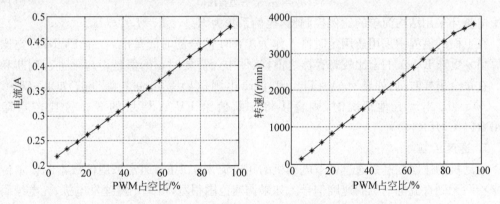

图 11.12　电动机转速和电流随 PWM 脉冲占空比的变化

5. 角位移检测

通常选取光电编码器或旋转变压器等反馈元件来检测角位移变化。对于正交脉冲编码器，其输出为两路频率可变、有固定 1/4 周期相位差（即 90°）的脉冲序列，可以直接通过事件管理器的 QEP 电路实现与 DSP 的接口（见 7.4.3 节）。QEP 电路将输入脉冲经过 4 倍频和辨向后作为通用定时器 2 或 4 的时钟源和方向控制信号，此时定时器必须工作在定向增/减计数模式，预定标参数恒为 1，定时器的外部输入引脚（TDIRA/B、TCLKINA/B）不起作用。

实验系统中与电动机转子同轴安装了一个增量式光电编码器作为角位移传感器，编码器输出的 2 路脉冲信号经过缓冲后送至事件管理器 B 的 QEP 电路。下面给出应用 QEP 电

路与光电编码器接口时的事件管理器初始化代码,其中定时器 T4 为 QEP 电路提供时间基准。

```
void InitEV B(void)
{
    EALLOW;
    GPBMUX[0] = 0xFFFF;           //EV B 的引脚用作外设
    EDIS;
    T4CON[0] = 0x187C;            //使能 T4 计数器工作,定向增减,QEP 作时钟源
    CAPCONB[0] = 0x70FC;          //1110,0000,0000,0000 选定时器 4,使能 QEP4,5
    T4PR[0] = 0xFFFF;             //设置计数器的计数范围为最大值
    T4CNT[0] = 0x8000;            //设置计数器的初值在计数量程的中间
}
```

在计数过程中,定时器 T4 的计数器值 T4CNT 反映了角位移的变化,即电动机轴的转角对应的编码器脉冲数经四倍频后的值。

需要指出,事件管理器的通用定时器为 16 位计数器,软件中还需要对计数值的上溢和下溢进行判断和处理,以便正确地反映电动机的转角变化。

6. 电流调节

通常选取电流环的采样频率与 PWM 频率相同,这样,在每个 PWM 周期 T,DSP 控制程序对相电流进行采样,并与速度控制器输出的电流参考值进行比较,得到的电流偏差信号经过电流控制器后,其输出信号用来调节 PWM 信号的脉冲宽度(即占空比)。在每个采样时刻 $t = kT(k=0,1,2,\cdots)$,PWM 信号的占空比 α 可通过以下方法进行计算:

$$\alpha_k = \alpha_{k-1} + \Delta I_k K_{P,i} \tag{11-9}$$

这里电流环采用结构简单的比例控制器,比例系数为 $K_{P,i}$,$\Delta I_k = I_{ref,k} - I_k$。

在上面的例程中采用通用定时器 1 作为 PWM 信号的时间基准,在用 PWM 占空比的计算值 α 更新 EV A 的全比较寄存器之前,软件中还需要对 α 的值是否超限进行判断和处理。在每个采样时刻,如果 $\alpha(k) >$ Timer1_period,则 $\alpha(k) =$ Timer1_period;如果 $\alpha(k) < 0$,则 $\alpha(k) = 0$;出现其他情况时,则直接将 α 赋值给 EV A 模块的 3 个全比较寄存器 CMPR1~CMPR3。

7. 速度控制

电动机的速度控制是通过调节电动机的相电流来实现的,通常采用低成本的霍尔传感器来检测无刷直流电动机的速度信号。如果调速范围很宽,可采用测速发电机、光电编码器等高分辨率的反馈元件来实现。速度环的采样周期 T_n 可以根据闭环系统的设计指标合理选择,通常采样频率可取速度环闭环带宽的 10~30 倍。在前面叙述的电流环中,参考相电流输入 I_{ref} 即为速度控制器的输出,这里速度环采用 PI 控制器,增量式数字 PI 控制算法可以表示为:

$$I_{ref,k} = I_{ref,k-1} + K_{P,n}\left[(\Delta n_k - \Delta n_{k-1}) + \frac{T_n}{T_{1,n}}\Delta n_k\right] \tag{11-10}$$

式中:k 为速度采样时刻;$K_{P,n}$ 和 $T_{1,n}$ 分别为 PI 控制器的比例系数和积分时间常数;Δn_k 为第 k 采样时刻的速度误差,$\Delta n_k = n_{ref,k} - n_k$。

8. 转角控制

在无刷直流电动机位置控制系统中,通常选取光电编码器、旋转变压器、感应同步器等

高分辨率的测角传感器作为角度反馈元件。同样,位置环的采样周期 T_θ 可以根据位置闭环系统的设计指标来选择,通常 $T_\theta \gg T_n$。在前面叙述的速度环中,参考速度输入 n_{ref} 即为位置控制器的输出,这里假定位置环采用 PID 控制器,增量式数字 PID 控制算法可以表示为:

$$n_{\text{ref},k} = n_{\text{ref},k-1} + K_{\text{P},\theta}\left[(\Delta\theta_k - \Delta\theta_{k-1}) + \frac{T_\theta}{T_{\text{I},\theta}}\Delta\theta_k + \frac{T_{\text{D},\theta}}{T_\theta}(\Delta\theta_k - \Delta\theta_{k-1} + \Delta\theta_{k-2})\right]$$

$$(11\text{-}11)$$

式中:k 为角度采样时刻;$K_{\text{P},\theta}$、$T_{\text{I},\theta}$ 和 $T_{\text{D},\theta}$ 分别为 PID 控制器的比例系数、积分时间常数和微分时间常数;$\Delta\theta_k$ 为第 k 采样时刻的角度位置误差,$\Delta\theta_k = \theta_{\text{ref},k} - \theta_k$。

上面给出的控制器均为标准的数字 PID 算法,PID 控制器具有结构简单、物理意义直观、参数调整方便等优点,是应用最为广泛的一种控制器。在工程应用时,为了克服积分饱和的影响,通常应用数字 PID 的修正算法来抑制积分作用易导致执行机构饱和的问题,如采用遇限削弱积分法、积分分离法、后向计算与跟踪等算法来克服积分器"缠绕"的现象。

关于 PID 控制参数的确定,目前主要有两种方法。第一种称作理论计算法,例如采用连续系统的设计方法,对控制系统进行建模、设计和仿真后确定 PID 控制器的参数;另一种方法称作工程整定法,包括试凑法和实验整定法来确定 PID 控制参数,该方法尤其适于被控对象的精确数学模型难于建立,或被控对象的结构与参数随时间变化的场合,如一些工业过程控制系统。

11.3　陀螺仪壳体翻滚装置设计

高精度的陀螺仪在导航系统中应用时,通常采用壳体翻滚装置来调制由热、磁、静电及其他场引起的慢变化的常值漂移误差,即通过旋转壳体将与壳体相关的干扰力矩由单调的时间函数调制成有限幅值的周期性函数,这样大部分的漂移误差在一个旋转周期内的平均值近似为零。基于自动补偿理论的壳体翻滚技术对于提高陀螺仪的精度是十分必要和有效的,通常可以将陀螺仪的精度提高一个数量级以上。

传统的壳体翻滚装置采用模拟式伺服系统,机电元件多,结构复杂,仅能实现陀螺壳体的连续翻滚运动,且控制精度不高。而采用数字伺服控制系统,不仅可以大大简化系统结构,而且能够灵活地实现不同的壳体翻滚运动方式,并显著提高伺服控制精度。本节介绍一种全闭环结构、数字控制的壳体翻滚系统,可以同时控制两个陀螺仪的壳体翻滚运动。控制系统采用一片 TMS320F2812 芯片的两个事件管理器分别控制两个无刷直流电动机,采用虚拟绝对式光电编码器实现角位移检测,借助于 DSP 芯片的高速运算能力实现运动轨迹规划、实时控制、电子换向和数据通信等功能。

11.3.1　系统组成

设计的壳体翻滚系统可同时控制两个陀螺仪(在导航系统中分别称作极轴陀螺和赤道陀螺)的壳体翻滚运动。由于两路控制系统的结构相似,图 11.13 给出了仅包含其中一路时的控制系统组成框图。

伺服系统采用全闭环控制结构,以 TMS320F2812 为核心,位置环的采样频率设定为 1kHz。事件管理器 A 输出的 6 路 PWM 信号经过光电隔离后驱动三相全控桥式 PWM 功

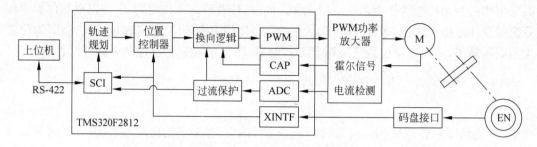

图 11.13　壳体翻滚控制系统组成框图

率放大器。为了提高系统的电磁兼容能力,功率放大器输出的 PWM 电压信号经过 LC 滤波器进行低通滤波后加载至电动机三相定子绕组。无刷直流电动机经大速比的减速器后驱动陀螺仪的壳体轴运动,电动机内置的霍尔传感器信号送至事件管理器的捕获单元。角度位置反馈元件采用 12 位分辨率的虚拟绝对式光电编码器,其 8 位并行输出信号接至 DSP 的外部扩展接口 XINTF。壳体翻滚系统通过 RS-422 串行接口与上位机通信,接收上位机发送来的控制命令,发送角度反馈信号和系统状态信息给上位机。在每个采样时刻,将轨迹规划后设定的参考角位移与绝对式编码器输出的角度信号进行比较,得到的偏差作为反馈控制信号,经过位置环控制器后由三相全控式 PWM 功率放大器驱动无刷直流电动机。此外,电机相电流检测电路的带宽选取为 3kHz,然后经过 ADC 模块转换为数字量后作为过流保护和故障诊断模块的输入信号。

除了图 11.13 中的功能模块外,硬件电路中还包括电源变换、复位和时钟、JTAG 仿真接口等。从图 11.13 可以看出,将 TMS320F2812 用于控制两套由无刷直流电动机驱动的壳体翻滚装置,大大简化了系统的硬件电路设计。

11.3.2　轨迹规划

通过壳体的连续旋转,可将陀螺仪的大部分漂移误差由单调的时间函数调制成有限幅值的周期性函数,该周期函数在一个周期内的平均值为零,从而达到补偿陀螺仪常值漂移误差的目的。取壳体的旋转速度为 0.5r/min,壳体旋转过程期望的角度变化见图 11.14(a),共可分为 8 个阶段:

(1) 壳体顺时针旋转 180°;

(2) 壳体停 1min;

(3) 壳体再顺时针旋转 180°;

(4) 壳体停 1min;

(5) 壳体逆时针旋转 180°;

(6) 壳体停 1min;

(7) 壳体再逆时针旋转 180°;

(8) 壳体回到初始位置,停 1min 后开始下一个翻滚周期。

因此,一个完整的壳体旋转周期为 8min,理想的角度曲线在正反转过程应该是完全对称的。

壳体翻滚过程的速度曲线包括加速、匀速、减速 3 个阶段,当采用指数加/减速曲线规划

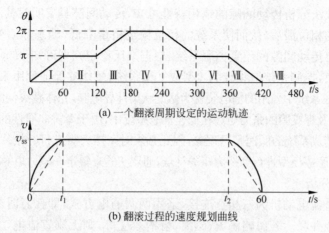

(a) 一个翻滚周期设定的运动轨迹

(b) 翻滚过程的速度规划曲线

图 11.14 壳体翻滚过程的角度和速度曲线

壳体运动轨迹时,得到的速度曲线如图 11.14(b)所示。与采用恒加速度曲线进行轨迹规划相比,应用指数加速度规划的运动轨迹具有加/减速阶段响应快、动态跟踪误差小的特点。

设稳态速度为 v_{ss},则采用指数加速度时的转速算法如下:

$$v(t) = \begin{cases} v_{ss}(1 - e^{-t/T_1}), & 0 < t \leqslant t_1 \\ v_{ss}, & t_1 < t \leqslant t_2 \\ v_{ss}e^{-t/T_1}, & t_2 < t \leqslant 60 \end{cases} \tag{11-12}$$

当壳体旋转一周时,12 位分辨率的编码器脉冲计数值变化范围为 4096。因此,对于图 11.14(a)中的 I 区有:

$$\int_0^{t_1} v_{ss}(1 - e^{-t/T_1})\,dt + \int_{t_1}^{t_2} v_{ss}\,dt + \int_{t_2}^{60} v_{ss}e^{-t/T_1}\,dt = 2048 \tag{11-13}$$

取过渡过程的时间常数 $T_1 = 0.2s$,加、减速时间 $t_1 = 1s$,$t_2 = 59s$,由式(11-13)可得 $v_{ss} = 34.7119$ 脉冲/s。式(11-14)给出了壳体正转 $0° \sim 180°$ 的轨迹算法,对于壳体正转 $180° \sim 360°$,反转过程中 $360° \sim 180°$ 及 $180° \sim 0°$ 间的轨迹同理可得到。

$$x(t) = \begin{cases} 34.7119t + 6.9424(e^{-5t} - 1), & 0 < t \leqslant 1 \\ 27.7695 + 34.7119(t - 1), & 1 < t \leqslant 59 \\ 2048 - 6.9424(1 - e^{-5(60-t)}), & 59 < t \leqslant 60 \end{cases} \tag{11-14}$$

在软件实现中,每隔 40ms 执行一次轨迹规划算法。此外,为了降低 DSP 的时间开销,也可以将各个时刻期望的轨迹预先计算出来,存成数据表的形式,这样在每个轨迹规划周期,直接查表得到角度设定值。

11.3.3 控制系统分析与仿真

1. 被控对象特性分析

壳体翻滚装置的传动间隙主要来自于与电动机一体装配的星形齿轮减速器以及外框架齿轮减速器。为了补偿制造、装配时的误差以及温度变形、弹性变形,同时也为了存储润滑剂,改善齿面的摩擦条件,在齿轮的工作面需要保持一定的间隙。此外,由于安装、制造误差及机械运转过程中的正常磨损使得机构运动副必然存在间隙。

采用描述函数法分析传动间隙的幅相特性可知,传动间隙具有明显的滞环特性,它将会给系统带来附加的相位滞后,从而使系统的相位稳定裕量降低,动态品质变坏,甚至产生自激振荡。对于具有传动间隙的位置伺服系统,根据奈氏稳定判据可知,传动间隙的存在对系统的稳定性有约束,控制系统应设计为Ⅰ型或0型系统,才能够保证伺服系统的稳定性。

此外,壳体翻滚系统中采用的输电装置为螺旋状柔性导电膜,壳体翻滚伺服系统的干扰力矩主要为摩擦力矩以及螺旋膜的张力矩。在低速伺服系统中,由于摩擦非线性的存在,会引起较大的角度跟踪误差,造成系统的低速爬行现象,因此必须对摩擦力矩进行补偿。在系统设计时,采用基于简化的库仑摩擦模型进行摩擦力矩的补偿,通用实验来整定摩擦力矩的补偿系数。

2. 控制系统分析

选取的无刷直流电动机为三相△连接,采用两两通电方式,即任意时刻,两相绕组串联后与另外一相绕组并联。若忽略涡流、磁滞、齿槽效应等,则无刷直流电动机和直流电动机具有相同的特性:

$$\begin{cases} U_a(t) = R_a i_a(t) + L_a \dfrac{di_a(t)}{dt} + E_a(t) \\ E_a(t) = K_e \omega(t) \\ T_{em}(t) = K_t i_a(t) \\ T_{em}(t) = J \dfrac{d\omega(t)}{dt} + B\omega(t) + T_d(t) \end{cases} \tag{11-15}$$

式中:R_a 为定子绕组相电阻;L_a 为相电感;i_a 为相电流;$E_a(t)$ 为电机反电动势;K_t 为电磁转矩系数;K_e 为反电动势系数;J 为转动惯量;B 为黏性阻尼系数。

考虑到壳体翻滚系统工作在低速状态下,可忽略黏性阻尼系数。对式(11-15)进行拉氏变换,整理后得到无刷直流电动机的传递函数为:

$$\frac{\Omega(s)}{U_a(s)} = \frac{1/K_e}{T_a T_m s^2 + T_m s + 1} \tag{11-16}$$

式中:$T_a = L_a/R_a$ 为电磁时间常数;$T_m = R_a J/K_e K_t$ 为机电时间常数。

由于壳体翻滚运动的转速很低,无法从光电编码器输出得到高分辨率的转速反馈信号,因此控制系统中未包含速度环。若伺服系统加入电流环,则被控对象将成为典型的Ⅱ型系统,传动间隙的存在易使伺服系统自振荡。因此,在壳体翻滚系统中只包含了位置环,位置控制器采用超前校正,并串联惯性环节来削弱高频噪声,控制器的传递函数可表示为:

$$G_c(s) = K_P \frac{T_1 s + 1}{T_2 s + 1} \frac{1}{T_3 s + 1} \tag{11-17}$$

系统的主要技术指标为:闭环带宽不小于5Hz,相位裕量不小于45°,匀速阶段的角度跟踪误差小于2个脉冲。壳体翻滚控制系统的传递函数方块图如图11.15所示,图中,n 为总的减速比,K_{PWM} 为功放环节的电压增益。

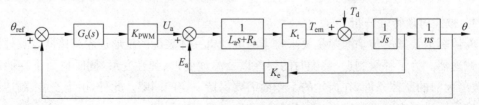

图 11.15　壳体翻滚系统的传递函数方块图

壳体翻滚控制系统的主要参数为：$R_a=15.5\Omega$，$L_a=525\mu H$，$J=0.54\text{g}\cdot\text{cm}^2$，$K_e=0.777\text{mV}/(\text{r}/\text{min})$，$K_t=7.42\text{mN}\cdot\text{m}/\text{A}$，$n=8461.4$，$K_{PWM}=20$。应用 MATLAB 软件进行仿真和实验测试后选取的控制器参数为：$K_P=115$，$T_1=0.07\text{s}$，$T_2=0.0013\text{s}$，$T_3=0.0005\text{s}$。对伺服系统进行仿真表明：闭环带宽为 7.15Hz，上升时间为 85ms，超调量小于 1%。由于设计的系统为 I 型系统，因此，单位阶跃输入时无稳态误差，在单位速度输入下的稳态误差为 2.8%。

11.3.4　实验结果及分析

在壳体翻滚系统的软件实现时，式(11-17)给出的位置控制器采用双线性变换方法离散化，采样周期取为 1ms。壳体的角度变化通过绝对式编码器检测，并借助于 CCS 集成环境的 Watch 窗口显示或存入数据文件。应该指出，对于全闭环的伺服系统，传动间隙和摩擦力矩对系统性能的影响是至关重要的，必须预先进行仔细调校。

为了测试壳体翻滚系统的阶跃响应，同时避免 PWM 输出饱和，给伺服系统施加 1 个指令脉冲，测得响应时间为 85ms。

在 0～1s 期间的加速阶段测得的角度跟踪误差曲线见图 11.16，图中给出了恒加速度和指数加速度两种方式下的测试结果，数据记录过程的采样周期为 0.01s。

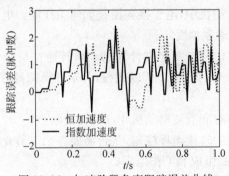

图 11.16　加速阶段角度跟踪误差曲线

（1）当选用恒加速度方式时，角度跟踪误差的最大值为 2.36 个脉冲，标准差为 1.0608 个脉冲；

（2）当采用指数加/减速曲线时，角度跟踪误差的最大值为 2.1 个脉冲，标准差为 0.9138 个脉冲。

因此采用指数加速曲线，具有更快的响应速度，动态过程也更平稳。

为了考察采用库仑摩擦模型进行摩擦力矩补偿前后的效果，图 11.17 分别给出了陀螺仪壳体正/反转 180°时，相应的角度跟踪误差曲线和速度曲线。可以看出，补偿前角度误差较大，跟踪误差的最大值为 2.5 个脉冲，标准差为 1.58 个脉冲，且速度最大值达到了 36 脉冲/s，超出了壳体翻滚装置的设计要求；而选取库仑摩擦模型补偿系数为 0.07 时，最大角度误差为 1.7 个脉冲，标准差减小至 1.26 个脉冲，且恒速阶段壳体翻滚的速度始终稳定在 34～35 脉冲/s。由于系统中配置的角度传感器的分辨率较低以及壳体工作转速很低，使得角度跟踪误差及速度平稳性的测试分辨率受到一定的限制。通过长时间测试，壳体翻滚装置在恒速阶段的角度跟踪误差始终小于 2 个脉冲，角度曲线具有较高的对称性，与理想的壳体翻滚曲线具有很好的一致性。

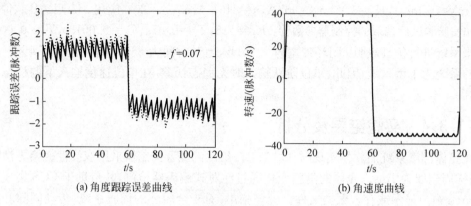

(a) 角度跟踪误差曲线　　　　　(b) 角速度曲线

图 11.17　0～120s 间的角度误差和角速度测试结果

习题与思考题

1. 简述在三相无刷直流电动机中转子位置传感器的作用。

2. 在三相无刷直流电动机中，电子换向器是如何工作的？电子换向器的开关管在每个开关周期(设为 360°)中导通多少度？

3. 如何根据三相霍尔信号的变化来计算电动机转速？是否可以只使用某一相的霍尔信号来检测电动机转速？试根据 11.2 节的例程，分别计算两种方式下可测得的电动机转速范围。

4. 无刷直流电动机与有刷直流电动机相比有何优缺点？

5. 如果要实现电动机的转速闭环控制，是否需要在 9.3 节介绍的实验系统基础上扩充硬件？简述转速控制系统的组成和工作原理。

6. 简述位置伺服控制系统的组成和控制程序执行流程，并讨论如何选择电流环、速度环和位置环的采样频率。

7. 设置 PWM 信号引脚的输出方式为高有效和低有效时，对占空比的设定有什么不同？改变 PWM 占空比相当于改变了施加到电机上的相电压，简述二者的关系。

8. 试讨论如何合理选择电机功率放大器中 PWM 信号的频率。

提示：从 PWM 信号对电机相电流噪声、功率管的开关时间和开关损耗、占空比调整的分辨率等方面进行讨论。

## 第 12 章

陀螺稳定平台控制

惯性导航是利用惯性测量元件测量载体相对于惯性空间的运动参数,经计算后得到载体位置、速度及姿态信息的一种导航方式。惯性导航系统可不依靠其他外部信息而独立完成导航任务,具有自主性强、抗干扰能力强、适用条件宽、可提供导航参数多等特点,在航空、航海、航天及车辆定位定向等国防领域应用广泛。

惯性导航系统分为平台式与捷联式两种,陀螺稳定平台主要用于平台式惯导系统,其作用是建立导航坐标系,为加速度计组件提供测量基准,也为姿态角测量提供所需的坐标基准。陀螺稳定平台通常由惯性测量组件(包括陀螺仪和加速度计)、稳定元件(平台的台体)、平台控制系统等组成。陀螺仪和加速度计等惯性仪表均安装在台体上,陀螺仪敏感台体的角运动,输出的角度误差经过放大、校正等处理后驱动平台各框架轴上的力矩电动机,通过反馈控制作用实时调整平台框架的角运动,使得台体坐标系保持与陀螺仪稳定主轴的方向一致。陀螺稳定平台既为加速度计组件提供了稳定的参考坐标系,又隔离了载体角运动对惯性测量组件的干扰,使得安装在稳定平台上的惯性仪表工作环境稳定,容易保证其测量精度。

平台控制系统是稳定平台的基本组成部分,控制精度直接影响惯性仪表的标校及导航信息精度。陀螺稳定平台的控制回路多,控制精度要求高,系统结构复杂,信号处理及控制计算量大。TI 的 C2000 系列 DSP 芯片集成了高性能 CPU 及多种先进的外设模块,为设计高性能陀螺稳定平台控制系统提供了理想的解决方案。

四环空间稳定平台是目前最为复杂的一种陀螺稳定平台,本章将以四环空间稳定平台控制系统设计为例,介绍 F2812/F28335 系列 DSP 芯片在平台框架角测量、光纤通信网络、伺服控制回路中的应用,并讲述了相关硬件电路原理及软件设计思路。

12.1 陀螺稳定平台控制概述

12.1.1 稳定平台工作原理

如图 12.1 所示,四环空间稳定平台主要包括外环、中环、内环和台体四个框架。由外向内,外环轴垂直于载体上的安装基准平面,中环轴水平向东,内环轴正交于中环轴,且与地球极轴(地轴)垂直,最内侧的台体轴与地轴平行。

平台台体上安装有两只双自由度转子陀螺仪,其中一只陀螺仪的惯性主轴与地轴平行,称为极轴陀螺,它输出的两自由度角度误差信号用于控制平台的中环轴和内环轴;另一只

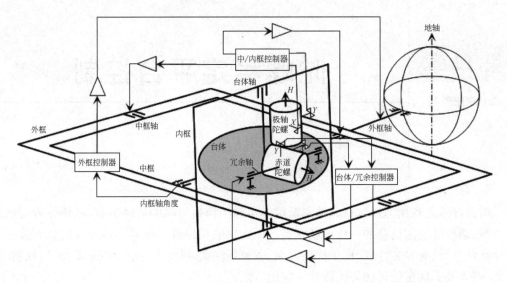

图 12.1　平台框架配置及工作原理

陀螺仪的惯性主轴位于地球赤道平面,称为赤道陀螺,其一个自由度信号用于控制平台的台体轴,并有一个多余自由度的角度误差输出信号。为保证陀螺稳定平台正常工作,在台体和赤道陀螺之间还增加一个附加控制轴,该轴称为冗余轴。冗余轴平行于赤道平面,与赤道陀螺的转子自转轴垂直,由赤道陀螺多余自由度方向的角度传感器信号进行伺服控制。此外,内环轴上的框架角传感器信号用于控制外环轴电动机,使外环跟踪内环的角运动,保证平台工作时内环平面始终与中环平面垂直,消除传统陀螺稳定平台易出现的环架自锁现象。这样布置的四环空间稳定平台,其平台翻滚区仅可能发生在地球的南、北极,可以满足载体大姿态运动与全球航行的需要。

平台稳定回路由惯性敏感元件(这里为台体上安装的双自由度陀螺仪)、陀螺信号处理及平台数字控制器、电机功率放大器、执行元件(装在框架上的力矩电动机)及平台框架系统组成。台体上的两只陀螺仪转子处于自由工作状态,当载体运动引起转子相对陀螺壳体出现偏角误差时,陀螺仪上的测角传感器便输出与转角成比例的误差角信号。极轴陀螺的二自由度角度信号依次经过 x/y 坐标分解、台体轴框架角分解、平台伺服控制器运算及功率放大后,分别控制内环轴和中环轴上的力矩电动机驱动平台框架转动。同时,赤道陀螺的角度信号经过 x/y 坐标分解、伺服控制器运算及功率放大后,分别控制台体轴和冗余轴上的力矩电动机驱动平台框架转动。通过四个平台稳定回路的跟踪控制,始终保持两只陀螺仪的测角传感器输出信号为零,使台体坐标系相对于惯性空间(由两只双自由度陀螺仪建立的准惯性空间)保持不变。

12.1.2　平台控制系统组成

四环空间稳定平台控制系统的硬件组成框图如图 12.2 所示。陀螺测角传感器测量陀螺转子动量矩轴与台体轴之间的角位置偏差,平台伺服控制 DSP 模块上的 A/D 芯片采集角度偏差信号,经由 DSP 进行坐标变换和数字控制器计算后,再将计算结果经矢量变换为两相永磁同步力矩电动机的电枢指令电流,经 D/A 输出至内置电流闭环的 PWM 型功率放大器进行放大后,使电机驱动相应轴的框架转动,从而带动台体轴产生相反方向的角运动,使陀螺仪测角传感器输出始终指零。

在平台控制系统中还需实时测量各框架轴相对转角,以用于导航过程载体航向和姿态角解算,导航初始对准过程陀螺漂移模型系数的准确标校,系统启动过程平台初始定向以及两相永磁同步力矩电动机的矢量控制。这里采用由 1 对极(粗测通道)与 360 对极(精测通道)组合的复合式感应同步器,以及鉴幅式轴角转换电路等构成高精度感应同步器测角系统,测角 DSP 模块负责读取轴角转换数据,对粗精测数据进行粗精耦合运算及误差补偿后输出高精度的绝对角度值,并将角度测量值通过高速光纤通信接口送至通信 DSP 模块。下面将介绍图 12.2 所示平台控制系统各主要 DSP 功能模块的设计方案。

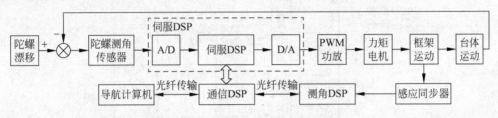

图 12.2　陀螺稳定平台控制系统组成

1. 平台稳定回路数字控制

四环空间稳定平台控制系统采用高速浮点 DSP 芯片作为实现高精度数字控制算法的硬件平台。伺服 DSP 模块的硬件框图如图 12.3 所示,以 TMS320F28335 芯片为核心控制器,通过外部接口单元(XINTF)的并行总线接口,扩展了 16 位 A/D、14 位 D/A 和 16 位双口 RAM 等外设芯片,其中:

(1) A/D 转换器用于采集两只陀螺仪的测角传感器输出信号,测角分辨率优于 0.1 毫秒;

(2) D/A 转换器用于控制五个功率放大器及力矩电机的电枢电流;

(3) 双口 RAM(DPRAM)用于伺服 DSP 与通信 DSP 间进行实时数据交换;

(4) CPLD 芯片实现伺服 DSP 模块上扩展外设器件的选通及读写逻辑控制等。

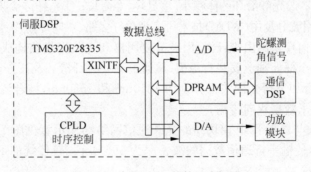

图 12.3　伺服 DSP 硬件组成框图

2. 平台框架角测量

平台框架角运动的测量元件为复合式感应同步器,即 1 对极圆感应同步器与多对极(冗余轴采用 180 对极,其他四轴采用 360 对极)圆感应同步器构成精粗测组合式绝对角度测量系统,其工作原理如图 12.4 所示。

1对极与多对极圆感应同步器均采用单相激磁/双相输出、鉴幅型角度测量方式,结合频率为10kHz的激磁功放模块、信号前置放大电路、轴角变换电路以及DSP粗精耦合模块,组成平台框架绝对测角系统。图12.4中,由圆感应同步器A、B相定子绕组感应的正、余弦电压信号经放大后,送入轴角变换电路得到数字角度信号。精测通道轴角转换器的角度分辨率为14位,对1°(冗余轴为2°)进行2^{14}次细分,输出数字角φ_f的范围为0~16383;粗测通道的角度分辨率为16位,对360°进行2^{16}次细分,输出数字角φ_c的范围为0~65535。将φ_f、φ_c送入测角DSP进行粗精耦合,得到测角范围为0~360°、分辨率为0.22″(冗余轴为0.44″)的平台框架角测量值。

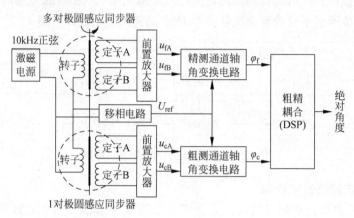

图12.4 感应同步器绝对测角系统原理

3. 平台光纤通信系统

四环空间稳定平台本体与电控机柜之间存在大量信息的实时传输与交换,设计的通信系统采用基于光纤旋转连接器(光纤滑环)的高速光传输链路实现平台内部、平台与电控机柜间的数字信号传输。针对平台框架转动这类旋转机械接口,传统信号传输方案一般采用机电滑环实现,而通信系统采用光纤滑环传输方式具有以下优点:①可有效消除电磁干扰及接地回路的影响;②光纤滑环的体积小,重量轻,寿命长;③光纤传输频带宽,数据容量大,传输速率高;④利用波分复用(WDM)技术可实现单纤多路、双向传输,简化了平台布线工艺。

平台框架角等信息采用由光纤滑环、波分复用器和光收发模块构成的高速光纤通信系统进行传输。在每个框架轴上安装有单模、单通道无源光纤滑环及波分复用器、光收发模块等,传输光路中上行和下行光的波长分别为1310nm和1550nm,结合波分复用技术通过单通道光纤滑环实现了数据双向传输。

测角DSP模块与通信DSP模块间的光纤通信网络结构示意见图12.5,高速串行数据采用8B/10B编码,传输串行通信数据的波特率为155Mbps,较传统的R-422或CAN总线通信接口提高了两个数量级以上。

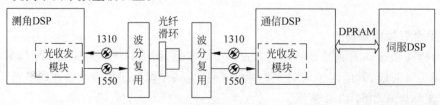

图12.5 光纤通信系统组成及原理

12.1.3 四环平台系统动力学模型

四环空间稳定平台的参考坐标轴分别沿着台体、内环、中环及外环的对称轴(惯性主轴),框架运动为围绕着坐标原点 o 的定点旋转运动,可利用 Euler 方程建立描述框架运动的动力学模型。

在动坐标系 $oxyz$ 中,Euler 动力学方程为

$$
\begin{cases}
\dfrac{\mathrm{d}H_x}{\mathrm{d}t} + \omega_y H_z - \omega_z H_y = T_x \\[2mm]
\dfrac{\mathrm{d}H_y}{\mathrm{d}t} + \omega_z H_x - \omega_x H_z = T_y \\[2mm]
\dfrac{\mathrm{d}H_z}{\mathrm{d}t} + \omega_x H_y - \omega_y H_x = T_z
\end{cases}
$$

式中: H_x、H_y、H_z 为旋转刚体的动量矩向量 $\boldsymbol{H}$ 在动坐标系中的 3 个投影分量,即 $\boldsymbol{H} = H_x \boldsymbol{i} + H_y \boldsymbol{j} + H_z \boldsymbol{k}$; ω_x、ω_y、ω_z 为动坐标系的牵连角速度 $\boldsymbol{\omega}$ 在动坐标系中的 3 个投影分量,即 $\boldsymbol{\omega} = \omega_x \boldsymbol{i} + \omega_y \boldsymbol{j} + \omega_z \boldsymbol{k}$; T_x、T_y、T_z 为作用于刚体的外力对于 o 点的力矩 $\boldsymbol{T}$ 在动坐标系中的 3 个投影分量。

建立动力学模型时,需对台体组合件、台体-内环组合件、台体-内环-中环组合件、台体-内环-中环-外环组合件分别列写 Euler 动力学方程。当稳定平台工作在陀螺稳定状态下时,台体跟随陀螺仪的角度输出信号,若忽略陀螺的漂移速率,则台体角速度 $\boldsymbol{\omega}_{\mathrm{p}} = [\omega_{\mathrm{px}} \quad \omega_{\mathrm{py}} \quad \omega_{\mathrm{pz}}]^{\mathrm{T}} = \boldsymbol{O}$,故推导的动力学方程中可略去与台体角速度分量相关的项。此外,平台稳定工作时,外环轴跟踪内环相对中环的转角(q),使之控制在小于 $5''$ 的范围内,有 $\sin q \approx 0$,$\cos q \approx 1$,$q \approx \dot{q} \approx 0$,利用该近似条件可进一步化简平台动力学方程。最终,由 Euler 方程推导的以框架轴绝对角加速度为变量的四环空间稳定平台动力学方程可表示为

$$
\begin{cases}
\dot{\omega}_{\mathrm{px}} J_{\mathrm{px}} = T_{\mathrm{px}} \\[2mm]
\dot{\omega}_{\mathrm{iz}} J_0 + \dot{\omega}_{\mathrm{my}} J_1 \sin p \cos p = T_{\mathrm{iz}} \\[2mm]
\dot{\omega}_{\mathrm{my}} J_2 + \dot{\omega}_{\mathrm{iz}} J_1 \sin p \cos p = T_{\mathrm{my}} \\[2mm]
\dot{\omega}_{\mathrm{oz}} J_5 - \dot{p} J_{\mathrm{px}} \sin r + \ddot{q} J_0 \cos r + \dot{\omega}_{\mathrm{my}} J_1 \sin p \cos p \cos r - (\dot{\omega}_{\mathrm{bx}} \cos s + \dot{\omega}_{\mathrm{by}} \sin s) J_6 \sin r \cos r + \\[2mm]
\qquad \dot{s}\,\dot{r} J_6 \sin r \cos r - \dot{r}\,\dot{p} J_{10} \cos r = T_{\mathrm{oz}}
\end{cases}
$$

$$(12\text{-}1)$$

式中: r 为中环相对外环的转角,q 为内环相对中环的转角,p 为台体相对内环的转角。T_{px}、T_{iz}、T_{my}、T_{oz} 分别是作用于 4 个组合件上的外力对台体轴、内环轴、中环轴及外环轴的合力矩,主要包括伺服电机的驱动力矩及框架的摩擦力矩、静不平衡力矩等; $\dot{\omega}_{\mathrm{px}}$、$\dot{\omega}_{\mathrm{iz}}$、$\dot{\omega}_{\mathrm{my}}$、$\dot{\omega}_{\mathrm{oz}}$、$\dot{\omega}_{\mathrm{bx}}$、$\dot{\omega}_{\mathrm{by}}$ 分别为台体、内环、中环、外环、基座对应其固连坐标系坐标轴的角加速度分量。

$$J_0 = J_{\mathrm{iz}} + J_{\mathrm{py}} \sin^2 p + J_{\mathrm{pz}} \cos^2 p$$

$$J_1 = J_{\mathrm{py}} - J_{\mathrm{pz}}$$

$$J_2 = J_{\mathrm{my}} + J_{\mathrm{iy}} + J_{\mathrm{py}} \cos^2 p + J_{\mathrm{pz}} \sin^2 p$$

$$J_5 = J_{\mathrm{oz}} + (J_{\mathrm{mx}} + J_{\mathrm{ix}} + J_{\mathrm{px}}) \sin^2 r + (J_{\mathrm{mz}} + J_{\mathrm{iz}} + J_{\mathrm{py}} \sin^2 p + J_{\mathrm{pz}} \cos^2 p) \cos^2 r$$

$$J_6 = J_{\mathrm{mx}} + J_{\mathrm{ix}} + J_{\mathrm{px}} - J_{\mathrm{mz}} - J_{\mathrm{iz}} - J_{\mathrm{py}} \sin^2 p - J_{\mathrm{pz}} \cos^2 p$$

$$J_{10} = J_{ox} + J_{mz} + J_{iz} + J_{py} \sin^2 p + J_{pz} \cos^2 p - J_{oy}$$

其中，$J_{pk(k=x,y,z)}$、J_{ik}、J_{mk}、J_{ok}分别为台体、内环、中环、外环对应其固连坐标系坐标轴的转动惯量。

由式(12-1)可以看出，平台对象模型具有非线性特性，内环、中环、外环轴综合转动惯量(J_0、J_2、J_5)随框架相对运动而变化。惯量的变化实际上造成控制系统开环增益变化，直接影响系统的静态与动态跟踪误差。对于平台稳定回路这类条件稳定的控制系统，严重时可能导致平台失去稳定。平台综合转动惯量的变化可通过变增益控制进行实时补偿，使平台稳定回路成为近似恒定增益系统；或者，进行平台机械结构设计时，若框架各方向的转动惯量满足以下关系

$$J_{py} \approx J_{pz}, J_{mx} + J_{ix} + J_{px} \approx J_{mz} + J_{iz} + J_{pz} \tag{12-2}$$

则内环、中环、外环轴的综合转动惯量均可视为常值。

由式(12-1)可见，平台框架轴的相对运动还会引起框架轴上惯性力矩以及科氏力矩的耦合。特别是当载体存在较大的横摇、纵摇及航向运动时，各框架轴的稳定回路会响应高频信号，此时框架运动常常伴随较大的角速度和角加速度，框架间的耦合力矩可能相当大。若平台框架各方向的转动惯量满足式(12-2)，则式(12-1)可进一步简化为

$$\begin{cases} \dot{\omega}_{px} J_{px} = T_{px} \\ \dot{\omega}_{iz} J_0 = T_{iz} \\ \dot{\omega}_{my} J_2 = T_{my} \\ \dot{\omega}_{oz} J_5 - \ddot{p} J_{px} \sin r + \ddot{q} J_0 \cos r - \dot{r}\,\dot{p} J_{10} \cos r = T_{oz} \end{cases} \tag{12-3}$$

由式(12-3)可见，除外环轴外，平台其他三根受控轴均可视为双积分型被控对象处理。外环轴上虽然会受到台体与内环轴的惯性耦合力矩作用，但由于J_5远大于$J_{px}\sin r$及$J_0\cos r$，设计时可先将外环轴视为理想的双积分型被控对象处理，耦合力矩的影响可通过设计鲁棒性强的伺服控制器进一步抑制。

12.2 感应同步器测角系统

感应同步器是一种基于电磁感应原理，将直线运动或转角变化转换为电信号的精密位移测量元件，具有精度高、工艺性好、运行可靠、抗干扰能力强等优点，广泛应用于高精度陀螺稳定平台、伺服转台、雷达天线和无线电望远镜的定位跟踪、精密数控机床以及高精度位置检测系统中。感应同步器测角系统的主要技术指标有测角精度、角度分辨率和跟踪速率等。本节主要介绍 TMS320F2812 在四环稳定平台感应同步器测角系统中的应用，重点讲述测角系统的硬件电路和软件设计。

12.2.1 感应同步器的工作原理

感应同步器根据其运动方式和结构形式的不同，可以分为直线式感应同步器及圆感应同步器两大类，前者用来检测直线位移，后者用来检测角位移。圆感应同步器由定子和转子组成，定子和转子均主要由基板、绝缘层和绕组三部分组成。基板呈环形，材料为硬铝、不锈钢或玻璃；绕组用铜箔印制而成，厚度在 0.05mm 左右；转子与定子之间的间隙一般为

0.2～0.3mm。

　　圆感应同步器的结构如图 12.6 所示,转子绕组一般做成连续式,称为连续绕组,由 N 个有效导体 1 与内端部 2、外端部 3 相连而成,N 为感应同步器的极数;定子一般做成分段式,称为分段绕组,绕组分为 A、B 两相,每相有 K 组绕组,每组由 M 根有效导体构成,一相中的各组绕组由连接线相连而成。定子、转子的有效导体呈辐射状,导体之间的间隔可以等宽,也可以是扇条形。

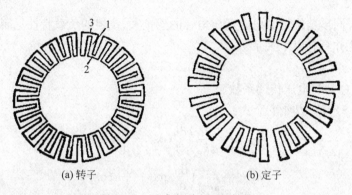

(a) 转子　　　　　　　　(b) 定子

图 12.6　圆感应同步器的结构

1. 圆感应同步器的工作原理

　　圆感应同步器是应用电磁感应原理将角位移量转换成电信号的一种测角传感器,工作时通过转子和定子两个线圈的互感变化来检测其相互位置。由于采用多极结构对测角误差具有均化补偿作用,通常应用的多极圆感应同步器具有很高的测量精度。

　　圆感应同步器的工作原理如图 12.7 所示,图中 A、B 分别为 A、B 相分段绕组,C 为连续绕组。连续绕组相邻两导体之间的间隔称为极距,用 τ 表示。以连续绕组激磁(单相激磁)为例,当在连续绕组中通以频率为 f 的交流电流 i 时,由于电磁感应原理,将在空间产生一个同频且幅值恒定的交变磁场,由此在分段绕组两端会感应出同频且具有一定幅值的交流电压。不断转动分段绕组的位置,两相导体会因磁场的不断变化而产生一个以 2τ 为周期,分别呈正弦和余弦函数变化的输出电势。假定转子励磁电压信号为

$$u(t) = U_m \sin\omega t \tag{12-4}$$

式中,U_m 为转子绕组励磁电压的峰值;ω 为激磁信号的角频率,$\omega = 2\pi f$。

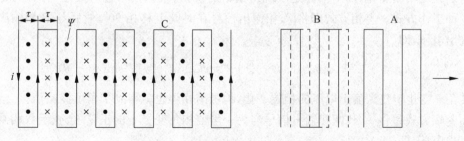

图 12.7　圆感应同步器的工作原理

定子两相绕组上的感应电势分别为

$$
\begin{cases}
u_A = -\dfrac{d}{dt}(\psi\cos\theta) = -\dfrac{d\psi}{dt}\cos\theta + \dfrac{d\theta}{dt}\psi\sin\theta \\[2mm]
u_B = -\dfrac{d}{dt}(\psi\sin\theta) = -\dfrac{d\psi}{dt}\sin\theta - \dfrac{d\theta}{dt}\psi\cos\theta
\end{cases}
\tag{12-5}
$$

式中,ψ 为连续绕组对分段绕组的最大耦合磁链瞬时值;θ 为连续绕组与 A 相绕组导体中心线间的夹角(电弧度)。

考虑到感应同步器绕组的电阻远比电感的感抗大,绕组的负载特性呈阻性,所以磁链和激磁电压成正比并具有以下关系

$$
\psi = u/(\omega k_u)
$$

式中,k_u 为基波(时间)电压传递系数。

因而式(12-5)可写成如下形式:

$$
\begin{cases}
u_A = -\dfrac{1}{\omega k_u}\left(\dfrac{du}{dt}\cos\theta - \dfrac{d\theta}{dt}u\sin\theta\right) \\[2mm]
u_B = -\dfrac{1}{\omega k_u}\left(\dfrac{du}{dt}\sin\theta + \dfrac{d\theta}{dt}u\cos\theta\right)
\end{cases}
\tag{12-6}
$$

在静态及转角低速变化的条件下,$\dfrac{d\theta}{dt}\approx 0$,式(12-6)可简化为

$$
\begin{cases}
u_A = -\dfrac{1}{\omega k_u}\dfrac{du}{dt}\cos\theta \\[2mm]
u_B = -\dfrac{1}{\omega k_u}\dfrac{du}{dt}\sin\theta
\end{cases}
\tag{12-7}
$$

将式(12-4)代入式(12-7),得

$$
\begin{cases}
u_A = -\dfrac{U_m}{k_u}\cos\theta\cos\omega t \\[2mm]
u_B = -\dfrac{U_m}{k_u}\sin\theta\cos\omega t
\end{cases}
\tag{12-8}
$$

式(12-8)即为感应同步器转子单相绕组激磁情况下定子双相输出表达式。根据两相输出电压幅值,便能确切反映一个空间周期内任何角度的变化。

2. 圆感应同步器的信号处理

为了检测转角变化,需对两相定子绕组输出的正弦、余弦信号进行处理,可分为鉴相和鉴幅两种工作方式。鉴相方式即将 A 相输出信号在时间上移相 90°,然后与 B 相输出相加作为输出电压,即

$$
u_{sc} = -\dfrac{U_m}{k_u}\left[\cos\theta\cos\left(\omega t + \dfrac{\pi}{2}\right) + \sin\theta\cos\omega t\right] = \dfrac{U_m}{k_u}\sin(\omega t - \theta)
$$

这样转角 θ 变化转变为输出电压的相位变化,检测出相位也就得到了角度测量值。

而鉴幅方式是将 A、B 两相输出信号与另一可变相角变量 φ 的正弦、余弦函数相乘后求差得输出电压,即

$$
u_{sc} = -\dfrac{U_m}{k_u}\left[\cos\theta\cos\omega t\sin\varphi - \sin\theta\cos\omega t\cos\varphi\right] = \dfrac{U_m}{k_u}\cos\omega t\sin(\theta - \varphi)
$$

之后,适当调整相角变量 φ 的大小,使输出电压为零,这时有 φ 与 θ 相等,这样便可以间接测

出感应同步器所转过的机械角度 θ。

以上讨论了连续绕组(单相)激磁的情况,感应同步器测角系统在实际运行中还可以采用分段绕组激磁方式。两种激磁方式虽然在理论上可实现同等的精度水平,但采用连续绕组激磁可以增大激磁功率,有利于后续信号处理;同时,采用转子(单相连续绕组)激磁相当于定子在均匀磁场中转动,感应信号与位移之间的关系接近于正弦函数关系,易于提高测角精度;此外,定子(双相分段绕组)长度短,阻抗低,容易进行阻抗匹配,又可以减少感应信号受外界磁场的干扰。因此,在感应同步器器测角系统中多采用连续绕组激磁方案。本章介绍的四环稳定平台系统中采用的即为连续绕组激磁、鉴幅型测角方式。

12.2.2 测角系统硬件电路

设计的单相激磁双相输出、鉴幅型测角系统工作于闭环方式,轴角转换精度高,抗干扰能力强,具有较快的转换速度,除角度测量外还可提供角速度信号,并对单相激磁存在的动态误差具有很好的抑制作用。下面介绍感应同步器测角系统的工作原理及基于 DSP 的测角电路。

1. 系统组成及工作原理

平台测角系统的基本组成如图 12.8 所示,测角 DSP 模块的硬件组成如图中双点画线框所示。粗测与精测通道的轴角变换功能分别由两片跟踪型轴角变换器(AD2S83)完成,CPLD 实现轴角变换的启动、数据锁存及输出使能等逻辑控制,粗通道与精通道输出的数字角度值经电平转换后送至 DSP 的数据总线,测角 DSP(TMS320F2812)负责控制角度转换过程,并对转换后的粗通道与精通道角度采样值进行粗精耦合与误差补偿,获得当前时刻的绝对角度测量值并传输至通信 DSP。

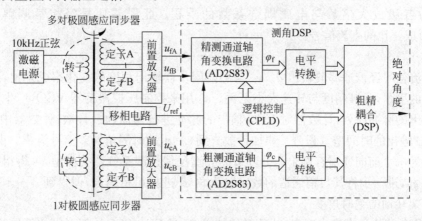

图 12.8 平台测角系统组成

下面以精通道角度测量为例,说明 AD2S83 芯片实现轴角转换的基本原理。基于 AD2S83 的跟踪型感应同步器测角系统工作原理如图 12.9 所示。

令感应同步器的转子激磁信号为 $u = U_m \sin\omega t$,感应同步器输出的两相感应电势如式 (12-8)所示。由于该感应电势的幅值较小,为毫伏量级,为此设计了差分输入的前置放大器进行信号放大。两路输出电势放大后为

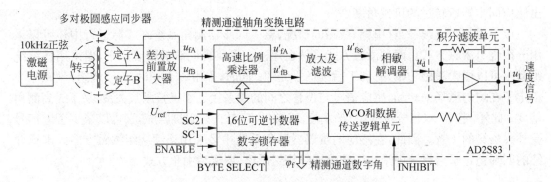

图 12.9　跟踪型感应同步器测角系统工作原理

$$\begin{cases} u_{fA} = -k' \dfrac{U_m}{k_u} \cos\theta\cos\omega t = k' k_v U_m \cos\theta\cos\omega t \\[3mm] u_{fB} = -k' \dfrac{U_m}{k_u} \sin\theta\cos\omega t = k' k_v U_m \sin\theta\cos\omega t \end{cases} \tag{12-9}$$

式中,k_v 为转子和定子间的电磁耦合系数,k' 为前置放大器的电压增益。将两路输出信号和一路同频的参考信号送入轴角转换电路,两路信号经高速比例乘法器后输出为

$$\begin{cases} u'_{fA} = u_{fA}\sin\varphi \\[2mm] u'_{fB} = u_{fB}\cos\varphi \end{cases} \tag{12-10}$$

其中 φ 为输出数字角度。

把 u'_{fA} 和 u'_{fB} 送入误差放大器,得

$$u_{fsc} = u'_{fA} - u'_{fB} = k U_m \cos\omega t \sin(\theta - \varphi) \tag{12-11}$$

式中,k 为各级放大倍数与电磁耦合系数的乘积。此误差信号经相敏调解,输出与 $\sin(\theta-\varphi)$ 成正比的直流信号:

$$u_d = k U_m \sin(\theta - \varphi) \tag{12-12}$$

该直流信号经低通滤波输出 u_1,u_1 与感应同步器输出角度的变化率成正比,因此实际上是转速的度量,且其精度与转速大小无关。u_1 用来控制压控振荡器 VCO,产生频率正比于积分输出的脉冲序列,计数器对 VCO 输出的脉冲进行累加(减)计数,计数器中的数值 φ 就是 VCO 输出的时间增量积分。累加计数直到 $\varphi=\theta$,此时测角误差信号为零。由上可见,整个系统为一个前向通道有两个积分环节的 Ⅱ 型反馈控制系统。类似地,可得粗通道的数字输出角 φ_c,进一步将其与精通道的数字输出角 φ_f 进行粗精耦合,便得到 0°～360°范围反映平台框架转动的绝对角度。

AD2S83 芯片具有集成度高、功耗低的特点,通过 SC1、SC2 外部引脚的不同输入组合,可实现 10、12、14、16 四种不同的角度分辨率,用户通过设置芯片外围电阻、电容等参数,可满足不同的测角系统动态性能要求。

用户可通过控制$\overline{\text{INHIBIT}}$和$\overline{\text{ENABLE}}$实现转换角度数据的锁存及输出控制。AD2S83 数据锁存及输出与$\overline{\text{INHIBIT}}$和$\overline{\text{ENABLE}}$信号的关系如下:

(1) $\overline{\text{ENABLE}}$为高电平,数据输出引脚保持高阻状态;$\overline{\text{ENABLE}}$为低电平,有效数据锁存至数据输出端。ENABLE输入端电平变化对转换过程没有影响。

(2) $\overline{\text{INHIBIT}}$为低电平,禁止数据从可逆计数器传至输出锁存器;$\overline{\text{INHIBIT}}$变为高电

平,允许数据从可逆计数器传至输出锁存器,变为高电平490ns后输出数据有效。读取角度数据后,$\overline{\text{INHIBIT}}$应恢复到高电平,以使能输出锁存器的更新。

应用AD2S83芯片时,为保证角度转换精度,除应按数据手册要求选择合适的芯片外围电阻、电容参数外,还必须注意两点要求:①输入至芯片的正弦、余弦信号有效值应在2.0V±10%范围内;②正弦、余弦信号与参考信号的相位差应限制在$-10°\sim10°$范围内。

2. 基于DSP的测角电路

测角DSP模块的硬件电路框图如图12.10所示。

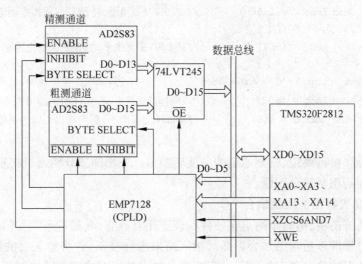

图12.10　硬件接口电路

图中,利用TMS320F2812芯片的外部接口单元(XINTF),由地址线A0～A3、A13、A14及存储空间6选通信号XZCS6AND7、读写控制信号$\overline{\text{XWE}}$、数据总线D0～D5送入CPLD芯片译码产生两片AD2S83轴角变换芯片及两片74LVT245电平转换芯片(5V转3.3V)的逻辑控制信号,即AD2S83芯片的控制信号ENABLE、$\overline{\text{INHIBIT}}$、BYTE SELECT及74LVT245芯片输出使能控制信号$\overline{\text{OE}}$。其中,AD2S83芯片实现数字轴角变换,两片74LVT245实现16位数据总线的接口电平匹配,DSP实现角度采集、粗精通道耦合及角度数据传输。

12.2.3　测角系统软件设计

本节将围绕数字角度值的读取、双通道测角系统的粗精耦合,介绍测角系统软件设计。

1. 数字角度数据读取

基于TMS320F2812的数字角度读取软件如下:

```
unsigned int * Angle_Read_Enable = ( unsigned int * ) 0x10000E;    //角度输出使能控制
unsigned int * Angle_Read_Lock = ( unsigned int * ) 0x100001;      //角度数据锁存控制
unsigned int * Angle_Read = (unsigned int * ) 0x100002;            //角度数据读取控制
unsigned int   Read_Angle ( )                                      //读取数字角度程序
{
    unsigned int   i, Angle_Data_Fixed, Angle_Data_Integral;
    * Angle_Read_Enable = 0x02;         //ENABLE变低电平,精测数据从锁存器输出至数据总线
```

```
          for(i = 0;i <5;i + +) { ; }              //时间延时
          * Angle_Read_Lock = 0x02;               //INHIBIT变低电平,禁止精测输出锁存器数据被更新
          for(i = 0;i <8;i + +) { ; }
          Angle_Data_Fixed = ( ( * Angle_Read)>>2 ) & 0x3FFF;
                                                    //OE端产生低脉冲,读取 14 位精测角度
          * Angle_Read_Lock = 0x03;               //INHIBIT变高电平,允许精测输出锁存器数据更新
          * Angle_Read_Enable = 0x03;             //ENABLE变高电平,精测输出引脚为高阻态
          for(i = 0;i <3;i + +) { ; }
          * Angle_Read_Enable = 0x01;             //ENABLE变低电平,粗测数据从锁存器输出至数据总线
          for(i = 0;i <5;i + +) { ; }
          * Angle_Read_Lock = 0x01;               //INHIBIT变低电平,禁止粗测输出锁存器数据更新
          for(i = 0;i <8;i + +) { ; }
          Angle_Data_Integral = ( * Angle_Read );   //OE端产生低脉冲,读取 16 位粗测角度
          * Angle_Read_Lock = 0x03;               //INHIBIT变高电平,允许粗测输出锁存器数据更新
          * Angle_Read_Enable = 0x03;             //ENABLE变高电平,粗测输出引脚为高阻态
      }
```

运行以上程序可得到粗、精测通道的角度转换值。下面简要介绍通过将粗、精测角度组合得到绝对角度的粗精耦合问题。

2. 双通道角度数据的粗精耦合

平台测角系统的粗、精两个通道在硬件实现上相互独立,其测量范围和精度要求各不相同。粗精耦合过程即以精测结果为标准对粗测结果进行修正,并将修正后的粗测整数位同精测小数位合并形成绝对角度的过程。粗精耦合技术是绝对式感应同步器测角系统的一项关键技术,粗精相关出错将导致出现整度数的角度误差,导致平台无法正常工作。

对于双通道测角系统,目前多采用十分位法实现粗精耦合,即利用粗、精通道的 $0.1°$ 位值之差判断是否有 $1°$ 位的错误借位或进位并对其进行修正,该方法要求粗通道的绝对精度优于 $0.4°$。下面介绍一种查表实现粗精耦合的方法,该方法放宽了对粗测通道的精度及稳定性要求,从而一定程度上降低了粗测感应同步器的设计与制造难度。

应用查表法实现粗精耦合需先建立粗精相关表,即记录所有 φ_f 过零时的 φ_c,并将其按从小到大排序,并记为数且 T;之后由 T 建立粗精相关表 T_c。建好粗精相关表,就可通过查表得到整度数。应用查表法实现粗精耦合,只需两相邻精测零点($360°/y, y$ 为精测极对数)间的粗测综合相对误差(相对于建表时刻)小于区间长度的一半(若精测为 360 对极则相当于 $0.5°$)就可输出正确的绝对角度。该方法适用于由感应同步器或旋转变压器组成的双通道绝对测角系统。

应用粗精耦合得到正确的绝对角度后,利用自准直光管加多面棱体(72、24、23 面体)、精确分度端齿盘(360、391 齿,一般用于较小范围的角度精度测试)或其他测试方法对感应同步器测角系统的综合误差进行测定,得到测角系统零位误差及细分误差数据,再利用线性插值法或谐波函数法对各项误差进行有效补偿,有望获得高精度的平台绝对角度测量值。

12.2.4 测角系统实验结果

四环稳定平台的冗余轴位于台体上,其允许的轴孔尺寸受到限制,因此冗余轴上安装的感应同步器的盘面尺寸较小。为降低绕组刻线的难度,其精测通道采用 180 对极圆感应同

步器(其他轴采用360对极)。这里以冗余轴感应同步器为例介绍测角系统的实验结果。

由于测角元件盘面尺寸小,定子与转子绕组的刻线精度有限,冗余轴粗、精通道的原始误差相对较大,其中粗通道最大误差达6.910°,已超出1°的范围,如图12.11所示,此时无法应用常规的粗精耦合方法得正确的绝对角度值。鉴于粗测角度误差具有较好的规律性与重复性,采用前面介绍的查表法实现粗精耦合后,平台系统经历长时间伺服实验与导航精度试验,实验结果显示粗精耦合后的角度输出正确,未出现整度数跳变现象。

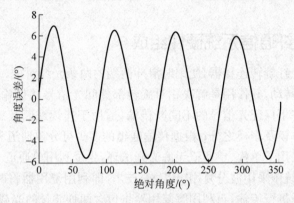

图12.11　粗通道误差曲线

粗精耦合得到绝对角度后,还可对感应同步器的角度误差进行测试及补偿以便进一步提高其使用精度。平台系统长时间连续工作时,冗余轴实际转动范围有限,故这里仅测试其距离机械零位−13°~11°范围内的误差情况。首先利用360齿端齿盘对冗余轴感应同步器测角系统的零位误差进行测定,得到零位误差数据,然后利用线性插值法对零位误差进行补偿。在补偿零位误差后,再利用391齿端齿盘测试2°范围内的细分误差,并利用线性插值法对细分误差进行补偿。补偿前后测得的误差曲线如图12.12所示。由图可见,经过适当的误差补偿,精通道的测角误差峰峰值从65″降至6.7″,大幅度提高了测角系统的综合精度水平。

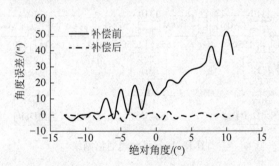

图12.12　补偿前后的误差曲线

12.3　光纤通信系统

四环空间稳定平台框架轴数目多,惯性平台与外部电子机柜之间存在大量信息的传输与交换,包括平台框架角及惯性元件的测控信息等。传统的陀螺稳定平台多使用机电滑环实现相对转动机构间的信号传输,使用同轴电缆或者双绞线进行电信号传输。采用上述电传输方式主要存在以下不足:受电缆物理传输性质的限制,数字信号的传输速率及传输距离有限;机电滑环存在较大摩擦力矩,寿命短,抗电磁干扰能力差;使用过多的机电滑环,将导致系统结构复杂,降低陀螺稳定平台的可靠性。因此,在四环空间稳定平台中引入高速光纤传输系统实现稳定平台与电子机柜间的弱电信号数字传输,只保留功率信号(如电源供电和力矩电机驱动)采用机电滑环传输。本节介绍平台光纤传输系统的硬件电路设计及软件实现。

12.3.1 光纤通信系统硬件组成

光纤滑环又称光纤旋转连接器,使用时滑环两端的两条光纤对准,其中一条光纤固定不动,另一条光纤随轴转动,其作用是解决相对旋转部件间光信号的传输问题,即在一端旋转而另一端静止的状态下保证光信号的不间断传输,适用于连续或断续旋转的场合。光纤滑环按光传输介质有单模及多模之分;根据传输通道的多少可分单通道和多通道两类。

在平台系统中采用了单模、单通道无源光纤滑环,为了利用单通道光纤滑环实现双向数据传输,光纤通信系统中采用波分复用(WDM)技术,即利用复用器将两种波长的信号光载波合并送入一根光纤进行传输,再利用解复用器将包含两种波长的光载波分开的传输方式。由于平台系统中光纤传输距离不超过20m,实现波分复用传输时,可省去光纤放大器,选用普通激光器作光源的光收发模块。

平台光通信系统的组成如图12.13所示。图中,光通信网络采用环形拓扑结构,主要由5个通信节点、4组光纤滑环及8个波分复用器组成。5个通信节点包括电控机柜中的通信DSP模块及分别安装在平台对应框架上的外框、中框、内框、台体测角DSP模块,每个通信节点配有一个光收发模块实现电信号与光信号的相互转换。4组单通道无源光纤滑环分别装在台体、内框、中框及外框轴上。光通信系统采用1310nm、1550nm两种波长实现上行指令的发送和下行数据的接收。

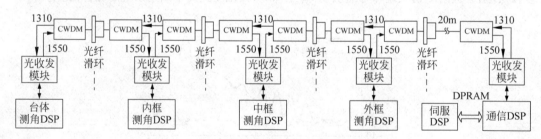

图12.13 平台光通信网络

下面以通信DSP模块为例,介绍光纤通信电路的硬件组成和工作原理,如图12.14所示。

通信DSP模块以TMS320F2812为核心实现数据收发控制及数据处理,选取155Mb/s的单模双纤光收发一体式光电转换模块实现光-电与电-光信号转换,HOTLink收发器CY7B923及CY7B933实现数据接收(数据串并转换)和发送(数据并串转换),接收器、发送器芯片与光电转换模块之间采用差分形式的PECL电平传输高速串行数据。此外,通过XINTF外部接口单元扩展了两片容量为4KB的FIFO芯片负责对收发数据进行缓冲处

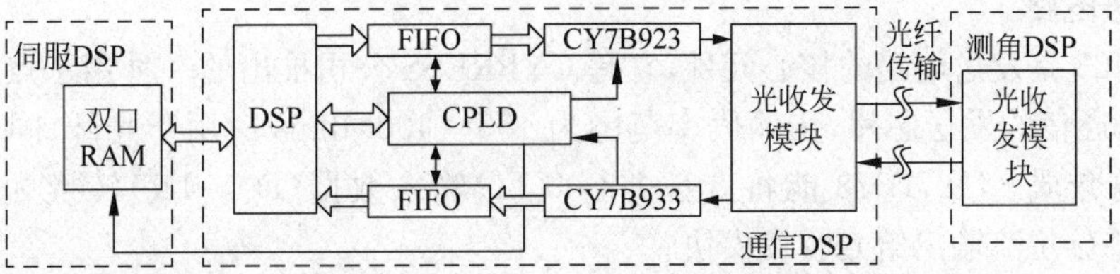

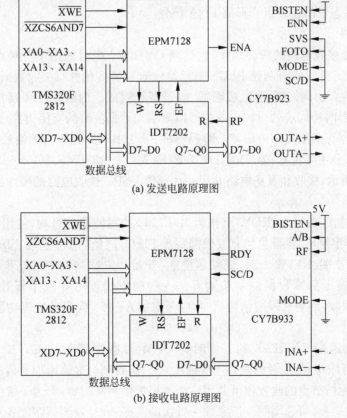

图 12.14 光纤通信电路工作原理

理,以提高 DSP 的工作效率,保证数据传输的稳定性。由于通信 DSP 与伺服 DSP 模块近距离安装在同一块底板上,二者采用 16 位双口 RAM 实现高速数据交换,通信 DSP 模块的逻辑控制由 CPLD 编程实现。

通信 DSP 在每个采样周期执行数据发送、数据接收的流程为:通信 DSP 把待发送的数据写入发送 FIFO 中,通信发送器 CY7B923 立即读取发送 FIFO 中的数据,完成数据的并/串转换和数据的物理层编码,再把串行化数据送至光收发模块,光收发模块把电信号转化为光信号,光信号通过波分复用器和光纤滑环送至测角 DSP,完成数据的发送过程;在接收端,光信号经过光收发模块转化为串行化的电信号,通信接收器 CY7B933 完成数据串/并转换和数据的物理层解码,解码以后的数据放入接收 FIFO 中,通信 DSP 读取接收 FIFO 中的数据并进行一定的数据处理,完成数据接收过程。光通信系统中数据收发电路原理如图 12.15 所示。

(a) 发送电路原理图

(b) 接收电路原理图

图 12.15 光通信系统的发送电路及接收电路

1. 发送电路

CY7B923 是发送电路的核心元件,它是 CYPRESS 公司推出的一种用于点对点之间高速串行数据通信的发送芯片,传输码率范围为 155~400Mbps,适用于光纤、同轴电缆和双绞线等传输介质。CY7B923 能将 8 位并行 TTL 输入数据(D0~D7)转换为 3 路 PECL 100k 串行差分位流输出给光收发模块。

CY7B923 的工作模式可以灵活设置。在编码模式下,编码器把输入数据按 8B/10B 编码为传输码,由 SC/D 端电平控制传输码是数据码还是专用码。这种编码模式有以下优点:①经过编码可使传输过程 1 与 0 的数目均衡,传输的直流成分接近 0;②附加位能保证串行位流中有足够的跃变,使接收器能从这些跃变中恢复发送时钟;③不需要外部编解码协议控制器;④增加探测位错的可能性。

数据发送部分主要由 CY7B923、IDT7202、EPM7128 和 TMS320F2812 实现,硬件接口如图 12.15(a)所示。发送电路的硬件接口设计要点总结如下:

(1) 因为在 DSP 软件中制定了传输层的通信协议,通信协议中对数据和控制指令有不同的定义,因此在链路层无须进行区分,可以将特殊字符/数据选择端(SC/D)设为逻辑 0,即 CY7B923 对所有输入的数据都用 8B/10B 数据码表进行编码。

(2) 读信号端(RP)直接与 IDT7202 的读数据端相接,这样在 CY7B923 发送数据后,在 RP 端会出现一个低电平脉冲,该脉冲可作为 IDT7202 的读信号,二者之间形成无缝接口。

(3) 对输入数据允许端(ENA)的控制是控制发送过程的关键,ENA 为低电平时,在 CKW 时钟的上升沿,数据从 IDT7202 进入 CY7B923。可以用 DSP 的通用 I/O 口和 IDT7202 状态标志位的逻辑组合形成 ENA 信号。

2. 接收电路

CY7B933 是接收电路的核心元件,它是与 CY7B923 配对的用于点对点之间高速串行数据通信的接收芯片。它有两路 PECL 串行差分输入端,8 位并行接收数据输出接口。

CY7B933 主要由内嵌锁相环、成帧器、解码器等组成。内嵌锁相环锁相于输入数据位流,产生与发送器时钟同步的时钟。成帧器检测输入数据位流的直接边界,以同步字 K28.5 为准,使位流数据正确地按字节成帧。解码器将 8B/10B 代码还原为原始数据或专用字。

数据接收部分主要由 CY7B933、IDT7202、EPM7128 和 TMS320F2812 实现,硬件接口如图 12.15(b)所示,接收和发送电路共用一片通信 DSP。接收电路的硬件接口设计要点总结如下:

(1) 输出数据准备好端(RDY)可作为 IDT7202 的写使能信号端,使用 RDY 的优点是可自动过滤同步字符串,保证只将有效数据写入 FIFO,避免同步字符将 FIFO 填满。

(2) 当帧同步端(RF)置 1 时,成帧器使能,开始搜寻数据流中的同步字 K28.5,并以 K28.5 为基准,确定后续数据的字节边界。一些随机错误可导致串行数据变成同步字 K28.5,导致错误帧,制定软件通信协议时,应考虑加入包头、误码校验等功能以剔除这类错误数据帧。

(3) 数据发送端 CY7B923 的工作时钟 CKW 和数据接收端 CY7B933 的工作时钟 REFCLK 应尽可能相同,二者的误差不应超出 0.1%,否则会显著增加通信的误码率。实际应用时,同一个通信节点的收发器可共用一个晶振提供所需时钟,而为了解决不同通信节点可能存在的时钟误差,可选用同一厂家同一批次的晶振,或经过测试匹配各个通信节点的晶振频率。

12.3.2　光纤通信系统软件设计

为实现数据的高速、可靠传输，用户应定义通信系统传输层通信协议。设计的光通信数据采用数据包的形式整体传输，数据包由包头、数据个数、地址码、标识符、数据、校验码等组成，如图 12.16 所示。其中，"数据包包头"由 2 个字节组成，表示一包数据的开始；"数据个数"为数据包中"数据"的字节数；"地址码"由 1 个字节组成，以 0～255 范围内的数代表不同的数据接收设备；"标识符"由 3 个字节组成，用于指明数据的含义；"数据"由 1 个或多个字节组成，为需传输的具体数据；"校验码"由 1 个字节组成，为"数据个数、地址码、标识符、数据"所含字节经特定组合后所得数字的低 8 位，用于判断数据传输是否正确。

数据包包头	数据个数	地址码	标识符	数据	校验码

图 12.16　光通信数据包格式

发送数据的流程为：DSP 往发送 FIFO 中写入符合包格式的数据包后，通过写 CY7B923 发送使能控制寄存器将 CY7B923 的发送端 ENA 置低，CY7B923 产生 RP 信号作为 FIFO 的读信号，此时 FIFO 中的并行数据在 CKW 的上升沿被 CY7B923 读入，并对其进行 8B/10B 编码、并/串转换，最后以 155Mbps 的波特率串行传至光收发模块；通过 FIFO 非空状态标志判断出 FIFO 中还有数据时，发送端 ENA 将一直置低，直到发送 FIFO 为空时将发送端 ENA 置高，此时 CY7B923 将不再发读 FIFO 信号，而是在每一个 CKW 的上升沿插入一个同步字，等待下一包数据的写入。数据包发送的主要工作均由底层硬件实现，其软件编程比较简单，具体流程如图 12.17(a)所示。

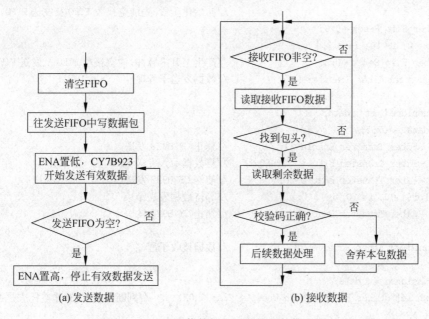

(a) 发送数据　　　　(b) 接收数据

图 12.17　光通信数据发送及接收软件流程

对信息发送过程进行逻辑编程时,不能仅依靠发送 FIFO 的 EF 标志作为 CY7B923 发送端 ENA 的控制位,而应另外设置一个软件使能端。往发送 FIFO 中写入完整一包数据后,利用软件设置使能端将 CY7B923 的发送端 ENA 置低。FIFO 中的数据发送完毕后,应及时将 ENA 置高,防止下一包数据发送出错。

接收数据的过程为:CY7B933 自动将接收到的数据写入接收 FIFO,DSP 判断接收 FIFO 非空标志位,若有数据即读取接收 FIFO 中的数据。当然,也可以利用 FIFO 非空标志产生外部中断信号通知 DSP 读取接收 FIFO 中的数据。DSP 接收一整包数据的过程为:软件中先循环判断数据包头,找到包头后,读取"数据个数",根据数据个数读取本包数据余下数据,并同步计算校验码。若计算校验码和接收到的校验码相等,表示本包数据有效,并对数据进行后续处理;若不相等,表示数据传输有误,舍弃整包数据,并记录出错信息。数据包接收软件流程如图 12.17(b)所示。

以下给出实现单字节光通信数据发送及接收的例程。

```
//定义控制、数据寄存器地址
volatile unsigned int * Fiber_Transfer_Enable = (volatile unsigned int * )0x0080009;
                                        //CY7B923 发送使能控制
volatile unsigned int * Fiber_Receive_Fifo_Unempty_Flag = (volatile unsigned int * )0x80008;
                                        //接收 FIFO 非空标志
volatile unsigned int * Fiber_Transfer_Fifo = (volatile unsigned int * )0x0080006;
                                        //写发送 FIFO 数据寄存器
volatile unsigned int * Fiber_Fifo_Reset = (volatile unsigned int * )0x8000A;
                                        //清空接收 FIFO 及发送 FIFO
volatile unsigned int * Fiber_Receive_Fifo = (volatile unsigned int * )0x0080007;
                                        //读接收 FIFO 数据寄存器
                    //初始化阶段,先清空接收 FIFO 及发送 FIFO
 * Fiber_Fifo_Reset = 0x0;
for(i = 0; i < 10; i++) {;}
 * Fiber_Fifo_Reset = 0x3;              //产生上升沿脉冲,清空接收 FIFO 及发送 FIFO
unsigned int Fiber_Transfer ( )         //数据发送子程序
{
    unsigned int i, data;
    data = 0x55;
    * Fiber_Transfer_Enable = 1;        //禁止 CY7B923 发送
    * Fiber_Transfer_Fifo = data&0xff;  //将数据写入发送 FIFO
    * Fiber_Transfer_Enable = 0;        //使能 CY7B923 发送
    for(i = 0; i < 10; i++) {;}          //等待数据发送结束
    * Fiber_Transfer_Enable = 1;        //禁止 CY7B923 发送
}
unsigned int Fiber_Receive ( )          //数据接收子程序
{
    unsigned int data;
    while( * Fiber_Receive_Fifo_Unempty_Flag&0x02)     //判断接收 FIFO 非空标志是否置位
    {
        data = * Fiber_Receive_Fifo&0xff; //读取接收 FIFO 中的数据
    }
}
```

12.3.3　光通信系统实验结果

陀螺稳定平台正常工作时,通信 DSP 负责产生系统工作的时间基准。由高精度温补晶振分频产生的通信系统时序脉冲以及框架角计算、传输延时的测试结果如图 12.18 所示。图中,下半部曲线为通信时序脉冲,脉冲周期为 1ms,每周期产生两个固定间隔($200\mu s$)的脉冲,即角度读取同步脉冲和伺服同步脉冲。当出现角度读取同步脉冲时,通信 DSP 通过上行光纤传输通道向所有下行设备下发读取平台框架角度指令,各测角 DSP 收到该指令后,完成框架角的采样、粗精耦合计算及误差补偿并通过光纤链路下传至通信 DSP;当出现伺服同步脉冲时,通信 DSP 通知伺服 DSP 平台角度数据已更新,可开始当前采样周期的平台控制算法计算。

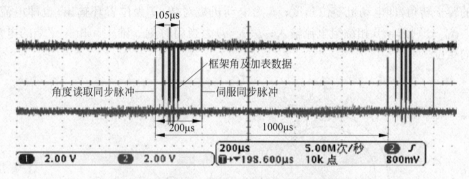

图 12.18　通信系统时序脉冲及框架角计算、传输延时

图 12.18 中,采用数字示波器测量接收电路中的 FIFO 写信号得到四个一组的脉冲串(上半部曲线)为通信 DSP 接收由测角 DSP 返回的各框架角度数据时刻。由图可见,完成 5 个框架角的采样、计算及光通信传输的最长延时仅为 $105\mu s$。此外,通信系统连续运行 10 天,共发送光传数据包数 3456000000,其中错误包数 0 包,误码率为 0。由通信系统实验结果可以看出,四环稳定平台应用图 12.13 所示光纤通信系统,可获得较高的传输速率,较低的传输延迟,且通信误系统的误码率极低,可靠性高。

12.4　平台伺服控制系统

前面介绍了稳定平台控制系统的两个主要分系统——测角系统及通信系统的设计与实现,本节重点介绍平台伺服控制系统设计,包括两相永磁同步力矩电动机的矢量控制、伺服控制器设计、伺服控制系统的硬件与软件实现等。

12.4.1　两相永磁同步力矩电动机的矢量控制

平台伺服控制系统的执行器件采用两相多对极永磁同步力矩电动机,其气隙磁场为正弦波形式,需采用矢量控制技术实现电动机驱动。定子磁链矢量控制的思想是:控制定子电流 d 轴分量 $i_d=0$,使电动机输出转矩正比于定子电流的 q 轴分量 i_q,通过对 i_q 的实时调节,实现电磁转矩的连续控制。通过矢量控制方法,可得到最大的电机驱动力矩,获得良好的转矩响应;同时,可获得类似于直流电动机的工作特性,即通过控制电流幅值达到控制永磁同步电机转矩的目的。在实现平台控制时,首先由位置环控制器计算得到 i_q 指令电流值,根据感应同步器测得的框架轴转角信号对指令电流进行坐标变换,得到电动机 a、b 两相的指令电流,再分别经过电流环控制,使电动机的两相电流精确跟踪指令电流,从而解除了 d/q 轴控制回路的耦合,实现了两相永磁同步电动机的矢量控制。

平台系统所用两相永磁同步电动机为隐极式转子结构,有 12、24、40 对极三种规格,其气隙磁场及反电动势波形如图 12.19 所示。伺服控制过程中,通过下列变换实现两相永磁同步电动机磁链定向矢量控制

$$\begin{cases} i_a^* = i\sin[p(\beta-\alpha)] \\ i_b^* = i\cos[p(\beta-\alpha)] \end{cases} \tag{12-13}$$

式中:β 为当前时刻感应同步器测得的转子转角;α 为转子 q 轴经过 a 相定子绕组"+"端时测得的转子转角,即电动机零位角度;p 为电动机极对数;i 为位置环输出,也即电流环输入;i_a^*、i_b^* 分别为 a、b 相绕组电流输入;$p(\beta-\alpha)$ 为当前时刻 q 轴距 a 相"+"端的电角度,即换向相位。

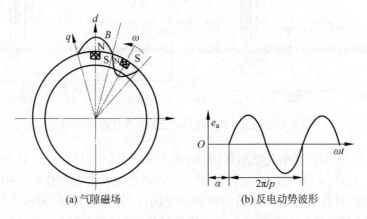

(a) 气隙磁场 (b) 反电动势波形

图 12.19 气隙磁场及反电动势波形

β 由感应同步器提供的框架角度测量值得到,α 由反电动势波形得到。其中,力矩电机反电动势的测量过程为:关闭电动机功放输出,以外力转动平台框架轴,利用高速 A/D 通道采集 a 相绕组的电压波形,同步记录该时刻感应同步器的角度输出。实际上,由于反电动势测量存在一定误差,且感应同步器测角也可能存在慢漂移,这些均会导致 $p(\beta-\alpha)$ 与实际 q 轴距 a 相"+"端的电角度存在偏差。

下面介绍采用式(12-13)实现矢量控制的原理。定子绕组 a/b 相坐标及转子 d/q 坐标间的关系如图 12.20 所示。图中 i_a、i_b 分别为 a、b 相绕组实际电流,若力矩电机功率放大器内置的电流环跟踪性能良好,则可认为 i_a、i_b 与 i_a^*、i_b^* 对应相等。将定子 a、b 相电流分解至 d、q 轴,得

$$\begin{cases} i_d = i\cos[p(\beta-\alpha)-\theta] \\ i_q = i\sin[p(\beta-\alpha)-\theta] \end{cases} \tag{12-14}$$

式中,i_d、i_q 分别为在转子 d、q 轴分解得到的定子电流分量;θ 为转子 d 轴相对 a 相"+"端的电角度。

由图 12.20 知 $p(\beta-\alpha)=90°+\theta$,代入式(12-14)得

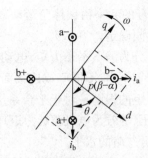

图 12.20　a/b 坐标电流分解至 d/q 坐标

$$\begin{cases} i_\mathrm{d} = i\cos 90° = 0 \\ i_\mathrm{q} = i\sin 90° = i \end{cases} \tag{12-15}$$

隐极式转子电动机的转子磁链为常量,其电磁转矩可表示为 $T_\mathrm{em} = K_\mathrm{t} i_q$($K_\mathrm{t}$ 为力矩系数),由式(12-15)知此时电动机可获得最大的驱动力矩。经矢量分解后,电动机定子绕组 q 轴电压平衡方程为

$$u_q = L\frac{\mathrm{d}i_q}{\mathrm{d}t} + Ri_q + K_\mathrm{e}\omega \tag{12-16}$$

式中,L 为定子绕组电感,R 为定子绕组电阻,K_e 为反电势系数,ω 为定子与转子间的相对转速。由式(12-16)可以看出,经矢量分解后,消除了 d/q 轴控制回路的耦合,获得了与普通直流电动机相同的电动机控制模型。

12.4.2　位置控制系统分析与设计

1. 被控对象特征分析

分析表明,平台系统的综合误差由三部分组成,即机械误差、角度测量误差及伺服跟踪误差。为满足对高精度惯性器件参数标定的要求,台体静态综合指向精度应优于 $5''$。经实际测定,台体机械综合误差优于 $3''$,测角系统精度优于 $2''$,因此平台控制回路的伺服跟踪误差应优于 $\sqrt{5''^2 - 3''^2 - 2''^2} = 3.5''$,才可满足系统应用精度要求。对于平台伺服系统,为设计满足精度要求的控制器,应首先分析受控系统的输入特性及受控对象的模型特征。

1) 受控系统输入特性

伺服回路的输入包括参考位置输入及力矩输入。选用的高精度陀螺仪带有壳体翻滚装置,平台系统工作时,各稳定回路角位移输入信号的高频成分由陀螺仪的壳体翻滚运动产生,故台体、冗余、内环、中环轴对应的参考角位置输入信号依次为

$$R_\mathrm{p}(t) = A_\mathrm{cp}\sin\left(\frac{\pi}{60}t\right);\ R_\mathrm{r}(t) = A_\mathrm{ce}\cos\left(\frac{\pi}{60}t\right);\ R_\mathrm{i}(t) = A_\mathrm{cp}\sin\left(\frac{\pi}{60}t\right);\ R_\mathrm{m}(t) = A_\mathrm{cp}\cos\left(\frac{\pi}{60}t\right) \tag{12-17}$$

式中:A_ce、A_cp 分别为赤道陀螺、极轴陀螺壳体翻滚轴与陀螺动量矩轴的安装偏差角,一般小于 $10'$。

静止基础上,外环轴参考角位移输入为地球自转角运动与 $\sin r$ 的乘积,即

$$R_\mathrm{o}(t) = \frac{2\pi}{24 \times 3600}t\sin r\,(\mathrm{rad}) \tag{12-18}$$

动基础上,外环轴参考位置输入信号的频率由载体角运动频率确定;输入信号的幅值由载体角运动幅值及纬度角正割函数共同确定。

平台框架轴上作用的干扰力矩分为静不平衡力矩、电动机转矩脉动引入的等效干扰力矩以及摩擦力矩。框架轴系质量配置不当、不同心或连接面与轴线不垂直,存在制造误差、安装误差等因素是造成静不平衡力矩的根源。对于平台系统,可以通过控制各框架轴匀速运动,根据记录的伺服控制输出电压(等效为电机驱动力矩)曲线调整框架配重,以精确调节框架轴的静不平衡力矩,使之降至可忽略的水平。

永磁同步电动机绕组反电动势及电流波形均为正弦波,要产生理想的平滑转矩,要求电动机的反电动势和电流都为标准的正弦波,且相位一致。相电流或反电动势与理想正弦波的偏离均会导致电机转矩脉动。转矩脉动一般由齿槽转矩、转矩纹波及凸极转矩组成。脉动转矩的存在,使系统的转速发生波动,降低了平台系统的跟踪性能。平台驱动电动机采用多对极及隐极式圆柱形叠层转子设计,基本消除了齿槽力矩及凸极转矩,其转矩脉动主要由转矩纹波引起,测试表明实际的转矩脉动较小,故这里主要是利用高增益的伺服控制器来抑制脉动转矩的影响,使之满足伺服跟踪精度要求。

平台框架轴的摩擦力矩是引起伺服系统动态跟踪误差,并影响系统低速性能的主要因素。虽然平台系统采用高精度、高刚度的角接触滚珠轴承,并采用优质润滑油润滑,在一定程度上改善了平台摩擦力矩及分布情况,但摩擦力矩仍是平台稳定回路的主要干扰力矩。平台工作于动基础上时,除冗余轴外,作用于平台框架轴的摩擦力矩频率主要为载体角运动频率分量的合成。而外环轴除了摩擦力矩外,还会受到较大的惯性耦合力矩作用,见式(12-3)。相比之下,冗余轴安装于台体上,而台体可稳定在准惯性空间,故冗余轴的摩擦力矩变化频率与壳体翻滚运动的角频率相同。

由以上分析可见,为满足稳定回路的静态、动态控制性能要求,除冗余轴外,设计其他框架轴控制器时除应保证尽量大的稳态增益外,各回路在载体摇摆频率区域还应具有足够的动态伺服刚度,以抑制动态干扰力矩引起的跟踪误差。

2) 受控对象的模型

两相永磁同步力矩电动机采用矢量控制后,其控制特性与直流电动机相似,即

$$
\begin{cases}
u_q(t) = L \dfrac{\mathrm{d}i_q(t)}{\mathrm{d}t} + Ri_q(t) + e_q(t) \\[2mm]
e_q(t) = K_e\omega(t) \\[2mm]
T_{\mathrm{em}}(t) = K_t i_q(t) \\[2mm]
T_{\mathrm{em}}(t) = J \dfrac{\mathrm{d}\omega(t)}{\mathrm{d}t} + B\omega(t) + T_{\mathrm{d}}(t)
\end{cases}
\tag{12-19}
$$

式中:$e_q(t)$ 为等效反电动势;J 为各框架轴转动惯量,即前述各框架轴综合转动惯量。

平台系统工作在低速状态,可忽略黏性阻尼系数,其控制特性与第 11 章所讨论的无刷直流电动机相同。经拉式变换后,永磁同步力矩电动机的传递函数形式与式(11-16)相同。由于四环空间稳定平台主要应用于舰船导航系统,载体摇摆角速度一般较低,难以获得高分辨率的转速反馈信号,故平台伺服控制回路中未设计速度环,仅设计了位置环及电流环。其中电流环控制回路采用模拟电路实现,集成于电动机功放装置中,用于提高系统对电流指令的响应速度,抑制电机反电动势的影响,以利于拓展位置环带宽,提高伺服刚度。系统传递

函数框图如图 12.21 所示,图中 θ_{ref} 为角位置输入信号;θ 为反馈信号;$G_{\text{g}}(s)$ 为陀螺仪测角环节的传递特性;$G_{\text{pc}}(s)$ 为位置控制器;u_{cref} 为电流环输入信号;$G_{\text{cc}}(s)$ 为电流控制器;K_{p} 为电机功放装置的放大倍数;K_{cf} 为电流环的反馈电流检测灵敏度。

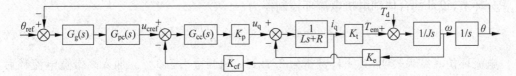

图 12.21　平台伺服系统传递函数框图

以上给出了陀螺稳定回路的标称模型,实际系统工作时,电动机带动机械负载运动,各框架轴均会产生不同程度的弹性变形,其固有频率与系统阻尼、惯量、摩擦等结构因素有关。如果平台框架的设计刚度足够高,使结构谐振频率远大于伺服回路的闭环带宽,则可避免出现框架谐振问题。但对于控制精度和响应速度均有较高要求的平台伺服系统,必须提高系统的工作带宽;此外,若平台结构刚度有限,机械谐振频率较低,则可能导致结构谐振频率接近系统带宽,这样平台工作时极有可能激发伺服回路在谐振频率附近振荡,从而严重影响平台的伺服控制精度。

例如,利用动态信号分析仪对台体轴进行扫频测试结果显示,其开环频率特性曲线在 109Hz 附近存在谐振峰。台体轴受控对象的开环频率特性可表示为二阶积分环节与式(12-20)所示谐振模型串联的形式

$$G_{\text{x}}(s) = \frac{s^2 + as + \omega_{\text{s}}^2}{s^2 + bs + \omega_{\text{s}}^2} \quad (a > b > 0) \tag{12-20}$$

式中,ω_{s} 为谐振频率,a、b 的取值由谐振网络的品质因数(Q 值)决定。

考虑到该谐振频率接近要求的设计带宽,应对该频率区域设计陷波滤波器抑制可能出现的谐振问题。所谓陷波滤波器即采用与式(12-20)互为倒数形式的滤波器抵消系统谐振。如果系统的谐振特性测量准确且谐振频率稳定,则理论上采用陷波器可完全消除谐振现象,但平台系统的谐振特性总是存在测量误差,且谐振中心频率还可能随时间变化,因此对于台体谐振模型采用式(12-21)所示两级串联陷波器

$$G_{\text{xianbo}}(s) = \frac{s^2 + 10.5s + 526315}{s^2 + 210.5s + 526315} \times \frac{s^2 + 8.7s + 434782}{s^2 + 173.9s + 434782} \tag{12-21}$$

式中:前级陷波器中心频率为 115Hz,后级陷波器中心频率为 105Hz,对 103~118Hz 频段信号的幅值衰减不小于 -19.3dB,这样可有效解决实际系统的谐振问题。当然,采用式(12-21)所示陷波器,在对谐振峰值进行有效抑制的同时,也对系统的相位裕量有一定影响,例如其在 10Hz 附近引起的相位滞后达 $-2.77°$。进行平台控制器设计时,应在开环系统的剪切频率处提供足够的相位超前量,以提高闭环系统的相对稳定性。

2. 控制器设计

四环平台稳定回路的主要设计指标为:稳态精度优于 $3.5''$,闭环带宽 $\geqslant 15$Hz,相位裕量 $\geqslant 43°$。以台体轴伺服回路设计为例,受控系统的主要参数为:$R = 16\Omega$,$L = 0.8$mH,$G_{\text{g}}(s) = \dfrac{1}{0.000004s^2 + 0.00236s + 1} \times \dfrac{1}{0.0012s + 1}$,$K_{\text{p}} = 36$,$K_{\text{t}} = 1.588$N·m/A,$K_{\text{e}} = 1.588$V/(rad/s),$K_{\text{cf}} = 2.5$V/A,$J = 0.82$kg·m²,$T_{\text{dmax}} = 0.0753$N·m。由于要求位置环带

宽≥15Hz,为减小对位置环相位裕量的影响,电流环带宽设置应不低于1kHz。另外稳定回路正常工作时电动机驱动力矩主要用来抵消摩擦力矩的影响,电机电枢电流的平均值很小。为提高电枢电流的零位稳定性,减小零位波动对闭环系统性能的影响,在电流控制器中加入了积分环节,设计的台体轴电机电流环控制器为

$$G_{cc}(s) = 2000 \times \frac{1}{s} \times \frac{0.00005s + 1}{0.00000001s + 1} \tag{12-22}$$

电流环仿真结果表明,其闭环带宽为3.7kHz,超调量小于1%。加入高带宽电流环后,在设计位置环控制器时,被控对象可作为典型二阶积分环节处理。利用Simulink进行位置控制系统设计与仿真,得到位置控制器为

$$G_{pc}(s) = 5500 \times \frac{1}{s} \times \frac{0.09s + 1}{0.0008s + 1} \times \frac{0.08s + 1}{0.0007s + 1} \times \frac{1}{0.003s + 1} \tag{12-23}$$

位置环仿真结果表明,系统闭环带宽为20Hz,相位裕量47°,可满足设计指标要求。此外,由于设计的平台控制系统为Ⅱ型系统,对阶跃输入及速度输入的稳态误差均为0。

12.4.3　位置环数字控制器实现

1. 数字控制器硬件设计

平台位置环控制器以伺服DSP模块为硬件平台,以32位浮点DSP(TMS320F28335)为核心处理器,利用数据和地址总线由外部扩展接口XINTF扩展了高分辨率的A/D、D/A转换芯片及双口RAM等并行接口外设,分别用于陀螺角度信号输入、力矩电机控制信号输出以及实时数据通信。伺服DSP模块的硬件框图如图12.3所示。核心处理芯片TMS320F28335与各个扩展外设间的硬件连接如图12.22所示。

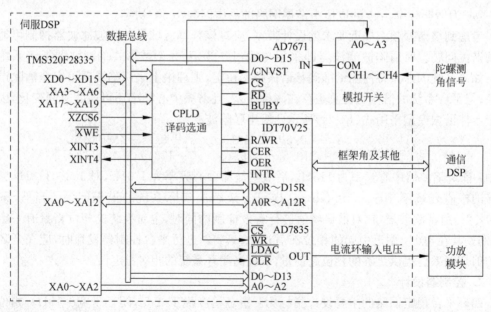

图12.22　伺服DSP模块的硬件电路

图中,AD7671为16位分辨率的A/D转换芯片,转换速率可到1MSPS;AD7835为14位分辨率的D/A转换芯片,片内包含四个D/A转换通道,伺服DSP模块共包括3个

AD7835 芯片以实现 5 个框架轴的控制(需 10 路 D/A 转换通道),该器件的具体扩展方法
见 3.5.2 节;IDT70V25 为 16 位数据总线、容量为 8KB 的双端口 RAM 芯片,用于实现伺
服 DSP 与通信 DSP 之间的高速实时数据交换。采用 CPLD 芯片实现扩展外设器件的选通
及读写逻辑控制,同时利用 A/D 芯片的转换结束信号(BUSY)以及双口 RAM 芯片的中断
标志信号(INTR),并结合相对应的地址信号、DSP 读写信号由 CPLD 分别译码产生外部中
断信号 XINT3 及 XINT4,A/D 芯片转换结束触发 XINT4 中断,通信 DSP 向伺服 DSP 写
入相应数据后再写 DPRAM 特定地址空间将触发 XINT3 中断。四路陀螺测角信号经模拟
多路开关选通后送入 A/D 芯片,分时实现 A/D 转换操作。进行双口 RAM 芯片读写时,规
定通信 DSP 数据写入存储器的前 4K 存储空间,伺服 DSP 数据写入后 4K 存储空间。

对于 IDT70V25 这类双口 RAM 芯片,可采用 Semaphore 信号令牌传递以及中断方式
下设置邮箱的方法解决双口 RAM 左右端口同时访问同一存储单元时的竞争问题,这里采
用设置邮箱的中断方式,即利用双口 RAM 的中断功能实现伺服 DSP 与通信 DSP 之间的数
据交换。双口 RAM 每侧均内置了 1 个特定的存储单元,该单元称作邮箱或消息中心。伺
服 DSP 向偏移地址为 0x1FFE 的存储单元执行 1 次写操作,通信 DSP 侧的中断标志信号
INTL 有效;此时,通信 DSP 向偏移地址为 0x1FFE 的存储单元执行 1 次读操作可清除中
断标志信号 INTL。同样,通信 DSP 向偏移地址为 0x1FFF 的存储单元执行 1 次写操作,伺
服 DSP 侧的中断标志信号 INTR 有效;此时,伺服 DSP 向偏移地址为 0x1FFF 的存储单元
执行 1 次读操作可清除中断标志信号 INTR。

为产生连续变化的中断标志信号,实现数据交换的两个 DSP 的外设读周期可略长于外
设写周期,这样保证双方均只需读 1 次,即可消除对方触发的中断标志信号。

2. 平台控制器软件设计

平台数字控制由伺服 DSP 完成,具体需完成以下功能:接收各框架轴及壳体翻滚的角
度数据,采集极轴和赤道陀螺光电传感器的角度分解信号;实现 5 个框架轴的位置环控制
算法;对各框架轴控制器实施积分反缠绕控制;实现各框架轴电动机的矢量控制;与通信
DSP 的实时数据交换。由功能需求设计其软件流程如图 12.23 所示。图中,DSP 系统初始

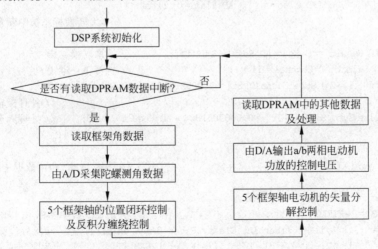

图 12.23 伺服 DSP 软件流程

化子程序中包含了外部中断设置及 XINTF 外设接口单元的初始化设置子程序；进行位置环控制所需平台控制器采用双线性变换方法离散化，数字控制器的采样周期设为 1ms。下面给出了伺服 DSP 进行 4 个通道 A/D 转换、读取框架角度数据以及由 D/A 输出控制结果的子程序。

```
// 由外设接口单元扩展相关外设地址定义
volatile unsigned int * Select_AD_Channel = (volatile unsigned int * )0x100010;
                                                //A/D 通道选择寄存器
volatile unsigned int * Read_AD_Result = (volatile unsigned int * )0x100018;
                                                //A/D 转换结果读取寄存器
volatile unsigned int * AD_Conversion_Start = (volatile unsigned int * )0x100008;
                                                //启动 A/D 转换寄存器
volatile unsigned int * Fiber_DPRAM = (volatile unsigned int * )0x140000;
                                                //DPRAM 数据空间首地址
unsigned int * DAC1 = (unsigned int * )0x120020;        //D/A 数据输出寄存器
unsigned int * LD_DAC1 = (unsigned int * )0x120028;     //D/A 数据更新寄存器
interrupt void XINT4_ISR( void )                //A/D 转换结束中断处理子程序
{
  * PIEACK = * PIEACK|0x0800;                   // 清 PIE 级中断标志,以响应下一次中断
  AD_Flag = 1;                                  // 设置 A/D 转换结束标志位
}
void Gyro_Signal_AD( double Gyro_Signal0[4] )   //A/D 采集数据子程序
{
    unsigned int ii,c_j,AD_Result;
    * Select_AD_Channel = 0;                    //选择通道 1
    for( ii = 0;ii < 4;ii++)                     // 共需采集 4 个通道
    {
        for(c_j = 0;c_j < 30;c_j++) {;}          // 延时待所选通道信号稳定
        * AD_Conversion_Start = 0x00;
        * AD_Conversion_Start = 0x01;           // 启动 A/D 转换
        for(;;)
            {
                if(AD_Flag == 1) { AD_Flag = 0; break; }
                                                // A/D 转换标志被中断置位后立即跳出
            }
        AD_Result = * Read_AD_Result & 0xffff;  // 读取转换结果
        * Select_AD_Channel = ii + 1;           // 选择下一通道
        if( ii < 2 ) Gyro_Signal0[ii] = 0.0003051804 * AD_Result - 10.0;
                                                // 处理极轴陀螺测角数据
        else Gyro_Signal0[ii] = 0.0003051804 * AD_Result - 10.0;   // 处理赤道陀螺测角数据
    }
}
interrupt void XINT3_ISR(void)                  // 读取 DPRAM 角度数据中断处理子程序
{
  unsigned int ii, Fiber_Int_Clear;
  * PIEACK = * PIEACK|0x0800;                   // 清 PIE 级中断标志,以响应下一次中断
  for(ii = 0;ii < 1;ii++) Fiber_Int_Clear = Fiber_DPRAM[0x1fff];  // 清除外设级中断标志 INTR
  for(ii = 0;ii < 12;ii++) Angle_Data[ii] = Fiber_DPRAM[ii];      // 读取已被更新的角度数据
}
void DAC1_OUTPUT(void)                          // 一片 D/A 转换器数据更新,共计 4 个输出通道
```

```
{
    DAC1[0] = (unsigned int)((Idle_A_Voltage + 5.0) * 1638.3);
                                        // 冗余 A 相功放输入送至 D/A 数据输出寄存器
    DAC1[1] = (unsigned int)(( Idle_B_Voltage + 5.0) * 1638.3);
                                        // 冗余 B 相功放输入送至 D/A 数据输出寄存器
    DAC1[2] = (unsigned int)(( Table_A_Voltage + 5.0) * 1638.3);
                                        // 台体 A 相功放输入送至 D/A 数据输出寄存器
    DAC1[3] = (unsigned int)(( Table_B_Voltage + 5.0) * 1638.3);
                                        // 台体 B 相功放输入送至 D/A 数据输出寄存器
    * LD_DAC1 = 1;                       // 更新 DAC1 4 个通道的输出数据
}
```

应用 TMS320F28335 系列 DSP 芯片实现稳定回路数字控制应避免出现控制器运算"大数"吃"小数"的现象。计算机数系是有理数集的有限子集,浮点数每做一次算术运算都可能引入舍入误差,舍入误差严重时可能导致数字控制器失效。DSP 浮点类型数据的有效位数为 7 位,当出现大数与小数相加时,首先需要写成浮点形式,且要对阶。若参加数学运算的两个数的数量级相差很大,且有效位数有限时,则会出现类似大数"吃掉"小数的现象,即小数作为涉入误差被忽略,直接影响数字控制器的计算精度。具体的表现是控制器实现时,纯积分或者大滞后校正环节的作用不明显,实际控制效果与仿真结果差异甚大,影响稳态控制精度。

该问题可以通过改变数字控制器的计算流程解决,即对同式(12-23)类似形式的控制器进行离散化时,先离散化超前校正、一阶惯性等环节,再离散化滞后校正及纯积分环节。由离散化后的控制器进行位置环计算时,先完成超前、一阶惯性环节的校正计算,将其计算结果作为滞后及纯积分校正环节的输入再进行运算,这样可以避免因浮点数对阶造成的积分器失效现象。

3. 稳定回路的反积分缠绕控制

在图 12.23 所示软件流程中,在各个平台控制回路中均加入了反积分缠绕的控制措施,这里将讨论积分缠绕的来源并给出有效克服积分缠绕的工程实现方法。

在实际系统中,所有执行器可输出的功率或能量都是有限制的,例如电动机具有有限的转矩和转速,这种现象称为对象输入限制。由于输入限制的存在,实际被控对象的输入有时会和控制器的输出幅值不等,由此引起的系统动态响应变差的问题被称为 windup 现象。系统设计过程中如果不考虑这种非线性因素的影响,会造成系统在大范围给定值突变的情况下出现大超调现象,甚至使系统失稳。积分缠绕问题是 windup 现象的典型代表。为了提高开环增益或消除静差,控制器中一般都会包含滞后校正或积分校正环节,这必然会导致积分缠绕现象。

克服由于积分饱和引起的积分缠绕现象的有效方法包括限制参考输入、条件积分、反向计算与跟踪、内模控制等,其中反向计算与跟踪方法抑制效果显著且实现简单。这里给出一种适用于式(12-23)所示控制器的反向计算与跟踪方法。参照传统 PID 控制器回路中反向计算与跟踪克服积分缠绕的方法,设计带反积分缠绕措施的控制器框图如图 12.24 所示。图中,K 为控制器增益,$G_c(s)$ 为控制器中超前校正及惯性环节的传递函数,$G_z(s)$ 为控制器中滞后校正及积分环节的传递函数,控制器输出重新设置的速率由反馈增益 $1/T_t$ 决定。控制器具有额外的反馈回路,由测量执行器模型的输入和输出形成反馈误差信号,该反馈信号经过增益加到积分器的输入端。当不存在执行器饱和时,该反馈信号为零,因而对控制系统正常工作不产生影响。当出现执行器饱和时,该反馈信号为非零。由于执行器输入保持常值,系统正常的反馈通道被破坏。但是,由于围绕积分器的反馈回路存在,此时积分器的输出调整过程将使执行器逐步退出饱和值。

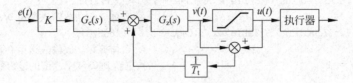

图 12.24 控制器的反积分缠绕控制原理

图 12.24 中,T_t 通常称为跟踪时间常数。跟踪时间常数应该选择得比较小,这样,积分器重新设置比较快。但是,伴有微分校正时,跟踪时间常数如果取值太小,虚假积分可能引起输出饱和,造成积分器错误设置。所以,跟踪时间常数应大于微分时间常数,同时小于积分时间常数,其最终取值通过实际调试确定。

以外环轴稳定回路为例,T_t 选 130s。加入反积分缠绕措施前后系统对阶跃输入的响应如图 12.25 所示。可以看出,采用上述方法克服系统积分缠绕的效果显著。

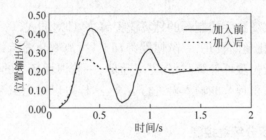

图 12.25 加入反积分缠绕措施前后的阶跃响应

12.4.4 平台稳定回路实验结果

以平台台体轴稳定回路为测试对象,平台控制器采用双线性变换法离散化,采样周期取1ms。台体轴在静基座及动基座上的角位置跟踪误差曲线如图 12.26 所示。其中,动基座上测试时,设定载体航向、纵摇和横摇的幅值分别为 1°、3°、5°,摇摆周期均为 6s。

由图 12.26 可以看出:静基座上台体轴稳定回路的控制误差峰值小于 1″说明台体回路具有足够的低频伺服刚度。而三轴摇摆状态下,台体轴稳定回路的瞬态误差峰值达 15″,这是因为摩擦力矩在框架轴换向瞬间会出现跳变,摩擦力矩的基波成分虽与载体运动的角频率相同,但实际上还包含了丰富的高频谐波分量。而伺服系统的有效带宽及中频、高频伺服刚度总是有限的,因此在每个换向瞬间快变的干扰力矩均会导致跟踪误差出现较大的峰值,如图 12.26(b)所示。为进一步提高系统抑制动态干扰力矩的能力,可以设计高带宽的干扰观测器,实现对快变干扰力矩的实时观测与前馈补偿,剩余干扰力矩的影响则通过反馈控制进行抑制。

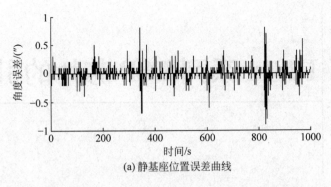

(a) 静基座位置误差曲线

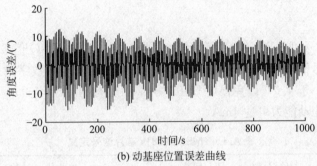

(b) 动基座位置误差曲线

图 12.26 静、动基座位置闭环误差曲线

习题与思考题

1. 简述感应同步器测角系统鉴幅及鉴相方式的工作原理,比较两种方式的优缺点。

2. 查阅 AD2S83 芯片手册,理解芯片引脚 $\overline{\text{DATA LOAD}}$、$\overline{\text{COMPLEMENT}}$ 的作用,这两个管脚可以直接连接 CPLD 芯片吗? 为什么? 应如何实现这两个引脚的有效电平控制?

3. 对于由 1 对极、360 对极感应同步器组成的绝对测角系统,如果粗、精测分别选用 16 位、14 位分辨率,使用 AD2S83 芯片实现轴角转换,试计算可保证转换精度的最大框架轴转速。

4. 对于图 12.14 所示光纤通信系统,可以利用哪些信号产生中断信号通知 DSP 接收光传数据? 应如何设置通信双方 DSP 的外部总线读写时序,以正确、快速地读取整包数据?

5. 比较两相同步力矩电动机与第 11 章中所提到的无刷直流电动机在工作原理、控制特性及控制方式上的异同,深入了解电机矢量控制的原理。

6. 伺服 DSP 模块中,利用 XINTF 外部接口扩展了 A/D、D/A 及双口 RAM 等不同外设,若仍选用图 12.22 中的芯片型号,试计算分别与这三种不同外设接口时的最小读写时序设置。

7. 利用模拟多路开关实现多路信号的选通与 A/D 转换时,有哪些注意事项?

8. 查阅文献,总结对于动态干扰力矩有哪些有效的抑制方法,试比较这些方法的特点。

F281x 系列 DSP 芯片的引脚信号

DSP 芯片的信号可分为：XINTF 信号、时钟与复位信号、JTAG 信号、片内集成外设信号和电源，引脚信号描述见表 A.1 和表 A.2。需要指出，所有的数字输入与 TTL 电平兼容，输入电压必须小于 4.6V 以免损坏 DSP 芯片；而所有的输出与 3.3V 的 CMOS 电平兼容，输出缓冲器的驱动能力可达 4mA。

表 A.1 TMS320F281x 芯片信号定义

名　　称	I/O/Z/P[1]	PU/PD[2]	描　　述
XA[18]-XA[0]	O/Z	—	19 位的 XINTF 地址总线
XD[15]-XD[0]	I/O/Z	PU	16 位的 XINTF 数据总线
XMP/$\overline{\text{MC}}$	I	PU	微处理器/微计算机模式选择
XHOLD	I	PU	外部保持请求，低电平时请求 XINTF 释放外部总线
XHOLDA	O/Z	—	外部保持确认，低电平时表明 DSP 释放 XINTF 总线
XZCS0AND1	O/Z	—	XINTF 空间 0 和空间 1 共用的片选信号
XZCS2	O/Z	—	XINTF 空间 2 的片选信号
XZCS6AND7	O/Z	—	XINTF 空间 6 和空间 7 共用的片选信号
XWE	O/Z	—	写(使能)信号
XRD	O/Z	—	读(使能)信号
XR/$\overline{\text{W}}$	O/Z	—	读/写信号。低电平是表示为有效的写周期，高电平表示处于有效的读周期
XREADY	I	PU	外设准备好信号，高电平有效
X1/XCLKIN	I		片内振荡器输入，也可用于连接外部时钟信号
X2	O		片内振荡器输出
XCLKOUT	O		时钟输出，用于外设等待状态的产生或通用时钟源
XRS	I/O	PU	器件复位输入/看门狗输出
TESTSEL	I	PD	TI 测试引脚，必须接地
TEST1,TEST2	I/O		TI 测试引脚，必须悬空
TRST	I	PD	JTAG 测试复位信号
TCLK	I	PU	JTAG 测试时钟
TMS	I	PU	JTAG 测试模式选择
TDI	I	PU	JTAG 测试数据输入
TDO	O/Z	—	JTAG 测试数据输出
EMU0	I/O/Z	PU	JTAG 仿真引脚 0

续表

名　　称	I/O/Z/P[1]	PU/PD[2]	描　　述
EMU1	I/O/Z	PU	JTAG 仿真引脚 1
ADCINA7-ADCINA0	I		采样保持器 A 的 8 通道模拟输入
ADCINB7-ADCINB0	I		采样保持器 B 的 8 通道模拟输入
ADCREFP	I/O		ADC 内部基准电压输出或外部基准电压输入(2V)
ADCREFM	I/O		ADC 内部基准电压输出或外部基准电压输入(1V)
ADCRESEXT	I		ADC 外部偏置电阻(24.9kΩ)
ADCBGREFIN	I		TI 测试引脚,必须悬空
AVSSREFBG	I		ADC 模拟地
AVDDREFBG	I		ADC 电源(3.3V)
ADCLO	I		16 个 ADC 通道共用的低侧输入端,通常连接到模拟地
V_{SSA1}, V_{SSA2}, V_{SSAIO}	P		ADC 模拟地
V_{DDA1}, V_{DDA2}, V_{DDAIO}	P		ADC 模拟电源(3.3V)
V_{SS1}	P		ADC 数字电源(1.8V 或 1.9V)
V_{DD1}	P		ADC 数字地
V_{DD}	P		1.8V 或 1.9V 内核电源
V_{SS}	P		内核和数字 I/O 电源地
V_{DDIO}	P		3.3V 数字 I/O 电源
V_{DD8VFL}	P		3.3V 片内 Flash 内核电源

注:

(1) 引脚输入/输出类型: I=输入,O=输出,Z=高阻,P=电源或地。

(2) 片内是否有上拉/下拉电阻,PU=上拉,PD=下拉,—=无上拉或下拉电阻。

表 A.2　TMS320F281x 芯片外设信号定义与分组

名称	外设信号	I/O/Z	PU/PD	描　　述
GPIOA0	PWM1(O)	I/O/Z	PU	GPIOA0 或 PWM1
GPIOA1	PWM2(O)	I/O/Z	PU	GPIOA1 或 PWM2
GPIOA2	PWM3(O)	I/O/Z	PU	GPIOA2 或 PWM3
GPIOA3	PWM4(O)	I/O/Z	PU	GPIOA3 或 PWM4
GPIOA4	PWM5(O)	I/O/Z	PU	GPIOA4 或 PWM5
GPIOA5	PWM6(O)	I/O/Z	PU	GPIOA5 或 PWM6
GPIOA6	T1PWM_T1CMP (I)	I/O/Z	PU	GPIOA6 或定时器 1 输出
GPIOA7	T2PWM_T2CMP (I)	I/O/Z	PU	GPIOA7 或定时器 2 输出
GPIOA8	CAP1_QEP1 (I)	I/O/Z	PU	GPIOA8 或捕获单元输入 1
GPIOA9	CAP2_QEP2 (I)	I/O/Z	PU	GPIOA9 或捕获单元输入 2
GPIOA10	CAP3_QEPI1 (I)	I/O/Z	PU	GPIOA10 或捕获单元输入 3
GPIOA11	TDIRA (I)	I/O/Z	PU	GPIOA11 或定时器方向选择
GPIOA12	TCLKINA (I)	I/O/Z	PU	GPIOA12 或定时器时钟输入
GPIOA13	$\overline{C1TRIP}$(I)	I/O/Z	PU	GPIOA13 或比较器 1 的触发信号
GPIOA14	$\overline{C2TRIP}$(I)	I/O/Z	PU	GPIOA14 或比较器 2 的触发信号
GPIOA15	$\overline{C3TRIP}$(I)	I/O/Z	PU	GPIOA15 或比较器 3 的触发信号
GPIOB0	PWM7(O)	I/O/Z	PU	GPIOB0 或 PWM7
GPIOB1	PWM8(O)	I/O/Z	PU	GPIOB1 或 PWM8
GPIOB2	PWM9(O)	I/O/Z	PU	GPIOB2 或 PWM9

续表

名 称	外 设 信 号	I/O/Z	PU/PD	描　　述
GPIOB3	PWM10(O)	I/O/Z	PU	GPIOB3 或 PWM10
GPIOB4	PWM11(O)	I/O/Z	PU	GPIOB4 或 PWM11
GPIOB5	PWM12(O)	I/O/Z	PU	GPIOB5 或 PWM12
GPIOB6	T3PWM_T3CMP (I)	I/O/Z	PU	GPIOB6 或定时器 3 输出
GPIOB7	T4PWM_T4CMP (I)	I/O/Z	PU	GPIOB7 或定时器 4 输出
GPIOB8	CAP4_QEP3 (I)	I/O/Z	PU	GPIOB8 或捕获单元输入 4
GPIOB9	CAP5_QEP4 (I)	I/O/Z	PU	GPIOB9 或捕获单元输入 5
GPIOB10	CAP6_QEPI2 (I)	I/O/Z	PU	GPIOB10 或捕获单元输入 6
GPIOB11	TDIRB (I)	I/O/Z	PU	GPIOB11 或定时器方向选择
GPIOB12	TCLKINB (I)	I/O/Z	PU	GPIOB12 或定时器时钟输入
GPIOB13	$\overline{C4TRIP}$(I)	I/O/Z	PU	GPIOB13 或比较器 4 的触发信号
GPIOB14	$\overline{C5TRIP}$(I)	I/O/Z	PU	GPIOB14 或比较器 5 的触发信号
GPIOB15	$\overline{C6TRIP}$(I)	I/O/Z	PU	GPIOB15 或比较器 6 的触发信号
GPIOD0	$\overline{T1CTRIP\_PDPINTA}$(I)	I/O/Z	PU	GPIOD0 或定时器 1 比较输出/功率保护中断输入
GPIOD1	$\overline{T2CTRIP}$/EVASOC(I)	I/O/Z	PU	GPIOD1 或定时器 2 比较输出/EV A 启动 A/D 转换
GPIOD5	$\overline{T3CTRIP\_PDPINTB}$(I)	I/O/Z	PU	GPIOD2 或定时器 3 比较输出/功率保护中断输入
GPIOD6	$\overline{T4CTRIP}$/EVBSOC(I)	I/O/Z	PU	GPIOD3 或定时器 4 比较输出/EV B 启动 A/D 转换
GPIOE0	XINT1	I/O/Z		GPIOE0 或外部中断 XINT1
GPIOE1	XINT2_ADCSOC	I/O/Z		GPIOE1 或外部中断 XINT2/外部启动 A/D 转换
GPIOE2	XNMI_XINT3 (I)	I/O/Z	PU	GPIOE2 或外部中断 XNMI/XINT3
GPIOF0	SPISIMOA (O)	I/O/Z		GPIOF0 或 SPI 从入主出
GPIOF1	SPISOMIA (I)	I/O/Z		GPIOF1 或 SPI 从出主入
GPIOF2	SPICLKA (I/O)	I/O/Z		GPIOF2 或 SPI 时钟
GPIOF3	SPISTEA (I/O)	I/O/Z		GPIOF3 或 SPI 发送使能
GPIOF4	SCITXDA (O)	I/O/Z	PU	GPIOF4 或 SCI A 串行数据发送
GPIOF5	SCIRXDA (I)	I/O/Z	PU	GPIOF5 或 SCI A 串行数据接收
GPIOF6	CANTXA (O)	I/O/Z	PU	GPIOF6 或 eCAN 数据发送
GPIOF7	CANRXA (I)	I/O/Z	PU	GPIOF7 或 eCAN 数据接收
GPIOF8	MCLKXA (I/O)	I/O/Z	PU	GPIOF8 或 McBSP 发送时钟
GPIOF9	MCLKRA (I/O)	I/O/Z	PU	GPIOF9 或 McBSP 接收时钟
GPIOF10	MFSXA (I/O)	I/O/Z	PU	GPIOF10 或 McBSP 发送帧同步
GPIOF11	MFSRA (I/O)	I/O/Z	PU	GPIOF11 或 McBSP 接收帧同步
GPIOF12	MDXA (O)	I/O/Z		GPIOF12 或 McBSP 串行数据发送
GPIOF13	MDRA (I)	I/O/Z	PU	GPIOF13 或 McBSP 串行数据接收
GPIOF14	XF_XPLLDIS(O)	I/O/Z	PU	GPIOF14 或 PLL 使能控制/通用输出引脚
GPIOG4	SCITXDB (O)	I/O/Z		GPIOG4 或 SCI B 串行数据发送
GPIOG5	SCIRXDB (I)	I/O/Z		GPIOG5 或 SCI B 串行数据接收

注：(1) 引脚输入输出类型：I=输入，O=输出，Z=高阻，P=电源或地。

(2) 片内是否有上拉/下拉电阻，PU=上拉，PD=下拉。

这里给出的电路原理图中,DSP 实验开发板包括图 B.1～图 B.4,三相 PWM 功率放大器板包括图 B.5 和图 B.6。

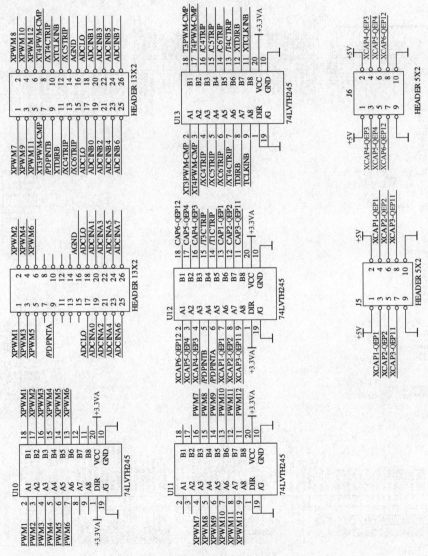

图 B.1　事件管理器信号缓冲及外部接口

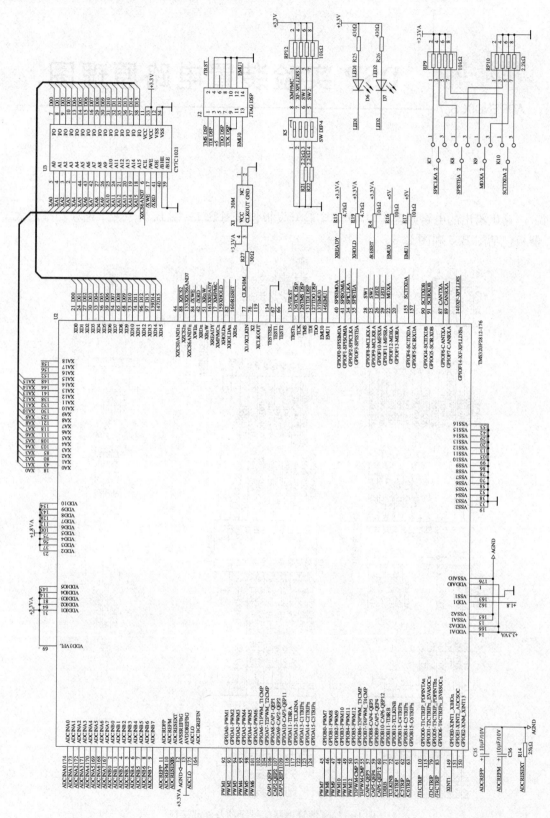

图 B.2　DSP 和 SRAM 电路

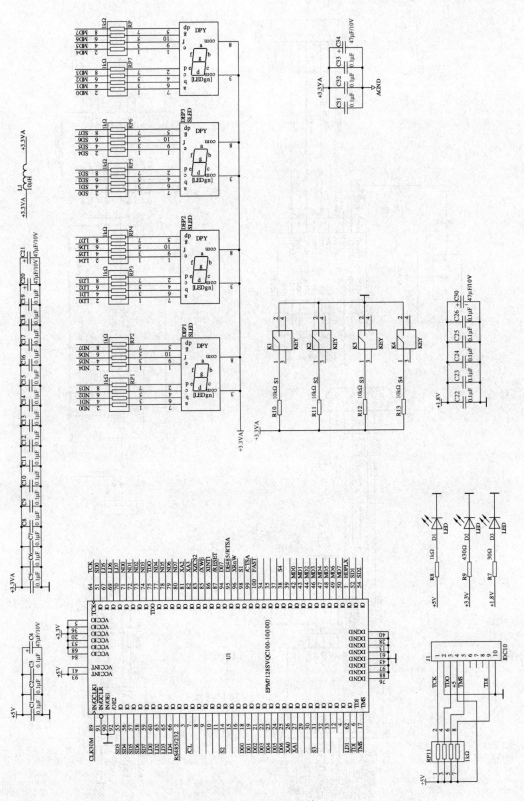

图 B.3　CPLD 与人机接口

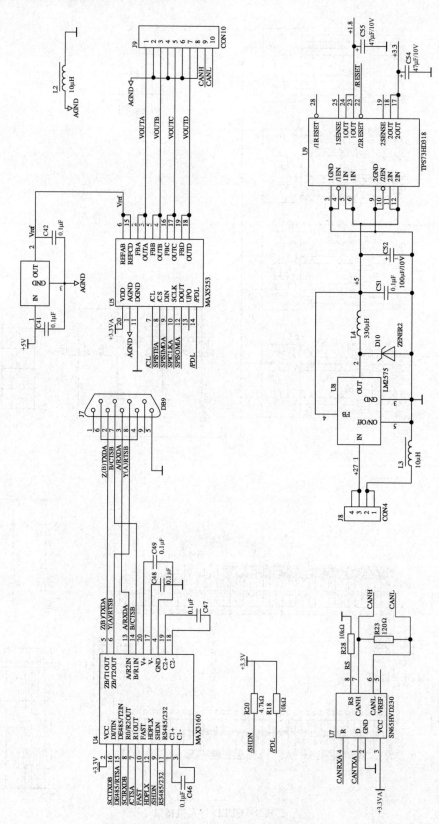

图 B.4　电源变换、D/A 转换器与串行通信接口

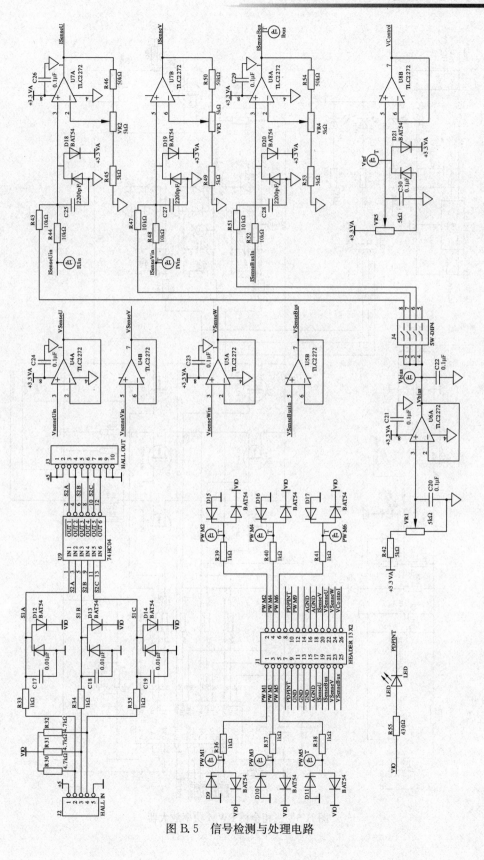

图 B.5 信号检测与处理电路

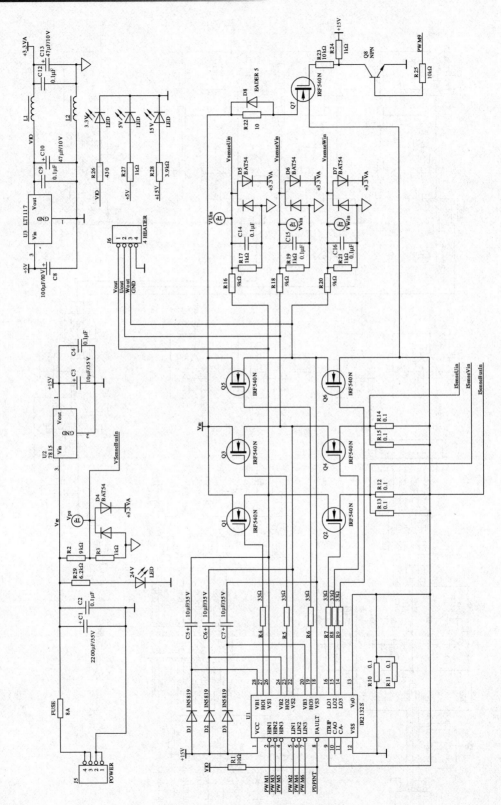

图 B.6 三相全桥 PWM 功率放大器

部分英文缩写

ADC	analog-to-digital converter	模拟-数字转换器
ALU	arithmetic logic unit	算术逻辑单元
API	application programming interface	应用编程接口
ARAU	address register arithmetic unit	地址寄存器算术单元
ASCII	American standard code for information interchange	美国信息互换标准代码
BIOS	built-in operating system	TI 开发的内置式操作系统
BLDC	brushless direct current	无刷直流电动机
bps	bits per second	波特率的单位:比特/秒
CCS	Code Composer Studio	TI 的 DSP 软件开发环境
CLA	control law accelerator	控制律加速器
COFF	common object file format	公共目标文件格式
CMOS	complementary metal-oxide-semiconductor transistor	互补型金属氧化物半导体
CPLD	complex programmable logic device	复杂可编程逻辑器件
CPU	central processing unit	中央处理器
CSM	code security module	代码保密模块
CWDM	coarse wavelength division multiplexing	稀疏波分复用
DAC	digital-to-analog converter	数字-模拟转换器
DBU	programmable dead-band unit	可编程死区单元
DBGIER	debug interrupt enable register	调试中断使能寄存器
DMA	direct memory access	直接存储器访问
DPRAM	dual-port RAM	双端口 RAM 存储器
DRAB	data-read address bus	数据空间的读地址总线
DRDB	data-read data bus	数据空间的读数据总线
DSC	digital signal controller	数字信号控制器
DSK	develop starter kit	初学者 DSP 开发套件
DSP	digital signal processor	数字信号处理器
DWAB	data-write address bus	数据空间的写地址总线

DWDB	data/program-write data bus	数据/程序空间的写数据总线
EDA	electronic design automation	电子设计自动化
EMIF	external memory interface	外部存储器接口
EV	event manager	事件管理器
EVM	evaluation module	DSP 评估模板
eCAN	enhanced controller area network	增强型控制器局域网
FIFO	first-in first-out	先入先出队列
FFT	fast Fourier transform algorithm	快速傅里叶变换算法
FPGA	field programmable gate array	现场可编程门阵列
GPIO	general-purpose input/output	通用输入/输出
GPS	global position system	全球定位系统
GTO	gate turn-off thyristor	门极可关断晶闸管
IDE	integrated development environment	集成开发环境
IER	interrupt enable register	CPU 中断使能寄存器
IFR	interrupt flag register	CPU 中断标志寄存器
IGBT	insulated gate bipolar transistor	绝缘栅双极晶体管
IMU	inertial measunement unit	惯性测量文件
I²C	inter-integrated circuit	一种两线式串行总线
INTM	interrupt global mask	全局中断屏蔽位
ISA	industry standard architecture	一种 16 位计算机总线接口
ISR	interrupt service routine	中断服务程序
JTAG	joint test action group	一种基于边界扫描的逻辑测试接口
LCD	liquid crystal display	液晶显示屏
LDO	low dropout	低压差电压调节器
LED	light-emitting diode	发光二极管
LIN	local interconnect network	一种低成本串行通信网络
LQFP	low-profile quad flatpack	低剖面四方扁平封装
LPM	low power module	低功耗模块
LSB	least significant bit	二进制数的最低位
McBSP	multichannel buffered serial port	多通道缓冲串口
MCU	micro control unit	微控制器(也称作单片机)
MIPS	million of instruction per second	百万条指令/秒
MOSFET	metal-oxide-semiconductor field-effect transistor	金属氧化物半导体场效应管
MSB	most significant bit	二进制数的最高位
NMI	non-maskable interrupt	不可屏蔽中断

OTP	one-time programmable	一次可编程的存储器
PDPINT	power drive protection interrupt	功率驱动器保护中断
PAB	program address bus	程序空间的地址总线
PCB	printed circuit board	印刷电路板
PCI	peripheral component interconnect	一种 32/64 位计算机总线接口
PECL	positive emitter-coupled logic	一种差分配置的光收发器接口
PID	proportional-integral-derivative	比例-积分-微分控制
PIE	peripheral interrupt expansion	外设中断扩展
PLL	phase locked loop	锁相环
PRDB	program-read data bus	程序空间的数据总线
PWM	pulse-width modulation	脉冲宽度调制
QEP	quadrature-encoder pulse	正交编码器脉冲电路
RAM	random access memory	随机访问存储器
RISC	reduced instruction set computer	精简指令集计算机
ROM	read-only memory	只读存储器
SARAM	single-access RAM	单周期访问 RAM
SCI	serial communications interface	串行通信接口
S/H	sample-and-hold	采样/保持电路
SPI	serial peripheral interface	串行外设接口
SRAM	static RAM	静态 RAM
SVPWM	space vector PWM	空间矢量 PWM
TI	Texas Instruments	美国德州仪器公司
TTL	transistor-transistor logic	晶体管-晶体管逻辑电平
UART	universal asynchronous receiver/transmitter	通用异步收发器
UPP	universal parallel port	通用并行接口
USB	universal serial bus	通用串行总线
VCO	voltage-controlled oscillator	压控振荡器
WDM	wavelength division multiplexing	波分复用
XINTF	external interface	DSP 的外部并行扩展接口

参 考 文 献

[1] 苏奎峰,吕强,耿庆锋等. TMS320F2812 原理与开发. 北京:电子工业出版社,2005.

[2] 张雄伟. DSP 芯片的原理与开发应用. 北京:电子工业出版社,1997.

[3] 韩安太,刘峙飞,黄海等. DSP 控制器原理及其在运动控制系统中的应用. 北京:清华大学出版社,2003.

[4] 彭启宗. DSP 集成开发环境:CCS 及其 DSP/BIOS 的原理与应用. 北京:电子工业出版社,2004.

[5] 苏奎峰,吕强,常天庆,张永秀. TMS320x281x DSP 原理及 C 语言程序开发. 北京:北京航空航天大学出版社,2008.

[6] 万山明. TMS320F281x DSP 原理及应用实例. 北京:北京航空航天大学出版社,2007.

[7] 徐科书,张翰,陈智渊. TMS320x281x DSP 原理与应用. 北京:北京航空航天大学出版社,2006.

[8] 刘和平,邓力,江渝,郑群英. DSP 原理及电机控制应用. 北京:北京航空航天大学出版社,2006.

[9] 谢剑英,贾青. 微计算机控制技术(第三版). 北京:国防工业出版社,2001.

[10] T. L. Skvarenina, The Power Electronics Handbook, Industrial Electronics Series. CRC Press, 2001.

[11] 高钟毓. 机电控制工程[M]. 北京:清华大学出版社,2002.

[12] 朱家海. 惯性导航. 北京:国防工业出版社,2008.

[13] 高钟毓. 惯性导航系统技术. 北京:清华大学出版社,2012.

[14] 陈景春,韩丰田,李海霞. 陀螺仪壳体翻滚控制系统的分析与实验研究. 中国惯性技术学报,2007,15(2):225-228.

[15] 吕志勇,江建中. 永磁无刷直流电机无位置传感器控制综述. 中小型电机,2000,27(4):33-36.

[16] 李海霞,高钟毓,张嵘,韩丰田. 四环空间稳定平台数据传输系统设计. 中国惯性技术学报,2007,15(1):1-4.

[17] 李海霞,高钟毓,张嵘,韩丰田. 四环空稳平台运动学分析及电动机力矩计算. 清华大学学报,2007,47(5):635-639.

[18] C2000 Real-Time Microcontrollers. Texas Instruments,2014.

[19] TMS320x281x Digital Signal Processors Data Manual. Texas Instruments,2012.

[20] TMS320F2833x Digital Signal Controllers (DSCs) Data Manual. Texas Instruments,2012.

[21] TMS320F280x Digital Signal Processors Data Manual. Texas Instruments,2012.

[22] Motor Control Overiew. Texas Instruments,2004.

[23] C281x C/C++ Header Files and Peripheral Examples. Texas Instruments,2003.

[24] TMS320x28xx, 28xxx DSP Serial Communication Interface (SCI) Reference Guide. Texas Instruments,2004.

[25] TMS320x28xx, 28xxx DSP Enhanced Controller Area Network (eCAN) Reference Guide. Texas Instruments,2006.

[26] TMS320x281x DSP Event Manger (EV) Reference Guide. Texas Instruments,2007.

[27] TMS320x281x DSP Analog-to-Digital Converter (ADC) Reference Guide. Texas Instruments,2005.

[28] TMS320x281x DSP System Control and Interrupts Reference Guide. Texas Instruments,2006.

[29] TMS320x28xx, 28xxx DSP Serial Peripheral Interface (SPI) Reference Guide. Texas Instruments,2006.

[30] TMS320x281x DSP External Interface (XINTF) Reference Guide. Texas Instruments,2004.

[31] TMS320C28x Optimizing C/C++ Compiler v5.0.0 User's Guide. Texas Instruments,2007.

[32] TMS320C28x DSP CPU and Instruction Set Reference Guide. Texas Instruments,2004.

[33] TMS320C28x Assembly Language Tools User's Guide. Texas Instruments,2001.

[34] TMS320F28x DSP Boot ROM Reference Guide. Texas Instruments,2006.

[35] Code Composer Studio Getting Started Guide. Texas Instruments，2001.

[36] Running an Application from Internal Flash Memory on the TMS320F28xx DSP. Texas Instruments，2005.

[37] DSP Solutions for BLDC Motors. Texas Instruments，1997.

[38] Implementation of a Speed Controlled Brushless DC Drive Using TMS320F240. Texas Instruments，1997.

[39] Implementation of a Sensorless Speed Controlled Brushless DC Drive Using TMS320F240. Texas Instruments，1997.

[40] 3.3V DSP for Digital Motor Control. Texas Instruments，1999.